电力行业"十四五"规划教材

（第二版）

U0643312

电厂热力设备及系统

主　编　焦海锋
副主编　李经宽
参　编　白　涛　王艳玲
主　审　肖增弘

中国电力出版社
CHINA ELECTRIC POWER PRESS

内 容 提 要

本书以 1000MW 火电厂机组及热力系统为介绍对象，以火电厂能量转换过程为主线，结合国内目前的新技术和新设备，重点介绍火电厂热力设备及系统。

本书主要内容包括热工基础、汽轮机原理及设备、电厂锅炉原理及设备、电厂辅助设备及系统。本书编写过程始终贯彻结合实际、结合当前发展方向的原则，内容上注重理论联系实际，力求深入浅出，通俗易懂。

本书可作为非能源与动力工程专业本科学生学习发电厂生产过程的基本原理和设备的教材，也可作为火电厂相关专业运行人员的培训材料。

图书在版编目（CIP）数据

电厂热力设备及系统 / 焦海锋主编；李经宽副主编.
2 版 . -- 北京：中国电力出版社，2025. 7. -- ISBN
978 - 7 - 5198 - 9368 - 2

Ⅰ. TM621.4

中国国家版本馆 CIP 数据核字第 2024TG7390 号

出版发行：中国电力出版社
地　　址：北京市东城区北京站西街 19 号（邮政编码 100005）
网　　址：http://www.cepp.sgcc.com.cn
责任编辑：吴玉贤（010－63412540）
责任校对：黄　蓓　朱丽芳
装帧设计：张俊霞
责任印制：吴　迪

印　　刷：北京雁林吉兆印刷有限公司
版　　次：2016 年 5 月第一版　2025 年 7 月第二版
印　　次：2025 年 7 月北京第一次印刷
开　　本：787 毫米×1092 毫米　16 开本
印　　张：16.25
字　　数：404 千字
定　　价：58.00 元

前　　言

电力是一种应用广泛、使用方便、清洁的二次能源，各种一次能源都可以转换成电力。电力是以电能作为动力的能源。火力发电是通过化石燃料（如煤、石油、天然气等）在锅炉中燃烧，将化学能转化为热能，热能被用来加热水变成高温高压的水蒸气进入汽轮机做功，在汽轮机中将热能转化为机械能，汽轮机带动发电机转动，将机械能转化为电能的生产过程。火力发电是目前最成熟、最可靠的发电方式之一，能够提供稳定的大规模电力供应。

电力工业是经济社会发展的先行行业，是公益性、基础性工业。电力工业是国家经济安全、能源安全的重要组成部分。

截至 2025 年 3 月底，全国全口径发电装机容量 34.3 亿千瓦。火电装机 14.5 亿千瓦，其中煤电 12.0 亿千瓦；水电装机 4.4 亿千瓦，其中抽水蓄能 5987 万千瓦；核电 6083 万千瓦；并网风电 5.35 亿千瓦，并网太阳能发电 9.46 亿千瓦。由于非化石能源发电受资源等因素影响，发电设备利用小时波动较大，煤电充分发挥了基础保障性和系统调节性作用。

随着新型电力系统的建设，火电作为全天候电源兼具基础保障和灵活调节功能，发挥"压舱石"和"调节器"的作用，并不断探索清洁生产方式方法，为节能降碳做出积极贡献。

本书为非能源与动力工程专业学生提供火力发电热力设备的基本知识，全书共分为四篇，包括热工基础知识、汽轮机原理及设备、电厂锅炉原理及设备、电厂辅助设备及系统。全面介绍了火电厂生产过程的基本原理、系统组成及火力发电机组先进技术，对化学能转变为热能、热能转变为机械能的设备及系统进行了全面的分析。

此次修订工作如下：

（1）更新了原书中的旧数据。

（2）增加课程思政内容，作为拓展阅读，可扫描相应位置二维码获取。

（3）增加了部分习题和案例。

（4）精简了部分内容，使全书更加精炼。

（5）调整了部分章节，使结构更加合理。

本书由山西大学焦海锋编写第一篇、王艳玲编写第二篇、白涛编写第三篇、李经宽编写第四篇。全书由焦海锋主编，并负责全书的统稿。

本书由沈阳工程学院的肖增弘教授审稿。感谢肖增弘教授对书稿的认真审阅，感谢同行、同事们为本书提供的宝贵建议。

由于编者水平所限，书中难免存在不妥之处，恳请读者批评指正。

拓展资源

编　者

2025 年 6 月

第一版前言

能源产业制约着国民经济的发展，而发电厂是一个将一次能源转换为电能的场所。培养具有发电厂生产过程基本知识的、为发电厂安全经济运行提供有力保障的电力技术人员关系着电力行业的发展。

随着我国电力行业的迅速发展，大容量、高参数的火力发电机组已成为主力机组。发电厂对从业者的知识水平要求，从单一专业值班员上升为全能值班员，这就要求人才培养时，除了要加强从业者的专业基础外，还需扩大其相关专业知识面。本教材为适应电力行业对技术人才的需求，将动力类专业的基础理论"工程热力学""传热学"内容，以及"锅炉原理""汽轮机原理""热力发电厂"等专业课程，取其基本内容进行整合。通过本教材的学习，使非动力类专业学生获得火力发电厂热力设备及系统的系统知识。

全书共分为四篇十三章，包括热工基础、汽轮机原理及设备、电厂锅炉原理及设备、电厂辅助设备及系统等内容。

本书由山西大学焦海锋编写第一篇（第一、二章），胡波编写第二篇（第三、四、五、六章），车丹编写第三篇（第七、八、九、十章），李经宽编写第四篇（第十一、十二、十三章）。本书由焦海锋主编，并负责全书的统稿。此外，本书由沈阳工程学院的肖增弘教授负责审稿。

感谢肖增弘教授对书稿的认真审阅，感谢同行、同事们为本书提供的宝贵建议。限于编者水平，书中难免存在不妥之处，恳请读者批评指正。

编　者

2016 年 3 月

目　　录

第三篇　电厂锅炉原理及设备

第四篇　电厂辅助设备及系统

第一篇　热　工　基　础

第一章　工程热力学基础理论

第一节　理想气体的性质

一、理想气体的概念

热能转变为机械能通常是借助于工质在热动力设备中的吸热、膨胀做功等状态变化而实现的。为了分析和计算工质进行这些过程时的吸热量和做功量，除了以热力学第一定律为主要的基础和工具外，还需具备工质热力性质方面的知识。

自然界中的气体分子本身有一定的体积，分子相互间存在作用力，分子在两次碰撞之间进行的是非直线运动，很难精确描述和确定其复杂的运动，为了方便分析、简化计算，引出了理想气体的概念。理想气体是一种实际上不存在的假想气体，其分子是些弹性的、不具体积的质点，分子间相互没有作用力。在这两个假设条件下，气体分子的运动规律极大地被简化了，分子两次碰撞之间为直线运动，且弹性碰撞无动能损失。对此简化的物理模型，不但可定性地分析气体某些热力学现象，而且可定量地导出状态参数间存在的简单函数关系。

不符合上述两点假设的气态物质称为实际气体。蒸汽动力装置中采用的工质水蒸气，制冷装置的工质氟利昂蒸气、氨蒸气等，这类物质的临界温度较高，蒸气在通常的工作温度和压力下离液态不远，不能看作理想气体。

众所周知，高温、低压的气体密度小、比体积大，若大到分子本身体积远小于其活动空间，分子间平均距离远到作用力极其微弱的状态就很接近理想气体。一般来说，氩、氖、氦、氢、氧、氮、一氧化碳等临界温度低的单原子或双原子气体，在温度不太低、压力不太高时均远离液态，接近理想气体假设条件。因而，工程中常用的氧气、氮气、氢气、一氧化碳等，以及混合空气、燃气、烟气等工质，在通常使用的温度、压力下都可作为理想气体处理，误差一般都在工程计算允许的范围之内。如空气在室温下、压力达 10MPa 时，按理想气体状态方程计算的比体积误差在 1% 左右。

二、理想气体状态方程式

根据分子运动论，对理想气体分子运动物理模型，用统计方法得出的气体的压力为

$$p = \frac{2}{3} N \frac{m' \bar{c}^2}{2} \tag{1-1}$$

式中　N——1m³ 体积内的分子数；

　　　m'——每个分子的质量；

　　　$\bar{c}$——分子平移运动均方根速度。

$N \times \frac{1}{2} m' \bar{c}^2$ 是 1m³ 中全部分子的移动动能，大小完全由温度确定。

式（1-1）两侧各乘以比体积 v，得

$$pv=\frac{2}{3}Nv\frac{m'\bar{c}^2}{2}=NvkT$$

即
$$pv=R_gT \tag{1-2}$$

式中 $R_g=Nvk$；k 为玻尔兹曼常量；Nv 为 1kg 气体所具有的分子数，每一种气体都有确定的值。R_g 称为气体常数。显然，它是一个只与气体种类有关，而与气体所处状态无关的物理量。上述表示理想气体在任一平衡状态时 p、v、T 之间关系的方程式称为理想气体状态方程式，或称克拉贝龙（Clapeyron）方程。它与波义耳、马略特等测定低压气体得出的实验结果 $\frac{p_1v_1}{T_1}=\frac{p_2v_2}{T_2}=\cdots=\frac{pv}{T}$ 常数是一致的。使用时应注意各量的单位。按国家法定计量单位：p 的单位为 Pa；T 的单位为 K；v 的单位为 m³/kg；与此相应的 R_g 的单位为 J/(kg·K)。

三、理想气体的比热容

为了计算气体状态变化过程中的吸（或放）热量，引入比热容的概念。物体温度升高 1K 所需的热量称为热容，以 C 表示，$C=\frac{\delta Q}{dT}$，单位为 J/K。1kg 物质温度升高 1K（或 1℃）所需的热量称为质量热容，又称比热容，单位为 J/(kg·K)，用 c 表示，其定义式为

$$c=\frac{\delta q}{dT} \quad 或 \quad c=\frac{\delta q}{dt}$$

1mol 物质的热容称为摩尔热容，单位为 J/(mol·K)，以符号 C_m 表示。热工计算中，尤其在有化学反应或相变反应时，用摩尔热容更方便。标准状态下 1m³ 物质的热容称为体积热容，单位为 J/(m³·K)，以 c' 表示。三者之间的关系为

$$C_m=Mc=0.022\,414\,1c' \tag{1-3}$$

四、理想气体的热力学能和焓、状态参数熵

1. 热力学能和焓

热力学能是气体内部所具有的分子内动能与分子内位能的总和。内动能包括分子直线运动的动能、分子旋转运动的动能、分子内部原子的振动能和原子内部电子的振动能。温度的高低是内动能大小的反映。内动能大，工质的温度就高。内位能是由于气体的分子之间存在着作用力而具有的能量。内位能的大小与分子间的距离有关。通常用 U 表示 m kg 气体的热力学能，单位为 kJ 或 J；用 u 表示 1kg 气体的热力学能，称为比热力学能，单位为 kJ/kg 或 J/kg。

焓是一个组合的状态参数，其定义式为

$$h=u+pv$$

式中　h——焓，kJ/kg；

u——比热力学能，kJ/kg；

p——压力，kPa；

v——比体积，m³/kg。

理想气体的热力学能和焓都是温度的单值函数。如图 1-1 所示，在温度为 T_2 的等温线上的点 2、2′、2″等，虽然其压力、比体积各不相同，但各点的热力学能值、焓值分别相等，即当 $T_2=T_2'=T_2''=\cdots$ 时，有

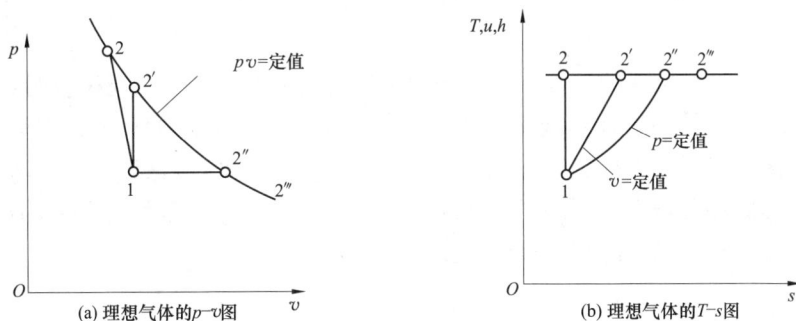

图 1-1 理想气体的 Δu 和 Δh

$$u_2 = u_2' = u_2'' = \cdots, \quad h_2 = h_2' = h_2'' = \cdots$$

显而易见，理想气体的等温线即等热力学能线、等焓线。由此得出结论：对于理想气体，任何一个过程的热力学能变化量都和与其温度变化相同的定容过程的热力学能变化量相等；任何一个过程的焓变化量都和与其温度变化相同的定压过程的焓变化量相等。

2. 状态参数熵

熵参数可从热力学理论的数学分析中导出，正如状态参数焓，熵也是用数学式来定义的，即

$$\mathrm{d}s = \frac{\delta q}{T} \tag{1-4}$$

式中 δq——1kg 工质在微元可逆过程中与热源交换的热量；

     T——传热时工质的热力学温度；

     $\mathrm{d}s$——此微元过程中 1kg 工质的熵变，称为比熵变。

第二节 热力学第一定律

一、热力学第一定律的实质

热力学第一定律的实质是能量守恒与转换定律。热力学第一定律是热力学的基本定律，是热力过程能量传递与转换分析计算的基本依据。它普遍适用于任何工质、任何过程。用热力学第一定律分析一个发生能量传递与转换的热力过程时，首先需要分析列出参与过程的各种能量，然后依据热力学第一定律能量守恒的原则，建立能量平衡方程式。对于任何一个具体的热力系统所经历的任何热力过程，热力学第一定律能量平衡方程式都可以表示为

进入系统的能量－离开系统的能量＝系统储存能的变化

上式普遍适用于任何工质、任何过程。等号的右侧是系统在热力过程中储存能的变化，而不是系统储存能的绝对值。

热力学第一定律的重要意义在于它确定了能量传递与转换的数量关系，肯定了热能与其他能量之间所存在的共同性质，即热也是一种能量，也是一种物质运动的形式。热能的特殊性是热力学第二定律的讨论内容。

二、储存能与热力学能

1. 概述

迁移能是热力过程中系统与外界之间跨过边界所交换的能量。与迁移能相对的储存能是储存于热力系统内的能量。迁移能是过程量，储存能是状态量，而且是广延量，具有可加性。在一个平衡状态下，不存在迁移能，但系统的储存能却具有确切的含义与确定的数值。

热力系统的储存能是由内部储存能和外部储存能组成的。内部储存能仅取决于系统本身所处的热力状态；外部储存能则与所选的参照坐标系有关。

2. 内部储存能

内部储存能称为热力学能（又称内能），是指储存于热力系统内部的能量。从微观观点来看，热力学能是与系统内工质粒子的微观运动和粒子空间位置有关的能量。热力学能包括分子热运动所具有的内动能、由于分子间相互作用力而形成的内位能、由于分子结构所决定的化学能以及原子核内部的核能等。

本书所讨论的热力过程不涉及化学变化和原子核反应，化学能与核能保持为常量，而建立能量平衡方程式所需要的是储存能的变化，因此当不涉及化学变化和原子核反应时，热力学能可以看作是内动能与内位能之和。若用 U_k 和 U_p 表示内动能与内位能，则 $U = U_k + U_p$。由物理学可知，内动能是温度函数，即 $U_k = f(T)$。内位能是工质体积的函数，即 $U_p = f(V)$。因此，热力学能是温度和体积的函数，即

$$U = U_k + U_p = f(T, V) \tag{1-5}$$

对于单位质量工质，其热力学能为

$$u = \frac{U}{m} = u_k + u_p = f(T, v) \tag{1-6}$$

由式（1-5）可知，热力学能是 T 与 v 的函数，而这两个独立的参数一旦确定，简单可压缩系统也就有一个确定的状态，因此热力学能是状态的单值函数，是一个状态参数。从而，热力学能也可以写成任何其他两个独立参数的函数，如 $u = f(T, p)$、$u = f(p, v)$ 等。在能量方程中，需要确定的是工质从一个状态变化到另一个状态时热力学能的变化（$\Delta u = u_2 - u_1$），不需要确定某状态下的绝对值。因此，可以人为地选定某状态的热力学能为零，作为计算其他状态热力学能的基准。

3. 外部储存能与总储存能

热力系统的外部储存能是指需要用参照坐标系决定的参数来表示的能量。它包括热力系统由其宏观运动速度所具有的宏观动能和由于其所处位置的高度而具有的重力位能。热力系统的外部储存能属于机械能，内部储存能的内动能和内位能属于热能，两者的能量形式不同，但都是热力系统所具有的能量。热力系统的热力学能、宏观动能与宏观位能之和称为系统的总储存能（简称总能），用 E 表示，单位为 J 或 kJ，即

$$E = U + \frac{1}{2}mc^2 + mgz \tag{1-7}$$

式中　m——系统的物质质量；

c——系统的运动速度；

g——重力加速度；

z——系统在外部参照坐标系中的高度。

单位质量物质的储存能称为比储存能，用 e 表示，单位为 J/kg 或 kJ/kg，即

$$e = u + \frac{1}{2}c^2 + gz \qquad (1-8)$$

显然，储存能也是一个状态量，其变化量就等于热力过程终态储存能与初态储存能之差，即 $\Delta E = E_2 - E_1$ 或 $\Delta e = e_2 - e_1$。

三、热力学第一定律解析式

闭口系统与外界间的作用关系仅有热量 Q 和功 W 的交换。为了与前面对于功和热量的正负规定一致，取热量 Q 为进入系统的能量，取功 W 为离开系统的能量，系统储存能的增量为 ΔE，于是有如下关系式：

$$Q - W = \Delta E \qquad (1-9)$$

习惯上，一般都是将具有相对宏观运动的研究对象取为开口系统，相对静止的研究对象取为闭口系统，而不再深入讨论运动闭口系统。例如，水蒸气流经汽轮机时的能量交换，取开口系统进行研究；对于封闭在活塞气缸内的工质，尽管有膨胀、压缩，但系统整体是相对静止的，取闭口系统进行研究。对于封闭于活塞气缸内的工质，经历了一个热力过程之后，宏观动能和重力位能没有变化，储存能的变化就等于热力学能的变化，即 $\Delta E = \Delta U = U_2 - U_1$。于是可得闭口系统的能量方程为

$$Q = \Delta U + W \qquad (1-10)$$

该方程是热力学第一定律的一个基本表达式，称为热力学第一定律解析式。该式表明：在闭口系统所经历的热力过程中，吸收的热一部分用来增加系统的热力学能，储存于系统内部，其余部分以做功的方式传递给外界。若将式（1-10）改写为

$$Q - \Delta U = W \qquad (1-11)$$

则等号的左侧为热力过程中消失的热，等号的右侧是热力过程中所产生的功。它表明了简单可压缩系统在热力过程中热功转换的基本关系，即消失的热总是等于所产生的体积变化功。这一关系对于运动闭口系统也同样成立。运动闭口系统的能量方程与静止闭口系统的相比，除储存能的变化不同之外，运动闭口系统的体积变化功，一部分要用于改变系统的宏观动能和重力位能，因此与外界交换的功不是体积变化功，而是体积变化功与系统本身的宏观动能、重力位能增量之差。对于单位质量工质，闭口系统的能量方程为

$$q = \Delta u + w \qquad (1-12)$$

对于微元热力过程，闭口系统的能量方程可表示为

$$\delta Q = dU + \delta W \qquad (1-13)$$

$$\delta q = du + \delta w \qquad (1-14)$$

以上四个闭口系统的能量方程式（1-10）、式（1-12）～式（1-14），适用于闭口系统内任意工质所进行的任意过程。

如果进行的是可逆过程，还可以用可逆过程体积变化功的计算式 $\delta w = p dv$ 和 $w = \int_1^2 p dv$，以及可逆过程热量的计算式 $\delta q = T ds$ 和 $q = \int_1^2 T ds$ 对以上方程相应项进行代换，得出各种不同的热力学第一定律数学表达式。经这样变换所得的关系式的适用条件也就变为仅仅适用于可逆过程，而不适用于不可逆过程。

对于循环过程，由于系统的初终状态为同一状态，不论是可逆循环还是不可逆循环，热

力学能的变化为零，即 $\oint dU = 0$，因此

$$\oint \delta Q = \oint \delta W \qquad (1-15)$$

该式为循环过程的热力学第一定律表达式。它表明闭口系统经历了任何一个循环后，与外界交换的净热量总是等于与外界交换的净功。

【例 1-1】 某闭口系统完成了一个由四个过程组成的循环。试填充表 1-1 中空缺的数据。

表 1-1   例【1-1】用表

过程	Q（kJ）	W（kJ）	ΔU（kJ）
1—2		0	10
2—3	0		−5
3—4	−6	0	
4—1		0	

解： 前三个过程 Q、ΔU、W 三个量已知两个，依据热力学第一定律解析式 $Q = \Delta U + W$ 可直接求取第三个量。第四个过程仅知一个量，需要补充一个方程才能求解，可用循环过程热力学能的变化量为零这一状态参数的特性，也可用循环过程热力学第一定律进行求解。

对于 1—2 过程：$Q_{1-2} = \Delta U_{1-2} + W_{1-2} = 10(\text{kJ})$

对于 2—3 过程：$W_{2-3} = Q_{2-3} - \Delta U_{2-3} = 5(\text{kJ})$

对于 3—4 过程：$\Delta U_{3-4} = Q_{3-4} - W_{3-4} = -6(\text{kJ})$

由状态参数的特性可知，对于循环过程：$\oint dU = \Delta U_{1-2} + \Delta U_{2-3} + \Delta U_{3-4} + \Delta U_{4-1} = 0$

因此
$$\Delta U_{4-1} = -(\Delta U_{1-2} + \Delta U_{2-3} + \Delta U_{3-4}) = 1(\text{kJ})$$
$$W_{4-1} = Q_{4-1} - \Delta U_{4-1} = -1(\text{kJ})$$

也可由循环净热等于循环净功的关系求取 4—1 过程的功，然后计算热力学能的增量。

$$\oint \delta Q = Q_{1-2} + Q_{2-3} + Q_{3-4} + Q_{4-1} = 4(\text{kJ})$$

$$\oint \delta W = W_{1-2} + W_{2-3} + W_{3-4} + W_{4-1} = \oint \delta Q = 4(\text{kJ})$$

得
$$W_{4-1} = \oint \delta Q - (W_{1-2} + W_{2-3} + W_{3-4}) = -1(\text{kJ})$$
$$\Delta U_{4-1} = Q_{4-1} - W_{4-1} = 1(\text{kJ})$$

四、推动功与焓

1. 推动功与流动功

开口系统与闭口系统的根本差异就在于开口系统与外界有工质的交换。伴随工质流进、流出开口系统，不仅这些工质本身的热力学能、宏观动能和重力位能要进入、离开系统，而且开口系统与外界之间还要传递推动功。正如给自行车轮胎打气，要将气筒内的气体移动到轮胎内，就必须推动气筒活塞做功。在开口系统的进口处，要将工质由系统外推入系统，外界必须做功，而这部分功量由工质传递给系统，被开口系统获得。同样，开口系统的出口处，要将工质由系统内推出系统，系统必须对外界做功。这种开口系统与外界之间，因为工

质流动而传递的机械功称为推动功。它相当于一假想的活塞为把前方的工质推进或推出系统所做的功。对于单位质量工质，推动功等于 pv。推动功是随着工质的流动而向前传递的一种机械能，不是工质本身具有的能量，只有在工质流动过程中才存在。工质不流动时，尽管工质也具有一定的状态参数 p 和 v，但并不存在推动功。推动功并不是由于工质的状态变化而交换的功，是工质流动过程中位置发生变化而传递的功。

开口系统在出口处付出的推动功与入口处获得的推动功之差称为流动功，用符号 W_f 表示，即 $W_f = p_2 V_2 - p_1 V_1$。对于单位工质的流动功，用符号 w_f 表示，则 $w_f = p_2 v_2 - p_1 v_1$。显然，流动功是开口系统由于工质流入、流出而净付出的推动功。

2. 伴随工质流动而交换的能量及焓

由以上讨论可知，伴随工质流进或流出开口系统而交换的能量中包含四项能量：工质本身的热力学能、宏观动能、重力位能和推动功。设 t 时间内，在开口系统入口（或出口）处，有质量为 m 的工质流入（或流出），则伴随这部分工质进入（或离开）系统的能量为

$$E = m\left(u + \frac{c_f^2}{2} + gz + pv\right) \tag{1-16}$$

式（1-16）中，u 和 pv 均为状态参数，故能量仅取决于工质的状态。为了数学上的方便，定义 $U + pV$ 为焓，用符号 H 表示，单位为 J 或 kJ；单位工质的焓称为比焓，用符号 h 表示，单位为 J/kg 或 kJ/kg，即

$$H = U + pV, \quad h = \frac{H}{m} = u + pv$$

由以上焓的定义式可知，焓也是状态的单值函数，符合状态参数的特性，因此焓也是一个状态参数。有了焓这个状态参数，伴随工质流动而交换的能量式（1-16）又可表示为

$$E = m\left(h + \frac{c_f^2}{2} + gz\right) \tag{1-17}$$

焓是一个组合参数或者说是一个方便参数。在开口系统的热力过程分析计算中，伴随着工质的流动，工质的热力学能往往和推动功一同出现，因此焓是应用频率较高的状态参数，而用热力学能的情况很少。尽管闭口系统中不存在推动功，但焓作状态参数仍然存在，而且焓在闭口系统的热力过程分析计算中，也有重要应用。

第三节　稳定流动能量方程及应用

一、稳定流动能量方程

1. 稳定流动

工程上，热工设备的能量传递与转换多数都是在工质的流动过程中实现的。工质流经这些热工设备时，所发生的具有能量交换的热力过程，一般都取作开口系统进行分析计算。实际热工设备在稳定工况下运行时，工质的流动状况基本上不随时间而改变，视为稳定流动。严格讲，稳定流动是指开口系统内任意一点工质的状态都不随时间的变化而变化的流动过程。

实现稳定流动的必要条件是：①进、出口截面处工质的状态不随时间而变；②单位时间

系统与外界交换的热量和功量都不随时间而变；③各流通截面上工质的质量流量相等，且不随时间而改变。总之，系统与外界的能量交换、物质交换都不随时间而变。这些必要条件同时也是稳定流动开口系统所具有的特点。此外，由于系统内任意一点工质的状态都不随时间而变化，稳定流动开口系统的储存能势必也无变化，即 $\Delta E = 0$，而且稳定流动开口系统的边界也是固定的。

2. 开口系统的稳定流动能量方程

稳定流动开口系统的边界是固定的，与外界的功交换是通过叶轮机械的轴来实现的，并不是直接交换体积变化功。这种通过叶轮机械的轴而交换的功称为轴功，用符号 W_s 表示。单位质量工质所做的轴功用 w_s 表示。稳定流动开口系统与外界交换的能量除了轴功和热量之外，还伴随工质的流入、流出所交换的能量。在考虑这些所有可能的能量交换的基础上，建立开口系统的稳定流动能量方程。

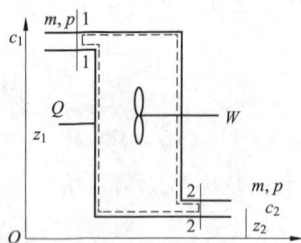

图 1-2 稳定流动开口系统

如图 1-2 所示，取进、出口截面 1-1 与 2-2，以及设备壁面作为系统边界（图中虚线），这显然是一个开口系统。假设在时间 τ 内，系统与外界交换的热量为 Q，交换的轴功为 W_s。由于是稳定流动，通过 1-1 截面流入系统的工质质量与通过截面 2-2 流出系统的工质质量相等，统一用 m 表示。于是进入系统的能量为 $Q + m\left(h_1 + \dfrac{c_{f1}^2}{2} + gz_1\right)$，离开系统能量为 $W_s + m\left(h_2 + \dfrac{c_{f2}^2}{2} + gz_2\right)$。而稳定流动开口系统储存能的变化为零，即 $\Delta E = 0$。由

进入系统的能量－离开系统的能量＝系统储存能的变化

可得

$$Q = m\left[(h_2 - h_1) + \frac{1}{2}(c_{f2}^2 - c_{f1}^2) + g(z_2 - z_1)\right] + W_s \qquad (1-18)$$

或

$$Q = \Delta H + \frac{1}{2}m\Delta c_f^2 + mg\Delta z + W_s \qquad (1-19)$$

将式 (1-19) 的两侧同除以 m，可得单位质量工质的稳定流动能量方程式，即

$$q = \Delta h + \frac{1}{2}\Delta c_f^2 + g\Delta z + w_s \qquad (1-20)$$

对于微元过程，稳定流动能量方程式可分别表示为

$$\delta Q = dH + \frac{1}{2}m\,dc_f^2 + mg\,dz + \delta W_s \qquad (1-21)$$

$$\delta q = dh + \frac{1}{2}dc_f^2 + g\,dz + \delta w_s \qquad (1-22)$$

式 (1-19) 中，等号右侧除焓差外，其余三项均为机械能，都是工程技术上可以直接利用的能量。因此，将这三项能量之和称为技术功，用 W_t 表示，即

$$W_t = \frac{1}{2}m\Delta c_f^2 + mg\Delta z + W_s \qquad (1-23)$$

单位质量工质的技术功用 w_t 表示，即

$$w_t = \frac{W_t}{m} = \frac{1}{2}\Delta c_f^2 + g\Delta z + w_s \qquad (1-24)$$

于是式（1-19）～式（1-22）可改写为

$$Q = \Delta H + W_t \qquad (1-25)$$

$$q = \Delta h + w_t \qquad (1-26)$$

$$\delta Q = dH + \delta W_t \qquad (1-27)$$

$$\delta q = dh + \delta w_t \qquad (1-28)$$

上述所有稳定流动能量方程的建立，并未依赖任何工质的特别属性，除了稳定流动之外对过程的性质也未作任何要求，因此它们适用于任何工质、任何性质的稳定流动过程。对于开口系统的稳定流动过程，由于系统内各点的状态都不随时间发生变化，因此整个流动过程的总效果相当于一定质量的工质随着空间位置的变化而发生的一系列状态变化过程，从进口截面处的状态 1 变化到出口截面处的状态 2 的热力过程中与外界进行了热量和功的交换。当然，也可以将这一定质量的工质作为闭口系统加以研究，所得的能量方程式必和上述稳定流动能量方程是一致的。

3. 稳定流动过程中各种功的关系

在稳定流动能量方程中，包含有流动功 W_f、轴功 W_s 和技术功 W_t。这些功的含义前面已经介绍，下面通过稳定流动能量方程来讨论它们之间的关系。式（1-19）可改写为

$$Q - \Delta U = \Delta pV + \frac{1}{2}m\Delta c_f^2 + mg\Delta z + W_s = W_f + W_t$$

该式等号的左侧为消失的热量，对于简单可压缩系统，它等于体积变化功，即 $Q - \Delta U = W$，因此

$$W = W_f + W_t \qquad (1-29)$$

该式表明，工质在稳定流动过程中所做的膨胀功，一部分用于维持工质流动的流动功，另一部分用于增加工质本身的宏观动能和重力位能，其余部分以轴功的方式与外界进行功的交换。开口系统与外界直接交换的功不是体积变化功的全部，而是通过叶轮机械将体积变化功的一部分转变为转轴旋转的机械能才与外界进行功的交换。对于单位质量的工质，各功量之间的关系为

$$w = w_f + w_t \qquad (1-30)$$

对于微元过程，相应各功量之间的关系为

$$\delta W = \delta W_f + \delta W_t \qquad (1-31)$$

$$\delta w = \delta w_f + \delta w_t \qquad (1-32)$$

对于可逆过程，$\delta w = p\,dv$，故由式（1-29）可得

$$\delta w_t = \delta w - \delta w_f = p\,dv - d(pv) = -v\,dp \qquad (1-33)$$

$$w_t = \int_1^2 -v\,dp \qquad (1-34)$$

该式表明：可逆过程的技术功在 $p-v$ 图上可以用过程线以左与纵坐标围成的面积表示。如图 1-3 所示，面积 $12ba1$ 为膨胀功 w，面积 $12cd1$ 为技术功 w_t，面积 $1a0d1$ 为推动功 p_1v_1，面积 $2b0c2$ 为推动功 p_2v_2。膨胀功 w 与推动功 p_1v_1 的面积之和等于技术功 w_t 与

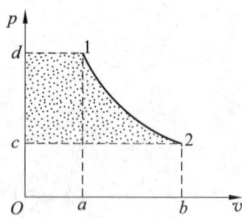

图 1-3　可逆过程
技术功 p-v 图

推动功 $p_2 v_2$ 的面积之和。显然，表示各功量的面积之间，也同样存在式（1-30）所表明的各功量之间的关系。

【例 1-2】　每分钟生产 10kg 压缩空气的某活塞式压气机将参数为 $p_1 = 0.1\text{MPa}$，$v_1 = 0.845\text{m}^3/\text{kg}$ 的空气压缩到 $p_2 = 0.8\text{MPa}$，$v_2 = 0.175\text{m}^3/\text{kg}$。压缩过程中，1kg 空气的热力学能增加 146kJ，同时向外放出热量 50kJ。求：（1）压缩过程中对每千克空气所做的功；（2）每生产 1kg 压缩空气所需的功；（3）带动此压气机所需的电动机功率。

解：（1）压缩过程中，活塞气缸的进、排气阀均关闭，此时的活塞气缸是闭口系统，与外界交换的功是体积变化功 w。由第一定律解析式可得

$$w = q - \Delta u = -50 - 146 = -196 (\text{kJ/kg})$$

（2）生产压缩空气就是向外界提供压缩空气，需要进、排气阀周期性地打开和关闭，吸入空气、压缩后排出。此时的活塞气缸是开口系统，与外界交换功的是轴功。这种流动等效于稳定流动，可以用稳定流动能量方程来分析计算。空气动能、位能的变化忽略不计，轴功就等于技术功。于是

$$w_s = w_t = q - \Delta h = q - \Delta u - \Delta(pv) = w - \Delta(pv) = w - (p_2 v_2 - p_1 v_1) = -251.5 (\text{kJ/kg})$$

（3）所需电动机功率为 $P = q_m w_s = \dfrac{10}{60} \times 251.5 = 41.9 (\text{kW})$

二、稳定流动能量方程的应用

稳定流动能量方程式是稳定流动开口系统能量传递与转换规律的一般数学表达式。在应用于具体热工设备时，需要把握设备的特点，做适当简化。下面以几种典型的稳定运行的热工设备为例，说明稳定流动能量方程式的应用。

1. 换热设备

换热设备是指以某种热量传递方式，实现冷热流体直接热量传递的设备，如锅炉、加热器、冷却器、散热器、蒸发器和冷凝器等，其图形符号如图 1-4 所示。工质流过这类设备时的特点是：仅交换热量而无功的交换，即 $w_s = 0$。工质宏观动能、重力位能的变化相对于所交换的热量很小，往往可以忽略，即 $\dfrac{1}{2}\Delta c_f^2 + g\Delta z \approx 0$。于是，依据稳定流动能量方程式（1-20）可得

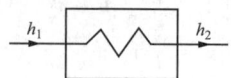

图 1-4　换热设备
图形符号

$$q = \Delta h = h_2 - h_1 \qquad (1-35)$$

式中　h_2——换热设备出口焓值；

　　　h_1——换热设备进口焓值。

该式表明，在换热设备中，工质交换的热量等于其焓的变化。吸热时，焓值增高；放热时，焓值降低。

2. 叶轮机械

叶轮机械分为两类，一类是各种热力发动机，如燃气轮机、汽轮机等，都是利用工质膨胀，对外输出轴功，如图 1-5 所示；另一类是各种压缩机械，如压气机、风机、泵等，都是消耗外功，来提高工质的压力，如图 1-6 所示，两者的作用恰好相反。它们共同的特点如下：交换的热量（压缩机械没有采用专门的散热措施时）、工质宏观动能、重力位能的变

化相对于所交换的轴功都很小，可以忽略不计，即 $q \approx 0$，$\frac{1}{2}\Delta c_{\mathrm{f}}^2 + g\Delta z \approx 0$，于是

$$w_{\mathrm{s}} = h_3 - h_2 \tag{1-36}$$

式中 h_3——叶轮机械出口焓值；

　　　h_2——叶轮机械进口焓值。

即叶轮机械的轴功等于工质的焓降。热力发动机是通过焓值降低对外输出轴功，轴功为正值；压缩机械与热力发动机恰好相反，是耗费外界的轴功使工质的焓提高，轴功为负值。

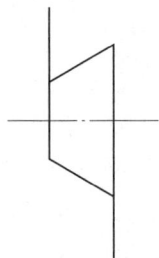

图 1-5　热力发动机　　　　　　图 1-6　压缩机械

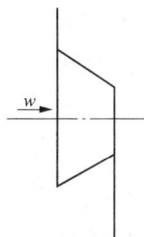

3. 喷管与扩压管

喷管与扩压管在工程上具有广泛的应用，如图 1-7 所示。喷管是通过流体的膨胀而获得高速流体的一种设备，扩压管是利用流体的动能降低来获得高压流体的一种设备，两者的作用恰好相反。它们共同的特点是进、出口的流速变化较大，没有轴功的交换，即 $w_{\mathrm{s}} = 0$。交换的热量以及重力位能的变化与流体的动能变化相比都很小，可以忽略不计，即 $q \approx 0$，$g\Delta z \approx 0$，于是

$$\frac{1}{2}(c_{\mathrm{f2}}^2 - c_{\mathrm{f1}}^2) = h_1 - h_2 \tag{1-37}$$

该式表明，流体动能的增量总是等于其焓降。在喷管中，流体的动能增加，焓值必然降低。在扩压管中，流体的动能降低，焓值必然增大。

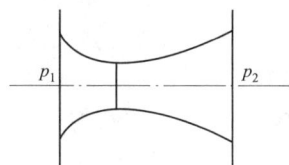

图 1-7　喷管与扩压管

4. 绝热节流

流体在管内流经阀门或其他通流截面积突然缩小的流道后，造成工质流体下降的现象称为节流，如图 1-8 所示。节流是典型的不可逆过程。在缩口附近存在涡流，工质处于不稳定的非平衡状态，但在离缩口稍远的上下游 1-1 和 2-2 截面处，流动情况基本稳定，两截面之间的流动可以用稳定流动能量方程式进行分析计算。两个截面上的宏观动能变化和重力位能变化均可以忽略。工质与外界没有轴功和热量的交换。于是，稳定流动能量方程式用于绝热节流时可得

图 1-8　节流

$$h_1 = h_2 \tag{1-38}$$

式 (1-38) 表明，节流前后工质的焓值相等。

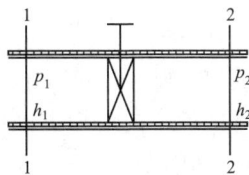

第四节　热力学第二定律

热力学第一定律解释了热力过程中参与转换与传递的各种能量在数量上是守恒的，但是它没有说明，满足能量守恒定律的一切过程是否都能实现。热力学第二定律是与热现象有关的各种过程进行的方向、条件以及进行的限度定律。只有同时满足热力学第一定律和热力学第二定律的过程才能实现。

一、热力学第二定律的表述

许多自然过程如压缩气体向大气中自由膨胀、不同种类气体的混合等，这些例子说明了自发过程是有方向的，是不可逆的，其逆过程必须有条件才能进行。自发过程的方向性可以用能量在传递和转换过程中能量品质的降低来说明。

涉及热过程的能量可分为三种：第一种是机械能、电能，它们几乎全部可转换成其他形式的能量，称为无限可转换能；第二种是有限可转换能，如温度不同于环境温度的物质系统的热力学能，它们只能部分转变为机械能，而且随着温度降低，转换的份额也在下降；第三种是不可转换能，如环境介质的热力学能，它们不可能转换成机械能。热量从高温物体传向低温物体，虽然能量的数量没变，但可以转换成机械能的份额降低，所以能量的品质下降。使能量品质降低的过程可自发进行，反之不可自发进行。通过摩擦，机械能转变成热能，虽然数量没变，但是无限可转换能变成了部分可转换能，能量的品质下降，故可自发进行。其逆过程将使能量品质上升，不能自发进行。由此可见，在热过程中仅考虑能量的数量是不全面的，还应同时考虑能量的品质。

热力学第二定律经典的表述有两种，一种是克劳修斯说法：不可能把热量从低温物体传到高温物体而不引起其他变化；另一种是开尔文说法：不可能从单一热源吸热使之完全变为有用功而不产生其他影响。也就是说第二类永动机是不可能实现的。

如果说热力学第一定律确立了热能和机械能相互转换的数量关系，那么热力学第二定律就阐明了热功转换过程的方向性、不可逆性。它说明了功变为热这个自发过程总是沿着一定方向进行，它的反过程，即热转换为功是不可能自发进行的，必须有条件。

二、卡诺循环

蒸汽机发明后，不少人为提高其热效率进行了大量的研究。在此基础上，卡诺在 1824 年提出了一个理想循环，分析了它的热效率，工质在与热源同样温度下定温吸热，在与冷源同样温度下定温放热，就可以避免损失，最为理想。卡诺循环的热效率只决定于高温热源和低温热源的温度，也就是工质吸热和放热时的温度。

卡诺循环由两个可逆等温过程和两个可逆绝热过程组成。正向卡诺循环的 $p-v$ 图和 $T-s$ 图，如图 1-9 所示，$a-b$ 是可逆定温吸热过程，工质自高温热源 T_1 吸收热量 q_1；bc 是可逆绝热膨胀过程，工质温度从 T_1 下降到 T_2；cd 是可逆定温放热过程，工质向同温度的低温热源 T_2 放出热量 q_2；da 是可逆绝热压缩过程，工质被压缩返回初态 a。

若以 η_{tc} 表示卡诺热机循环的热效率，则

$$\eta_{tc} = w_{net}/Q_1 = 1 - Q_2/Q_1$$

因　　　　　　　　　　$$Q_1 = T_1 \Delta S_{ab}, \quad Q_2 = T_2 |\Delta S_{ba}|$$

所以　　　　　$$\eta_{tc} = 1 - T_2 |\Delta S_{ba}|/(T_1 \Delta S_{ab}) = 1 - T_2/T_1 \qquad (1-39)$$

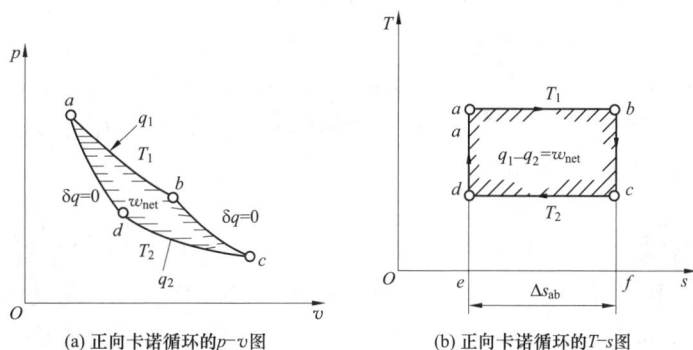

(a) 正向卡诺循环的 $p-v$ 图　　　　　(b) 正向卡诺循环的 $T-s$ 图

图 1-9　卡诺循环

分析上式可得几条重要结论：

（1）卡诺循环热效率取决于高温热源与低温热源的温度，提高高温热源和降低低温热源温度可以提高其热效率。

（2）因高温热源热力学温度趋向无穷大及低温热源热力学温度等于零均不可能，所以循环热效率小于 1，即在循环发动机中不可能将热全部转变成功。

（3）当高温热源温度等于低温热源温度时，循环的热效率等于零，即只有一个热源从中吸热，并将之全部转变成功的热力发动机是不可能制成的。

卡诺循环也可以逆向运行，对于卡诺制冷循环，工质可逆定温从温度为 T_2 的冷库吸热，被可逆绝热压缩后，可逆定温向温度为 T_1 的环境介质放热，最后可逆绝热膨胀，进入冷库，完成循环。其制冷系数为

$$\varepsilon = T_2/(T_1-T_2) \tag{1-40}$$

对于卡诺热泵循环，工质可逆定温从低温热源 T_2（如环境介质）吸热，被可逆绝热压缩后，可逆定温向高温热源 T_1（如建筑物室内）放热，最后可逆绝热膨胀，完成循环。其供暖系数或热泵工作性能系数为

$$\varepsilon' = T_1/(T_1-T_2) \tag{1-41}$$

第五节　水蒸气热力性质

水蒸气具有良好的膨胀性能与传热性能，易于获得、成本低、无毒无味，不存在污染环境的问题，是热力工程中应用最广泛的工质。讨论水蒸气的热力学性质，其核心内容就是要讨论水蒸气各参数之间的关系。在通常情况下，水蒸气分子间的距离较小，分子间的作用力及分子本身的体积不能忽略，其热力学性质与理想气体存在较大差异，不能将理想气体的参数关系式用于水蒸气。由于水蒸气的参数关系式较复杂，不便于工程应用，故将水蒸气的热力学参数关系绘制成了图表。本节的主要内容是水蒸气热力性质的基本概念以及水蒸气热力学性质图表的应用。这些内容是水蒸气热力过程分析计算所必需的理论基础。

一、水蒸气的概念及术语

1. 汽化与凝结、蒸发与沸腾

热力工程中要求工质具有良好的流动性，因而下面主要讨论工质的气态或液态，所涉及

的相变过程主要是气液两相间的汽化与凝结。由液态变为气态的相变过程称为汽化；由气态变为液态的相变过程称为凝结或液化。汽化有蒸发与沸腾两种方式。蒸发是任何温度下，在液体表面缓慢进行的汽化现象，是液体表面一些内动能较大的分子克服表面张力逸出液面变为蒸汽的相变过程。沸腾是在一定温度下，在液体内部剧烈进行的汽化现象。沸腾现象中，在液体表面和内部同时进行强烈的汽化过程。

2. 饱和状态、饱和温度与饱和压力

水蒸气在密闭容器内，气液两相平衡共存的状态称为饱和状态。饱和状态宏观上是气液两相在没有外界作用的条件下，不会发生变化的平衡状态，但微观上是气液两相之间汽化速度与凝结速度相等，即在同一时间内逸出液面的分子与回到液面的分子数目相等的动态平衡状态。饱和状态下的液体和蒸汽分别称为饱和液体与饱和蒸汽。工质处于饱和状态时的压力和温度分别称为饱和压力与饱和温度。饱和压力与饱和温度是单值函数关系。饱和压力用 p_s 表示，饱和温度用 T_s 或 t_s 表示，则

$$p_s = f(T_s) \tag{1-42}$$

该式称为饱和蒸汽压力方程。饱和压力越高，对应的饱和温度也越高。例如，对于水蒸气，当 $p_s = 1\text{atm} = 0.103\,25\text{MPa}$ 时，$t_s = 100℃$；当 $p_s = 0.2\text{MPa}$ 时，$t_s = 120.24℃$。

3. 五种状态

热力工程中常见的水蒸气状态有五种：温度低于相应压力下的饱和温度（$t < t_s$）时的水称为未饱和水；温度等于相应压力下的饱和温度（$t = t_s$）时的水称为饱和水；温度等于相应压力下的饱和温度（$t = t_s$）时的水蒸气称为干饱和蒸汽；温度等于相应压力下的饱和温度（$t = t_s$）时饱和水与饱和蒸汽的混合物称为湿蒸汽；温度高于相应压力下的饱和温度（$t > t_s$）时的水蒸气称为过热蒸汽。其中饱和水、干饱和蒸汽、湿蒸汽均属于饱和状态。同样压力下的饱和水、干饱和蒸汽与湿蒸汽，其温度相同，均为该压力下的饱和温度。但其余参数却各不相同。为了便于区别，饱和水的参数符号均在右上角加 "$'$"，如 v'、h'、s'；干饱和蒸汽的参数符号均在右上角加 "$''$"，如 v''、h''、s''；湿蒸汽的参数符号均在右下角加 "x"，如 v_x、h_x、s_x。

二、p-T 图（相图）

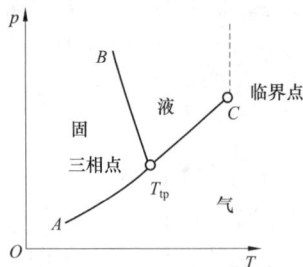

图 1-10　水的相图

水的 p-T 图如图 1-10 所示。图中有三个单相区：固相区、液相区和气相区；三条曲线：气液两相平衡共存状态点的连线——汽化线（液化线），液固两相平衡共存状态点的连线——溶解线（凝固线）和气固两相平衡共存状态点的连线——升华线（凝华线）。三条曲线相交于三相点，三相点是三相平衡共存状态点的集合，它可以是单相的饱和固体、饱和液体或饱和气体，还可以是固、液、气三相的混合物。三相点除压力与温度之外，其余参数如比体积、焓、熵等参数则随固、液、气三相的混合比例不同而异。水蒸气三相点的压力与温度具有确定的数值，与三相的混合比例无关，分别为：$p_{tp} = 611.659\text{Pa}$，$T_{tp} = 273.16\text{K}$ 或 $t_{tp} = 0.01℃$。当压力低于三相点的压力 p_{tp} 时，液相不可能存在，而只可能是气相或固相。当温度高于三相点的温度 T_{tp} 时，固相不可能存在，而只可能是气相或液相。三相点的压力与温度是气液两相平衡共存状态最低的饱和压力与饱和温度。

三、水蒸气的定压发生过程

理论上水蒸气的生产过程可以是多种多样的，但工程上应用的水蒸气，通常是在定压条件下对水加热产生的。下面就以水蒸气的定压发生过程为例，说明水蒸气各状态之间的关系与基本特性。

（一）水蒸气定压发生过程的三个阶段

假设一活塞气缸内盛有 1kg、0℃ 的水，在一定的压力下对水加热。水蒸气定压过程一般可以分为三个阶段。

1. 预热阶段

即由初始状态为 0℃ 的未饱和水加热为相应压力下的饱和水，也即图 1-11 所示的 $a-b$ 阶段。在该阶段，随着热量的加入，水温逐渐升高，熵值增大，比体积也略有增加。当水温升高到相应压力下的饱和温度 t_s 时，水达到饱和状态，成为饱和水。该阶段水吸收的热量称为液体热或预热热，用 q_1 表示。由热力学第一定律可知，液体热 q_1 等于该阶段的焓增，即 $q_1 = h' - h_a$。

2. 汽化阶段

即由饱和水加热为干饱和蒸汽，也即图 1-11 所示的 $b-d$ 阶段。在该阶段，对饱和水继续加热，水开始汽化（沸腾），饱和蒸汽的比例不断地增大，温度保持饱和温度不变，比体积与熵均增大。这时的水蒸气为气液两相平衡共存的饱和状态，由初始的饱和水、湿蒸汽一直到终了的干饱和蒸汽，也即由图 1-11 中的 b 状态点到 d 状态点的根本不同之处就在于饱和水与饱和蒸汽的比例不同。这些点的压力和温度均一样，但其余参数各不相同。汽化阶段水蒸气吸收的热量称为汽化潜热，以 γ 表示，单位为 J/kg。汽化潜热等于该阶段的焓增，即 $\gamma = h'' - h'$。

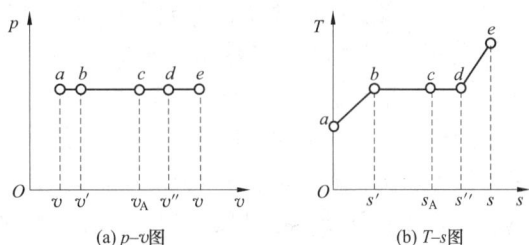

图 1-11　水蒸气定压发生过程

注：下角 A 表示液体处于过冷水阶段。

3. 过热阶段

即由干饱和蒸汽加热为过热蒸汽，也即图 1-11 所示的 de 阶段。对干饱和蒸汽继续加热，蒸汽的温度、比体积与熵均增大，成为温度高于相应压力下饱和温度的过热蒸汽。该阶段水蒸气吸收的热量称为过热热，用 q_{sup} 表示。过热热等于该阶段的焓增，即 $q_{sup} = h_e - h''$。过热蒸汽的温度与同压力下的饱和温度之差称为过热度，用 D 表示，即 $D = t - t_s$。

综上所述，水蒸气的定压发生过程经历了预热、汽化和过热三个阶段，并先后经历未饱和水、饱和水、湿蒸汽、干饱和蒸汽和过热蒸汽五种状态。水蒸气的定压发生过程在 $p-v$ 图上是一条水平线；在 $T-s$ 图上是一条三折线。各参数的变化趋势为比体积、焓、熵均单调增大，温度除了在汽化阶段保持不变外，在预热和过热阶段均增大。显然，饱和水与干饱和蒸汽状态点是三个阶段、五种状态的分水岭。对于任何一个状态只要知道它相对于同压下的饱和水与干饱和蒸汽点的关系就可以确定它是什么状态。

（二）不同压力下的水蒸气定压发生过程

如果在 $p-v$ 图与 $T-s$ 图上将不同压力下的饱和水与干饱和蒸汽状态点各用一条曲线连

接起来，就得到了图 1-12 中 *BC* 线以及 *DC* 线，分别称为饱和水线（或下界线）与干饱和蒸汽线（或上界线），它们分别表示各压力下的饱和水以及干饱和蒸汽状态。

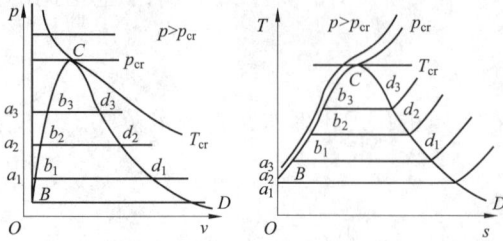

图 1-12　不同压力下的水蒸气定压发生过程

如图 1-12 所示，不同压力下的水蒸气定压发生过程的特点是随着压力的增加，相应的饱和温度 t_s、饱和水的比体积 v' 和熵 s' 均增大；而干饱和蒸汽的比体积 v'' 和熵 s'' 均减小；饱和水与干饱和蒸汽状态点逐渐靠近，汽化阶段逐渐缩短，汽化潜热 γ 逐渐减小。不同压力下预热阶段的定压线 a_1b_1、a_2b_2、a_3b_3 在 $T-s$ 图上间距较小，紧贴着饱和水线，未饱和水状态点 a_1、a_2、a_3 几乎重叠在一起。未饱和水的比体积主要取决于温度，压力的高低对其影响不大，在 $p-v$ 图上未饱和水状态点 a_1、a_2、a_3 几乎在同一条定容线上，呈现不可压缩流体的基本特性。

饱和水线与干饱和蒸汽线相交于 *C* 点，称为临界点。此时，饱和水与干饱和蒸汽重合为一点，处于同一状态，具有相同的状态参数，即 $v'=v''$，$s'=s''$ 等。这时的饱和水与干饱和蒸汽之间的差异以及汽化阶段已完全消失。临界状态下的参数称为临界参数，其参数符号均在右下角加角标"cr"。临界参数是表征物质特性的重要参数。水蒸气的临界参数值为：$p_{cr}=22.064\text{MPa}$，$t_{cr}=373.99℃$、$v_{cr}=0.003\ 106\text{m}^3/\text{kg}$，$h_{cr}=2085.9\text{kJ/kg}$，$s_{cr}=4.409\ 2\text{kJ/(kg·K)}$。$p_{cr}$ 与 t_{cr} 是气液两相平衡共存饱和状态下的最高值。在 p_{cr} 下定压加热到 t_{cr} 时，不存在气液分界面，为一均匀状态；再加热就直接成为过热蒸汽，不存在气液共存的汽化阶段。当 $p>p_{cr}$ 时，液、气两个单相区之间不存在两相平衡共存的相转变区，两相之间也无明确的分界。在定压（$p>p_{cr}$）条件下加热时，也不再存在汽化阶段，液、气两相的转变为一连续渐变过程，在状态变化过程中水蒸气总是呈现为均匀状态。习惯上，当 $p>p_{cr}$ 时，是以 t_{cr} 作为液气两个单相区的分界，当 $t<t_{cr}$ 时为未饱和水，$t>t_{cr}$ 时为过热蒸汽。因此，在任何压力下，当 $t>t_{cr}$ 时，只可能是过热蒸汽。

（三）水蒸气的 $p-v$ 图与 $T-s$ 图

如图 1-13 所示，饱和水线 *CB* 与干饱和蒸汽线 *CD* 以及临界温度 T_{cr} 定温线分别将 $p-v$ 图和 $T-s$ 图分为三个区域：*CB* 以及 T_{cr} 定温线的左方是未饱和水区域；*CB* 线与 *CD* 线之间为气液两相共存的湿蒸汽区域；*CD* 以及 T_{cr} 定温线以右为过热蒸汽区域。

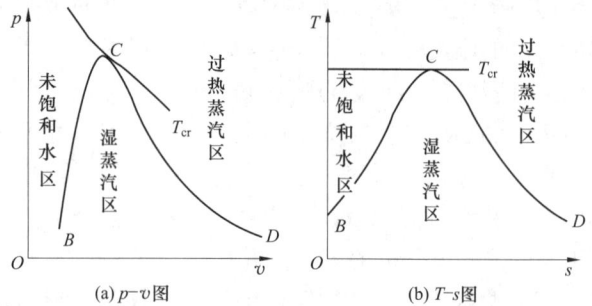

(a) $p-v$ 图　　　　　(b) $T-s$ 图

图 1-13　水蒸气的 $p-v$ 图与 $T-s$ 图

综上所述，在表示水蒸气各种状态的 $p-v$ 图与 $T-s$ 图上，可归结为一点两线三区五态。一点是临界点 *C*；两线是饱和水线（下界线）*CB* 与干饱和蒸汽线（上界线）*CD*；三区是未饱和水区（液相区）、湿蒸汽区（气液两相区）和过热蒸汽区（气相区）；五态是未饱和水、饱和水、湿蒸汽、干饱和蒸汽、过热蒸汽五种状态。

四、水蒸气热力性质表

蒸汽的热力学性质与理想气体有较大差别，尽管其 p、v、T 的关系不满足理想气体状态方程式，水蒸气的热力学能和焓也不像理想气体那样是温度的单值函数，其参数关系式的形式较为复杂，但仍遵循两个彼此独立的状态参数就可以确定一个平衡状态，任何一个状态参数均是另外两个独立参数的函数。

水蒸气热力学性质图表是专门研究物性的科学工作者按照水蒸气的复杂参数关系式编制的。尽管国际水蒸气会议制定了水蒸气热力性质的骨架表及允差，但由于各种水蒸气热力学性质图表所依据的参数关系式不同，其结果仍会略有差异。常用的水蒸气热力学性质图表有水蒸气的焓熵图与水和水蒸气热力性质表。水与水蒸气热力性质表有两种，一种是饱和水与干饱和蒸汽的热力性质表；另一种是未饱和水与过热蒸汽的热力性质表。

1. 饱和水与干饱和蒸汽的热力性质表

为了使用方便，饱和水与干饱和蒸汽的热力性质表又分为以温度为序和以压力为序的两种。见表 1-2 和表 1-3，在以温度为序的饱和水与干饱和蒸汽表中，列出了与不同温度对应的饱和压力 p_s；而在以压力为序的表中则列出了与不同压力对应的饱和温度 t_s。两种表都列出了不同温度或不同压力下饱和水与干饱和蒸汽的比体积（v' 与 v''）、焓（h' 与 h''）和熵（s' 与 s''），以及相应的汽化潜热 γ。

表 1-2　　　　　　饱和水与干饱和蒸汽的热力性质表（按温度排列）（摘录）

t	p	v'	v''	h'	h''	γ	s'	s''
℃	MPa	m³/kg	m³/kg	kJ/kg	kJ/kg	kJ/kg	kJ/(kg·K)	kJ/(kg·K)
0.01	0.006 117	0.001 000 21	206.012	0.00	2500.53	2500.5	0.000 0	9.154 1
10	0.001 227 9	0.001 000 34	106.341	42.00	2518.90	2476.9	0.151 0	8.898 8
50	0.012 344 6	0.001 012 16	12.036 5	209.33	2591.19	2381.9	0.703 8	8.074 5
100	0.101 325	0.001 043 44	1.673 6	419.06	2675.71	2256.6	1.306 9	7.354 5
200	1.553 66	0.001 156 41	0.127 32	852.34	2792.47	1940.1	2.330 7	6.431 2
300	8.583 08	0.001 403 69	0.021 669	1344.0	2748.71	1404.7	3.253 3	5.704 2

表 1-3　　　　　　饱和水与干饱和蒸汽的热力性质表（按压力排列）（摘录）

p	t	v'	v''	h'	h''	γ	s'	s''
MPa	℃	m³/kg	m³/kg	kJ/kg	kJ/kg	kJ/kg	kJ/(kg·K)	kJ/(kg·K)
0.01	45.798 8	0.001 010 3	14.673	191.76	2583.72	2392.0	0.649 0	8.148 1
0.10	99.634	0.001 043 2	1.6943	417.52	2675.14	2257.6	1.302 8	7.358 9
1.00	179.916	0.001 127 2	0.194 38	762.84	2777.67	2014.8	2.138 8	6.585 9
10.0	311.037	0.001 452 2	0.018 026	1407.2	2724.46	1317.2	3.359 1	5.613 9
20.0	365.789	0.002 037 9	0.005 870	1827.2	2413.05	585.9	4.015 3	4.932 2

当已知温度时可由表 1-2 确定该温度下饱和水与干饱和蒸汽的参数，当已知压力时可由表 1-3 确定该压力下饱和水与干饱和蒸汽的参数。

水与水蒸气热力性质表中无热力学能 u，需要时可由 $u=h-pv$ 计算。用该式计算热力学能时，应注意表中给出的焓值单位为 kJ/kg，压力的单位为 MPa。

水与水蒸气热力性质表无专门的湿蒸汽表。对于湿蒸汽的状态参数，可先由表 1-2 或

表 1-3 查出相应温度或压力下的饱和水与干饱和蒸汽的参数，然后通过计算得出。由于湿蒸汽是由压力、温度相同的饱和水与饱和蒸汽所组成的混合物。同一压力（或温度）下，不同湿蒸汽状态的根本差异在于其饱和水与饱和蒸汽的比例不同，湿蒸汽的这一特性用参数干度或湿度来描述。1kg 湿蒸汽中含有饱和蒸汽的质量称为干度，用 x 表示；1kg 湿蒸汽中含有饱和水的质量称为湿度，用 y 表示。若用 m' 与 m'' 分别表示湿蒸汽中饱和水与饱和蒸汽的质量，则 x 与 y 分别为

$$x = \frac{m''}{m' + m''} \tag{1-43}$$

$$y = \frac{m'}{m' + m''} \tag{1-44}$$

显然，$x+y=1$，x 与 y 两者之间不是独立参数。而且，$0 \leqslant x \leqslant 1$，$0 \leqslant y \leqslant 1$。当湿蒸汽为饱和水时，$x=0$，$y=1$；当湿蒸汽为干饱和蒸汽时，$x=1$，$y=0$。湿蒸汽的干度 x 越大，干饱和蒸汽的质量份额越大，越接近干饱和蒸汽状态；反之干度 x 越小，越接近饱和水状态。

对于湿蒸汽，由于压力与温度不再是独立参数，不能用压力和温度确定湿蒸汽状态。若已知湿蒸汽的压力（或温度）以及干度 x，则可由相应压力下的饱和水与干饱和蒸汽的参数计算出湿蒸汽的参数。因为 1kg 湿蒸汽是由 $(1-x)$kg 饱和水与 $x$kg 干饱和蒸汽混合而成的。因此，1kg 湿蒸汽的各参数就等于 $(1-x)$kg 饱和水的相应参数与 $x$kg 干饱和蒸汽的相应参数之和，即

$$v_x = (1-x)v' + xv'' = v' + x(v'' - v') \tag{1-45}$$

$$h_x = (1-x)h' + xh'' = h' + x(h'' - h') \tag{1-46}$$

$$s_x = (1-x)s' + xs'' = s' + x(s'' - s') \tag{1-47}$$

【例 1-3】 确定下列各点的状态：

(1) $p=0.1$MPa，$t=110$℃；

(2) $p=1$MPa，$v=0.1$m³/kg；

(3) $t=200$℃，$s=2$kJ/(kg·K)。

解：(1) 由饱和水和饱和蒸汽表查得：$p=0.1$MPa 时，$t_s=99.634$℃。

由 $t=110$℃$>t_s=99.634$℃，可知该状态为过热蒸汽。

(2) 由饱和水和饱和蒸汽表查得：$p=1$MPa 时，$v'=0.001\ 127\ 2$m³/kg，$v''=0.194\ 38$m³/kg

由 $v'=0.001\ 127\ 2$m³/kg$<v=0.1$m³/kg$<v''=0.194\ 38$m³/kg，可知该状态为湿蒸汽。

(3) 由饱和水和饱和蒸汽表查得：$t=200$℃时，$s'=2.330\ 7$kJ/(kg·K)

由 $s=2$kJ/(kg·K)$<s'=2.3307$kJ/(kg·K)，可知该状态为未饱和水。

讨论：以同样压力下饱和水与干饱和蒸汽的参数为基准可以判断水蒸气所处的状态，而判断水蒸气所处的状态是查取参数的基础与前提。确定状态之后才能确定用什么表来查取参数。

【例 1-4】 求例 [1-3]（2）湿蒸汽状态下的温度 t_s、焓 h、熵 s 及热力学能 u。

解：由饱和水和饱和蒸汽表查得：$p=1$MPa 时，$t_s=179.916$℃，$v'=0.001\ 127\ 2$m³/kg，$v''=0.194\ 38$m³/kg，$h'=762.84$kJ/kg，$h''=2777.67$kJ/kg，$s'=2.138\ 8$kJ/(kg·K)，

$s''=6.585\,9\text{kJ}/(\text{kg}\cdot\text{K})$。该湿蒸汽状态的干度 x 由式（1-45）有

$$x=\frac{v-v'}{v''-v'}=\frac{0.1-0.001\,127\,2}{0.194\,38-0.001\,127\,2}=0.511\,6(\text{m}^3/\text{kg})$$

于是由式（1-46）和式（1-47）

$h=h'+x\ (h''-h')=762.84+0.511\,6\times(2777.67-762.84)=1793.627\ (\text{kJ}/\text{kg})$

$s=s'+x\ (s''-s')=2.138\,8+0.511\,6\times(6.585\,9-2.138\,8)=4.414\ [\text{kJ}/(\text{kg}\cdot\text{K})]$

$u=h-pv=1793.627-1\times10^6\times0.1\times10^{-3}=1893.627\ (\text{kJ}/\text{kg})$

讨论：当湿蒸汽的干度已知时，可直接用式（1-45）~式（1-47）计算比体积、焓和熵。而该例中所给出的两个独立参数是压力与比体积，由于它们也同样确定了一个湿蒸汽的平衡状态，因此其余参数也就确定了。而干度 x 是湿蒸汽的一个状态参数，状态一定，它的数值也是确定的。这时需要先用相应已知参数的湿蒸汽参数计算式计算出干度 x，再计算其余参数。

2. 未饱和水与过热蒸汽的热力性质表

未饱和水与过热蒸汽的热力性质表是以温度和压力为确定未饱和水与过热蒸汽状态的两个独立变量而编制出的各状态下的比体积、焓和熵，见表1-4。表中的黑线是未饱和水与过热蒸汽状态的分界线，黑线以上为未饱和水，黑线以下为过热蒸汽。

表1-4   未饱和水与过热蒸汽的热力性质表（摘录）

p	0.1MPa			1MPa		
饱和参数	$t_s=99.634℃$ $v'=0.001\,043\,2\text{m}^3/\text{kg}$, $v''=1.694\,3\text{m}^3/\text{kg}$ $h'=417.52\text{kJ}/\text{kg}$, $h''=2675.14\text{kJ}/\text{kg}$, $s'=1.302\,8\text{kJ}/(\text{kg}\cdot\text{K})$, $s''=7.358\,9\text{kJ}/(\text{kg}\cdot\text{K})$			$t_s=179.916℃$ $v'=0.001\,127\,2\text{m}^3/\text{kg}$, $v''=0.194\,38\text{m}^3/\text{kg}$ $h'=762.84\text{kJ}/\text{kg}$, $h''=2777.67\text{kJ}/\text{kg}$, $s'=2.138\,8\text{kJ}/(\text{kg}\cdot\text{K})$, $s''=6.585\,9\text{kJ}/(\text{kg}\cdot\text{K})$		
t	v	h	s	v	h	s
℃	m³/kg	kJ/kg	kJ/(kg·K)	m³/kg	kJ/kg	kJ/(kg·K)
10	0.001 000 3	42.10	0.151 0	0.000 999 9	42.98	0.150 9
30	0.001 004 4	125.77	0.436 5	0.001 004 0	126.59	0.436 3
50	0.001 012 1	209.40	0.703 7	0.001 011 7	210.18	0.703 3
70	0.001 022 7	293.07	0.954 9	0.001 022 3	293.80	0.954 4
90	0.001 035 9	376.96	1.192 5	0.001 035 5	377.66	1.191 9
110	1.744 8	2696.2	7.414 6	0.001 051 1	461.95	1.417 9
130	1.841 1	2736.3	7.516 7	0.001 069 2	546.87	1.633 9
150	1.936 4	2776.0	7.612 8	0.001 090 1	632.61	1.841 4
170	2.031 1	2815.6	7.704 1	0.001 114 0	719.36	2.041 8
190	2.125 3	2855.0	7.791 2	0.200 25	2803.0	6.641 2
210	2.219 1	2894.5	7.874 7	0.211 43	2851.0	6.742 7

水和水蒸气热力性质表中编制的状态参数仅仅是一些有限状态点的参数数值，这些状态点之间不是连续的，存在着间隔。若要确定这些间隔中状态点的状态参数，需要通过直线内插法求得。为了减小误差，内插法计算的原则是要以表中给出参数数据的距离所求状态点最近的两个状态点进行直线内插计算。

【例1-5】 求 $p=0.1\text{MPa}$，$t=95℃$ 的水的比体积 v、焓 h、熵 s 及热力学能 u。

解：由饱和水和饱和蒸汽表查得 $p=0.1\text{MPa}$ 时，$t_s=99.634℃$。

由 $t=95℃<t_s=99.634℃$ 可知，该状态为未饱和水。因此应由未饱和水与过热蒸汽热力性质表来查取该状态的参数。

在未饱和水与过热蒸汽热力性质表中距该状态点最近的两点分别为 $p=0.1\text{MPa}$，$t_1=90℃$ 时的未饱和水状态点与 $p=0.1\text{MPa}$ 下的饱和水状态点。

由未饱和水与过热蒸汽热力性质表查得 $p=0.1\text{MPa}$，$t_1=90℃$ 时，$v_1=0.001\ 035\ 9\text{m}^3/\text{kg}$，$h_1=376.96\text{kJ/kg}$，$s_1=1.192\ 5\text{kJ/(kg·K)}$。

查得 $p=0.1\text{MPa}$ 下的饱和水：$t_2=99.634℃$，$v_2=0.001\ 043\ 2\text{m}^3/\text{kg}$，$h_2=417.52\text{kJ/kg}$，$s_2=1.302\ 8\text{kJ/(kg·K)}$。

$p=0.1\text{MPa}$，$t=95℃$ 的未饱和水的 v、h、s 用直线内插法计算如下：

$$v=v_1+\frac{v_2-v_1}{t_2-t_1}(t-t_1)=0.001\ 035\ 9+\frac{0.001\ 043\ 2-0.001\ 035\ 9}{99.634-90}\times(95-90)=0.001\ 039\ 7(\text{m}^3/\text{kg})$$

$$h=h_1+\frac{h_2-h_1}{t_2-t_1}(t-t_1)=376.96+\frac{417.52-376.96}{99.634-90}\times(95-90)=398.01(\text{kJ/kg})$$

$$s=s_1+\frac{s_2-s_1}{t_2-t_1}(t-t_1)=1.192\ 5+\frac{1.302\ 8-1.192\ 5}{99.634-90}\times(95-90)=1.249\ 7[\text{kJ/(kg·K)}]$$

该状态下的热力学能 $u=h-pv=398.01-0.1\times10^6\times0.001\ 039\ 7\times10^{-3}=397.906$ （kJ/kg）

讨论：该未饱和水状态点接近饱和水状态，若误用在表中一线之隔的未饱和水参数与过热蒸汽参数进行内插计算，则两点由于相隔一个汽化阶段相距较远，势必导致较大误差。

利用水和水蒸气热力性质表确定参数的特点是精确度高，但往往需要复杂的内插计算，尤其对于已知参数不是基本参数时，复杂的内插计算更是不可避免。为了确定参数方便，在水蒸气热力过程的分析计算中，最常用的是水蒸气的焓-熵图（h-s 图）。

五、水蒸气的 h-s 图

水蒸气的 h-s 图是按照水蒸气的复杂参数关系式绘制的以焓 h 为纵坐标轴、熵 s 为横坐标轴的线算图。利用 h-s 图无须内插计算，可以很容易地确定水蒸气的状态参数，而且定压过程传递的热量和绝热过程交换的技术功均可由 h-s 图直接确定其焓差而得出具体结论。因此，对水蒸气的热力过程进行分析计算时，用 h-s 图更加直观方便。

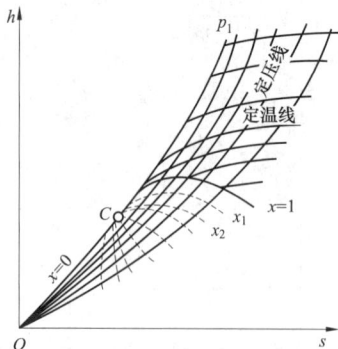

图 1-14　水蒸气的 h-s 图

水蒸气的 h-s 图如图 1-14 所示，主要由一系列线群组成。除定焓线与定熵线之外，h-s 图上的线群有如下四组：①定压线群：由可逆过程热力学第一定律 $T\text{d}s=\text{d}h-v\text{d}p$，可得定压线的斜率 $(\partial h/\partial s)_p=T$。于是定压线在湿蒸汽区为斜率恒定的斜直线（温度恒定），在过热蒸汽区为斜率越来越大（温度升高）的曲线。定压线群整体呈放射形，线间的距离随着横坐标熵的增大而增大。②定温线群：在湿蒸汽区压力相同的点势必温度也相同，也即定压线就是定温线。在过热蒸汽区定温线是渐趋平坦的曲线。定温线在 h-s 图上的变化趋势表明，离干饱和蒸汽线越远，水蒸气的焓就越接近于成为温度的单值函数，水蒸气也就越接近于理想气体的性质。③定容线群：定容线是较定压线更陡的曲线，为了便于区别，一般用红线表示。④定干度线群：在湿蒸汽区的定干度线群交于临界点 C。临界压力 p_{cr} 与临界温度 t_{cr} 是气液两相平衡共存饱和状态下的最高值，但临界焓值 h_{cr} 却不是气液两相平衡共存饱和状态下的最高值。在 $x=0$ 的饱和水线上，所有饱和水状态点的焓都低于临界焓值 h_{cr}，在 $h-s$ 图上饱和水状态点均在临界点的下方；但在 $x=1$ 的干饱和蒸汽线上，有一部分干饱和蒸汽状态点的焓值高于临界焓值 h_{cr}，这些点在 $h-s$ 图上要高于临界点。水蒸气的 $h-s$ 图上，在 $x=0$ 的饱和水线与 $x=1$ 的干饱和蒸汽线的下面为湿蒸汽区，在 $x=0$ 的饱和水线的左侧为未饱和水区，在 $x=1$ 的干饱和蒸汽线的右上方为过热蒸汽区。

热力工程中应用的水蒸气多为干度较高的湿蒸汽及过热蒸汽。因此实用的 $h-s$ 图只限于图 1-14 中右上方虚线涉及的部分。工程上常用的 $h-s$ 图所包括的状态范围均属这部分区域。在 $h-s$ 图的这个区域内，根据水蒸气任意两个彼此独立的状态参数可以确定一个状态点，进而可以读出该状态下的其余参数。当需要确定饱和水线附近状态参数时，可由水与水蒸气热力性质表查取。

【例 1-6】 某汽轮机水蒸气的入口压力与温度分别为 $p_1=17\text{MPa}$，$t_1=550℃$。经可逆绝热膨胀做功后，排汽压力为 $p_2=0.01\text{MPa}$。试由图 1-15 求：（1）水蒸气在汽轮机入口处的比体积，焓和熵；（2）水蒸气在汽轮机出口处的比体积和焓；（3）1kg 水蒸气流过汽轮机所做的轴功。

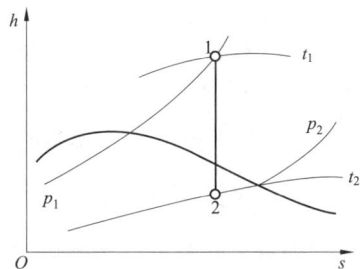

图 1-15 ［例 1-6］图

解：（1）在 $h-s$ 图上，$p_1=17\text{MPa}$ 的定压线与 $t_1=550℃$ 的定温线的交点 1 即水蒸气在汽轮机入口处的状态点。于是可读得：$v_1=0.02\text{m}^3/\text{kg}$，$h_1=3430\text{kJ/kg}$，$s_1=6.44\text{kJ/(kg·K)}$。

（2）在 $h-s$ 图上，$s_2=s_1=6.44\text{kJ/(kg·K)}$ 的定熵线与 $p_2=0.01\text{MPa}$ 的定压线的交点 2 即水蒸气在汽轮机出口处的状态点。于是可读得：$v_2=17\text{m}^3/\text{kg}$，$h_2=2040\text{kJ/kg}$。

（3）由稳定流动能量方程可得 1kg 水蒸气流过汽轮机所做的轴功为：$w_s=h_3-h_2=3430-2040=1390$（kJ/kg）。

【例 1-7】 工程上常通过绝热节流来测量湿蒸汽的干度。已知某湿蒸汽状态下的压力为 $p_1=0.2\text{MPa}$，经节流后变为过热蒸汽，并测得节流后压力降为 $p_2=0.05\text{MPa}$，温度 $t_2=90℃$。求：湿蒸汽的干度 x_1。

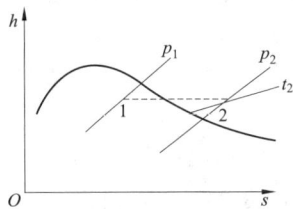

图 1-16 ［例 1-7］图

解： 在 $h-s$ 图上，由 $p_2=0.05\text{MPa}$，$t_2=90℃$ 可确定出过热蒸汽的状态点 2，如图 1-16 所示。由于绝热节流前后蒸汽的焓值不变 $h_1=h_2$，于是从点 2 出发，沿等焓线与节流前湿蒸汽压力 $p_1=0.2\text{MPa}$ 的定压线交于点 1，即为所求的湿蒸汽状态点。由 $h-s$ 图上的点 1 可读得该湿蒸汽状态的干度为：$x_1=0.97$。

讨论：［例 1-6］中的点 2 是由压力和熵确定的，［例 1-7］中的点 1 是由压力和焓确定的，若用水蒸气热力性质表则较复杂，而用 $h-s$ 图较简洁。用 $h-s$ 图确定参数的要点是正确确定状态点，由于所求的状态点往往是在各种线群的间隔之中，因此需要尽可能精确地估计读出参数数据。一般来讲，用

$h-s$ 图比较方便，但存在一定的误差。此过程的目的是为了了解过程中工质状态的变化规律，确定过程中工质与外界的能量交换。

第六节　水蒸气的动力循环

热力学第二定律证明了在相同的温限之间，卡诺循环的热效率是最高的，为什么在蒸汽动力装置中不采用卡诺循环呢？前面研究了卡诺循环及其热效率计算，但在实际生产过程中卡诺循环很难实现。热机的效率要尽量提高，只能是接近于卡诺循环热效率，而不能等于卡诺循环热效率。

一、卡诺循环的局限性

在实际采用卡诺循环时有很多困难。其以气体为工质的定温吸热和定温放热过程难以实现。以水蒸气作为工质利用工质的集态变化可以实现，但有局限性。卡诺循环的局限性有以下三点：

（1）湿蒸汽的绝热压缩过程难以实现。因为湿蒸汽的比体积比水的比体积大得多，压缩湿蒸汽耗功很大，且压缩机工作极不稳定。

（2）卡诺循环局限在饱和区内。工质吸热的上限温度受临界温度的限制，工质放热的下限温度受环境温度的限制，因此热效率 $\eta_c = 1 - \dfrac{T_2}{T_1}$ 不会太高。上限温度较高的其他循环的热效率完全有可能高于卡诺循环的热效率。

（3）饱和蒸汽膨胀终态的湿度很大，影响汽轮机工作的安全性。

分析卡诺循环存在的问题，为改进实际循环指明了方向。其实，实际生产中水蒸气在热力设备中的状态变化均以朗肯循环为基础。

二、朗肯循环

（一）朗肯循环的概念

朗肯循环装置系统由锅炉、汽轮机、凝汽器和水泵四大主要设备用管道连接组成。它针对饱和蒸汽卡诺循环的局限性进行了两方面的改进。

一方面使放热过程延至蒸汽全部凝结成饱和水，水泵耗功比压缩机少得多且工作稳定，使循环中多一段水的预热过程，减小了循环平均温差，对热效率是不利的，但是对简化设备却是有利的。另一方面使工质的吸热过程沿等压线延至过热蒸汽区，提高了循环的平均吸热温度，既提高了循环热效率又增大了乏汽的干度。朗肯循环是切实可行的蒸汽动力装置基本循环，多种较复杂的蒸汽动力循环都是在朗肯循环的基础上改进而得到的。

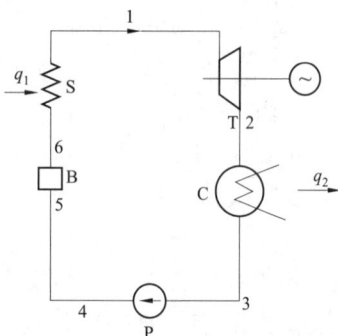

图 1-17　朗肯循环示意图

（二）对实际蒸汽循环过程进行分析简化

先画出工质的工作流程简图如图 1-17 所示。

根据每一个设备的工作特点将其中的实际工作过程用近似的或等效的可逆过程代替。循环由下列过程组成：

吸热过程（2—5—6—1）：采用理想化的方法，忽略流阻引起的工质的压力变化，把外热源看作无限多个温度

相差 dT 的热源，使工质随时都在无温差下吸热，这样即可看作是可逆定压的吸热过程。

膨胀过程（1—2）：若不考虑高速流动工质的摩擦及工质的散热即为可逆绝热膨胀过程（定熵膨胀过程）。

放热过程（2—3）：同理，不计工质放热时的温差传热即为可逆定压放热过程同时也是定温过程（冷凝器内的压力通常很低，现代蒸汽电厂冷凝器内压力为 4～5kPa，其相应的饱和温度为 28.95～32.88℃，仅稍高于环境温度）。

压缩过程（3—4）：同理，不计水在升压过程中的摩擦和散热即为可逆绝热（定熵）压缩过程。

压力升高后的水再次进入锅炉完成一次循环。

综上所述，忽略了一切不可逆因素之后，便得到了相应的反映该实际动力装置循环基本特征的可逆循环。

（三）p-v 图、T-s 图

朗肯循环的 p-v 图、T-s 图如图 1-18 所示。

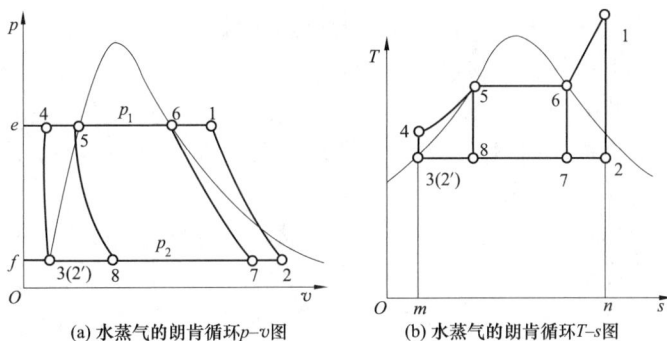

(a) 水蒸气的朗肯循环 p-v 图　　(b) 水蒸气的朗肯循环 T-s 图

图 1-18　朗肯循环的 p-v 图、T-s 图

（四）朗肯循环各参数计算

针对以上简化系统和朗肯循环图进行计算。对 1kg 工质而言：

1. 热量和功

吸热量：$q_1 = h_1 - h_4$，即 T-s 图中面积 $m4561nm$。

放热量：$q_2 = h_2 - h_3$，即 T-s 图中面积 $m32nm$。

膨胀做功：$w_T = h_1 - h_2$，即 p-v 图中面积 $e12fe$。

压缩耗功：$w_P = h_4 - h_3$，即 p-v 图中面积 $e43fe$。

循环净热：$q_{net} = q_1 - q_2$。

循环净功：$w_{net} = w_T - w_P$ 或 $w_{net} = q_{net} = q_1 - q_2$。

2. 热效率

$$\eta_t = \frac{w_{net}}{q_1} \quad 或 \quad \eta_t = 1 - \frac{q_2}{q_1} \quad 或 \quad \eta_t = 1 - \frac{\overline{T}_1}{\overline{T}_2}$$

其中，$\overline{T}_1 = \dfrac{q_1}{\Delta s_{41}}$，$\overline{T}_2 = \dfrac{q_2}{\Delta s_{23}}$。

3. 汽耗率

若循环的汽耗量为 $D(\text{kg/h})$，则循环净功率为 $P_0 = \dfrac{D}{3600} W_0$ kW。

汽耗率：产生 1kWh（3600kJ）功所需消耗的蒸汽量，即

$$d = \frac{D}{P_0} = \frac{3600}{w_0} \quad \text{kg/kWh}$$

（五）朗肯循环各点参数的确定

图 1-18 中各点的参数可以利用水和水蒸气的热力性质图表或计算程序来确定。

状态 1（p_1、t_1 下的过热蒸汽）：由 p_1、t_1 在 $h-s$ 图上确定点 1 查出 h_1 或在未饱合水与过热蒸汽表中查得 h_1。

状态 2（p_2、s_1 的湿蒸汽）：在 $h-s$ 图上由点 1 作定熵线与 p_2 定压线的交点即点 2 查出 h_2、x_2 也可由饱和水与干饱和蒸汽表据 p_2 查得 h_2'、h_2''、s_2'、s_2''。

由 $s_2 = (1-x_2) s_2' + x_2 s_2'' = s_1$ 求得 x_2，算出 $h_2 = (1-x_2)h_2' + x_2 h_2''$。

状态 3（p_2 下的饱和水）：由饱和水和饱和蒸汽表，据 p_2 查得 $h_3 = h_2'$。

状态 4（p_1、t_2 下的未饱和水）：由于水的可压缩性极小，$v_4 \approx v_3$，压缩后温度几乎没有升高，$t_4 \approx t_3 = t_2$，由未饱和水与过热蒸汽表据 p_1、t_2 查得 h_4。

【例 1-8】 我国生产的 300MW 汽轮发电机组，其新蒸气压力和温度分别为 $p_1 = 17\text{MPa}$、$t_1 = 550℃$，汽轮机排汽压力 $p_2 = 5\text{kPa}$。若按朗肯循环运行，求：（1）汽轮机所产生的功；（2）水泵功；（3）循环热效率。

已知：$p = 17\text{MPa}$，$t = 550℃$ 时，$h = 3426.8\text{kJ/kg}$、$v = 0.019\ 9\text{m}^3/\text{kg}$、$s = 6.441\text{kJ/(kg·K)}$；

$\quad\quad\quad p = 5\text{kPa}$ 时，$v' = 0.001\ 005\ 3\ \text{m}^3/\text{kg}$、$h' = 137.22\ \text{kJ/kg}$、

$\quad\quad\quad h'' = 2560.55\ \text{kJ/kg}$、$s' = 0.476\ 1\ \text{kJ/(kg·K)}$、$s'' = 8.382\ 0\ \text{kJ/(kg·K)}$。

解： $s_2 = s_1$，$s_2' < s_2 < s_2''$，因此状态 2 为饱和湿蒸汽状态，故有

$$x_2 = \frac{s_2 - s'}{s'' - s'} = \frac{6.44 - 0.476\ 1}{8.382\ 0 - 0.476\ 1} = 0.754$$

$$h_2 = h' + x_2(h'' - h') = 137.22 + 0.754 \times (2560.55 - 137.22) = 1963.5(\text{kJ/kg})$$

汽轮机输出功为

$$w_T = h_1 - h_2 = 3426 - 1963.5 = 1448(\text{kJ/kg})$$

水泵耗功为

$$w_P = h_4 - h_3 \approx (p_4 - p_3)v_{2'} = (p_1 - p_2)v_{2'}$$
$$= (17 \times 10^6 - 5 \times 10^3) \times 0.001\ 005\ 3 = 17.06 \times 10^3 (\text{kJ/kg})$$

状态 4：

$$h_4 = h_3 + w_P = h_{2'} + w_P = 137.72 + 17.06 = 154.78(\text{kJ/kg})$$

从集热器吸热量为

$$q_1 = h_1 - h_4 = 3426 - 154.78 = 3271.22(\text{kJ/kg})$$

循环热效率为

$$\eta_t = \frac{w_{\text{net}}}{q_1} = \frac{w_T - w_P}{q_1} = \frac{3426 - 1963.5 - 17.06}{3271.22} = 0.441\ 9$$

第二章　传热学基础理论

在生产实践和日常生活中有大量的热传递现象，例如，将一根金属棒的一端伸入火炉中，棒的另一端很快会变热而不能手握；夏天房间里打开电风扇会感到凉爽；太阳释放的能量穿过广阔的宇宙空间，把能量送到地球上来等。自然界中，热量总是自发地从高温物体传向低温物体，或由物体的高温部分传向低温部分。只要有温度差存在就会有热量的传递。传热学是研究热量传递规律的一门学科。

火力发电厂是将燃料的化学能转变为电能的工厂。以下叙述为火力发电厂电能生产过程。原煤在制粉系统中被磨成煤粉后，在热空气的输送下，经燃烧器送入炉膛燃烧，燃料的化学能转变成高温烟气的热能；高温烟气把一部分热量传给炉膛四周的水冷壁，并在流过水平烟道内的过热器、再热器以及尾部烟道内的省煤器、空气预热器时，相继把热量传给蒸汽、水及空气，被冷却了的烟气经除尘器除去飞灰，再经过脱硫脱硝，最后从烟囱排出。在水冷壁管内产生的饱和蒸汽经过热器时进一步吸收烟气的热量变成过热蒸汽，然后通过主蒸汽管道送到汽轮机中。蒸汽推动汽轮机旋转，将热能转变为机械能，汽轮机带动发电机旋转而发电，将机械能转变成电能。蒸汽在汽轮机内膨胀做功后进入凝汽器内凝结，凝结水由凝结水泵送入低压加热器，吸收热量温度升高后又进入除氧器继续受热，并除去水中所含的气体，再由给水泵将除氧后的水经过高压加热器进一步提高温度，然后送入锅炉，如此完成一个循环。另外，为了使汽轮机的排汽凝结，由循环水泵把冷却水送入凝汽器，在其中吸收热量后返回冷却塔，在冷却塔循环水得到冷却供循环使用。

从以上叙述中可以看到，锅炉是火力发电厂中的一个主要换热设备。它除了要组织好燃料在锅炉中的燃烧外，还要求把燃烧所产生的热量通过锅炉各受热面传递给水和蒸汽。这就是炉内过程和锅内过程。如果传热过程组织的好，可以强化炉内传热，减少锅炉受热面金属的消耗，并提高锅炉的热效率。如果传热过程组织的不好，不仅影响锅炉的技术经济指标，还严重影响锅炉的安全可靠运行。例如亚临界压力的锅炉，特别是直流锅炉的沸腾管中，受热面负荷过高时，会发生沸腾换热恶化烧毁管壁的现象。因此，锅炉各种受热面的布置和结构形式，锅炉正常运行操作和变工况运行及启停过程都与传热问题有密切的联系。同样汽轮机的结构、运行和启停过程也涉及传热问题。因此研究和掌握热量传递的规律，对电厂机炉的安全运行有着重要意义。

第一节　热量传递的三种方式

热量传递的三种方式为导热、对流、热辐射。

一、导热

两个相互接触的物体或同一物体的各部分之间由于温度不同而引起的热传递现象，称为导热。这种热传递方式的特点是物体各部分之间不发生相对位移，依靠分子、原子及自由电子等微观粒子的热运动进行热量传递。

　　早在 1882 年，法国数学和物理学家傅里叶（Joseph Fourier）从实验中发现导热量 Φ 与导热面积 A 及壁面两侧温差（$t_{w1} - t_{w2}$）成正比，与壁厚 δ 成反比，提出了平板导热的傅里叶公式，即

$$\Phi = \lambda A \frac{t_{w1} - t_{w2}}{\delta} \qquad (2-1)$$

式中　λ——热导率，其数值反映了材料导热能力的大小，$W/(m \cdot ℃)$；

　　　　A——垂直于热流方向的截面积，m^2；

　　　　δ——平壁的厚度，m。

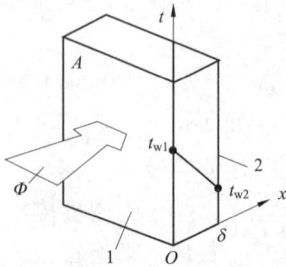

图 2-1　穿过平壁导热的示意图

　　如图 2-1 所示，单位时间内通过某一给定面积的热量称为热流量，记为 Φ，单位为 W。单位时间内通过单位面积的热流量称为热流密度，记为 q，单位为 W/m^2。傅里叶公式按热流密度形式表示为

$$q = \frac{\Phi}{A} = \lambda \frac{t_{w1} - t_{w2}}{\delta} \qquad (2-2)$$

　　热导率是一种物性参数，不同材料的热导率差别很大。即使是同一种材料，热导率还与温度、密度和湿度有关。这将在本章进一步讨论，这里仅指出：金属材料的热导率最高，如银和铜；液体次之；气体最小。这正是手握铁棒和木棒冷热的感觉不同的原因，在相同的温度下，铁棒的热导率是木棒的 540 倍。

二、对流

　　对流是指流体各部分之间发生相对位移，冷热流体相互掺混所引起的热量传递方式。对流仅能发生在流体中，它是流体的流动和导热联合作用的结果，单纯的对流方式并不重要，工程上应用最多的热量传递方式是对流换热。

　　流体流过与之温度不同的固体壁面时，与壁面之间发生的热量传递过程，称为对流换热。

　　对流换热所传递的热量 Φ 采用牛顿冷却公式，对流换热示意如图 2-2 所示。

流体被加热时　　　　$\Phi = hA(t_w - t_f)$ 　　　　(2-3)

流体被冷却时　　　　$\Phi = hA(t_f - t_w)$ 　　　　(2-4)

或统一写成　　　　　$\Phi = hA\Delta t$ 　　　　　　(2-5)

　　　　　　　　　　$q = h\Delta t$ 　　　　　　　(2-6)

式中　h——对流换热表面传热系数，简称换热系数，$W/(m^2 \cdot ℃)$，它的数值大小表示对流换热的强弱；

　　　　A——与流体接触的壁面面积，m^2；

　　t_w、t_f——壁面温度、流体温度，℃。

　　　　Δt——恒取正值。

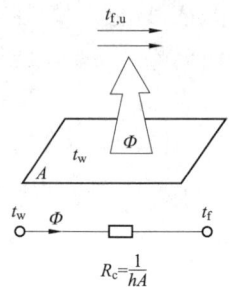

图 2-2　对流换热示意图

　　换热系数的大小与换热过程中的许多因素有关，不仅取决于流体的物理性质（λ、η、ρ、c_p 等）及换热面的形状与位置，还与流速有密切的关系。h 的确定是对流换热问题研究的主要内容。

三、热辐射

物体通过电磁波来传递能量的方式称为辐射。物体会因各种原因发出辐射能，其中因热的原因而发出辐射能的现象称为热辐射。物体的温度越高，辐射能力越强，同一温度下不同物体的辐射能量也大不一样。在研究热辐射规律的过程中，一种被称作黑体的理想物体的概念具有重要意义。黑体的辐射能力在同温度的物体中最大。

热力学第三定律：绝对零度达不到，因此自然界中所有物体都不停地向空间发出辐射，同时又不断地吸收其他物体发出的热辐射。辐射与吸收的过程的综合结果就形成了以辐射方式进行物体间的热量传递——辐射换热。

辐射与导热、对流这两种热量传递方式的区别是辐射可以在真空中传播，而导热和对流都必须在物质存在的条件下才能实现。辐射区别于导热、对流的另一个特点是，它不仅产生能量的转移，而且还伴随着能量形式的转化，即发射时从热能转换为辐射能，而被吸收时又从辐射能转换为热能。

黑体在单位时间内发出的热辐射热量由斯蒂芬-玻尔兹曼定律确定，表示为

$$\Phi = A\sigma_b T^4 \tag{2-7}$$

式中　T——表面温度，K；

　　　A——物体参与辐射的表面积，m^2；

　　　σ_b——黑体辐射常数，其值为 $5.67 \times 10^{-8} W/(m^2 \cdot K^4)$。

一切实际物体的辐射能力都小于同温度下黑体的值。实际物体的辐射能力与同温度下黑体辐射能力的比值称为黑度，用 ε 表示，其值总是小于 1。不同物体的黑度值不同，黑度也是一个重要的物性参数。用实验测出物体的黑度值，实际物体的辐射能就可以采用式（2-8）计算，即

$$\Phi = \varepsilon A\sigma_b T^4 \tag{2-8}$$

这里介绍两种最简单的情况。一种是表面积为 A，表面黑度为 ε，温度为 T_{w1} 的物体与包围它的很大的表面（温度为 T_{w2}）之间的辐射换热，例如测量炉膛烟气温度的热电偶与炉膛四周水冷壁壁面的换热就属于这种情况，计算公式为

$$\Phi = A\varepsilon\sigma_b(T_{w1}^4 - T_{w2}^4) \tag{2-9}$$

另一种情况是如图 2-3 所示的面积相同、平行放置的两个无限大黑体平表面，其间介质无辐射和吸收能力，当两表面间距很小时，任一表面辐射的能量可认为全部落在另一表面上，并被全部吸收。若表面 1 的温度 T_{w1} 大于表面 2 的温度 T_{w2}，则

$$\Phi = A\sigma_b(T_{w1}^4 - T_{w2}^4) \tag{2-10}$$

以上分别讨论了导热、对流和热辐射三种热量传递的基本方式。在实际工程问题中各种换热器的热传递过程都是几种基本传热方式同时作用的结果。下面对电厂中常见的换热器分析如下：

图 2-3 辐射换热图示

1. 过热器

高温烟气 $\xrightarrow{\text{（对流换热和辐射换热）}}$ 外壁 $\xrightarrow{\text{（导热）}}$ 内壁 $\xrightarrow{\text{（对流换热）}}$ 过热蒸汽。

2. 水冷壁

高温烟气 $\xrightarrow{\text{（辐射换热）}}$ 外壁 $\xrightarrow{\text{（导热）}}$ 内壁 $\xrightarrow{\text{（对流换热）}}$ 汽水混合物。

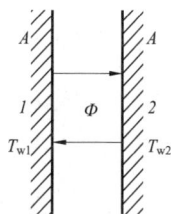

3. 管式空气预热器

烟气 $\xrightarrow{\text{(对流换热)}}$ 内壁 $\xrightarrow{\text{(导热)}}$ 外壁 $\xrightarrow{\text{(对流换热)}}$ 空气。

4. 冷油器

油 $\xrightarrow{\text{(对流换热)}}$ 外壁 $\xrightarrow{\text{(导热)}}$ 内壁 $\xrightarrow{\text{(对流换热)}}$ 水。

5. 凝汽器

水蒸气 $\xrightarrow{\text{(有相变的对流换热)}}$ 外壁 $\xrightarrow{\text{(导热)}}$ 内壁 $\xrightarrow{\text{(对流换热)}}$ 循环水。

从以上分析可知许多热量传递过程都由基本传热方式的组合，即由许多传热环节组成，但又有主次之分，而且对于某一个传热环节也有多种传热方式参与换热。每一种换热方式对一个换热器的影响也不相同。因此对于实际热量传递问题的分析不仅需要扎实的理论基础，而且还要具有丰富的实践经验。例如对于锅炉为什么称炉膛内的受热面为辐射受热面，而称尾部烟道的受热面为对流受热面？屏式过热器又为什么称为半辐射式受热面？对这些问题必须在学完导热、对流和热辐射的全部内容后才能得到正确的解释。

第二节　导热的基本理论

一、导热的基本概念

（一）温度场

在某一时刻 τ，物体内所有各点温度分布的总称，称为该物体在 τ 时刻的温度场。一般地，温度场是空间坐标和时间的函数，在直角坐标系中可表示为

$$t = f(x, y, z, \tau) \tag{2-11}$$

式中　x，y，z——空间直角坐标；

$\qquad\quad \tau$——时间；

$\qquad\quad t$——τ 时刻 (x, y, z) 点的温度。

通常根据温度场是否随时间变化分为两类：随时间变化的温度场 $\left(\dfrac{\partial t}{\partial \tau} \neq 0\right)$ 称为非稳态温度场；不随时间变化的温度场 $\left(\dfrac{\partial t}{\partial \tau} = 0\right)$ 称为稳态温度场。稳态温度场在直角坐标系中可表示为

$$t = f(x, y, z) \tag{2-12}$$

相应地，非稳态温度场中的导热称为非稳态导热，稳态温度场中的导热称为稳态导热。例如，电厂中锅炉、汽轮机在启动、停机和变工况运行时，其部件如汽包壁、汽缸壁等的温度场均为非稳态温度场，其导热过程就是非稳态导热。而在稳定工况下运行时，其温度场可视为稳态温度场，其导热过程可视为稳态导热。根据温度场是否沿空间三个方向变化，温度场又可分为一维温度场、二维温度场和三维温度场。

（二）等温面与等温线

在同一时刻，物体内所有温度相同的点连成的面称为等温面。等温面与任一平面相交所得的交线即为等温线。等温面（线）有如下特点：

（1）由于在同一时刻任何一点不可能具有两个不同的温度值，因此不同温度的等温面（线）互不相交。在连续体中，等温面（线）是连续的，或者是完整的封闭曲面（线），或者终止于物体的边缘上。在形状规则的物体上，等温面（线）的分布遵循一定的规律，例如，材料均匀、大面积、等厚度的平壁，当壁面两侧表面维持均匀的温度且不相等时，其等温面就是一系列平行于平壁表面的平面；再如各种管道等长圆筒壁，当壁面两侧表面维持均匀的温度且不相等时，其等温面就是一系列同轴的圆柱面。

（2）在等温面（或等温线）的法线方向上，温度变化率最大。由于温差是热量传递的动力，故沿等温面（线）无热流，热量传递只能在穿过等温面的方向上进行。等温面（线）的疏密可直观地反映出物体内不同区域热流密度的相对大小。

物体的温度场常用等温面图或等温线图来直观地表示，如图 2-4 所示。

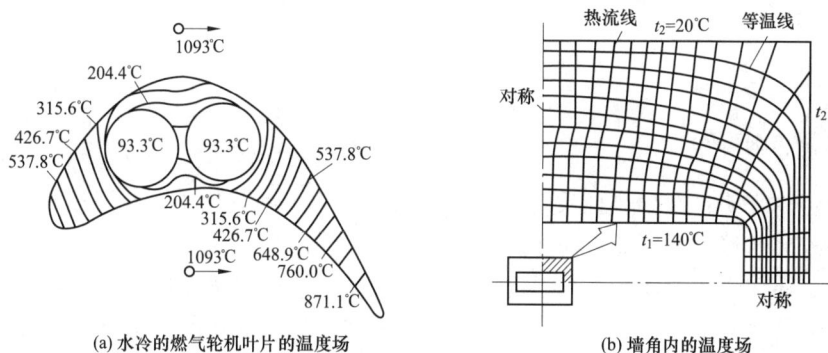

(a) 水冷的燃气轮机叶片的温度场　　　　(b) 墙角内的温度场

图 2-4　温度场图示

（三）温度梯度（**grad** t）

采用数学上梯度的定义，把等温面（线）某点法线方向的温度变化率称为该点的温度梯度，单位为℃/m，可表示为

$$\mathbf{grad}\, t = \lim_{\Delta n \to 0} \frac{\Delta t}{\Delta n} \mathbf{n} = \frac{\partial t}{\partial n} \mathbf{n} \tag{2-13}$$

式中　　$\mathbf{n}$ ——该点的单位法向向量。

温度梯度是一个向量，其方向垂直于该点的等温面（线）且指向温度升高的方向（即 $\mathbf{n}$ 方向）；其大小等于该点温度在 $\mathbf{n}$ 方向的导数 $\dfrac{\partial t}{\partial n}$，表示沿温度升高方向上的温度变化率。

由热力学第二定律知，热量总是自发地从高温部分传向低温部分，热流密度的方向与温度梯度的方向相反，垂直于该点的等温面（线）且指向温度降低的方向。与温度场相对应还应有一个热流场，表示热流方向的线称为热流线，热流线恒与等温线垂直相交。

在直角坐标系中，温度梯度可表示为

$$\mathbf{grad}\, t = \frac{\partial t}{\partial x} \mathbf{i} + \frac{\partial t}{\partial y} \mathbf{j} + \frac{\partial t}{\partial z} \mathbf{k} \tag{2-14}$$

式中　　$\mathbf{i}$、$\mathbf{j}$、$\mathbf{k}$ ——三个主轴上的单位向量。

二、导热的基本定律

前文已介绍了无限大平壁两侧表面维持恒定温度时热流量的计算式，实际导热物体的几何条件是各式各样的，物理条件也比较复杂，因此还需研究普遍适用的导热基本定律。法国数学家傅里叶在对导热过程进行实验研究的基础上，发现了导热热流密度与温度梯度之间的关系，于 1822 年提出了著名的傅里叶定律即导热基本定律。傅里叶定律的一般数学表达式为

$$q = -\lambda \ \mathbf{grad} \ t = -\lambda \frac{\partial t}{\partial n} \mathbf{n} \tag{2-15}$$

式中　　"—"——q 与 $\mathbf{grad} \ t$ 二者方向相反；

λ——热导率（又称导热系数），$W/(m \cdot ℃)$。

在直角坐标系中傅里叶定律的向量表达式为

$$q = -\lambda \left(\frac{\partial t}{\partial x} \mathbf{i} + \frac{\partial t}{\partial y} \mathbf{j} + \frac{\partial t}{\partial z} \mathbf{k} \right) \tag{2-16}$$

对一维导热则可写为

$$q_x = -\lambda \frac{\mathrm{d}t}{\mathrm{d}x} \mathbf{i} \tag{2-17}$$

傅里叶定律表明：在导热现象中，导热热流密度的大小正比于该点温度梯度的绝对值；热流密度的方向与温度梯度的方向相反。

傅里叶定律建立了热流密度与温度场之间的关系，它是求解导热问题的基础。它对于各向同性的连续体普遍适用（不论任何形态、任何形状、是否变物性、是否有内热源、是否稳态）。对于非稳态导热过程，式中参数为瞬时值。若已知物体的温度场，便可由傅里叶定律求得各点的热流密度。对于一维稳态无内热源的导热问题，可用傅里叶定律表达式直接积分求解且比较方便。但对于极低温（接近于 0）的导热问题和极短时间产生大热流密度的瞬态导热过程如大功率、短脉冲激光瞬态加热过程等不再适用。

三、热导率

热导率的定义式由傅里叶定律给出，由式（2-15）得

$$\lambda = -\frac{q}{\dfrac{\partial t}{\partial n} \mathbf{n}} \tag{2-18}$$

由式（2-18）可知，热导率在数值上等于单位温度梯度时通过物体的热流密度的模值。热导率表征物体导热能力的大小，λ 越大表示物体导热能力越强。它是物质的重要热物性参数，是在热力工程设计中合理选用材料的重要依据。

热导率的影响因素很多，主要取决于物质的种类、物态以及温度、密度、湿度等。不同物质的热导率数值差别很大，对于同一种物质，温度的影响最大。一般而言，在同一种物质的三态中，固态的热导率最大，液态的次之，气态的最小，如水的三态中 $\lambda_i > \lambda_w > \lambda_s$。大多数材料的热导率都是通过专门的实验测定的。为了工程计算的方便，常绘成图表以供查取。

对于大多数工程材料，热导率都是温度的函数。一些典型材料的热导率随温度的依变关系，如图 2-5 所示。

在日常生活和工业应用的温度范围内，大多数材料的热导率允许采用随温度变化的近似线性关系，一般表示为

$$\lambda = \lambda_0(1 + bt) \qquad (2-19)$$

式中　λ_0——物质在 0℃时的热导率值；

　　　　b——由实验测定的系数，℃$^{-1}$，其值与材料的性质有关，可正、可负、可为零。

一般材料生产厂家都随材料提供其热导率，工程中常用的材料在特定温度下的热导率值或热导率与温度的依变关系式可查阅《金属材料物理性能手册》等手册，查取热导率数值时，应注意材料的确切名称、密度、使用温度范围等。

下面分别从气体、液体和固体的导热机理分析其热导率数值的数量级。

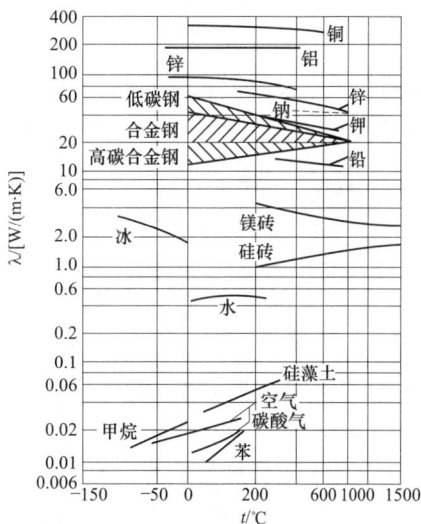

图 2-5　热导率随温度的依变关系

1. 气体的热导率

在物质的三态中，气体的热导率最小，其数值为 0.007~0.17W/(m·℃)。在常温常压下，气体的导热是由于分子的热运动及相互碰撞而实现热传递，因而，气体的热导率随温度升高而增大，分子质量较小的气体热导率较大，例如在相同的温度下 $\lambda_{H_2} > \lambda_{air}$。应注意，混合气体的热导率不能像理想气体的比热容那样对各组分气体的值求和，必须通过实验测定。

2. 液体的热导率

由于液体的分子间距与气体相比较小，故一般液体的热导率比气体的热导率大，其数值为 0.07~0.7W/(m·℃)。液体的热导率与温度的关系较为复杂，温度升高时，液体的密度减小，因而大多数液体的热导率随温度升高而减小，但水、甘油等强缔合液体在不同的温度范围，其热导率随温度的变化规律不同，如水在温度较低（低于 120℃）时热导率随温度升高而增大，温度较高（高于 130℃）时热导率随温度升高而减小。

3. 固体的热导率

金属的导热机理与导电类似，主要是靠自由电子的运动及原子或晶格的振动来实现热传递，所以，良好的导电体也是良好的导热体。各类物质中金属的热导率最大，其数值一般为 12~458.2 W/(m·℃)。低温下，纯金属热导率非常高，如 10K 时纯铜的热导率可达 12 000W/(m·℃)。温度升高时，晶格的振动增强影响了自由电子的运动，因而大多数纯金属的热导率随温度升高而减小。金属中掺入杂质时会破坏晶格的完整性并影响自由电子的运动而使热导率减小，因此大部分纯金属热导率大于其合金的热导率，如在同温度下 $\lambda_{Cu} > \lambda_{brass}$。一般合金的热导率随温度升高而增大。

非金属固体的热导率较小，一般非金属的热导率随温度的升高而增大。

4. 绝热材料的热导率

习惯上把热导率较小的材料称为绝热材料（也称保温材料）。绝热材料热导率的界定值的大小反映了一个国家绝热材料的生产水平，GB/T 4272—2024《设备及管道绝热技术导

则》中规定，平均温度不高于 350℃时，绝热材料的热导率应小于 0.12W/（m·℃）。

大多数绝热材料都是多孔或纤维结构，孔隙中充满了热导率较小的空气且孔隙很小限制了空气的流动，因而多孔材料具有较小的热导率，如常用的保温材料砖、石棉、矿渣棉、泡沫塑料、膨胀珍珠岩、超细玻璃棉等。严格来说，这些材料不是均匀的连续介质，其热导率是把它们看作连续介质时的当量热导率，也称表观热导率，如常温下膨胀珍珠岩的热导率为 0.042 5W/（m·℃）。

一般绝热材料的热导率随温度的升高而增大，随湿度的增大而明显增大。例如，干砖的热导率约为 0.35W/（m·℃），水的热导率约为 0.6W/（m·℃），而湿砖的热导率可高达 1.0W/（m·℃）。这是由于水的渗入替代了一部分空气，而水的热导率是空气的 20～30 倍，且水分的迁移产生热量传递，因而湿材料的热导率比水和干材料的热导率都大。因此，为了保证设备保温层的保温性能，应注意防止绝热材料渗水受潮，以免使其绝热性能恶化，比如可在保温层外加设保护层。

5. 各向异性材料的热导率

在结构上有方向性的材料称为各向异性材料，如木材、石墨、纤维材料等，各向异性材料在不同方向的热导率数值不同，例如，木材沿木纹方向的热导率约为垂直于木纹方向的 2～4 倍。因此，对于各向异性材料，其热导率必须指明方向才有意义。

作为热工技术人员应掌握一些常用材料的热导率数据。一些典型材料常温下的热导率值见表 2-1。

表 2-1　　　　　　　　　　几种典型材料在 20℃时的热导率值　　　　　　　　　　W/（m·℃）

材料名称	λ	材料名称	λ
纯银	427	冰（0℃）	2.22
纯铜	398	水	0.599
黄铜（70%铜）	109	水（0℃）	0.551
纯铝	236	润滑油	0.146
大理石	2.70	水蒸气（0℃）	0.183
玻璃	0.65～0.71	干空气（大气压力）	0.025 9
棉花	0.049	氢气（大气压力）	0.177

第三节　导热的计算

一、第一类边界条件下的平壁导热

电厂中锅炉炉墙、汽轮机汽缸壁等设备在稳定运行时的导热均可看作平壁的稳态导热。为研究方便，所讨论的平壁是指长度和宽度比厚度大得多的平壁，称为无限大平壁。对于无限大平壁的导热，平壁四周边缘的散热量与沿厚度方向的导热量相比可忽略，简化为仅沿厚度方向进行的一维导热。经验表明，当平壁的长度和宽度为厚度的 8～10 倍以上时，即可当无限大平壁处理。

本节只讨论第一类边界条件下的平壁一维稳态导热计算，确定平壁内的温度分布和热流量。

1. 单层平壁

设一厚为 δ、表面积为 A 的大平壁，无内热源、热导率 λ 为常数，平壁两侧表面分别维持均匀而恒定的温度 t_{w1} 和 t_{w2}，且 $t_{w1} > t_{w2}$。该导热问题可视为无内热源常物性、恒壁温边界条件的一维稳态导热问题。根据几何条件和边界条件建立坐标系如图 2-6 所示，则导热微分方程为

$$\frac{\mathrm{d}^2 t}{\mathrm{d} x^2} = 0 \qquad\qquad (2-20)$$

边界条件为　　$x=0$，$t=t_{w1}$；$x=\delta$，$t=t_{w2}$

对式（2-20）积分两次得其通解为

$$t = C_1 x + C_2 \qquad\qquad (2-21)$$

式中　C_1、C_2——积分常数。

将边界条件代入式（2-21）得

$C_1 = -\dfrac{t_{w1} - t_{w2}}{\delta}$，$C_2 = t_{w1}$，将 C_1、C_2 的表达式代入式（2-21）得平壁内的温度分布为

$$t = t_{w1} - \frac{t_{w1} - t_{w2}}{\delta} x \qquad\qquad (2-22)$$

式（2-22）表明，常物性无内热源大平壁内的温度分布规律沿 x 方向线性变化。

由式（2-22）可求得温度分布曲线的斜率为

$$\frac{\mathrm{d} t}{\mathrm{d} x} = -\frac{t_{w1} - t_{w2}}{\delta} \qquad\qquad (2-23)$$

根据傅里叶定律可求得通过平壁的热流密度为

$$q = -\lambda \frac{\mathrm{d} t}{\mathrm{d} x} = \lambda \frac{t_{w1} - t_{w2}}{\delta} \qquad\qquad (2-24)$$

由式（2-24）可知，通过平壁稳态导热的热流密度取决于热导率、壁厚及两侧面的温差，即稳态下平壁内与热流垂直方向上各截面的热流密度为常数。

通过整个平壁的热流量为

$$\Phi = qA = \lambda A \frac{t_{w1} - t_{w2}}{\delta} \qquad\qquad (2-25)$$

以上是根据导热微分方程式和边界条件求解导热问题的一般步骤。事实上对于常物性无内热源的一维稳态导热问题，也可直接由傅立叶定律表达式和边界条件分离变量积分求解。两种方法所得结果完全相同，且后者更为方便，读者可自行分析求解。

采用热阻的概念，把式（2-24）、式（2-25）改写成温差比热阻的形式分别为

$$q = \frac{t_{w1} - t_{w2}}{\dfrac{\delta}{\lambda}} \qquad\qquad (2-26)$$

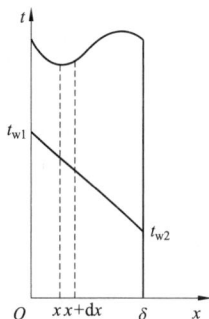

图 2-6 单层平壁一维导热

$$\Phi = \frac{t_{w1} - t_{w2}}{\dfrac{\delta}{\lambda A}} \qquad (2-27)$$

$$r_\lambda = \frac{\delta}{\lambda} , R_\lambda = \frac{\delta}{\lambda A}$$

式中　r_λ——平壁单位导热面积的导热热阻，$m^2 \cdot \text{℃}/W$；

　　　R_λ——平壁总导热面积的导热热阻，$\text{℃}/W$。

相应的热阻单元如图 2-7 所示。

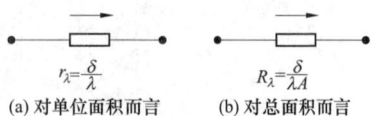

$r_\lambda = \dfrac{\delta}{\lambda}$ 　　　　$R_\lambda = \dfrac{\delta}{\lambda A}$

(a) 对单位面积而言　　(b) 对总面积而言

图 2-7　平壁导热的热阻单元

由式（2-26）、式（2-27）可知，热流量与温差成正比，与热阻成反比。温差是传热的动力，其他条件相同时，温差越大则热流密度或热流量越大。热阻是传热的阻力，在相同的温差下，热阻越大则热流量越小。当热流量一定时，温差与热阻成正比。通常热导率小的材料热阻较大。

2. 多层平壁

多层平壁是指由几层不同材料叠在一起组成的平壁。例如，炉墙是由耐火砖层、保温层、普通砖层及金属护板叠合而成的四层平壁。

图 2-8 所示为一个多层平壁的一维导热。各层厚度分别为 δ_1、δ_2、δ_3，相应的各层材料的热导率分别为 λ_1、λ_2、λ_3，且均为常数。多层壁两侧表面分别保持均匀恒定的壁温 t_{w1}、t_{w4}，且 $t_{w1} > t_{w4}$，设层与层之间接触良好，彼此接触的两表面温度相同，分别为 t_{w2}、t_{w3}。该问题为通过多层无限大平壁、常物性无内热源、恒壁温边界条件下的一维稳态导热问题。通过多层壁的导热，各层的热阻之间为串联关系。根据热阻串联的叠加原则，通过三层壁的热流密度计算式为

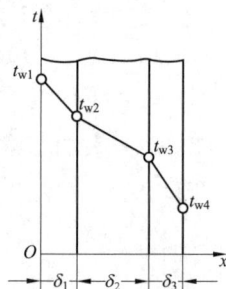

图 2-8　多层平壁的一维导热

$$q = \frac{t_{w1} - t_{w4}}{\dfrac{\delta_1}{\lambda_1} + \dfrac{\delta_2}{\lambda_2} + \dfrac{\delta_3}{\lambda_3}} \qquad (2-28)$$

$$\Phi = qA = \frac{t_{w1} - t_{w4}}{\dfrac{\delta_1}{\lambda_1 A} + \dfrac{\delta_2}{\lambda_2 A} + \dfrac{\delta_3}{\lambda_3 A}} \qquad (2-29)$$

由 $q = \dfrac{t_{w1} - t_{w2}}{\dfrac{\delta_1}{\lambda_1}}$、$q = \dfrac{t_{w3} - t_{w4}}{\dfrac{\delta_3}{\lambda_3}}$ 可得各层接触面上的温度分别为

$$t_{w2} = t_{w1} - q \frac{\delta_1}{\lambda_1} \qquad (2-30)$$

$$t_{w3} = t_{w4} + q \frac{\delta_3}{\lambda_3} \qquad (2-31)$$

依次类推，对 n 层平壁的导热，热流密度计算为

$$q = \frac{t_{w1} - t_{w(n+1)}}{\sum\limits_{i=1}^{n} \dfrac{\delta_i}{\lambda_i}} \quad i = 1, 2, 3, \cdots, n \tag{2-32}$$

各层接触面的温度计算式为

$$t_{w(i+1)} = t_{wi} - q \frac{\delta_i}{\lambda_i} \tag{2-33}$$

多层平壁的每一层内温度分布均呈直线，但由于各层的材料不同，其热导率不同，温度变化率也不相同，因此整个多层平壁内的温度分布为一条折线。

【例 2-1】 图 2-9（a）所示为一导热平壁，沿 x 方向的热流密度 $q = 1000\text{W}/\text{m}^2$，平壁厚度为 20mm，已知在 $x = 0$、10、20mm 处温度分别为 100、60、40℃，试确定材料的热导率表达式 $\lambda = \lambda_0(1 + bt)$ 中的 λ_0 及 b。

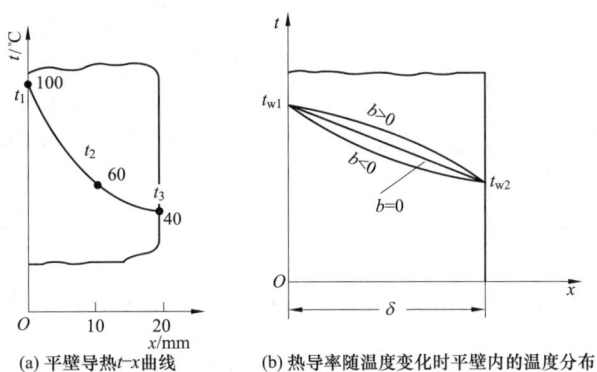

(a) 平壁导热 t-x 曲线   (b) 热导率随温度变化时平壁内的温度分布

图 2-9 热导率在平壁内的温度变化

解： 稳态导热通过平壁的热流密度为 $q = -\lambda_0(1 + bt)\dfrac{\mathrm{d}t}{\mathrm{d}x}$。

设 $x = 0$，$t = t_{w1}$；$x = \delta$，$t = t_{w2}$。对上式积分

$$\int_0^\delta q\,\mathrm{d}x = \int_{t_{w1}}^{t_{w2}} -\lambda_0(1 + bt)\,\mathrm{d}t$$

$$q\delta = \lambda_0\left[(t_{w1} - t_{w2}) + \frac{b}{2}(t_{w1}^2 - t_{w2}^2)\right]$$

因而有

$$q = \frac{t_{w1} - t_{w2}}{\delta}\lambda_0\left[1 + \frac{b}{2}(t_{w1} + t_{w2})\right] = \lambda_m \frac{t_{w1} - t_{w2}}{\delta} \tag{2-34}$$

式（2-34）中平壁在给定温度范围的平均热导率为

$$\lambda_m = \lambda_0\left[1 + \frac{b}{2}(t_{w1} + t_{w2})\right] \tag{2-35}$$

对于题目给定的条件，则有

$$q = \lambda_{m1}\frac{t_1 - t_2}{\delta_1}, \quad q = \lambda_{m2}\frac{t_2 - t_3}{\delta_2}$$

代入数据

$$1000 = \lambda_{m1}\frac{100 - 60}{10 \times 10^{-3}}, \quad 1000 = \lambda_{m2}\frac{60 - 40}{10 \times 10^{-3}}$$

解得 $\lambda_{m1}=0.25\,\text{W}/(\text{m}\cdot\text{℃})$，$\lambda_{m2}=0.5\,\text{W}/(\text{m}\cdot\text{℃})$

由式（2-35）可得

$$\lambda_{m1}=\lambda_0\left[1+\frac{b}{2}(t_1+t_2)\right]$$

$$\lambda_{m2}=\lambda_0\left[1+\frac{b}{2}(t_2+t_3)\right]$$

代入数据

$$\lambda_0\left[1+\frac{b}{2}(100+60)\right]=0.25$$

$$\lambda_0\left[1+\frac{b}{2}(60+40)\right]=0.5$$

求解方程组得

$$\lambda_0=0.916\,7\,\text{W}/(\text{m}\cdot\text{℃})$$

$$b=-9.09\times10^{-3}\,\text{℃}^{-1}$$

因此该材料的热导率表达式为

$$\lambda=0.916\,7\times(1-9.09\times10^{-3}t)\,[\text{W}/(\text{m}\cdot\text{℃})]$$

讨论：对于稳态无内热源导热，$q=-\lambda\dfrac{\mathrm{d}t}{\mathrm{d}x}=$常数，此例题 $t_1>t_2$，$b<0$，随温度的降低，λ 增大，所以 $\left|\dfrac{\mathrm{d}t}{\mathrm{d}x}\right|$ 减小，温度分布曲线为下凹曲线；同理，当 $b>0$ 时，随温度的降低，λ 减小，$\left|\dfrac{\mathrm{d}t}{\mathrm{d}x}\right|$ 增大，温度分布曲线为上凸曲线；当 $b=0$ 时，λ 为常数而与温度无关，$\left|\dfrac{\mathrm{d}t}{\mathrm{d}x}\right|$ 也为常数，温度分布曲线为直线。热导率随温度变化时不同 b 值平壁内的温度分布如图 2-9（b）所示。利用傅里叶定律表达式来判断温度分布曲线凹向是一种很重要的方法。

由该例题可见，当 $\lambda=\lambda_0(1+bt)$ 时，在温差 $(t_{w1}-t_{w2})$ 下的导热量仍可用常物性导热计算式来计算，只需用平均温度 $t_m=\dfrac{1}{2}(t_{w1}+t_{w2})$ 下的平均热导率 $\lambda_m=\lambda_0(1+bt_m)$ 代替计算式中的 λ 即可。

【例 2-2】 已知钢板、水垢及灰垢的热导率分别为 $46.4\text{W}/(\text{m}\cdot\text{℃})$、$1.16\text{W}/(\text{m}\cdot\text{℃})$、$0.116\text{W}/(\text{m}\cdot\text{℃})$，试比较 1mm 厚钢板、水垢及灰垢的导热热阻。

解： 平壁单位面积的导热热阻 $r_\lambda=\dfrac{\delta}{\lambda}$。

钢板 $\quad r_{s,p}=\dfrac{1\times10^{-3}}{46.4}=2.155\times10^{-5}\,(\text{m}^2\cdot\text{℃}/\text{W})$

水垢 $\quad r_s=\dfrac{1\times10^{-3}}{1.16}=8.62\times10^{-4}\,(\text{m}^2\cdot\text{℃}/\text{W})$

灰垢 $\quad r_{a,s}=\dfrac{1\times10^{-3}}{0.116}=8.62\times10^{-3}\,(\text{m}^2\cdot\text{℃}/\text{W})$

讨论：由此可见，1mm 厚水垢的热阻相当于 40mm 厚钢板的热阻，而 1mm 厚灰垢的热阻相当于 400mm 厚钢板的热阻，因此保持换热设备表面清洁是非常重要的，应经常清洗和吹灰，尽量减小污垢热阻的影响。

【例 2-3】 有一锅炉围墙由三层平壁组成，内层是 $\delta_1=0.23\text{m}$，$\lambda_1=0.63\text{W}/(\text{m}\cdot\text{℃})$ 的耐火黏土砖，外层是 $\delta_3=0.25\text{m}$，$\lambda_3=0.56\text{W}/(\text{m}\cdot\text{℃})$ 的红砖层，两层中间填以 $\delta_2=$

0.1m, $\lambda_2 = 0.08$W/(m·℃) 的珍珠岩材料。炉墙内侧与温度 $t_{f1} = 520$℃ 的烟气接触，其换热系数 $h_1 = 35$W/(m²·℃)，炉墙外侧空气温度 $t_{f2} = 22$℃，空气侧换热系数 $h_2 = 15$W/(m²·℃)，试求：（1）通过该炉墙单位面积的散热损失；（2）炉墙内外表面的温度以及层与层交界面的温度，并画出炉墙内的温度分布曲线。

解： 该问题是一个多层平壁的传热问题。

（1）该传热过程的传热系数

$$K = \cfrac{1}{\cfrac{1}{h_1} + \sum_{i=1}^{n} \cfrac{\delta_i}{\lambda_i} + \cfrac{1}{h_2}} = \cfrac{1}{\cfrac{1}{35} + \cfrac{0.23}{0.63} + \cfrac{0.25}{0.56} + \cfrac{0.1}{0.08} + \cfrac{1}{15}} = 0.463\,66\,[\text{W}/(\text{m}^2 \cdot ℃)]$$

通过炉墙单位面积的热损失 $q = K(t_{f1} - t_{f2}) = 0.463\,66 \times (520 - 22) = 230.9$(W/m²)

（2）各层壁温分别为

$$t_{w1} = t_{f1} - \frac{1}{h_1} q = 520 - \frac{230.9}{35} = 513.4\,(℃)$$

$$t_{w4} = t_{f2} + \frac{1}{h_2} q = 22 + \frac{230.9}{15} = 37.4\,(℃)$$

$$t_{w2} = t_{w1} - q \frac{\delta_1}{\lambda_1} = 513.4 - 230.9 \times \frac{0.23}{0.63} = 429.1\,(℃)$$

$$t_{w3} = t_{w2} - q \frac{\delta_2}{\lambda_2} = 429.1 - 230.9 \times \frac{0.1}{0.08} = 140.5\,(℃)$$

炉墙内的温度分布曲线如图 2-10 所示，是一条斜率不等的折线。

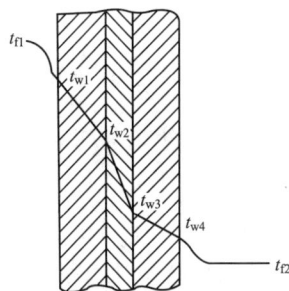

图 2-10 多层壁内的温度分布

二、第一类边界条件下的圆筒壁导热

在工业和日常生活中许多设备和圆形管道（如电厂中的锅炉水冷壁、过热器、省煤器以及凝汽器、冷油器等的管子，化工行业的各种液、气输送管道等）在稳定工况时的导热均可看作圆筒壁的稳态导热。

为研究方便，所讨论的圆筒壁是指长度比内、外径大得多的圆筒壁，称为无限长圆筒壁。对于无限长圆筒壁沿圆筒壁轴向的导热量与径向的导热量相比可忽略，其导热过程在圆柱坐标系中即可简化为仅沿半径方向进行的一维导热。一般地，当圆筒壁的长度为外径的10 倍以上时即可看作无限长圆筒壁。

这里只讨论第一类边界条件下的圆筒壁一维稳态导热计算，确定圆筒壁内的温度分布和热流量。

1. 单层圆筒壁

如图 2-11 所示，一内外半径分别为 r_1、r_2，长为 l 的长圆筒壁。壁内无内热源、热导率 λ 为常数。内外壁面分别维持均匀恒定的温度 t_{w1} 和 t_{w2}，且 $t_{w1} > t_{w2}$。该问题在圆柱坐标系中可视为常物性无内热源、恒壁温边界条件的一维径向稳态导热问题（注意：对于圆筒壁的导热，因导热面积沿径向变化，因此在稳态下通过整个圆筒壁各截面的导热量 Φ 保持常量，但热流密度即使在稳态下也是随半径而变化的），则导热微分方

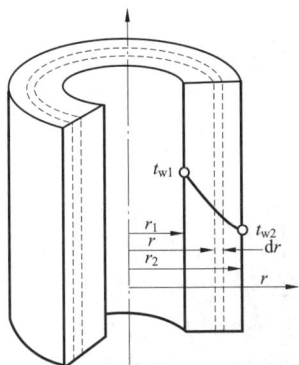

图 2-11 单层圆筒壁的导热

程为

$$\frac{d}{dr}\left(r\,\frac{dt}{dr}\right)=0 \tag{2-36}$$

边界条件：$r=r_1$，$t=t_{w1}$；$r=r_2$，$t=t_{w2}$。

对式（2-36）积分得其通解为

$$t=C_1\ln r+C_2 \tag{2-37}$$

将边界条件代入式（2-37）得

$$C_1=-\frac{t_{w1}-t_{w2}}{\ln\dfrac{r_2}{r_1}}\,,\ C_2=t_{w1}+\frac{t_{w1}-t_{w2}}{\ln\dfrac{r_2}{r_1}}\ln r_1$$

将 C_1、C_2 表达式代入通解式（2-37）得圆筒壁内的温度分布为

$$t=t_{w1}-\frac{t_{w1}-t_{w2}}{\ln\dfrac{r_2}{r_1}}\ln\frac{r}{r_1} \tag{2-38}$$

由式（2-38）可知，常物性无内热源圆筒壁内的温度分布沿半径方向呈对数曲线规律。

对式（2-38）求导可得

$$\frac{dt}{dr}=-\frac{t_{w1}-t_{w2}}{\ln\dfrac{r_2}{r_1}}\,\frac{1}{r} \tag{2-39}$$

由式（2-39）可知，其温度变化率的绝对值沿半径方向逐渐减小。

由傅里叶定律可求得通过圆筒壁的热流量为

$$\varPhi=-\lambda 2\pi rl\frac{dt}{dr}=\frac{t_{w1}-t_{w2}}{\dfrac{1}{2\pi\lambda l}\ln\dfrac{r_2}{r_1}}=\frac{t_{w1}-t_{w2}}{\dfrac{1}{2\pi\lambda l}\ln\dfrac{d_2}{d_1}}\quad \text{W} \tag{2-40}$$

对于常物性无内热源的一维径向稳态导热，也可直接由傅里叶定律表达式和边界条件来分离变量积分求解。两种方法所得结果完全相同。

工程上常用通过单位长度圆筒壁（$l=1m$）的热流量（称为线热流量）其计算式为

$$\varPhi_l=\frac{t_{w1}-t_{w2}}{\dfrac{1}{2\pi\lambda}\ln\dfrac{d_2}{d_1}}\quad \text{W/m} \tag{2-41}$$

圆筒壁的导热热阻为

$$R_\lambda=\frac{1}{2\pi\lambda l}\ln\frac{d_2}{d_1}\quad \text{℃/W} \tag{2-42}$$

相应的热阻单元如图 2-12 所示。

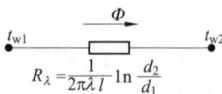

图 2-12　圆筒壁
导热的热阻单元

2. 多层圆筒壁

工程应用中的圆筒壁常由几层不同材料构成，例如，蒸汽管道外都包有保温层，换热器运行中管内外会有灰垢、水垢等。

对于多层圆筒壁、常物性无内热源、恒壁温边界条件下的径向一维稳态导热问题，可用串联热阻叠加的方法直接求解。图 2-13（a）所示的三层圆筒壁导热的热路图如图 2-13（b）所示，则其热流量为

$$\Phi = \frac{t_{w1} - t_{w4}}{\frac{1}{2\pi\lambda_1 l}\ln\frac{d_2}{d_1} + \frac{1}{2\pi\lambda_2 l}\ln\frac{d_3}{d_2} + \frac{1}{2\pi\lambda_3 l}\ln\frac{d_4}{d_3}} \quad \text{W} \qquad (2-43)$$

各层材料接触面的温度分别为

$$t_{w2} = t_{w1} - \frac{\Phi}{2\pi\lambda_1 l}\ln\frac{d_2}{d_1} \qquad (2-44)$$

$$t_{w3} = t_{w4} + \frac{\Phi}{2\pi\lambda_3 l}\ln\frac{d_4}{d_3} \qquad (2-45)$$

对于 n 层圆筒壁的导热,其热流量计算式为

$$\Phi = \frac{t_{w1} - t_{w(n+1)}}{\sum_{i=1}^{n}\frac{1}{2\pi\lambda_i l}\ln\frac{d_{i+1}}{d_i}} \quad \text{W} \qquad (2-46)$$

【例 2 - 4】 一个外径为 50mm 的钢管,外敷一层 8mm 厚、热导率 $\lambda_1 = 0.25\text{W}/(\text{m} \cdot \text{℃})$ 的石棉保温层,外面又敷一层 20mm 厚,热导率 $\lambda_2 = 0.045\text{W}/(\text{m} \cdot \text{℃})$ 的玻璃棉,钢管外侧壁温为 300℃,玻璃棉外侧表面温度为 40℃,试求石棉保温层和玻璃棉层间的温度。

解: 如图 2-13 所示,由题意可知,$d_1 = 50\text{mm}$ 处的温度 $t_1 = 300℃$,$d_3 = 50 + 2 \times (8+20) = 106$ (mm) 处的温度 $t_3 = 40℃$,$d_2 = 50 + 2 \times 8 = 66$ (mm)。

先计算通过该钢管壁单位管长的热流量

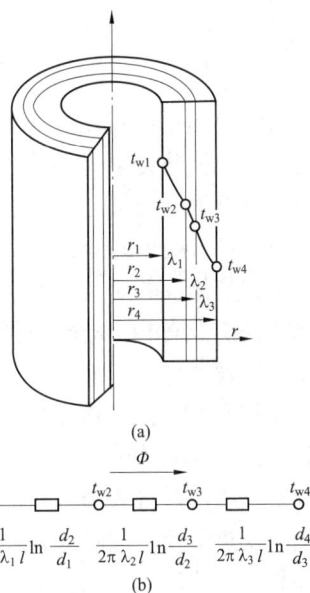

(a)

(b)

图 2-13 三层圆筒壁的导热

$$\Phi_l = \frac{t_1 - t_3}{\frac{1}{2\pi\lambda_1}\ln\frac{d_2}{d_1} + \frac{1}{2\pi\lambda_2}\ln\frac{d_3}{d_2}}$$

$$= \frac{300 - 40}{\frac{1}{2\pi \times 0.25}\ln\frac{0.066}{0.05} + \frac{1}{2\pi \times 0.045}\ln\frac{0.106}{0.066}} = 140.3(\text{W/m})$$

由该热流量与通过石棉保温层的热流量相等,即 $\Phi_l = \dfrac{t_1 - t_2}{\dfrac{1}{2\pi\lambda_1}\ln\dfrac{d_2}{d_1}}$ 可得石棉保温层与玻璃棉层间的温度为

$$t_2 = t_1 - \Phi_l \times \frac{1}{2\pi\lambda_1}\ln\frac{d_2}{d_1} = 300 - 140.3 \times \frac{1}{2\pi \times 0.25}\ln\frac{0.066}{0.05} = 275.2 \text{ (℃)}$$

【例 2 - 5】 一外径为 60mm 的无缝钢管,壁厚为 5mm。热导率 $\lambda = 54\text{W}/(\text{m} \cdot \text{℃})$,管内流过平均温度为 95℃的热水,与钢管内表面的换热系数为 $1830\text{W}/(\text{m}^2 \cdot \text{℃})$。钢管水平放置于 20℃的大气中,近壁空气作自然对流,换热系数为 $7.86\text{W}/(\text{m}^2 \cdot \text{℃})$。试求以钢管外表面积计算的传热系数和单位管长的换热量。

解： $K = \dfrac{1}{\dfrac{1}{h_1}\dfrac{d_2}{d_1} + \dfrac{d_2}{2\lambda}\ln\dfrac{d_2}{d_1} + \dfrac{1}{h_2}} = \dfrac{1}{\dfrac{1}{1830}\times\dfrac{0.06}{0.05} + \dfrac{0.06}{2\times54}\ln\dfrac{0.06}{0.05} + \dfrac{1}{7.86}}$

$= \dfrac{1}{6.56\times10^{-4} + 1.01\times10^{-4} + 1272.26\times10^{-4}} = 7.813\,5\ [\mathrm{W/(m^2\cdot\text{℃})}]$

该钢管单位管长的换热量

$\Phi_l = KA_{2l}(t_{f1} - t_{f2}) = K\pi d_2(t_{f1} - t_{f2}) = 7.81\times\pi\times0.06\times(95-20) = 110.4\ (\mathrm{W/m})$

第四节 对 流 换 热

对流换热是指流动的流体流过静止的固体壁面时，由于两者温度不同而发生的热量传递过程。对流换热是常见的热传递过程。对流换热的特点为：①流体与固体壁面相接触；②流体与固体壁面间有温差；③流体与固体壁面间有相对运动；④导热和对流同时存在。

一、对流换热的分类

根据流体在整个对流换热过程中是否发生相变，可将其分为有相变的对流换热和无相变的对流换热。有相变的对流换热主要有凝结和沸腾两种。凝结和沸腾换热广泛应用于各式凝汽器和蒸发器中。

无相变的对流换热根据不同的分类方法可分为不同的类型。无相变的对流换热可根据流体流动的起因不同分为强迫对流换热和自然对流换热两大类。由泵、风机等外力引起流体流动时发生的换热称为强迫对流换热；流体因各部分温度不同而引起密度差，导致流体流动而发生的换热称为自然对流换热。对流换热也可根据流体所流过的壁面不同分为内部流动对流换热和外部流动对流换热。流体流过管、槽而被加热或冷却时的换热称为内部流动对流换热；流体绕流物体壁面而被加热或冷却时的换热称为外部流动对流换热。还可根据流体的不同流态分为层流、过渡流和紊流，不同流态流动的换热情况不同。

不论哪一种对流换热过程，都可采用牛顿冷却公式，即

$$q = h\Delta t \quad \mathrm{W/m^2} \tag{2-47}$$

或

$$\Phi = hA\Delta t \quad \mathrm{W} \tag{2-48}$$

式中 Δt——流体与壁面间的温差，恒取正值。

由式（2-47）和式（2-48）可知，分析计算对流换热过程，实质上就是设法计算各种情况下的对流换热系数 h，进而求出对流换热量。

二、对流换热系数

当速度为 u_f，温度为 t_f 的流体流过面积为 A 的平板平面时，如果表面的温度 t_w 不等于 t_f，则会发生对流换热，平板 x 处局部热流密度表示为

$$q_x = h_x(t_w - t_f) \tag{2-49}$$

式中 h_x——局部对流换热系数。

由于流体的流动和温度沿平板 L 是逐点变化的，因此 q_x 和 h_x 也沿表面变化。平板表面总的换热量可由局部热流在整个平板表面积分求得，即

$$\Phi = \int_A q_x \,\mathrm{d}A$$

假设壁面温度 t_w 和流体温度 t_f 为常量，则有

$$\Phi = \int_A h_x(t_w - t_f)\mathrm{d}A = (t_w - t_f)\int_A h_x\mathrm{d}A \qquad (2-50)$$

定义整个平板表面的平均对流换热系数为 $\bar{h}$，则总换热量

$$\Phi = \bar{h}A(t_w - t_f) \qquad (2-51)$$

由式（2-50）和式（2-51）可求出平均和局部对流换热系数的关系式为

$$\bar{h} = \frac{1}{A}\int_A h_x\mathrm{d}A \qquad (2-52)$$

式（2-47）中，h 为 A 表面的平均对流换热系数。

对于平板，h_x 仅沿 x 变化，则式（2-52）可简化为

$$\bar{h} = \frac{1}{L}\int_0^L h_x\mathrm{d}x$$

说明：由于沿流动方向局部和平均对流换热都随 x 的增大而减小，故从零到 x 处的平均对流换热系数必定大于 x 处的局部对流换热系数。

三、对流换热微分方程式

如图 2-14 所示，黏性流体流过壁面时，在靠近壁面处，由于黏性的作用，流体流速随离壁面距离的缩短而逐渐降低，在贴壁处被滞止，处于无滑移状态（即 $y=0$，$u=0$）。在这极薄的贴壁流体层中，热量只能以导热方式传递。如存在辐射，则以辐射加对流的混合换热系数计算。流体沿壁面流动时，设流体温度为 t_f，壁面温度为 t_w，近壁处的流体由于黏性作用，其速度随着逐渐贴近壁面不断减小，最终紧贴壁面处流体的速度为零。在 $y=0$ 的壁面处，热量的交换取决于贴壁处流体分子的导热能力，于是可以运用傅立叶定律：

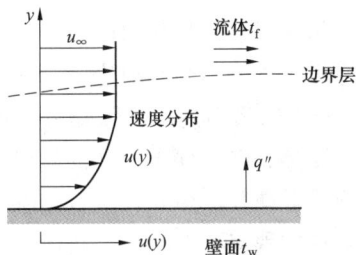

图 2-14 壁面流体速度分布

$$q_x = -\lambda_f\left(\frac{\partial t}{\partial y}\right)_x\Big|_{y=0} \qquad (2-53)$$

式中 $\left(\dfrac{\partial t}{\partial y}\right)_x\Big|_{y=0}$ ——固体壁面处流体的温度梯度。

在工程实际中，对流换热量计算按照牛顿冷却公式可表示为

$$q_x = h_x(t_w - t_f) \qquad (2-54)$$

由于以上两式是从不同角度表述同一问题，把上面两式结合起来，则有

$$h_x(t_w - t_f) = -\lambda_f\left(\frac{\partial t}{\partial y}\right)_x\Big|_{y=0}$$

即

$$h_x = -\frac{\lambda_f}{t_w - t_f}\left(\frac{\partial t}{\partial y}\right)_x\Big|_{y=0} \qquad (2-55)$$

式（2-55）反映了对流换热的本质，称为对流换热微分方程式。显而易见，壁面 x 处温度梯度的大小决定了对流换热系数 h 的大小，因此对流换热过程的本质依然是一个导热过

程，或者说是导热和对流的联合作用。对流换热系数 h 与流体的温度场、热导率、流体与壁面的温度差等有关，而流体的温度场又通过流体物性参数的变化继而影响流体的速度场。因此，在对流换热分析中，仅有对流换热微分方程式还不能解决问题，必须利用流体力学中关于流场的知识。

【例 2 - 6】 流体流过平板的 x 位置处，温度场的分布为

$$t(y) = A - By + Cy^2$$

其中 A、B 和 C 是常数，求对应的局部对流换热系数 h_x 的表达式。

解： 根据式（2-55），对流换热系数

$$h_x = -\frac{\lambda_f}{t_w - t_f}\left(\frac{\partial t}{\partial y}\right)_x \Big|_{y=0} = \frac{-\lambda_f(-B + 2Cy)_{y=0}}{t_w - t_f} = \frac{\lambda_f B}{t_w - t_f}$$

说明：如果温度场分布已知，则很容易求出对流换热系数，这正是理论求解对流换热系数的基本思路。

第五节　热辐射的基本概念及计算

热辐射是热量传递的三种基本方式之一。热辐射是物体具有一定温度时固有的属性，物体之间可以依靠热辐射进行辐射换热。

一、热辐射的本质和辐射换热特点

受热、电子撞击、光的照射以及发生化学反应等，都会造成物体内分子、原子或电子的受激或振动并产生各种能级的跃迁，这种振动和跃迁的结果导致物体以电磁波的形式释放能量，这种现象称为辐射。物体由于热的原因而发生的辐射现象称为热辐射。辐射能依靠电磁波在真空或介质中传播，传播速度等于光速，即

$$c = \lambda\nu \tag{2-56}$$

式中　c——介质中的光速，在真空中传播时 $c = 2.998 \times 10^8 \, \text{m/s}$；

λ——波长，m［波长单位一般使用微米（μm），1μm$= 10^{-6}$m］；

ν——频率，s^{-1}。

辐射线的波长理论上应是 $0 \sim \infty$，实际上，与传热有关的波长大致在 $0.1 \sim 100\mu$m，其中 $\lambda = 0.38 \sim 0.76\mu$m 的为可见光，$\lambda < 0.38\mu$m 的为紫外线，$\lambda > 0.76\mu$m 的为红外线，这些射线称为热射线。图 2-15 所示为整个电磁波波谱，可以看出热射线只占波谱的一部分。

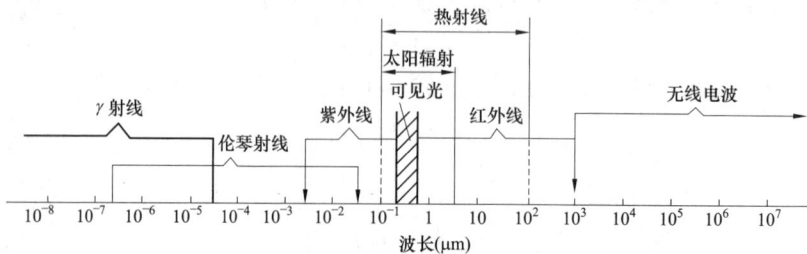

图 2-15　电磁波波谱

当物体温度不同时，虽然物体之间不相互接触，却可以通过热射线的相互辐射和吸收进

行能量交换，这一现象称为辐射换热。辐射换热具有如下特点：

（1）辐射换热与导热和对流换热不同，发生辐射换热时不需要任何形式的中间介质，即使在真空中也可以进行。

（2）物体在辐射换热过程中，不仅有能量的转换，而且还有能量形式的转化，即物体在辐射时，不断将自己的热能转变为电磁波向外辐射，当电磁波射到其他物体表面时即被吸收而转变为热能，导热和对流换热均不存在能量形式的转换。

（3）辐射换热与导热和对流换热的另一个不同点在于导热量或对流量只和物体温度的一次方之差成正比，而辐射换热量是与两个物体热力学温度的四次方成正比。因此，两个物体的温度差对于辐射换热量的影响更强烈。例如，有两个相互平行的无限大黑体表面，当其表面温度分别为 300K 和 400K 时或温度分别为 1000K 和 1100K 时，两个物体的温差均为100K，但后者辐射换热量几乎是前者的 26 倍。这说明辐射换热在高温时更加重要，因此锅炉炉膛内热量传递的主要方式是辐射换热。

（4）热辐射是一切物体的固有属性，只要温度高于0K，物体就一定向外发出辐射能量，当两个温度不同的物体在一起时，高温物体辐射的能量大于低温物体辐射的能量，最终结果是高温物体向低温物体传递了能量。即使两个物体温度相同，辐射换热也仍在不断进行，只是每一个物体辐射出去的能量等于其吸收的能量，即处于热动平衡状态，净辐射换热量为零。

二、热辐射表面的一般性质

由于各种辐射线都是电磁波，因此可见光和不可见光之间无本质区别，辐射线落到表面上同样会发生反射、吸收和透射现象，如图 2-16 所示。当辐射能量为 G 的热射线落到物体表面时，G_a 部分被物体吸收，G_ρ 部分被物体反射，G_τ 部分则透过物体，根据能量守恒原理有

$$G = G_a + G_\rho + G_\tau$$

则

$$\frac{G_a}{G} + \frac{G_\rho}{G} + \frac{G_\tau}{G} = 1$$

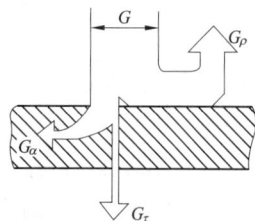

图 2-16 辐射能的吸收、
反射和透射

定义

$$\alpha = \frac{G_a}{G}, \ \rho = \frac{G_\rho}{G}, \ \tau = \frac{G_\tau}{G}$$

可得出

$$\alpha + \rho + \tau = 1 \tag{2-57}$$

式中 α ——物体的吸收比，表示物体所吸收的能量占投入辐射能量的百分数；

ρ ——物体的反射比，表示物体所反射的能量占投入辐射能量的百分数；

τ ——物体的透射比，表示物体所穿透的能量占投入辐射能量的百分数。

对于某一波长射线，即单色射线来说，式（2-57）仍然成立。可表示为

$$\alpha_\lambda + \rho_\lambda + \tau_\lambda = 1 \tag{2-58}$$

式中 α_λ、ρ_λ、τ_λ ——物体的单色吸收比、单色反射比、单色透射比。

实验证明，固体和液体由于分子排列紧密，只要稍具厚度，它们就不允许热射线透过，即 $\tau = 0$，因此对于固体和液体有

$$\alpha + \rho = 1 \tag{2-59}$$

即对固体和液体而言，吸收能力大的物体其反射能力就小，反之亦然。

对于气体，热射线几乎不被反射，即 $\rho = 0$，故有

$$\alpha + \tau = 1 \tag{2-60}$$

说明穿透能力大的气体，其吸收能力就小，反之亦然。

如果物体能够吸收外来投入辐射所有方向全波长的辐射能，这时吸收比 $\alpha = 1$，将其称之为黑体；而当反射比 $\rho = 1$ 时，称之为镜体或白体；当透过比 $\tau = 1$ 时，称之为透热体。事实上，在自然界中，并不存在绝对的黑体；白体和透热体都是假定的理想物体。例如煤烟、炭黑、粗糙的钢板等，对热射线的吸收比在 0.9 以上，接近于黑体。而磨光的纯金反射比 ρ 接近 0.98，近似于白体。纯净的空气对于热射线基本上不吸收也不反射，认为是透热体。

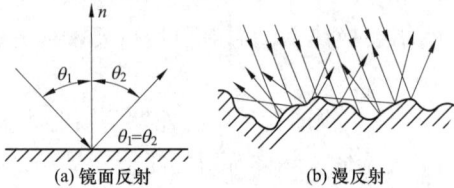

图 2-17　镜面反射和漫反射

物体反射有镜面反射和漫反射两种情况，如图 2-17 所示。当反射表面非常平整光滑，则形成镜面反射，这时将遵循几何光学规律，即入射角等于反射角，此种物体称为镜体；当物体表面十分粗糙，使得投入表面的辐射向不同方向反射出去，并且反射辐射在各个方向上均匀分布时，则称为漫反射。

有些物体对热射线的透过具有选择性，例如，玻璃对于波长 $\lambda > 4\mu\mathrm{m}$ 的红外线是不透明的，而对于可见光和紫外线则是透热体。对于工业高温下的热辐射来说，对射线的吸收和反射有重大影响的是表面的粗糙程度，而不是表面的颜色，例如，白色表面和黑色表面对于工业高温下的红外辐射几乎有相同的吸收比。特别要注意绝不能以物体的颜色来判断该物体是白体还是黑体，也不能以该物体对太阳辐射的吸收能力作为对全波长吸收能力的结论。例如，白雪的吸收比高达 0.985，近似于黑体。白布与黑布一样，吸收比很高，它们辐射特性的区别仅表现在白布对太阳辐射的吸收比很低，而黑布则相反。

三、辐射力

物体在某一温度下向空间辐射能量的多少常用辐射力 E 来描述。辐射力 E 定义为物体在单位时间内单位表面积向半球空间所有方向发射的全波长辐射能的总和，单位为 $\mathrm{W/m^2}$。物体在不同波长向空间发射辐射能的多少用单色辐射力 E_λ 来描述。单色辐射力 E_λ 定义为物体在单位时间内单位表面积在某一波长 λ 下向半球空间发射的辐射能，单位为 $\mathrm{W/m^2}$。根据定义，辐射力与单色辐射力之间的关系为

$$E = \int_0^\infty E_\lambda \mathrm{d}\lambda \tag{2-61}$$

或

$$E_\lambda = \frac{\mathrm{d}E}{\mathrm{d}\lambda} \tag{2-62}$$

在相同的温度下以黑体的辐射力最大，用 E_b 表示，而实际物体的辐射力 E 为

$$E = \varepsilon E_\mathrm{b} \tag{2-63}$$

式中　ε——物体的发射率或者黑度；

　　　E_b——同温度下黑体的辐射力，$\mathrm{W/m^2}$。

四、黑体辐射及辐射换热计算

1. 黑体模型

黑体是一个能全部吸收外来投入辐射能量的理想物体，即其吸收比 $\alpha = 1$，此时它的表

面上既没有能量的反射，也没有能量的穿透。尽管自然界中不存在绝对黑体，但可以建立人工黑体模型。如图 2-18 所示，一个空腔壁上开有小孔，小孔面积比空腔面积小得多，当一束能量为 G 的射线通过小孔进入空腔内，在空腔内壁上经过多次吸收和反射，最终通过小孔离开空腔反射出去的能量几乎为零，从而认为射入的能量全部被空腔吸收。计算表明，用吸收比等于 0.6 的壁面制成的空腔，当小孔面积小于总面积的 0.15 时，小孔的吸收比 $\alpha > 0.999$。由此可知，一个温度均匀的空腔壁上的小孔具有黑体性质。

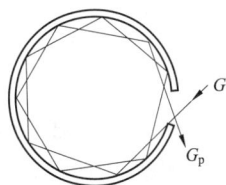

图 2-18　人工黑体模型

2. 普朗克定律

普朗克定律是普朗克（M. Planck）于 1900 年根据量子理论揭示的真空中黑体在不同温度下单色辐射力和波长的函数关系，可写为

$$E_{b\lambda} = \frac{c_1 \lambda^{-5}}{e^{c_2/(\lambda T)} - 1} \tag{2-64}$$

式中　$E_{b\lambda}$——黑体单色辐射力，W/m^2；

　　　　λ——波长，m；

　　　　T——黑体热力学温度，K；

　　　　c_1——普朗克第一常数，$c_1 = 3.743 \times 10^{-16} W \cdot m^2$；

　　　　c_2——普朗克第二常数，$c_2 = 1.439 \times 10^{-2} m \cdot K$。

3. 两个黑体表面之间的辐射换热计算

黑体是吸收比等于 1 的假想物体。一般说来，离开某一表面的辐射能包括本身辐射和反射辐射两部分，到达其他表面会被吸收、反射和透射。由于黑体的特殊性，离开黑体表面的辐射能只是本身辐射，落到黑体表面的辐射能全部被吸收，使得表面间的辐射换热问题简化。

对于处于任意相对位置的两个黑体表面 1 和 2，温度分别为 T_1 和 T_2，面积分别为 A_1 和 A_2。则表面 A_1 发出的辐射能为 $A_1 E_{b1}$，落在表面 2 上的份额为 $A_1 E_{b1} X_{1,2}$，$X_{1,2}$ 为表面 1 对表面 2 的角系数；同理，表面 A_2 发出辐射能落在表面 1 上的份额为 $A_2 E_{b2} X_{2,1}$，$X_{2,1}$ 为表面 2 对表面 1 的角系数。表面 1、2 之间交换的辐射换热量应为

$$\Phi_{1,2} = A_1 E_{b1} X_{1,2} - A_2 E_{b2} X_{2,1}$$

根据角系数的相互性 $A_1 X_{1,2} = A_2 X_{2,1}$，上式又可写为

$$\Phi_{1,2} = A_1 X_{1,2}(E_{b1} - E_{b2}) = A_2 X_{2,1}(E_{b1} - E_{b2})$$

$$= \frac{E_{b1} - E_{b2}}{\dfrac{1}{A_1 X_{1,2}}} = \frac{E_{b1} - E_{b2}}{\dfrac{1}{A_2 X_{2,1}}} \tag{2-65}$$

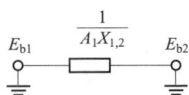

图 2-19　两黑体
表面间辐射换热网络图

式中　　E_{b1}、E_{b2}——表面 1、2 的辐射力；

　　$\dfrac{1}{A_1 X_{1,2}}$（或 $\dfrac{1}{A_2 X_{2,1}}$）——辐射空间热阻，空间热阻的大小取决于表面的几何形状、大小和相对位置，与表面性质及温度无关。

式（2-65）的关系可以用网络图的形式表示，如图 2-19 所示。

第六节　传热过程和热阻

一、传热过程与传热系数

发电厂中所有的换热设备在正常运行时，各部分的温度、压力等参数基本上是不随时间而变的，称为稳定状态。对热传递现象来说，温度不随时间而变的过程为稳态过程。

上节所介绍的换热器，其热传递过程的共同特点都是高温流体通过固体壁面把热量传给壁面另一侧的低温流体的过程，这称为传热过程。下面分析稳态的传热过程。

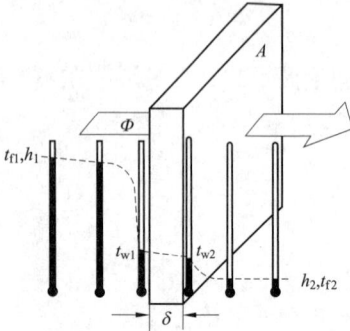

图 2-20　传热过程示意图

一般来说，传热过程包括串联的三个环节：①从热流体到高温壁面的热量传递；②从高温壁面到低温壁面的热量传递；③从低温壁面到冷流体的热量传递。对于稳态传热过程，通过串联着的各环节的热流量 Φ 是相同的。设平壁的表面积为 A，参看图 2-20 的符号，h_1 为热流体与高温壁面的换热系数；h_2 为低温流体与低温壁面的换热系数；t_{f1}、t_{f2} 分别为高温流体和低温流体的温度；t_{w1}、t_{w2} 分别为高温壁面和低温壁面的温度。可以分别写出上述三个环节的热流量的表达式，即

$$\Phi = h_1 A (t_{f1} - t_{w1}) \tag{2-66}$$

$$\Phi = \lambda A \frac{t_{w1} - t_{w2}}{\delta} \tag{2-67}$$

$$\Phi = h_2 A (t_{w2} - t_{f2}) \tag{2-68}$$

将式（2-66）~式（2-68）改写成温压的形式

$$t_{f1} - t_{w1} = \frac{\Phi}{h_1 A} \tag{2-69}$$

$$t_{w1} - t_{w2} = \frac{\Phi \delta}{\lambda A} \tag{2-70}$$

$$t_{w2} - t_{f2} = \frac{\Phi}{h_2 A} \tag{2-71}$$

将式（2-69）~式（2-71）三式相加，消去 t_{w1} 和 t_{w2} 整理后得

$$\Phi = \frac{A(t_{f1} - t_{f2})}{\frac{1}{h_1} + \frac{\delta}{\lambda} + \frac{1}{h_2}} \tag{2-72}$$

或

$$q = \frac{t_{f1} - t_{f2}}{\frac{1}{h_1} + \frac{\delta}{\lambda} + \frac{1}{h_2}} \tag{2-73}$$

也可表示成

$$\Phi = A K (t_{f1} - t_{f2}) \tag{2-74}$$

或 $$q = K(t_{f1} - t_{f2}) \tag{2-75}$$

式中 K——传热系数，$W/(m^2 \cdot ℃)$，数值上它等于冷热流体间温差为 $1℃$ 接触面积为 $1m^2$ 的热流量的值。

式（2-74）、式（2-75）称为传热方程。显然有

$$K = \cfrac{1}{\cfrac{1}{h_1} + \cfrac{\delta}{\lambda} + \cfrac{1}{h_2}} \tag{2-76}$$

传热系数的大小取决于两种流体的物理性质、流速、换热表面的形状与布置、材料的热导率等。

二、热阻

式（2-74）、式（2-75）分别可改写为

$$\Phi = \cfrac{\Delta t}{\cfrac{1}{KA}} \tag{2-77}$$

$$q = \cfrac{\Delta t}{\cfrac{1}{K}} \tag{2-78}$$

以上两式与直流电路的欧姆定律 $I = \cfrac{U}{R}$ 相比，形式完全对应。热流量 Φ 或热流密度 q 对应于电流 I，传热温差 Δt 对应于电压 U，$\cfrac{1}{KA}$ 或 $\cfrac{1}{K}$ 对应于电路中的电阻 R，称为传热热阻，简称热阻。其中 $\cfrac{1}{KA}$ 表示整个传热面上的热阻，$\cfrac{1}{K}$ 表示单位面积上的热阻，分别用 R_t 和 r_t 表示，单位分别为 $℃/W$ 和 $m^2 \cdot ℃/W$，下标 t 表示传热过程的总热阻。因此式（2-77）、式（2-78）可改写为

$$\Phi = \cfrac{\Delta t}{R_t} \tag{2-79}$$

$$q = \cfrac{\Delta t}{r_t} \tag{2-80}$$

三、热阻叠加原则

从式（2-78）可看到，传热系数的倒数即传热过程的热阻。稳态传热过程的热阻等于各个环节分热阻之和，简称热阻叠加原则，即

$$r_t = \frac{1}{K} = \frac{1}{h_1} + \frac{\delta}{\lambda} + \frac{1}{h_2} \tag{2-81}$$

在实际换热器中，壁面上常会积有污垢，如省煤器管外侧有灰垢，管内侧有水垢，根据热阻叠加的原则，可以方便地写出这个复杂传热过程的总热阻。

$$r'_t = \frac{1}{K'} = \frac{1}{h_1} + \frac{\delta_h}{\lambda_h} + \frac{\delta_w}{\lambda_w} + \frac{\delta_s}{\lambda_s} + \frac{1}{h_2} \tag{2-82}$$

式中 $\dfrac{\delta_h}{\lambda_h}$——灰垢层热阻；

$\dfrac{\delta_w}{\lambda_w}$ ——管壁热阻；

$\dfrac{\delta_s}{\lambda_s}$ ——水垢层热阻。

相应的传热过程的传热系数 K' 为

$$K' = \cfrac{1}{\dfrac{1}{h_1} + \dfrac{\delta_h}{\lambda_h} + \dfrac{\delta_w}{\lambda_w} + \dfrac{\delta_s}{\lambda_s} + \dfrac{1}{h_2}}$$
(2-83)

第二篇　汽轮机原理及设备

第三章　汽轮机级的类型和工作原理

第一节　汽轮机级的基本概念及类型

拓展阅读 3-1

一、汽轮机工作原理概述

汽轮机是这样一种热机，它将蒸汽工质的热能转变成动能，再将动能转变成机械能。多级汽轮机就是通过若干级重复完成这样的热力循环的，而每个级就构成了汽轮机做功的基本单元，级由喷嘴叶栅和与之相配合的动叶栅组成。喷嘴叶栅（静叶）将蒸汽的热能转变成动能，动叶栅将蒸汽的动能转变成机械能。

1. 蒸汽的冲动原理和反动原理

高速汽流通过动叶栅时，发生动量变化对动叶栅产生冲力，使动叶栅转动做功而获得机械能。由动量定理可知，机械能的大小取决于工作蒸汽的质量流量和速度变化量，质量流量越大，速度变化越大，作用力也越大。图 3-1 所示为无膨胀的动叶通道，汽流在动叶汽道内不膨胀加速，而只随汽道形状改变其流动方向，汽流改变流动方向对汽道所产生的离心力，称为冲动力，这时蒸汽所做的机械功等于它在动叶栅中动能的变化量，这种级称为纯冲动级。

蒸汽在动叶汽道内随汽道改变流动方向的同时仍继续膨胀、加速，加速的汽流流出汽道时，对动叶栅将施加一个与汽流流出方向相反的反作用力，此力类似于火箭发射时，高速气体从火箭尾部流出，给火箭一个与流动方向相反的反作用力，这个作用力称为反动力。依靠反动力做功的级称为反动级，如图 3-2 所示。

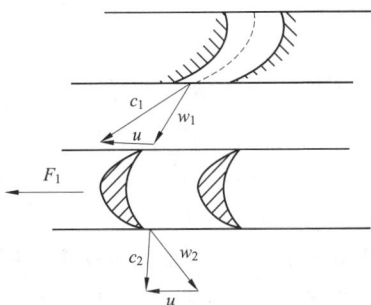

图 3-1　无膨胀动叶汽道内蒸汽的流动情况　　　图 3-2　蒸汽在动叶汽道内膨胀的流动情况

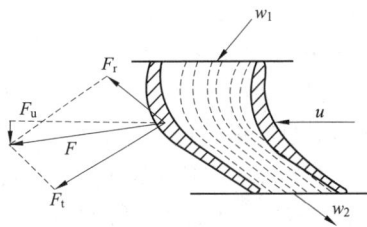

现代汽轮机级中，冲动力和反动力通常是同时作用的，在这两个力的合力作用下，使动叶栅旋转而产生机械功。这两个力的作用效果不同，冲动力的做功能力较大，而反动力的流动效率较高。

2. 级的反动度

为了说明汽轮机级中反动力所占的比例，即蒸汽在动叶中膨胀程度的大小，常用级的反动度 Ω 表示，它等于蒸汽在动叶栅中膨胀时的理想比焓降 Δh_b 和整个级的滞止理想比焓降 Δh_t^* 之比，即

$$\Omega_m = \frac{\Delta h_b}{\Delta h_t^*} \approx \frac{\Delta h_b}{\Delta h_n^* + \Delta h_b} \qquad (3-1)$$

式中　Ω_m——级的平均反动度，是指在级的平均直径截面上的反动度，它由平均直径截面上喷嘴和动叶中的理想比焓降所确定，平均直径是动叶顶部和根部处叶轮直径的平均值。

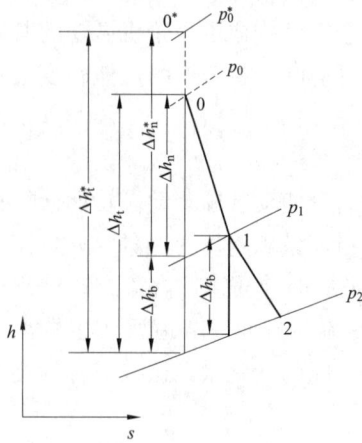

图 3-3　级的热力过程线

图 3-3 所示是级中蒸汽膨胀在焓熵图上的热力过程线。0 点是级前的蒸汽状态点，0^* 点是蒸汽等熵滞止即初速等于零的状态点，p_1、p_2 分别为喷嘴出口压力和动叶出口压力。蒸汽从滞止状态 0^* 点在级内等熵膨胀到 p_2 时的比焓降，Δh_t^* 为级的滞止理想比焓降，Δh_n^* 为蒸汽在喷嘴中的滞止理想比焓降，Δh_b 为蒸汽在动叶中的理想比焓降。

二、汽轮机级的类型

根据蒸汽在汽轮机级的通流部分中的流动方向，汽轮机级可分为轴流式与辐流式两种。目前电站用汽轮机绝大多数采用轴流式级。轴流式级通常有下列几种分类方法。

1. 冲动级和反动级

冲动级有三种不同的形式。

（1）纯冲动级。反动度 $\Omega_m = 0$ 的级称为纯冲动级，它的特点是蒸汽只在喷嘴叶栅中膨胀，在动叶栅中不膨胀而只改变其流动方向。其动叶片的形式为对称叶片。因此动叶栅进出口压力相等，即 $p_1 = p_2$、$\Delta h_b = 0$、$\Delta h_t^* = \Delta h_n^*$。纯冲动级做功能力大，流动效率较低，现代汽轮机中均不采用。

（2）带反动度的冲动级。为了提高汽轮机级的效率，冲动级应具有一定的反动度（$\Omega_m = 0.05 \sim 0.20$），这时蒸汽的膨胀大部分在喷嘴叶栅中进行，只有一小部分在动叶栅中继续膨胀。因此 $p_1 > p_2$、$\Delta h_n > \Delta h_b$。由流体力学知识可知，加速汽流可改善汽流的流动状况，故冲动级具有做功能力大和效率较高的特点，得到了广泛的应用。

（3）复速级（双列速度级）。复速级通常是一级内要求承担很大比焓降时才采用。它由喷嘴叶栅、装于同一叶轮上的两列动叶栅和两列动叶之间固定不动的导向叶栅组成，故又称双列速度级。第 II 列动叶栅是为了将第 I 列动叶栅的余速动能 $c_2^2/2$ 进一步转换成机械能，导向叶栅的作用是改变汽流方向，使之与第 II 列动叶栅进汽方向相符。

复速级的做功能力比单列冲动级要大，但流动效率较低，为了改善复速级的效率，也采用一定的反动度，使蒸汽在各列动叶栅和导向叶栅中也进行适当的膨胀。

图 3-4 所示为蒸汽流经各种冲动级的通流部分时，其压力和速度的变化情况。

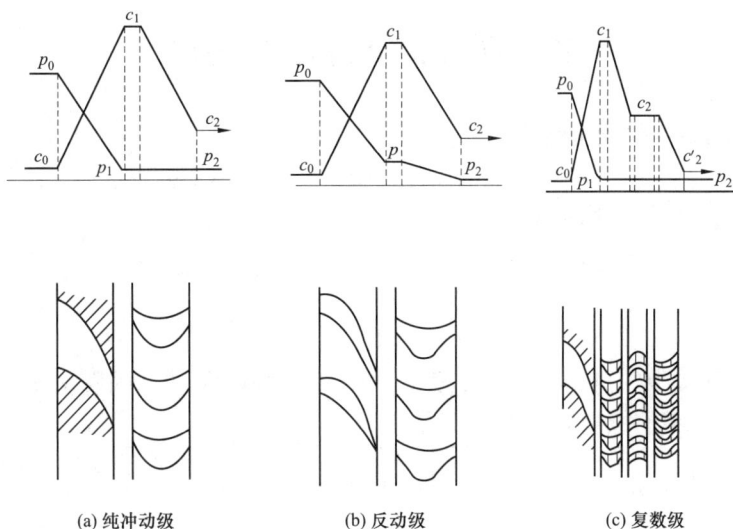

图 3-4　冲动级中蒸汽压力和速度变化示意图

(a) 纯冲动级　　(b) 反动级　　(c) 复数级

反动度 $\Omega_{\mathrm{m}}=0.5$ 的级称为反动级，其特点是 $\Delta h_{\mathrm{n}}^{*}=\Delta h_{\mathrm{b}}=\dfrac{1}{2}\Delta h_{\mathrm{t}}^{*}$，即蒸汽在喷嘴叶栅和动叶栅中的膨胀各占一半，流动情况一样，故动静叶栅称为互为镜内映射状叶栅，如图 3-5 所示。因为蒸汽在动叶栅中膨胀加速是在冲动力和反动力的合力下使叶轮转动做功的，所以，反动级的效率比冲动级高，但做功能力较小。

2. 压力级和速度级

按照蒸汽的动能转换为转子机械能的过程不同，汽轮机级可分为压力级和速度级。

压力级是以利用级组中合理分配的压力降或比熔降为主的级，效率较高，又称单列级，压力级可以是冲动级，也可以是反动级；速度级有双列和多列之分，例如，复速级是以利用蒸汽流速为主的级，级的比熔降较大。

3. 调节级和非调节级

按级通流面积是否随负荷大小而变，汽轮机级可分为调节级和非调节级。

采用喷嘴调节的汽轮机中，第一级的通流面积可以随负荷变化而改变，这种改变的另一个原因是部分进汽，因此，该级称为调节级，调节级可以是复速级，也可以是单列级。反之是非调节级。

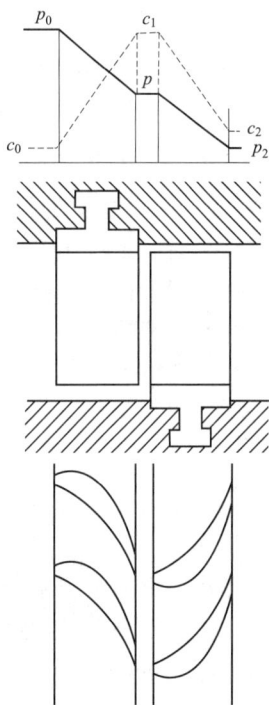

图 3-5　反动级中蒸汽压力速度变化示意图

拓展阅读 3-2

第二节　汽轮机级的工作原理

一、蒸汽在喷嘴中的能量转换

蒸汽在喷嘴中流动时要实现热能向动能的转换，这是一个膨胀过程，能否实现这一过程取决于力学条件和几何条件是否满足。

根据一元稳定流动的能量方程

$$h_0 + \frac{c_0^2}{2} + q = h_1 + \frac{c_1^2}{2} + W$$

因为蒸汽在喷嘴中的流动为绝热过程，蒸汽流经固定不动的喷嘴时不做功，故 $q=0$、$W=0$。蒸汽流过喷嘴的能量方程可简化为

$$h_0 + \frac{c_0^2}{2} = h_1 + \frac{c_1^2}{2} \tag{3-2}$$

1. 喷嘴出口的理想流速

若不考虑损失，蒸汽在喷嘴中为等熵流动过程，式（3-2）可写成

$$h_0 + \frac{c_0^2}{2} = h_{1t} + \frac{c_{1t}^2}{2} \tag{3-3}$$

喷嘴出口的理想流速为

$$c_{1t} = \sqrt{2(h_0 - h_{1t}) + c_0^2} = \sqrt{2\Delta h_n + c_0^2} \tag{3-4}$$

式中　h_{1t}——蒸汽等熵膨胀的终比焓，J/kg；

　　　Δh_n——喷嘴的理想比焓降，J/kg。

计算时，蒸汽比焓值均可在水蒸气的焓熵图中查得，较为方便。

为了便于计算分析，将汽流等熵滞止到初速为零的滞止状态点 0^*，此时蒸汽参数称为滞止参数，即喷嘴进口状态由原来具有初速 c_0 的初参数 p_0、t_0 和 h_0 的"0"点，转变为初速为零的滞止参数 p_0^*、t_0^* 和 h_0^* 的 0^* 点，如图 3-3 所示。于是，由式（3-4）可得

$$c_{1t} = \sqrt{2\Delta h_n + c_0^2} = \sqrt{2\left(\Delta h_n + \frac{c_0^2}{2}\right)} = \sqrt{2\Delta h_n^*} \tag{3-5}$$

式中　Δh_n^*——蒸汽在喷嘴中的滞止理想比焓降，J/kg。

2. 喷嘴出口的实际流速

蒸汽在喷嘴中的流动是有损失的，其中包括黏性气体的摩擦损失，膨胀过程的不可逆损失等，这些损失造成喷嘴出口的实际速度 c_1 小于理想速度 c_{1t}，其比值称为喷嘴速度系数，用 φ 表示，即

$$\varphi = c_1 / c_{1t} \tag{3-6}$$

则

$$c_1 = \varphi c_{1t} = \varphi \sqrt{2\Delta h_n^*} \tag{3-7}$$

喷嘴速度系数 φ 实质上表示了蒸汽在喷嘴流动过程中的能量损失，φ 的大小与喷嘴高度 l_n、叶型、表面光洁度和前后压差等因素有关，其中与喷嘴高度 l_n 关系最为密切。现代汽轮机的喷嘴速度系数常取 $\varphi = 0.92 \sim 0.98$。

喷嘴出口实际速度 c_1 小于其理想速度 c_{1t} 所造成的能量损失称为喷嘴能量损失，可表示为

$$\Delta h_{n\xi} = \frac{1}{2}(c_{1t}^2 - c_1^2) = \frac{c_{1t}^2}{2}(1 - \varphi^2) = \Delta h_n^*(1 - \varphi^2) \tag{3-8}$$

二、蒸汽在动叶栅中的流动和能量转换过程

为了计算蒸汽的作用力和所做的功，就必须确定蒸汽在动叶汽道进出口截面上汽流速度和动量的变化。这里涉及动叶栅进出口速度三角形。

动叶片以转速 $n(\mathrm{r/min})$ 旋转，用 u 表示动叶进出口平均直径 d_m 处的圆周速度，

$$u = \frac{\pi d_\mathrm{m} n}{60} \quad \mathrm{m/s} \tag{3-9}$$

其方向为动叶运动的圆周方向。速度 $\overline{c_1}$ 是汽流在喷嘴出口的速度，也是一个静止的观察者所看到的汽流进入动叶汽道中的速度。由于动叶片以圆周速度 $\overline{u}$ 作周向运动，所以，在动叶进口处，对于与动叶片一起做旋转运动的观察者而言，他所看到的动叶进口的汽流速度已不是速度 $\boldsymbol{c}$，而是相对速度 $\boldsymbol{w}$，它等于

$$\boldsymbol{w}_1 = \boldsymbol{c}_1 - \boldsymbol{u}$$

或者 $$\boldsymbol{c}_1 = \boldsymbol{w}_1 + \boldsymbol{u} \tag{3-10}$$

由此三个速度组成的三角形称为动叶进口速度三角形。同理，在动叶出口的绝对速度 $\boldsymbol{c}_2$、相对速度 $\boldsymbol{w}_2$ 和圆周速度 $\boldsymbol{u}$ 也可组成动叶出口速度三角形，即

$$\boldsymbol{c}_2 = \boldsymbol{w}_2 + \boldsymbol{u} \tag{3-11}$$

如图 3-6 所示，绝对速度 c_1 和 c_2 的方向角分别用 α_1 和 α_2 表示，相对速度 $\boldsymbol{w}_1$ 和 $\boldsymbol{w}_2$ 的方向角分别用 β_1 和 β_2 表示，圆周速度 $\boldsymbol{u}$ 的方向为转子旋转的轮周方向。可用几何解析法求这些速度的关系，其值分别为

$$w_1 = \sqrt{c_1^2 + u^2 - 2uc_1\cos\alpha_1} \tag{3-12}$$

$$\beta_1 = \arcsin\frac{c_1\sin\alpha_1}{w_1} = \arctan\frac{c_1\sin\alpha_1}{c_1\cos\alpha_1 - u} \tag{3-13}$$

$$c_2 = \sqrt{w_2^2 + u^2 - 2uw_2\cos(180° - \beta_2)} \tag{3-14}$$

$$\alpha_2 = \arcsin\frac{w_2\sin(180° - \beta_2)}{c_2} = \arcsin\frac{w_2\sin\beta_2}{c_2} \tag{3-15}$$

或 $$\alpha_2 = \arctan\frac{w_2\sin(180° - \beta_2)}{c_2\cos(180° - \beta_2)} = \arctan\frac{w_2\sin\beta_2}{w_2\cos(180° - \beta_2) + u} \tag{3-16}$$

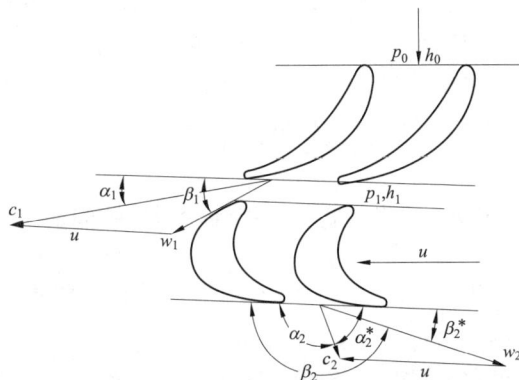

图 3-6　动叶栅进出口速度三角形

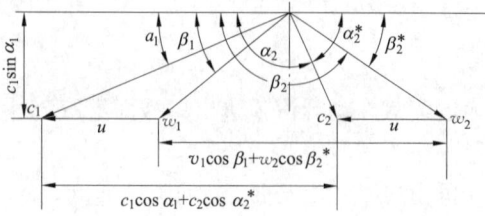

图 3-7 动叶栅进出口速度三角形

式（3-11）～式（3-15）中，c_1、α_1 为喷嘴计算结果，u 用式（3-9）计算所得。为了方便计算，常将动叶栅进出口速度三角形绘在一起，如图 3-7 所示，并令 $\beta_2^* = 180° - \beta_2$ 及 $\alpha_2^* = 180° - \alpha_2$。

对于纯冲动级 $\beta_2^* = \beta_1$，对于一般冲动级，$\beta_2^* = \beta_1 - (3° \sim 10°)$，对于反动级，$\beta_2^* = \alpha_2$。

动叶出口速度三角形中的 w_2 是通过能量方程求得的。若蒸汽在动叶栅中做等熵过程，则动叶出口理想流速的计算可在以圆周速度 u 旋转的相对坐标系中求解能量方程

$$h_1 + \frac{w_1^2}{2} = h_{2t} + \frac{w_{2t}^2}{2} \qquad (3-17)$$

由式（3-17）解得动叶出口的理想流速

$$w_{2t} = \sqrt{2(h_1 - h_{2t}) + w_1^2} = \sqrt{2\Omega_m \Delta h_t^* + w_1^2} = \sqrt{2\Delta h_b^*} \qquad (3-18)$$

由于实际流动过程存在流动损失，造成动叶出口汽流的实际相对速度低于理想流速，与喷嘴流动相似，可以用动叶速度系数 ψ 表示降低的程度，即

$$\psi = \frac{w_2}{w_{2t}} \qquad (3-19)$$

动叶速度系数 ψ 与动叶高度、反动度、叶型、动叶片的表面粗糙度等因素有关。其值可以通过试验得到，通常取 $\psi = 0.85 \sim 0.95$。

动叶出口汽流的实际相对速度 ω_2 小于其理想相对速度 ω_{2t} 所造成的能量损失称为动叶能量损失，可用式（3-20）表示：

$$\Delta h_{b\xi} = \frac{1}{2}(w_{2t}^2 - w_2^2) = (1 - \psi^2)\Delta h_b^* \qquad (3-20)$$

蒸汽在动叶栅中作功后，以 $c_2^2/2$ 的余速动能离开动叶栅，它是未能在动叶栅中转换为机械功的一部分动能，称它为这一级的余速损失 Δh_{c_2}，即

$$\Delta h_{c_2} = \frac{c_2^2}{2} \qquad (3-21)$$

在多级汽轮机中，由于结构上的原因，余速动能可能被下一级部分或全部利用。通常用余速利用系数 μ 来表示余速动能被下级所利用的程度，$\mu = 0 \sim 1$。μ_0 表示本级利用上一级余速动能的程度，μ_1 表示本级动能被下一级利用的程度。

蒸汽在级内的流动过程可以在水蒸气焓熵图中表示出来。图 3-8 为冲动级和纯冲动级在 h-s 图上的热力过程线。

图中 Δh_u 为级的轮周有效比焓降，它是转换为轮周功的能量，表达式为

$$\Delta h_u = \mu_0 \frac{c_0^2}{2} + \Delta h_t - \Delta h_{n\xi} - \Delta h_{b\xi} - \Delta h_{c2} \qquad (3-22)$$

三、汽轮机的级内损失

蒸汽在汽轮机内实际的能量转换过程中，除了喷嘴损失 $\Delta h_{n\xi}$、动叶损失 $\Delta h_{b\xi}$ 及余速损失 Δh_{c2} 外，级内还有叶高损失 Δh_1、扇形损失 Δh_θ、叶轮摩擦损失 Δh_f、部分进汽损失 Δh_e、

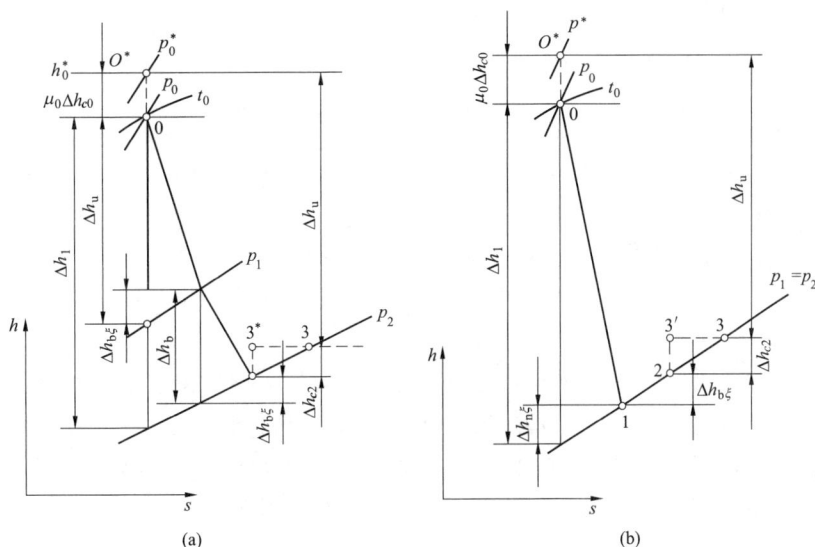

图 3-8　级的热力过程线

漏汽损失 Δh_δ 和湿汽损失 Δh_x 等，这些损失的存在，使得汽轮机级的有效功减少，效率降低。应该指出，并不是每一级都同时存在这些损失的。例如，在全周进汽的级中没有部分进汽损失，在采用扭叶片的级中没有扇形损失，不在湿汽区工作的级没有湿汽损失。因此，在进行级的损失计算之前，首先应根据级的结构、级的工作条件等分析级中具有什么样的损失，然后再选用适当的公式进行计算。

1. 叶高损失 Δh_l

蒸汽在叶栅通道内做曲率运动时，受到两个力的作用，其一是离心力，其二是由于汽道内弧指向背弧的压力差产生的作用力。在大部分的汽道内，这两个力是平衡的，但是在叶栅汽道上下两个端面蒸汽的离心力较小，从而产生横向流动，这种流动称为二次流，如图 3-9 所示。在靠近端面的背弧上，二次流与主流的附面层相互作用，其结果是两端面上的附面层剧烈增厚，在大多数情况下，形成了局部脱离，加上因端面附近二次流使得主汽流产生横向的补偿流动，在叶片背面与壁面的交界处形成了两个方向相反的旋涡区，从而引起了较大的能量损失，这种损失称为二次流损失。

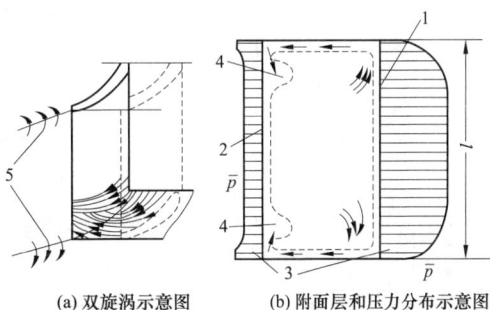

图 3-9　叶栅汽道内二次流示意图

1—内弧；2—背弧；3—压力图；
4—附面层增厚区；5—双旋涡

二次流损失与叶片高度密切相关，当叶片较长时，二次流在上下两端面产生的旋涡对主流的影响较弱；反之，当叶片较短时，尤其是 $l_b < 12\text{mm}$ 时，上下两端面的旋涡汇合并充满整个汽道，二次流损失剧增。因此，二次流损失又称为叶高损失。例如，调节级采用部分进汽，增加叶片高度，就是为了减小叶高损失。另外还可采用减小叶栅的平均直径 d_m 的

办法，以增加叶片高度，减小叶高损失。

叶高损失 Δh_l 常用半经验公式计算，即

$$\Delta h_l = \frac{a}{l} \Delta h_u \qquad (3-23)$$

式中　a——经验系数，对单列级 $a=1.2$（未包括扇形损失），或 $a=1.6$（包括扇形损失），对双列级，$a=2$；

$\quad\Delta h_u$——不包括叶高损失的轮周有效比焓降，kJ/kg；

$\quad l$——叶栅高度，对单列级为喷嘴高度，双列级为各列叶栅的平均高度，mm。

2. 扇形损失

汽轮机级的设计计算都是以平均直径 d_m 处的截面为基础，在这个截面上选择最佳的叶栅节距及汽流角，其计算结果在较短的等截面叶片级上是较准确的，在较长的等截面叶片级中，环形叶栅的汽流参数和几何参数沿叶片高度变化较大，会产生偏离设计值的附加损失。这些附加损失统称为扇形损失 Δh_θ，计算扇形损失的半经验公式为

$$\Delta h_\theta = E_0 \zeta_\theta \qquad (3-24)$$

$$\zeta_\theta = 0.7 \left(\frac{l_b}{d_b}\right)^2 \qquad (3-25)$$

式中　l_b、d_b——动叶高度和动叶平均直径。

由式（3-24）和式（3-25）可知，扇形损失的大小与径高比 $\left(\theta = \dfrac{d_b}{l_b}\right)$ 的平方成反比，θ 越小，扇形损失越大。

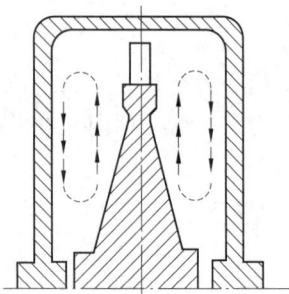

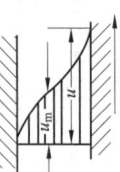

图 3-10　级汽室内的
汽流速度分布

3. 叶轮摩擦损失 Δh_f

叶轮摩擦损失的根本原因，是由于具有黏性的蒸汽造成的。如图 3-10 所示，叶轮两侧充满了停滞的蒸汽，当叶轮旋转时，紧贴在叶轮表面的蒸汽以与叶轮相同的速度一起旋转，而紧贴在隔板和汽缸壁的蒸汽速度为零。因此在叶轮两侧到隔板的轴向间隙中，蒸汽形成了层与层之间的速度差，从而产生了摩擦损失。

叶轮摩擦损失由两部分组成：

（1）由于蒸汽间的速度差，造成蒸汽分子间的相互牵制和蒸汽与金属壁面的摩擦，要消耗掉叶轮的部分有用功。

（2）靠近叶轮两侧的蒸汽随叶轮一起旋转，产生离心力，做向外的径向流动；靠近隔板壁面的蒸汽自然向下流动以填补叶轮附近的空隙，这样，在叶轮的子午面上就产生了蒸汽涡流，也要消耗一部分有用功。

从结构上看，可以采取减小叶轮与隔板间的轴向间隙和降低叶轮表面粗糙度的方法减小叶轮摩擦损失。

叶轮摩擦的耗功，通常用下列经验公式计算：

$$\Delta P_f = k_1 \left(\frac{u}{100}\right)^3 d^2 \frac{1}{v} \qquad (3-26)$$

式中　ΔP_{f}——摩擦损失所消耗的功率，kW；

　　　k_1——经验系数，一般 $k_1=1.0\sim1.3$；

　　　u——圆周速度，m/s；

　　　d——级的平均直径，m；

　　　v——汽室中蒸汽的平均比体积，$\mathrm{m^3/kg}$。

叶轮摩擦损失 Δh_{f} 为

$$\Delta h_{\mathrm{f}}=\frac{3600\Delta P_{\mathrm{f}}}{D_1} \tag{3-27}$$

式中　D_1——级的蒸汽流量，kg/h。

　　影响叶轮摩擦损失的主要因素有轮周速度 u、级的平均直径 d、蒸汽比体积 v。从汽轮机高压级到低压级，u、d 和 v 都呈增大趋势，尤其 v 增大明显，因此它对摩擦损失影响最大。在汽轮机的高压级中，由于比体积较小，摩擦损失 Δp_{f} 较大，而在低压级中，比体积很大，Δp_{f} 很小，通常可以忽略不计。

　　4. 部分进汽损失 Δh_e

　　部分进汽度 e 是指工作喷嘴所占的弧段长度 $Z_{\mathrm{n}}t_{\mathrm{n}}$ 与整个圆周长 πd_{n} 的比值，可表示为

$$e=\frac{z_{\mathrm{n}}t_{\mathrm{n}}}{\pi d_{\mathrm{n}}} \tag{3-28}$$

　　一般压力级中都采用全周进汽，即 $e=1$，而调节级毫无例外地采用部分进汽，即 $e<1$，由于调节级喷嘴组之间存在着隔离壁，即使所有调节阀全开也不可能做到全周进汽。

　　在部分进汽度 $e<1$ 的级中存在着由于部分进汽造成的能量损失，它是由鼓风损失和斥汽损失组成的。

　　(1) 鼓风损失。在部分进汽的级中，喷嘴分组布置，可分为"工作弧段"和"非工作弧段"，鼓风损失发生在非工作弧段。旋转的动叶片每一瞬间都会处于喷嘴工作弧段或非工作弧段，在非工作弧段，动静轴向间隙中充满了停滞的蒸汽，当动叶片转动到非工作弧段时，会像鼓风机一样，将这些停滞的蒸汽从叶轮的一侧鼓到另一侧，这要消耗掉部分有用功，这部分能量损失称为鼓风损失。由于动叶片是全周布置的，所以，鼓风损失是连续存在的。鼓风损失可用下列经验公式计算

$$\zeta_w=B_e\frac{1}{e}\left(1-e-\frac{e_c}{2}\right)x_a^3 \tag{3-29}$$

式中　e_c——装有护套的弧段长度与整个圆周之比；

　　　e——部分进汽度；

　　　B_e——与汽轮机级型有关的系数，对单列级 $B_e=0.1\sim0.2$，一般计算时取 $B_e=0.15$；对复速级 $B_e=0.4\sim0.7$，一般计算时取 $B_e=0.55$。

　　由式 (3-29) 可见，部分进汽度越小，鼓风损失越大。为了减小鼓风损失，除合理选择部分进汽度外，还可采用护罩装置，在非工作弧段内把动叶栅罩住，以减小鼓风损失。

　　(2) 斥汽损失。与鼓风损失相反，斥汽损失发生在喷嘴工作弧段内。刚从非工作弧段转到工作弧段的动叶栅内充满了停滞的蒸汽，喷嘴中流出的蒸汽须首先排斥并加速这些停滞蒸汽，要消耗掉工作蒸汽的部分动能。此外，由于叶轮高速旋转的作用，在喷嘴组出口端与叶轮的间隙 A 中发生漏汽，而在喷嘴组进口端的间隙 B 中，将一部分停滞蒸汽吸入汽道，也

形成了损失。这些损失统称为斥汽损失，如图 3-11 所示。

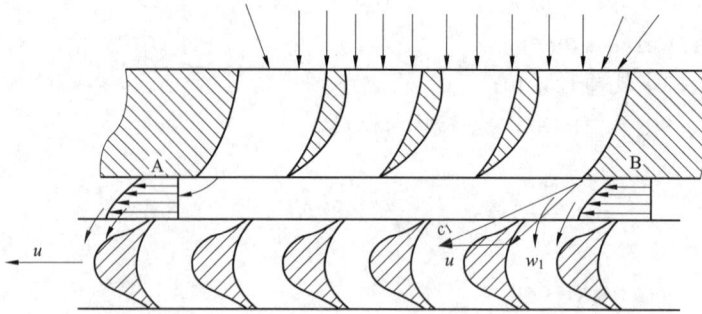

图 3-11　部分进汽时产生斥汽损失的示意图

斥汽损失可用下列经验公式计算

$$\zeta_s = c_e \frac{1}{e} \frac{Z_n}{d_n} x_a \tag{3-30}$$

式中　Z_n——喷嘴组数；

　　d_n——喷嘴的平均直径，m；

　　c_e——与汽轮机级型有关的系数，对单列级 $c_e = 0.01 \sim 0.015$，一般计算时取 $c_e = 0.012$，而对复速级 $c_e = 0.012 \sim 0.018$，一般计算时取 $c_e = 0.016$。

$$\Delta h_s = \zeta_s E_0 \tag{3-31}$$

动叶栅每经过一组喷嘴弧段时就要产生一次斥汽现象，因此在一定部分进汽度时，喷嘴组数越多，斥汽损失就越大。为减小斥汽损失，应尽量减少喷嘴组数。

5. 漏汽损失 Δh_δ

无论是冲动级和反动级的通流部分还是动静部分都存在径向间隙，且间隙前后都存在压力差，这使得工作蒸汽的一部分不通过主流通道，而是经过径向间隙流过，造成漏汽，称为漏汽损失。对于冲动级有隔板漏汽和叶顶漏汽，对于反动级有静叶根部漏汽和动叶顶部漏汽。

设置隔板汽封是减小隔板漏气损失最有效的办法，且齿数越多，漏汽量就越小。

（1）隔板漏汽损失。蒸汽在隔板汽封中的流动情况大致与喷嘴流动相似，漏汽量的计算公式基本上也与喷嘴流量计算公式类似，为

$$\Delta G_p = \frac{\mu_p A_p c_{1p}}{v_{1t}} = \mu_p A_p \frac{\sqrt{2\Delta h_n^*}}{v_{1t} \sqrt{Z_p}} \tag{3-32}$$

$$A_p = \pi d_p \delta_p$$

式中　ΔG_p——隔板漏气量，kg/s；

　　v_{1t}——汽封齿出口理想比体积，m^3/kg；

　　Z_p——汽封齿齿数；

　　μ_p——汽封流量系数，一般 $\mu_p = 0.7 \sim 0.8$；

　　A_p——汽封间隙面积，m^2；

　　d_p——汽封高低齿两齿隙处直径的平均值，m；

　　c_{1p}——汽封齿出口流速，m/s；

δ_p——汽封间隙，m。

隔板漏汽损失 Δh_δ 为

$$\Delta h_\delta = \frac{\Delta G_p}{G}\Delta h'_u \qquad\qquad (3-33)$$

式中　G——级流量，kg/s；

$\Delta h'_u$——级的有效比焓降，kJ/kg，$\Delta h'_u = \Delta h_f^* - \Delta h_{n\zeta} - \Delta h_{b\zeta} - \Delta h_l - \Delta h_\theta - \Delta h_{c2}$。

（2）动叶顶部漏汽损失。如图 3-12 所示，动叶顶部漏汽量的大小取决于级的反动度，对于纯冲动级，$\Omega=0$，动叶前后没有压差，动叶顶部漏汽甚小，常可忽略不计。随着级反动度的增大，动叶顶部的漏汽量增大。

为了减小动叶顶部损失，可在围带上安装径向汽封和轴向汽封；对于无围带的动叶片，可将动叶顶部削薄以达到汽封的作用，应尽量设法减小扭叶片顶部反动度。

动叶顶部漏汽量可用下列公式进行计算：

$$\Delta G_t = \frac{\mu_t A_t c_t}{v_{2t}} = \frac{e\mu_t \pi(d_b+l_b)\overline{\delta}_t\sqrt{2\Omega_t\Delta h_t^*}}{v_{2t}} \qquad (3-34)$$

图 3-12　反动级中漏汽示意图
G—级蒸汽流量；
ΔG_t—动叶顶部漏汽量；
ΔG_p—隔板汽封漏汽量；δ_1—汽封间隙；
δ_2—动叶间隙；d_t—动叶直径；
d_m—动叶平均直径；d_1—叶轮直径

式中　ΔG_t——动叶顶部漏汽量，kg/s；

μ_t——动叶顶部间隙的流量系数，一般 $\mu_t/\mu_n \approx 0.6$，其中 μ_n 为喷嘴流量系数；

e——部分进汽度；

$\overline{\delta}_t$——动叶顶部当量间隙，m；

Ω_t——动叶顶部反动度；

v_{2t}——动叶间隙出口理想比体积，m³/kg；

A_t——动叶间隙面积，m²；

d_b——动叶直径，m；

l_b——动叶高度，m；

c_t——动叶间隙出口流速，m/s；

Δh_t^*——级的滞止理想比焓降，J/kg。

动叶顶部漏汽损失为

$$\Delta h_t = \frac{\Delta G_t}{G}\cdot\Delta h'_u \qquad\qquad (3-35)$$

反动级常用转毂结构，如图 3-12 所示。动叶顶部的漏汽损失常用下列经验公式计算

$$\Delta h_t = 1.72\frac{\delta_r^{1.4}}{l_b}E_0 \qquad\qquad (3-36)$$

6. 湿汽损失

凝汽式多级汽轮机的末几级常在湿蒸汽区工作，要产生湿汽损失。

湿汽损失通常用下列经验公式计算：

$$\Delta h_x = (1-x_m)\Delta h'_u \qquad\qquad (3-37)$$

式中　x_m——级的平均干度，$x_m = \dfrac{x_0+x_2}{2}$；

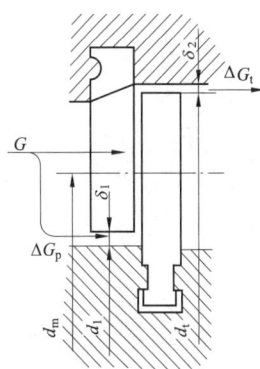

$\Delta h_u'$——级内不包括湿汽损失的轮周有效比焓降，kJ/kg。

四、级的相对内效率和内功率

1. 级的相对内效率

级的有效比焓降 Δh_i 与理想能量 E_0 之比称为级的相对内效率，即

$$\eta_{ri} = \frac{\Delta h_i}{E_0} = \frac{\Delta h_t^* - \Delta h_{h\zeta} - \Delta h_{b\zeta} - \Delta h_1 - \Delta h_\theta - \Delta h_f - \Delta h_e - \Delta h_\delta - \Delta h_x - \Delta h_{c2}}{\Delta h_t^* - \mu_1 \Delta h_{c2}}$$

$$(3-38)$$

级的相对内效率是衡量级内能量转换完善程度的最终指标，它的大小与所选用的叶型、速比、反动度、叶栅高度等密切相关，也与蒸汽的性质、级的结构有关。

2. 级的内功率

级的内功率也称级的有效功率，由级的有效比焓降和蒸汽流量来确定，即

$$P_i = \frac{D \Delta h_i}{3600}$$

$$(3-39)$$

式中　D ——级的进汽量，kg/h；

　　　Δh_i——级的有效比焓降，kJ/kg。

五、多级汽轮机

（一）多级汽轮机的工作过程

多级汽轮机是由按工作压力高低顺序排列的若干级组成的，常见的多级汽轮机有两种：一种是多级冲动式汽轮机，另一种是多级反动式汽轮机。

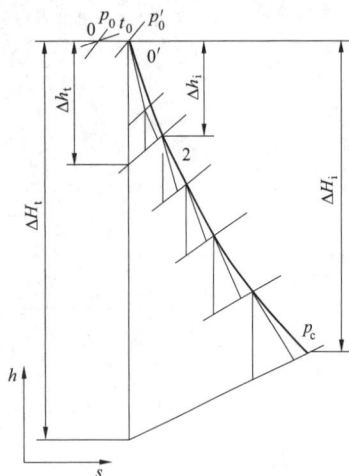

图 3-13　多级汽轮机的热力过程线

蒸汽在多级汽轮机中膨胀做功过程与在级中的做功过程一样，可以用 $h-s$ 图上的热力过程线表示，如图 3-13 所示。$0'$ 点是第一级喷嘴前的蒸汽状态点，根据第一级的各项级内损失，可定出第一级的排汽状态点 2 点，将 $0'$ 点与 2 点之间用一条光滑曲线连起，则得出了第一级的热力过程线。而第一级的排汽状态点又是第二级的进汽状态点，同样可绘出第二级的热力过程线；以此类推，可绘出以后各级的热力过程线。把各级的过程线顺次连接起来就是整个汽轮机的热力过程线。图中 p_c 为汽轮机的排汽压力，也称为汽轮机的背压，ΔH_t 为汽轮机的理想比焓降，ΔH_i 为汽轮机的有效比焓降，从图中可看出，汽轮机的有效比焓降 ΔH_i 等于各级有效比焓降 Δh_i 之和，即 $\Delta H_i = \Sigma \Delta h_i$。整个汽轮机的内功率等于各级内功率之和。

多级汽轮机整个热力过程曲线由三部分所组成：进汽机构的节流过程、各级实际膨胀过程和排汽管道的节流过程。

（二）多级汽轮机的优点

多级汽轮机由于具有效率高、功率大、投资小等突出优点，在发电、供热、驱动等各种用途中均得到了广泛应用。

1. 多级汽轮机的效率高

（1）多级汽轮机的循环热效率大大提高。与单级汽轮机相比，多级汽轮机的比焓降增大

很多，因而多级汽轮机的进汽参数可大大提高，排汽压力也可显著降低；同时，由于是多级，还可采用回热循环和中间再热循环，这些都使其循环热效率大大提高。

（2）多级汽轮机的相对内效率明显提高。

1）在全机总比焓降一定时，每个级的比焓降较小，每级都可在材料强度允许的条件下，设计在最佳速比附近工作，使级的相对内效率较高；

2）除级后有抽汽口，或进汽度改变较大等特殊情况外，多级汽轮机各级的余速动能可以全部或部分地被下一级所利用，提高了级的相对内效率；

3）多级汽轮机的大多数级可在不超临界的条件下工作，使喷嘴和动叶在工况变动条件下仍保持一定的效率。同时，由于各级的比焓降较小，速度比一定时级的圆周速度和平均直径也较小，根据连续性方程可知，在容积流量相同的条件下，更使得喷嘴和动叶的出口高度增大，减小叶高损失，或使得部分进汽度增大，减小部分进汽损失，这都有利于级效率的提高；

4）由于重热现象的存在，多级汽轮机前面级的损失可以部分地被后面各级利用，使全机相对内效率提高。

2. 多级汽轮机单位功率的投资减小

多级汽轮机的单机功率可远远大于单级汽轮机，因而使单位功率汽轮机组的造价、材料消耗和占地面积都比单级汽轮机大大减小，容量越大的机组减小越多，这就使多级汽轮机单位功率的投资大大减小。

（三）多级汽轮机的轴向推力及其平衡

在轴流式汽轮机中，高压蒸汽由一端进入，低压蒸汽由另一端流出，从整体来看，蒸汽对汽轮机转子施加了一个由高压端指向低压端的轴向力，使汽轮机转子存在一个向低压端移动的趋势，这个力就称为转子的轴向推力。汽轮机整个转子上的轴向推力主要是各级轴向推力的总和。

冲动级的轴向推力是由作用在动叶上的轴向推力和作用在叶轮轮面上的轴向推力以及作用在轴的凸肩处的轴向推力三部分组成。反动级的轴向推力由下列三部分组成：作用在叶片上的轴向推力；作用在轮鼓锥形面上的轴向推力；作用在转子阶梯上的轴向推力。

多级汽轮机的轴向推力与机组容量、参数和结构有关，数值较大，反动式汽轮机的轴向推力更大。在现代汽轮机中为了减小止推轴承所承受的推力，都应尽可能地设法使轴向推力得到平衡。主要采用的方法有：

（1）平衡活塞。在转子通流部分的对侧，加大高压外轴封的直径，加大了直径的鼓形部分称为平衡活塞。在活塞的两端作用着不同的蒸汽压力，以产生相反方向的轴向推力，这就是平衡活塞法。

随着机组容量的增大，轴向推力也越来越大，这样，平衡活塞的外径将增大。但平衡活塞是加大了外径尺寸的高压外轴封，因此，轴封漏汽面积也随之增大，漏汽量增加，使机组效率降低。正是由于这一缺点，高参数、大容量汽轮机必须采用其他方法来平衡轴向推力。

（2）叶轮上开平衡孔。叶轮上开平衡孔后，叶轮前后的压差减小，对前后压差较大的高中压级叶轮一般采用这种方法。

（3）相反流动布置法。如果汽轮机是多缸的，则可适当布置汽缸，使不同汽缸中的汽流作相反方向流动，这样不同方向的汽流所引起的轴向推力方向相反，可相互抵消一部分。如高、中压对头布置和低压缸分流布置，使高、中压缸和低压缸中汽流所引起的轴向推力方向相反，从而使轴向推力可相互抵消一部分。但中间再热机组的高、中压缸不能简单地采用这种相对布置方法，因为在工况变动时，由于再热系统中蒸汽容积的惯性很大，中压缸前压力与高压缸前压力不能同步改变，因此在变工况瞬间无法得到平衡，可能会给推力轴承造成很大的推力。

对于反动式汽轮机，由于其动叶前后压差比冲动式汽轮机大，所以它的轴向推力也比同类型冲动式汽轮机要大得多，为减小其轴向推力，反动式汽轮机毫无例外地采用转鼓和平衡活塞，活塞直径和前轴封漏汽量也比冲动式汽轮机大。此外，在反动式汽轮机中也应充分利用汽缸或级组对置排列来减少轴向推力。

（4）采用推力轴承。轴向推力经上述方法平衡后，剩余的部分由推力轴承来承担。一般要求推力轴承应承受适当的推力，以保证各种工况下，推力方向不变，使机组能稳定地工作而不发生窜轴现象。

六、汽轮机及其装置的评价指标

热力发电厂的生产过程实际上是一系列的能量转换过程，从热力学可知，热能是不可能被全部转换成机械能的。在实际的汽轮机装置中，除循环的冷源损失外，还存在有各种热力损失以及机械、发电机等损失，故在汽轮机装置中，通常用各种效率来评价整个能量转换过程的完善程度。

（一）汽轮机的相对内效率

在汽轮机中，由于能量转换存在损失，蒸汽的理想比焓降 Δh_{t}^{mac} 不可能全部变为有用功，而有效比焓降 Δh_{i}^{mac} 小于理想比焓降 Δh_{t}^{mac}，两者之比称为汽轮机的相对内效率，以 η_{i} 表示

$$\eta_{t} = \frac{\Delta h_{i}^{mac}}{\Delta h_{t}^{mac}} \qquad (3-40)$$

相应地，汽轮机的内功率 P_{i} 为

$$P_{i} = \frac{D_{0} \Delta h_{t}^{mac} \eta_{i}}{3.6} = G_{0} \Delta h_{t}^{mac} \eta_{i} \qquad (3-41)$$

式中 D_{0}、G_{0}——以 t/h、kg/s 为单位的汽轮机进汽流量。

（二）汽轮发电机组的相对电效率

1. 汽轮机的机械效率

汽轮机运行时，要克服支持轴承和推力轴承的摩擦阻力，还要带动主油泵、调速器等，这都将消耗一部分有用功而造成损失，这种损失称为机械损失。由于存在机械损失，汽轮机联轴器上可用来带动发电机的功率（称为汽轮机的轴端功率或有效功率）将小于汽轮机内部实际发出的功率（内功率）。因此汽轮机的机械效率为

$$\eta_{m} = \frac{P_{e}}{P_{i}} = \frac{P_{i} - \Delta P_{m}}{P_{i}} = 1 - \frac{\Delta P_{m}}{P_{i}} \qquad (3-42)$$

式中 P_{e}——汽轮机的有效功率；

         P_{i}——汽轮机的内功率；

       ΔP_{m}——机械损失功率，其大小与转速有关，并随转速增大而增大。

对于同一台汽轮机，在一定转速下 ΔP_{m} 在不同负荷下近似为一常数，因此汽轮机的机

械效率随内功率的增加而增大。对于不同功率的机组，功率大的机组的调速器、主油泵等所消耗的功率并不成正比增大，大功率机组的机械效率比小功率机组高。

2. 发电机效率

考虑了发电机的机械损失和电气损失后，发电机出线端的功率 P_{el} 要小于汽轮机的轴端功率 P_e，两者之比即为发电机效率 η_g，可表示为

$$\eta_g = \frac{P_{el}}{P_e} = \frac{3.6P_{el}}{D_0 \Delta h_t^{mac} \eta_i \eta_m} = \frac{P_{el}}{D_0 \Delta h_t^{mac} \eta_i \eta_m} \tag{3-43}$$

或

$$\eta_g = 1 - \frac{\Delta P_g}{P_e}$$

式中　ΔP_g——发电机损失，包括发电机的机械损失（机械摩擦和鼓风等）和电气损失（电气方面的励磁、铁芯损失和线圈发热等）。

3. 汽轮发电机组的相对电效率

由以上各式可得

$$P_{el} = \frac{D_0 \Delta h_t^{mac} \eta_i \eta_m \eta_g}{3.6} = G_0 \Delta h_t^{mac} \eta_i \eta_m \eta_g \tag{3-44}$$

令

$$\eta_{el} = \eta_i \eta_m \eta_g \tag{3-45}$$

则

$$P_{el} = \frac{D_0 \Delta h_t^{mac} \eta_{el}}{3.6} = G_0 \Delta h_t^{mac} \eta_{el}$$

由式（3-45）可知，η_{el} 表示在 1kg 蒸汽所具有的理想比焓降中有多少能量最终被转换成电能，称为汽轮发电机组的相对电效率，它是评价汽轮发电机组工作完善程度的一个重要指标。

（三）汽轮发电机组的绝对电效率

评价汽轮发电机组工作完善程度的另一个重要指标是汽轮发电机组绝对电效率，它是 1kg 蒸汽理想比焓降中转换成电能的部分与整个热力循环中加给 1kg 蒸汽的热量之比，用 $\eta_{a,el}$ 表示，即

$$\eta_{a,el} = \frac{\Delta h_t^{mac} \eta_{el}}{h_0 - h_c'} = \eta_t \eta_{el} = \eta_t \eta_i \eta_m \eta_g \tag{3-46}$$

式中　h_0——新蒸汽比焓；

h_c'——凝结水比焓，有回热抽汽时，则为给水比焓 h_{fw}。

对于汽轮发电机组，除用绝对电效率和相对电效率表示其经济性外，还常用每生产 1kW·h 电能所消耗的蒸汽量和热量来表示。

（四）汽耗率

机组每生产 1kWh 电能所消耗的蒸汽量称为汽耗率，用 d 来表示，单位为 kg/kWh。

$$d = \frac{1000D_0}{P_{el}} = \frac{3600}{\Delta h_t^{mac} \eta_{el}} \quad \text{kg/kWh} \tag{3-47}$$

对于初、终参数不同的汽轮机，即使功率相同，它们消耗的蒸汽量也不同，因此就不能用汽耗率来比较其经济性，对于供热式汽轮机更是如此。也就是说，汽耗率不适宜用来比较不同类型机组的经济性，而只能对同类型同参数汽轮机评价其运行管理水平。

（五）热耗率

对于不同参数的汽轮机可用热耗率来评价机组的经济性。每生产 1kWh 电能所消耗的热量称为热耗率，以 q 来表示，单位为 kJ/kWh。

$$q = d(h_0 - h'_c) = \frac{3600(h_0 - h'_c)}{\Delta h_t^{mac} \eta_{el}} = \frac{3600}{\eta_{a, cl}} \tag{3-48}$$

对于中间再热机组，热耗率 q 为

$$q = d\left[(h_0 - h'_c) + \frac{D_r}{D_0}(h_r - h'_r)\right] \tag{3-49}$$

式中　D_0——汽轮机组的新蒸汽流量，t/h；

　　　D_r——再热蒸汽流量，t/h；

　　　h'_r——再热蒸汽初比焓，kJ/kg；

　　　h_r——高压缸排汽比焓，kJ/kg。

从上述可知，热耗率 q 和绝对电效率 η_{el} 都是衡量汽轮发电机组经济性的主要指标，不同的是，一个以热量形式表示，另一个以效率形式表示，但它们均未考虑锅炉效率、管道效率，以及厂用电等。汽轮发电机组的效率及热经济性指标见表 3-1。

表 3-1　　　　　　　　　　　汽轮发电机组的效率及热经济性指标

额定功率（MW）	η_{ri}	η_m	η_g	$\eta_{a, el}$	d(kJ/kWh)	q(kJ/kWh)
0.75~6	0.76~0.82	0.965~0.985	0.93~0.96	<0.28	>4.9	>12 980
12~25	0.82~0.85	0.985~0.99	0.965~0.975	0.30~0.33	4.7~4.1	12 140~10 880
50~100	0.85~0.87	≈0.99	0.98~0.985	0.37~0.39	3.7~3.5	9630~9210
125~200	0.87~0.88	>0.99	0.985~0.99	0.42~0.43	3.2~3.0	8500~8370
300~600	0.885~0.90	>0.99	0.985~0.99	0.44~0.46	3.2~2.9	8100~7810
>600	≥0.90	>0.99	0.985~0.99	>0.46	<3.2	<7800

第四章 汽轮机主要结构

第一节 汽轮机静止部分结构

汽轮机本体是指汽轮机设备的主要组成部分，它由静止部分（静子）和转动部分（转子）组成。静止部分包括汽缸、喷嘴、隔板、隔板套（或静叶持环）、汽封、轴承、滑销系统以及有关紧固件等。

一、汽缸

汽缸即汽轮机的外壳，是汽轮机静止部分的主要部件之一。它的作用是将汽轮机的通流部分与大气隔绝，以形成蒸汽能量转换的封闭空间，以及支承汽轮机的其他静止部件（如隔板、隔板套、喷嘴室等）。由于汽轮机的形式、容量、蒸汽参数，是否采用中间再热以及制造厂家的不同，汽缸的结构也有多种形式。

汽缸一般为水平中分形式，上、下两个半缸通过水平法兰用螺栓固定。为了便于加工和运输，汽缸也常以垂直结合面分成几段，各段通过法兰螺栓连接。汽缸通过猫爪或撑脚支承在轴承座或基础台板上，汽缸的外部连接有进汽管、排汽管和抽汽管等管道。对于中小功率的汽轮机，一般设计制造成单缸体；而功率较大些（100MW以上）的机组，特别是再热机组，都设计成多缸结构。多缸结构的不同部分按汽缸进汽参数的不同，分别称为高压缸、中压缸和低压缸，像国产200MW机组有高、中、低压三个缸，国产300MW机组有高、中压合缸和低压缸两个缸，国产600MW有高压、中压和两个低压缸共四个缸，国产典型1000MW超临界机组有单流高压、双流中压和两个双流低压缸共四个缸，国产1000MW超超临界机组二次再热机组有超高压缸、高压缸、中压缸和两个低压缸共五个缸。根据每个汽缸的工作条件不同，汽缸可设计制造成单层缸、双层缸和三层缸。按通流部分在汽缸内的布置方式可分为顺向布置、反向布置和对称分流布置；按汽缸形状可分为有水平接合面的或无水平接合面的以及圆筒形、圆锥形、阶梯圆筒形等。

由于汽缸形状复杂，内部又处在高温、高压蒸汽的作用下，因此在其结构设计时，汽缸的结构应力求简单、均匀、对称，以期能顺畅地膨胀和收缩，以减小热应力和应力集中，并且具有良好的密封性能。

（一）高、中压缸

高压汽缸的工作特点是缸内所承受的压力和温度都很高，因此要求汽缸的缸壁应适当加厚，法兰的尺寸和螺栓的直径等也要相应地加大。当机组启动、停机和工况变化时，将导致汽缸、法兰和螺栓之间因温差过大而产生很大的热应力，甚至使汽缸变形、螺栓拉断。

通常蒸汽初参数不超过8.83MPa、535℃的中、小功率汽轮机都采用单层缸结构。随着机组容量的增大和蒸汽初参数的不断提高，近代高参数大容量汽轮机的高压缸多采用双层缸结构。有的机组甚至将高、中压缸和低压缸全做成双层缸。例如，国产200MW机组高压缸的高温部分采用了双层缸结构。而国产300MW机组的4个汽缸（高压缸、中压缸和两个低压缸）都是内外双层缸。哈尔滨汽轮机厂生产的600MW机组的高、中压缸为双层结构，低压缸为三层结构。功率为 1000MW，初参数为 24.4MPa、535℃/535℃ 的机组和功率为 1300MW，初参数为 23.3MPa、538℃/538℃ 的双轴机组，其高、中、低压缸均采用了双层缸结构。

一般对于初参数在 12.7MPa、535℃ 及以上的汽轮机都将高压缸做成双层汽缸，并且机组的蒸汽初参数越高，容量越大，采用双层缸的优点就越明显。图 4-1 为 300MW 汽轮机高压缸结构示意图，内缸为 WZG15CrMo 合金钢铸件，分为上缸和下缸，外缸为 WZG15Cr1MoA 合金钢铸件，也分为上缸和下缸。其法兰螺栓靠近汽缸壁中心线布置，使汽缸壁与法兰的厚度差减小，同时法兰较窄，法兰螺栓的直径较小，节距较小，从而改善了螺栓的受力条件，提高了法兰中分面的蒸汽严密性。

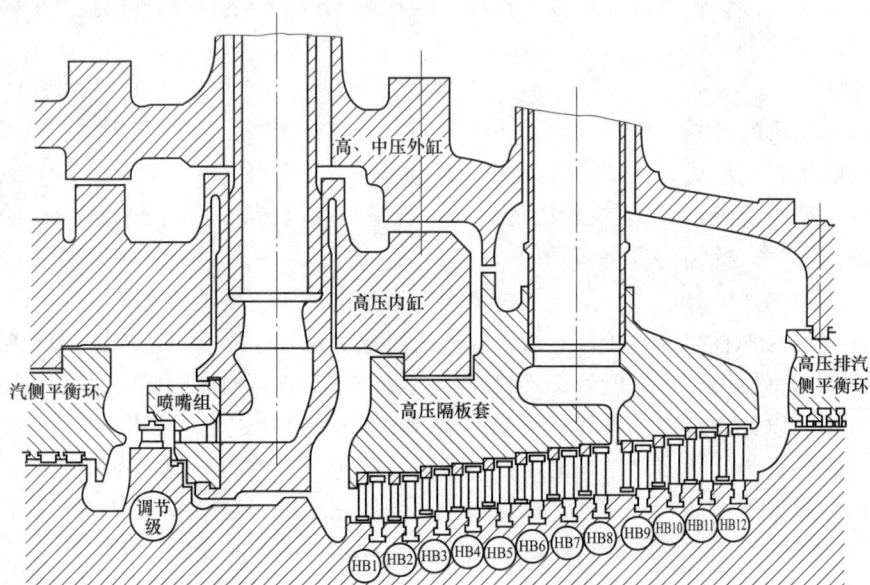

图 4-1　300MW 汽轮机的高压缸结构图

双层缸结构的优点是把原单层缸承受的巨大蒸汽压力分摊给内外两缸，减少了每层缸的压差与温差，缸壁和法兰可以相应减薄，在机组启停及变工况时，其热应力也相应减小，因此有利于缩短启动时间和提高负荷的适应性。内缸主要承受高温及部分蒸汽压力作用，且其尺寸较小，故可做得较薄，则所耗用的贵重耐热金属材料相对减少。而外缸因设计有蒸汽内部冷却，运行温度较低，故可用较便宜的合金钢制造。外缸的内外压差比单层汽缸时降低了许多，因此减少了汽缸结合面漏汽的可能性，汽缸结合面的严密性能够得到保障。在启动过程中，内外缸夹层中的蒸汽可使内外缸尽可能迅速同步加热，有利于缩短启动时间。

通常在内外缸夹层里引入一股中等压力的蒸汽流。当机组正常运行时，由于内缸温度很高，其热量源源不断地辐射到外缸，有使外缸超温的趋势，这时夹层汽流对外缸起冷却作用。当机组冷态启动时，为使内外缸尽可能迅速同步加热，以减小动、静胀差和热应力，缩短启动时间，此时夹层汽流即对汽缸起加热作用。

某机组高温部分的内外缸夹层冷却（加热）系统结构如图 4-2 所示。可以看出，内外缸夹层的冷却蒸汽来自高压平衡活塞汽封的漏汽。进入汽轮机的新蒸汽经汽轮机的调节级做功后，大部分汽流转向，进入高压部分的压力级，这部分汽流同时对喷嘴室进行冷却，其余汽流又分为两股：一股汽流通过调节级叶轮根部的通孔流向高压缸压力级，对高压转子表面进行冷却；另一股汽流通过高压平衡活塞汽封后，分别进入高压内外缸夹层和中压平衡活塞汽封，从而对高压外缸和中压转子表面进行冷却。

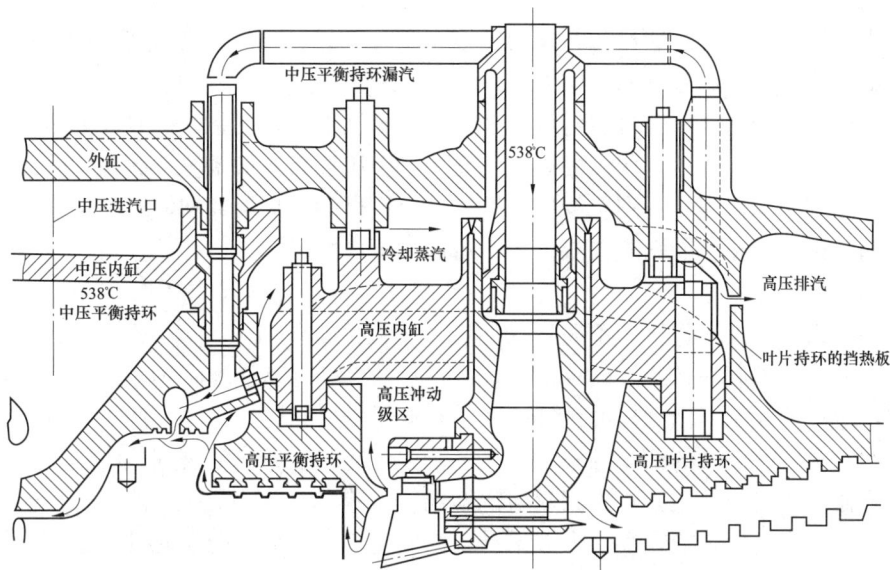

图 4 - 2　优化引进型 300MW 机组高、中压内、外缸蒸汽冷却（加热）系统结构图

通过高压内外缸夹层的这股汽流，一部分与高压缸排汽汇合，另一部分则经过外缸上部的连通管进入中压平衡活塞汽封中段。汽缸夹层中的蒸汽状态决定了汽缸承受应力的情况。本机设计成内缸内外两侧温差小而压差大，沿壁厚的温度梯度较小，热应力很小，故内缸主要承受压差引起的应力，起压力容器的作用；外缸内外两侧的温差较大而压差较小，外缸主要承受温差引起的热应力，故只需较薄的缸壁和较小的法兰。高、中压内外缸的法兰螺栓靠近缸壁中心线，使缸壁与法兰厚度相差不大，这样就使得汽缸、法兰、螺栓都易于加热，因此本机组的法兰、螺栓均未采用加热（冷却）装置，从而简化了系统及启动操作程序，且可缩短启动时间。

汽轮机高、中压缸的布置有两种方式，一种是高、中压合缸，即高、中压缸合并成一个汽缸；另一种是高、中压分缸，即分成两个汽缸。分缸和合缸布置各有优缺点。一般来讲，功率在 350MW 以上的机组不宜采用合缸方案。因为机组容量进一步增大后，若采用合缸，将使汽缸和转子过大过重，汽缸上进汽和抽汽口较多，以致管道布置困难，机组对负荷变化的适应性减弱。

高、中压缸合缸布置时，新蒸汽和再热蒸汽均由中间进入汽缸，高、中压通流部分采用反向布置。高、中压缸合缸双层结构布置的优点是：高、中压进汽部分集中在汽缸中部，即高温区在中间，又由于采用了双层缸结构，改善了汽缸温度场分布情况，使汽缸温度分布较均匀，汽缸热应力较小，以及因温差过大而造成汽缸变形的可能性减小，同时也改善了轴承的工作条件；高、中压缸的两端分别是高压缸排汽和中压缸排汽，压力和温度都较低，因此两端的外汽封漏汽量少，轴承受汽封温度的影响也较小，对轴承、转子的稳定工作有利；高、中压缸通流部分反向布置，轴向推力可互相抵消一部分，再辅之增加平衡活塞，轴向推力也较易平衡，推力轴承的负荷较小，推力轴承的尺寸减小，有利于轴承箱的布置；采用高、中压合缸，减少了径向轴承的数目（1~2 个），减少了汽缸中部汽封的长度，可缩短机组主轴的总长度，制造成本和维修工作量降低。为此，高、中压缸合缸和通流部分反向布置的结构在高参数大容量机组中用得较多，如东方汽轮机厂和哈尔滨汽轮机厂生产的 300MW 汽轮机采用此结构。

高、中压缸合缸布置的缺点有：推力轴承常位于前轴承箱中，使机组的胀差不易控制；合缸后汽缸形状复杂，孔口太多；汽缸、转子的几何尺寸较大，质量太大；管道布置较拥挤；机组相对膨胀较复杂，使机组对负荷变化的适应性较差；安装、检修较复杂。

高、中压缸采用合缸后，相应要设置一套高、中压缸的冷却系统，此系统除用于对内缸的冷却外，还用于降低再热蒸汽包围的中压缸进汽口处的叶片根部和转子的温度，以改善受影响区域的叶根的转子蠕变强度，减少转子弯曲的可能性。

（二）低压缸

大功率机组低压缸工作压力不高，温度较低，但由于蒸汽容量大，低压缸的尺寸很大，尤其是排汽部分。因此在低压缸的设计中，强度已不成为主要问题，如何保证缸体的刚度，防止缸体产生挠曲和变形，合理设计排汽通道则成了主要问题。另外，低压缸进、排汽温差较大，因此对于体积庞大的低压缸来说，另一个关键问题是如何解决好热膨胀。为了改善低压缸的热膨胀，大机组低压缸均采用双层汽缸结构（有的采用三层缸结构）。这样，将通流部分设计在内缸中，使体积较小的内缸承受温度变化，而外缸和庞大的排汽缸则均处于排汽低温状态，使其膨胀变形较小。这种结构有利于设计成径向扩压排汽，使末级的排汽余速损失减小，并可缩短轴向尺寸。为了减小质量并便于制造，目前多缸汽轮机的低压缸大多采用钢板焊接结构及对称分流布置。

图 4-3 所示为国产 300MW 机组低压缸结构图。该 300MW 机组的低压缸采用三层结构，两端轴承座与下外缸连为一体，安装面为同一平面，故在运行中能保持轴承座与缸体同心。土建时在基础中一次性埋入锚固板，低压下外缸利用基础中的锚固板保持与基础的相对

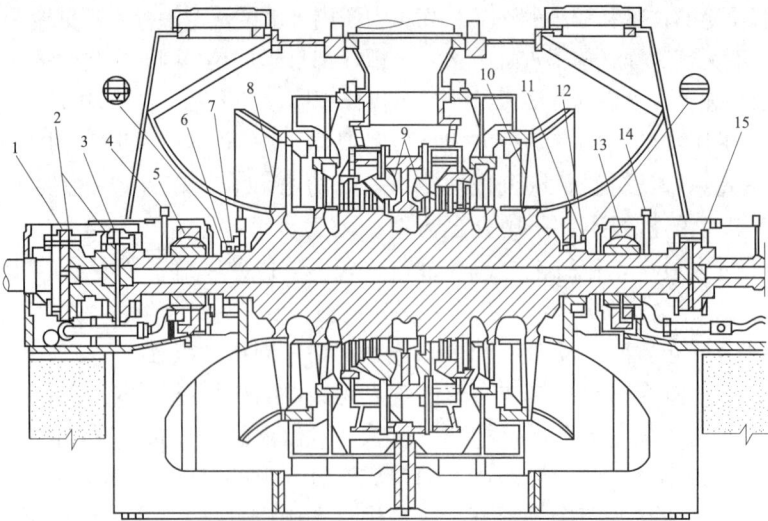

图 4-3　汽轮机低压缸剖面图

1—测速装置（危急遮断系统）；2、15—联轴器；3—胀差检测器；4—振动检测器；
5—轴承；6—外汽封；7、12—汽封；8、10—叶片；9—低压持环；
11—偏心和鉴相器；13—轴承；14—振动检测器

位置，低压内缸与外缸均由钢板冷焊接制成。外缸在垂直方向分为三段，三段均为水平中分，安装时，垂直接合面做永久性连接，故上缸可作为一个整体对待。水平中分面用螺栓连接，第一层内缸的温度较高，水平法兰也较厚，因而用空心螺栓热紧连接，就是先在冷态下把螺栓拧紧，再用专用电加热器通入螺栓中心孔进行加热，使螺栓膨胀而伸长，最后将螺帽沿拧紧方向转过一适当角度，这样当螺栓冷却后便产生了附加紧力。目的是为了保证运行时，上下缸中分结合面的紧密贴合，防止漏汽。

该低压缸采用两层内缸和一层外缸的三层缸结构，主要是考虑到低压缸的进排汽温差较大，在额定工况下进汽温度为 336℃，排汽温度为 33℃，两者之差达 303℃，是整个机组中承受温差最大的部分。通流部分分段设在第一层和第二层内缸中，在第一层内缸的外壁上装有隔热板，而庞大的排汽缸处于排汽低温状态，其膨胀变形较小。这样低压缸的较大温差可在三层缸壁面之间得到合理分配，改善了低压缸外壳温度的分布，使之均匀，避免产生翘曲和热变形而影响动静部分的间隙，提高了机组运行的可靠性。

在第一层内缸中，采用了静叶持环结构，即静叶环装于静叶持环上，静叶持环再装在内缸中。在调速器端静叶持环内装有两级静叶环，其后面有一个回热抽汽口与 4 号低压加热器进汽管相连。静叶持环背部的凹槽与第一层内缸上的凸缘部分相配合，并用固定销使持环定位，以保持正确位置。在第一层内缸的低压部分，在内缸凸缘部分直接开有静叶环槽，装有静叶环，在调速器端装有 3 级，在发电机端装有 1 级。

在第二层内缸中装有第 6、7 级静叶环，由于第 6、7 级处于低温段，其内外温差不大，故没有采用持环结构，而是直接在内缸的凸缘部分开出静叶环槽，装入静叶环。在两端第 5 级后下内缸处各有一个回热抽汽口与 2 号低压加热器进汽管相连，在两端第 6 级后下内缸处各有两个回热抽汽口与 1 号低压加热器相连接。

第二层内缸和低压外缸之间形成排汽空间有利于排汽，做成径向扩压式，使汽轮机末级排汽余速动能转化为压力能，可使排汽缸出口静压高于进口静压。在这种情况下，当凝汽器压力给定时，排汽缸进口压力（即末级排汽压力）就可以低一些，从而减小了排汽损失，可提高机组效率。

低压缸的排汽温度在正常情况下为 33～35℃，机组在启动、空载和低负荷运行时，流过低压缸的流量很小，不足以带走因摩擦鼓风所产生的热量，引起排汽温度升高，有时排汽温度可达 80℃以上，排汽缸的温度也随之升高。排汽缸温度过高会引起汽缸热变形，使低压转子的中心线改变，造成机组振动甚至发生事故。另外，排汽温度过高还会使凝汽器铜管因膨胀过大而在胀口部位产生泄漏。为防止这些现象发生，机组在低压外缸内装有喷水减温装置。在低压缸的导流板上布置有喷水管，管上装有喷水喷嘴。沿汽流方向，喷嘴将水喷向排汽缸内部空间，以降低排汽温度，其水源为凝结水泵出口凝结水。启动时，当机组转速达 600r/min 时，喷水装置自动投入；等汽轮机带上 15％的额定负荷时，喷水装置自动停止。如果汽轮机在运行中由于种种原因出现排汽温度过高的现象，运行人员也可把操作旋钮放在手动位置，进行喷水减温。

汽轮机在运行时，一旦凝汽器冷却水中断，则会使排汽压力升高，当超过低压排汽缸设计的最大安全值时，会损坏低压缸。为此，在低压缸上缸端部装有排汽阀，当汽缸内部压力升高到超过规定的最大安全值时，此阀将自动打开，紧急排汽。

（三）进汽部分

进汽部分指调节汽阀后蒸汽进入汽缸第一级喷嘴这段区域。它包括调节汽阀至喷嘴室的主蒸汽（或再热蒸汽）导管、导管与汽缸的连接部分和喷嘴室。它是汽缸中承受蒸汽压力和温度最高的部分。

随着参数、容量的提高，对汽缸形状的对称性及受热的均匀性要求越来越高。这就要求喷嘴室必须沿汽缸圆周均匀分布，汽缸上、下都有进汽管，这时调节汽阀再安装在汽缸上就不合适了。图 4-4 为哈尔滨汽轮机厂生产的 300MW 机组的调节汽阀-蒸汽室-喷嘴组的排列布置图，高压高温的主蒸汽流经布置在高中压缸两侧的两个主汽阀后，进入各自的三只调节汽阀的蒸汽室，蒸汽经六个调节汽阀分别控制的六组喷嘴室、喷嘴组后进入汽缸冲动叶做功。调节汽阀与汽缸之间用六根较长并按大弯曲半径弯成的柔性很大的进汽管连接，以避免受到较大的应力。

高、中压缸采用双层缸结构时，进入汽轮机的蒸汽管道要先穿过外缸再接到内缸上。由于内外缸的蒸汽参数和材质不同，在运行中，内、外缸有相对膨胀，因此导汽管就不能同时固定在内缸和外缸上，而必须一端做成刚性连接，另一端做成活动连接，并且不允许有大量的蒸汽外漏。因此要求进汽导管在穿过内外缸时既要保证良好的密封，又要保证内、外缸之间能自由膨胀，为此，目前国内外大型机组多采用滑动密封式进汽导管。图 4-5 为哈尔滨汽轮机厂生产的 300MW 机组高压外缸上的进汽管与喷嘴室的进汽管之间采用的管活动接头结构的连接管。其间采用了压力密封环间接地与之相连，既保证了它们之间的相对膨胀，又保证了结合面处密封不漏汽。

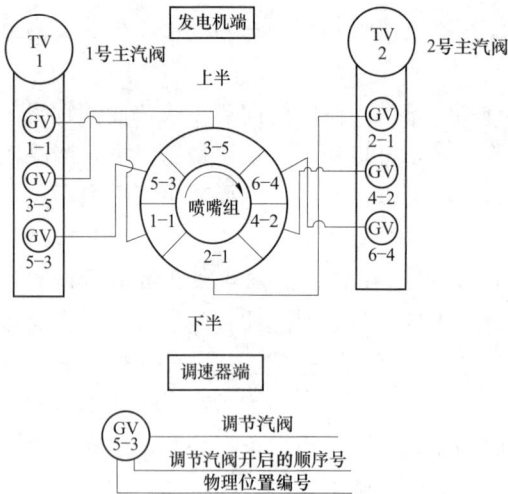

图 4-4　调节汽阀-蒸汽室-喷嘴组的布置图

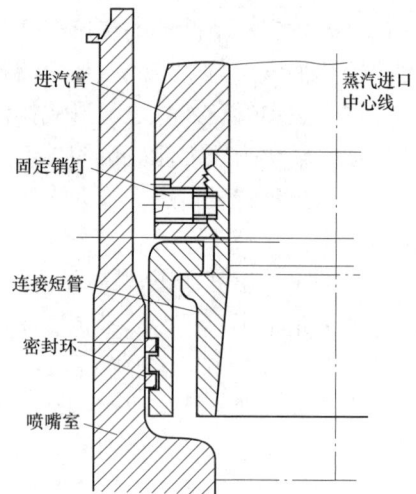

图 4-5　300MW 机组蒸汽进口压力密封环

喷嘴室与汽缸采用装配式连接，以增强其自由膨胀的可能性，防止汽缸与喷嘴室之间由于膨胀受阻产生过大热应力，导致裂纹等。

（四）中、低压连通管

图 4-6 为中、低压连通管结构。中、低压连通管的作用是在最小的压损下将蒸汽从中压排汽口引入低压缸。通过在每个衔接的短管中装入一组由许多叶片组成的导流叶片环，使

汽流平衡地改变方向来确保蒸汽高效地从中压缸流入低压缸。

　　为了吸收轴向热膨胀，使用三组铰接型膨胀节，如图 4-6 所示，每一组由 4 块弹性膜板构成。但每个膨胀节实际的弹性膜板的数目必须按所能吸收的膨胀量而变化，做到相适应。在装上汽轮机时，中、低压连通管采用冷控，预留一定的膨胀量以便在汽轮机运行时减小热应力。

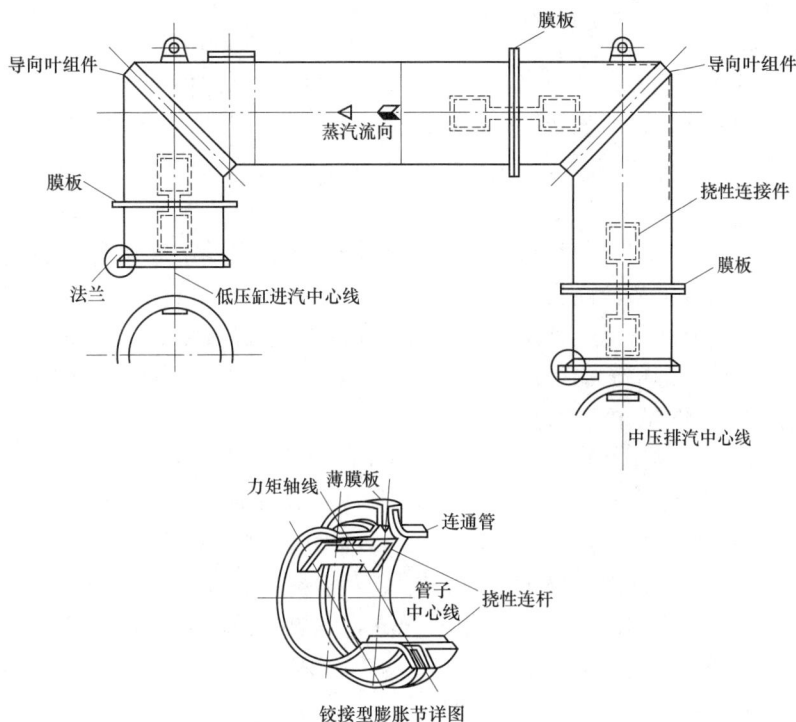

图 4-6　中、低压连通管

　　管道顶部设有供检查和维修用的人孔，在不使用时应盖紧密封。

（五）汽缸的支承和滑销系统

　　随着机组容量的增大，转子、汽缸等部件的尺寸、质量也增加，而且再热系统的采用使得管系作用在汽轮机上的力更为复杂。因此，保证汽轮机在受热或冷却过程中汽缸能按要求自由的膨胀、收缩就显得特别重要。为保证机组安全经济地运行，同时还要动静部分对中不变或变化很小。因此，汽缸的支承定位就成为机组设计安装中的一个重要问题。

　　在设计汽缸的滑销系统时，必须遵循的原则：既要允许汽缸各部件的热膨胀，又要保证汽缸与转子中心线一致。

　　汽缸的支承定位包括外缸在轴承座和基础台板（座架、机架等）上的支持定位；内缸在外缸中的支持定位以及滑销系统的布置等。

　　1. 汽缸的支承

　　汽缸通过轴承座及本身的搭脚支承在基础台板（或称座架、机座）上，基础台板又用地脚螺钉固定在基础上。通常只有小型汽轮机的基础台板才采用整块的铸件，功率稍大的汽轮机基础台板都由几块铸件组成。

（1）猫爪支承。汽缸通过其水平法兰延伸的猫爪作为承力面，支承在轴承座上，称为猫爪支承。汽轮机的高、中压缸均采用这种支承方式。猫爪支承分为上猫爪支承和下猫爪支承两种形式。

1）下猫爪支承。下猫爪支承就是由下汽缸水平法兰前后延伸出的猫爪（称为下猫爪）作为支承猫爪（或工作猫爪），分别支承在汽缸前后的轴承座上。下猫爪支承又可分为非中分面支承和中分面支承两种。

非中分面猫爪支承，如图 4-7（a）所示，这种猫爪支承的承力面与汽缸水平中分面不在一个平面内。其结构简单，安装检修方便，但当汽缸受热使猫爪因温度升高而产生膨胀时，将导致汽缸中分面抬高，偏离转子的中心线，从而会改变动、静部分的径向间隙，严重时会造成动、静部分摩擦甚至碰撞而发生事故。所以这种猫爪只适用于温度不高的中、低参数机组的高压缸支承。

中分面猫爪支承，如图 4-7（b）所示，与非中分面支承不同的是，猫爪的位置抬高了，其承力面正好与汽缸中分面在同一水平面上。这样，当汽缸温度变化时，猫爪的热膨胀就不会影响汽缸的中心线。但这种结构因猫爪抬高使下汽缸的加工变得复杂。由于这种支承方式不改变汽轮机动、静部分的径向间隙，故高参数、大容量机组的高、中压缸可采用。上海汽轮机厂生产的 300MW 机组的高、中压缸就采用了这种支承方式，图 4-8 所示为该机组下猫爪支承结构。其高压外缸由 4 只猫爪支承，4 只猫爪与下半外缸一起整体铸出，位于下汽缸水平法兰上部。猫爪搁置在前后轴承座上，猫爪与轴承座的接触面保持在水平中分面。每个猫爪与轴承座之间都用双头螺栓连接，以防止汽缸与轴承座之间产生脱空。螺母与猫爪之间留有适当的膨胀间隙，猫爪下部的垫块其上部平面可由滑槽打入高温润滑脂，以保证猫爪可自由膨胀。猫爪与螺栓的间隙为 9.5mm，螺栓与横销的横向间隙为 0.4mm。此结构在机组运行过程中，能使汽缸的中心与转子的中心保持一致，它还可降低螺栓受力，以及改善汽缸中分面漏汽状况。

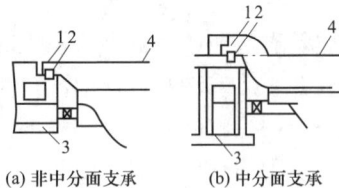

图 4-7 下猫爪支承
1—猫爪；2—横销；
3—轴承座；4—汽缸中分面

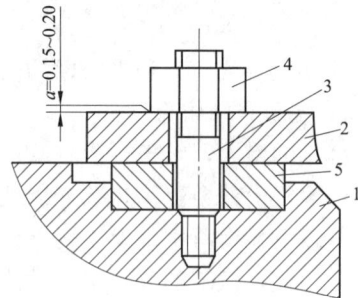

图 4-8 上海汽轮机厂 300MW
机组汽缸下猫爪支承结构
1—轴承座；2—下缸猫爪；3—压紧螺栓；
4—螺帽；5—工作垫片

2）上猫爪支承。由上汽缸水平法兰前后伸出猫爪来支承汽缸，称为上猫爪支承。上猫爪支承均为中分面支承。

图 4-9 为上猫爪支承结构图。这种支承方式与下猫爪中分面支承一样，汽缸受热膨胀

时，不会影响汽缸的中心线。但其缺点是由于下缸是靠水平法兰的螺栓吊在上缸上的，使螺栓受力增加，而且对中分面的密封不利，其安装也比较麻烦。下缸也有猫爪，它只在安装时起支持下缸的作用，下边的安装垫铁3用来调整汽缸洼窝中心，安装好后紧固螺栓8，安装猫爪不再起支承作用，就不再受力，安装垫铁即可抽走，留待检修时再用。上缸猫爪支承在工作垫铁4上，承担汽缸重量。运行时下缸安装猫爪通过横销推动轴承座轴向移动，并在横向起热膨胀的导向作用。水冷垫铁5固定在轴承座上并通有冷却水，以不断地带走由猫爪传来的热量，防止支承面的高度因受热而发生改变。同时，也使轴承的温度不至于过高。

对于双层缸结构的汽缸，内缸在外缸上的支承亦有下缸猫爪支承和上缸猫爪支承两种方式。同理，后者也属中分面支承方式，如图4-10所示。内下缸1通过螺栓2吊在内上缸3上，内上缸的法兰中分面支承在外下缸4的法兰中分面上，外下缸又用螺栓5吊在外上缸6上，外上缸通过前后猫爪支承在轴承座7上，这种结构在汽缸受热膨胀后，其洼窝中心仍与转子中心保持一致。

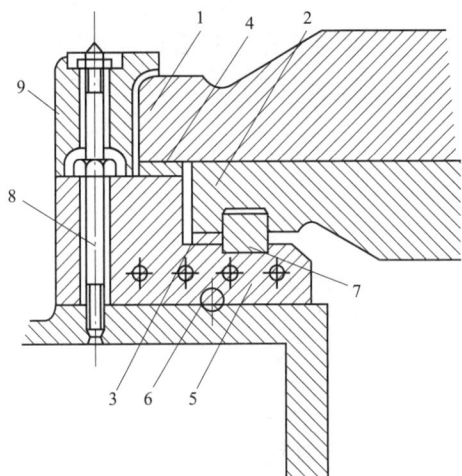

图4-9　上猫爪支承结构
1—上缸猫爪；2—下缸猫爪；3—安装垫铁；4—工作垫铁；5—水冷垫铁；6、7—定位销；8—坚固螺栓；9—压块

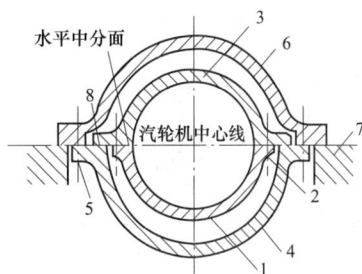

图4-10　内缸在外缸上的中分面支承
1—内下缸；2—内缸连接螺栓；3—内上缸；4—外下缸；5—外缸连接螺栓；6—外上缸；7—轴承座；8—支承垫片

（2）台板支承。对于所有汽轮机组，由于低压缸所处的温度低，而且低压外缸外形尺寸较大，因此，一般不采用猫爪支承，而是用下缸伸出的撑脚支承在基础台板上。这样，低压缸的支承比汽缸中分面低得多，如图4-11所示，因此当低负荷汽缸过热时，转子和汽缸的对中将发生变化。但因其温度低，膨胀较小，影响并不大。对于大功率机组，通常采用轴承座与低压缸分开的结构，以消除低压缸的弹性变形对转子对中位置的影响。同时为减小低压缸的变形，增加其支承刚度，而将支承面沿低压缸四周布置，且下缸的支承面接近汽缸

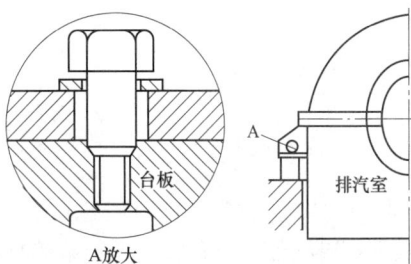

图4-11　低压缸支承

中分面，这样可以减小低负荷时排汽温度升高而引起的转子和汽缸对中位置的变化。

但需注意的是，汽轮机在空载或低负荷运行时排汽温度不能过高，否则将使排汽缸过热，影响转子和汽缸的同心度和转子的中心线，所以要限制排汽温度，设置排汽缸喷水减温装置。

2. 滑销系统

汽轮机在启动、停机和运行时，汽缸的温度变化较大，将沿长、宽、高几个方向膨胀或收缩。由于基础台板温度的升高低于汽缸，如果汽缸和基础台板为固定连接，则汽缸将不能自由膨胀。为了保证汽缸能定向自由膨胀，并能保持汽缸与转子中心一致，避免因膨胀不畅产生不应有的应力及机组振动，因而必须设置一套滑销系统。在汽缸与基础台板、汽缸与轴承座和轴承座与基础台板之间应装上滑销，以保证汽缸自由膨胀，又能保持机组中心不变。汽缸的自由膨胀是汽轮机制造、安装、检修和运行中的一个重要问题。

根据滑销的构造形式、安装位置和不同的作用，滑销系统通常由立销、纵销、横销、猫爪横销、斜销、角销等组成。图 4-12 为滑销构造示意图。热膨胀时，立销引导汽缸沿垂直方向滑动，纵销引导轴承座和汽缸沿轴向滑动，横销则引导汽缸沿横向滑动并与纵销（或立销）配合，确定膨胀的固定点，汽缸的固定点称为死点。对凝汽式汽轮机来说，死点多布置在低压排汽口的中心或附近，这样在汽轮机受热膨胀时，对庞大笨重的凝汽器影响较小。

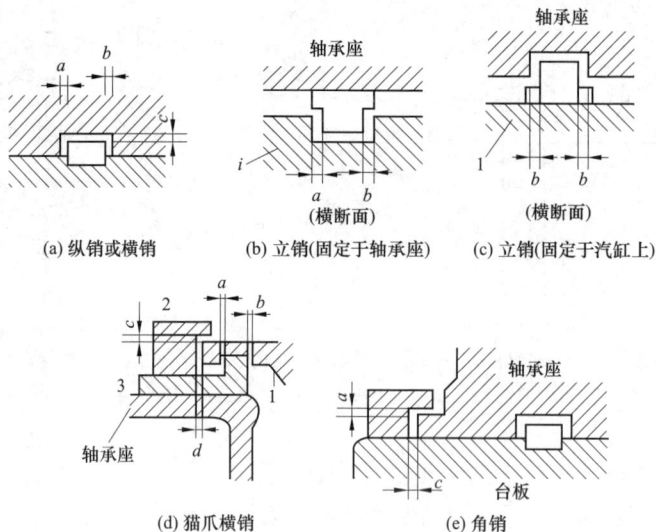

图 4-12　滑销构造示意图
1—汽缸；2—猫爪压销；3—猫爪横销

图 4-13 所示为上海汽轮机厂引进型 300MW 机组的滑销系统。高、中压外下缸的四个猫爪下都有横销与前轴承座和中间轴承座相连，以确定汽缸与轴承座的轴向相对位置。在猫爪上还设有压板，猫爪和横销以及猫爪和压板之间留有 0.04~0.08mm 的间隙，以保证高、中缸在横向可自由膨胀。当汽缸温度变化时，猫爪横销能随汽缸在轴向膨胀和收缩，同时推动轴承座向前或向后移动，以保持转子与汽缸轴向相对位置不变。在高、中压外下缸前后两

端各有一 H 型中心推拉梁，通过螺栓、定位销等分别使高、中压缸与其前、后轴承座连成一体，用于传递汽缸胀缩时的推拉力，并保证汽缸相对于轴承座有正确的轴向和横向位置。

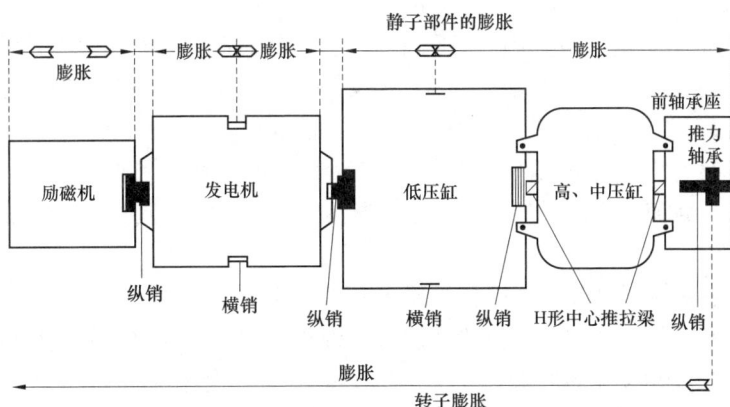

图 4 - 13　300MW 汽轮机滑销系统

低压外下缸撑脚与台板之间的位置靠四个滑销来定位，滑销位置如下：在低压缸两侧的横向中心线上各有一个横销，在汽缸支承上及基础台板上铣有矩形销槽，横销装在基础台板的销槽中，它与汽缸支承的销槽间留有间隙，左右两侧的间隙不应小于 0.5mm。横销的作用是保证汽缸在横向的正确膨胀，并限制汽缸沿纵向的移动以确定低压缸的轴向位置，保证汽缸在运行中受热膨胀时中心位置不会发生变化。在低压缸前后两端的纵向中心线上各有一个纵销，其作用是保证汽缸在纵向正确膨胀，并限制汽缸沿横向移动，以确定低压缸的横向位置。纵销中心线与横销中心线的交点形成整个汽缸的膨胀死点，在汽缸膨胀时，该点始终保持不动，汽缸只能以此点为中心向前、后、左、右方向膨胀。

在前轴承座下设有纵销，该销位于前轴承座及其台板间的轴向中心线上，允许前轴承座作轴向自由膨胀，但限制其横向移动。因此，整个机组以死点为中心，通过高、中压缸带动前轴承座向前膨胀。故前轴承座的轴向位移就表示了高、中、低压缸向前膨胀值之和，推力轴承处测得的轴向膨胀为高、中、低压缸的绝对膨胀。在轴承座与基础台板滑动面间有耐磨块，并可定期向滑动、摩擦面间加润滑油。

低压内缸是支持在外缸上的，它们的死点是一致的，因此低压内缸也以死点为中心向前后两端膨胀。

高、中压内缸的死点在高、中压进汽管中心线之间的横向截面上，高压静叶持环是支承在内缸上，而内缸又支承在外缸上，外缸以死点为中心向前膨胀，因此高压静叶持环向前轴承座方向膨胀。中压第一静叶持环支承在内缸上，内缸又支承在外缸上，而中压第二静叶持环是直接支承在外缸上的，因此中压第一、第二静叶持环均是向前轴承座方向膨胀，和蒸汽流动方向相反。

二、隔板、隔板套、静叶环和静叶持环

冲动式汽轮机为隔板型结构，汽缸上有固定静叶的隔板及支承隔板的隔板套；反动式汽轮机为转鼓型结构，汽缸上有静叶环及支承静叶环的静叶持环。

1. 隔板

隔板是汽轮机各级的间壁，用以固定汽轮机各级的静叶片和阻止级间漏汽，并将汽轮机通流部分分隔成若干个级。它可以直接安装在汽缸内壁的隔板槽中，也可以借助隔板套安装在汽缸上。隔板通常做成水平对分形式，其内圆孔处开有隔板汽封的安装槽，以便安装隔板汽封。

　　高压部分的隔板承受着高温高压蒸汽的作用，低压部分的隔板承受着湿蒸汽的作用。为了保证隔板运行的安全性与经济性，在结构上要求它必须具有足够的强度与刚度、较好的气密性、合理的支承与定位，以保证隔板在静止和运行状态下均能与转子同心以及具有良好的加工性。它的具体结构要根据工作温度和作用在隔板两侧的蒸汽压差来决定，主要有两种形式，即焊接隔板和铸造隔板。通常在高、中压部分用焊接隔板，在低压部分用铸造隔板。

　　隔板主要由隔板体、静叶片和隔板外缘等几部分组成。

　　图4-14为焊接隔板的结构。将铣制或精密铸造、模压、冷拉的静叶片嵌在冲有叶型孔槽的内、外围带上，焊成环形叶栅，然后再将它焊在隔板体和隔板外缘之间，组成焊接隔板。在隔板出口与外缘连接处有两道叶顶径向汽封片，在隔板内圆孔处开有隔板汽封的安装槽。

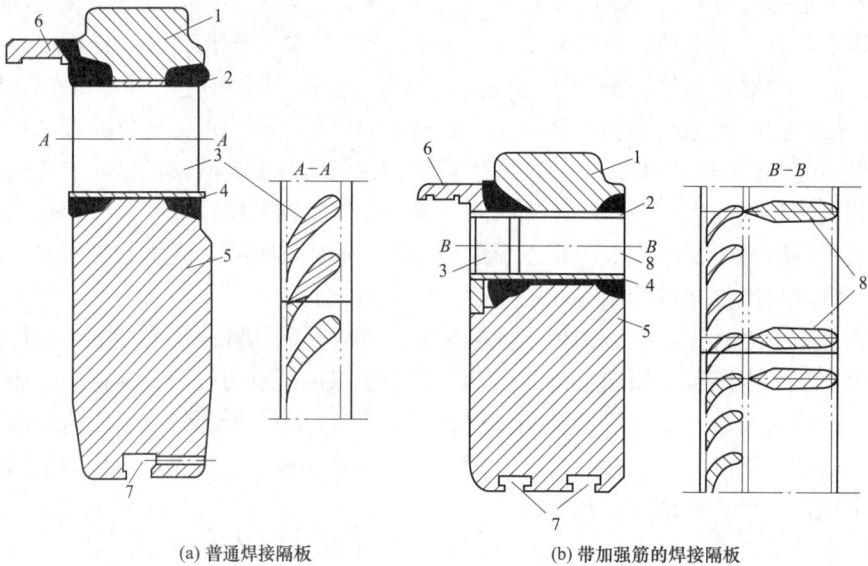

(a) 普通焊接隔板　　　　　　　(b) 带加强筋的焊接隔板

图4-14　焊接隔板

1—隔板外环；2—外围带；3—导叶片；4—内围带；5—隔板体；
6—径向汽封安装环；7—汽封槽；8—加强筋

　　焊接隔板具有较高的强度和刚度，较好的气密性，用于350℃以上的高、中压级，图4-14（a）所示是国产上海汽轮机厂生产的300MW机组的第10压力级的隔板结构。有些汽轮机的低压级也采用焊接隔板，如法国T2A·300·2F1044型300MW汽轮机全部采用此种隔板。

　　高参数大功率汽轮机的高压部分，每一级的蒸汽压差较大，如国产上海汽轮机厂生产的300MW机组的第3压力级，在额定工况时其隔板前后压差为1.27MPa，故其隔板体做得特别厚，达100mm，而喷嘴高度为57.5mm。若仍沿整个隔板厚度做出喷嘴，就会使喷嘴相对高度太小，导致端部流动损失增加，使级效率降低。为此采用窄喷嘴焊接隔板，即将喷嘴叶片做成狭窄形，而在隔板进汽侧设置许多加强筋，如图 4-14（b）所示。它的隔板体、隔板外缘及加强筋是一个整体。这种结构增加了隔板强度和刚度，减少了喷嘴损失。

铸造隔板是将已成型的喷嘴叶片在浇铸隔板体的同时放入其中，一体浇铸而成，如图 4-15 所示。它的喷嘴叶片可用铣制、冷拉、模压以及爆炸成型等方法制成。这种隔板加工制造比较容易，成本低，但是通流表面光洁程度较差，使用温度也不能太高，一般用于工作温度低于 350℃ 的级。

2. 隔板套

隔板套用来固定隔板。现代高参数大功率汽轮机往往将相邻的几级隔板装在同一隔板套中，隔板套再固定于汽缸上。隔板套结构上的分级基本上是由汽轮机抽汽情况决定的，相邻隔板套之间有抽汽，这样可充分利用隔板套之间的环状汽流通道，而无须借加大轴向尺寸的办法取得必要的抽汽通流面积。

隔板套分为上下两半，二者通过中分面法兰用螺栓和定位螺栓连接在一起。隔板套在汽缸内的支承和定位采用悬挂销（搭子）和键的结构。隔板套通过其下半部分两侧的搭子支承在下汽缸上，其上下中心位

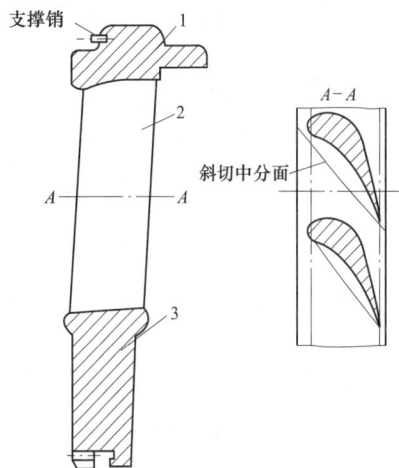

图 4-15　铸造隔板
1—外缘；2—静叶片；3—隔板体

置由其底部的定位销或平键定位。为保证隔板套的自由膨胀，装配时隔板套与汽缸凹槽之间留有 1～2mm 的间隙。

采用隔板套不仅便于拆装，而且可使级间距离不受或少受汽缸上抽汽口的影响，从而可以减小汽轮机的轴向尺寸，简化汽缸形状，有利于启停及负荷变化，并为汽轮机实现模块式通用设计创造了条件。但隔板套的采用会增大汽缸的径向尺寸，相应的法兰厚度也将增大，延长了汽轮机的启动时间。

3. 静叶环和静叶持环

在反动式汽轮机中没有叶轮和隔板，动叶片直接装在转子的外缘上，静叶则固定在汽缸内壁或静叶持环上。静叶持环的分级一般是考虑便于抽汽口的布置而定的。静叶环和静叶持环一般为水平中分式。

图 4-16 和图 4-17 分别为上海汽轮机厂生产的 300MW 汽轮机的高中压和低压缸内静叶持环的布置图。该机的高压 11 个压力级的静叶均固定在高压静叶持环上，中压的 9 个压力级中前 5 级和后 4 级分别安装在中压 1 号和 2 号静叶持环上。静叶持环为水平对分式，其内圆面有嵌装静叶环的直槽，直槽侧面有安装锁紧静叶的 L 形锁紧片的凹槽。为减少蒸汽流过静叶环时的漏汽量，在静叶环的内圆上嵌有汽封片。

低压缸的静叶环，其结构形式基本与高中压缸的静叶环相似。该缸有 2 个静叶持环，中压缸端的前 2 级静叶环支承在 1 个静叶持环中，该静叶持环固定在低压 1 号内缸上。发电机端的前 4 级静叶环支承固定在低压 1 号内缸上的另一个静叶持环中。

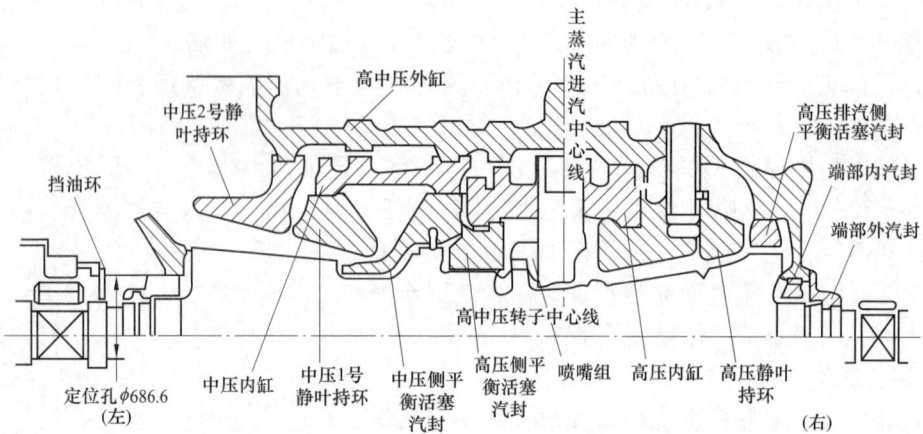

图 4 - 16　上海汽轮机厂 300MW 汽轮机高、中压缸静叶持环结构

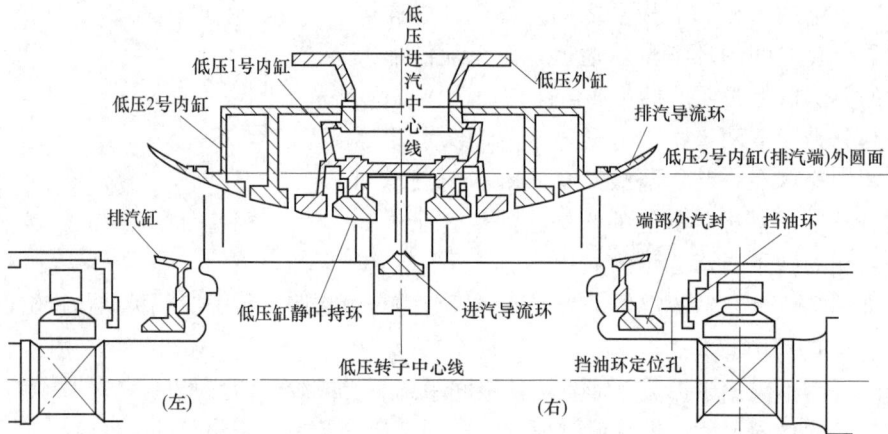

图 4 - 17　上海汽轮机厂 300MW 汽轮机低压缸静叶持环布置图

三、轴承

　　轴承是汽轮机的一个重要组成部件。汽轮机采用的轴承有径向支持轴承和推力轴承两种。径向支持轴承用来承担转子的重量和旋转的不平衡力，并确定转子的径向位置，以保持转子旋转中心与汽缸中心一致，从而保证转子与汽缸、汽封、隔板等静止部分的径向间隙正确。推力轴承承受蒸汽作用在转子上的轴向推力，并确定转子的轴向位置，以保证通流部分动静间正确的轴向间隙。

　　由于汽轮机轴承是在高转速、大载荷的条件下工作，因此，要求轴承工作必须安全可靠，摩擦力小。因此，汽轮机轴承都采用以油膜润滑理论为基础的滑动轴承。

　　径向支持轴承的形式很多，按轴承支承方式可分为固定式和自位式两种；按轴瓦形式可分为圆柱形轴承、椭圆形轴承、三油楔轴承和可倾瓦轴承等。

　　许多实验资料表明：圆柱形轴承主要适用于低速重载转子；三油楔支持轴承、椭圆形支持轴承分别适用于较高转速的轻、中和中、重载转子；可倾瓦支持轴承则适用于高转速轻载和重载转子。

1. 圆柱形轴承

这种轴承的轴瓦内径为圆柱形，静止时，顶部间隙为侧面间隙的两倍；工作时，轴颈下形成一油楔。它的稳定性不如其他三种轴承，常被用于中小容量机组或大机组的低压转子上。

图 4-18 所示为圆柱形轴承的典型结构。轴瓦 1 由上下两半组成，并用连接螺栓 7 连接起来。下瓦支持在三个垫块 2 上，调整时，通过改变垫片 3 的厚度来找中心（垫片为钢质，且不得超过三层），增减垫片的厚度便可以调整轴瓦的径向位置。上瓦顶部的垫块 2 和垫片 3 则是用来调整轴瓦与轴承盖之间的紧力。

润滑油从侧下方进油口 5 引入，经由下瓦内的油路，自轴瓦水平结合面处流进。经过轴瓦顶部间隙，然后经过轴和下瓦之间的间隙，最后从轴瓦两端泄出。下瓦进油口处的节流孔板 4 用来调整进油量。润滑油在轴承中不仅起到了润滑的作用，而且还有冷却的作用，大量的润滑油流过轴承时，可将润滑油起润滑作用时产生的摩擦热和从转子传来的热量带走。轴承的回油温度通常为 50～60℃，最高不超过 70℃。

水平结合面处的锁饼 6 是用来防止轴瓦转动的。轴承在其面向汽缸的一侧装有油挡 8，以防止润滑油从这一侧被甩向轴承座。

轴瓦由轴瓦体和轴承合金层构成，在轴瓦体的内圆上先开出燕尾槽，然后浇铸上锡基轴承合金（俗称乌金或巴氏合金），它质软、熔点低，并具有良好的耐磨性能。一旦液体摩擦没有建立，轴颈和乌金之间就会发生干摩擦，这时乌金被磨损甚至被熔化。当出现这种情况时，汽轮机的保安部套就会动作，使机组停下来，从而避免了转子轴颈与轴瓦体的摩擦。

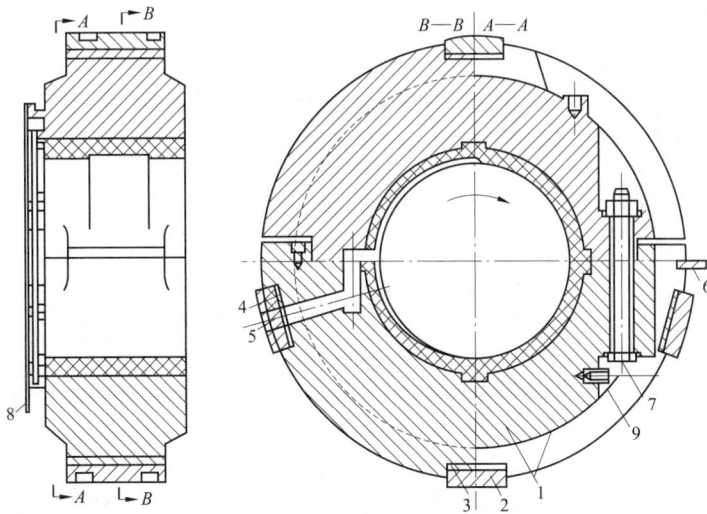

图 4-18　圆柱形轴承

1—轴瓦；2—垫块；3—垫片；4—节流孔板；5—进油口；
6—锁饼；7—连接螺栓；8—油挡；9—止落螺钉

2. 椭圆形轴承

椭圆形轴承的结构与圆柱形轴承基本相同，只是轴瓦的内孔侧面间隙加大了，并呈椭圆

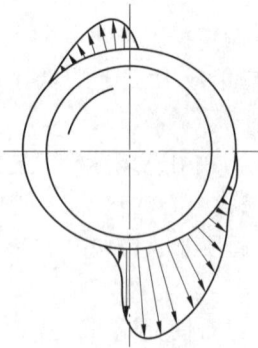

图 4-19　椭圆形
轴承轴瓦示意图

形，如图 4-19 所示。由于轴承上部间隙减小，除下部的主油楔外，在上部又增加了一个副油楔。由于副油楔的作用，压低了轴心位置，使轴承的工作稳定性得到了改善；由于轴承侧面间隙的加大，使油楔的收缩更剧烈，有利于形成液体摩擦，增大轴承的承载能力。这种轴承的比压一般可达 1.17～1.96MPa，在中、大型机组上得到了广泛的应用。

3. 三油楔轴承

图 4-20 所示为国产 125、300MW 汽轮发电机组上所采用的不对称三油楔轴承的结构简图。轴瓦上有三个长度不等的油楔，上瓦两个、下瓦一个，它们所对应的角度分别为 $\theta_1 = 105° \sim 110°$，$\theta_2 = \theta_3 = 55° \sim 58°$，每个油楔入口的最大间隙为 0.27mm。为了使油楔分布合理又不使结合面通过油楔区，上下瓦结合面 $M-M$ 与水平倾斜一个角度 ϕ，通常 $\phi = 35°$。润滑油首先进入轴瓦的环形油室，然后从三个进油口进入三个油楔中。转轴转动时，三个油楔中的油膜力分别作用在轴颈的三个方向上，如图中 F_1、F_2、F_3 所示，这样可使轴颈比较稳定地在轴承中运转。启动时，从顶轴油泵打来的顶轴油送入两只油孔中，以便建立顶轴油压，将轴顶起。

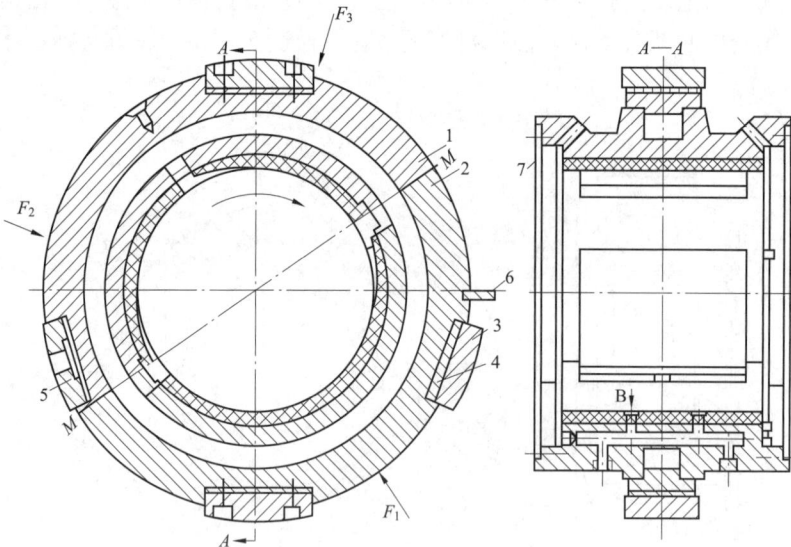

图 4-20　三油楔轴承结构
1—上半轴承；2—下半轴承；3—垫块；4—垫片；5—节流孔板；6—锁饼；7—油挡

三油楔支持轴承是一个多油楔轴承，具有较好的抗震性和稳定性，这主要是因为油楔多，即工作面多，而且每一个瓦面的曲率半径都比轴颈半径大，因此对应轴颈中心在轴承内的每一个小位移，都有一个较大的相对偏心率。但从国产 200MW、300MW 汽轮发电机组中发电机两侧三油楔支持轴承油膜振荡现象的发生来看，它的承载能力并不是很大，稳定性也并不十分理想，适于在高速轻、中载场合下使用。

4. 可倾瓦轴承

可倾瓦轴承又称活支多瓦轴承，是米切尔式的支持轴承，通常由 3～5 块或更多块能在支点上自由倾斜的弧形瓦块组成，其原理如图 4-21 所示。瓦块在工作时可以随转速、载荷及轴承温度的不同而自由摆动，在轴颈四周形成多个油楔，自动调整着各油楔间隙，使其达到最佳位置。下瓦块承受着转子的载荷，其余瓦块保持了轴承的稳定性；上瓦块装有盘形弹簧，起到了减震的作用。如果忽略瓦块的惯性、支点的摩擦力等影响，每个瓦块作用到轴颈上的油膜作用力总是通过轴颈中心，而不会产生引起轴颈涡动的失稳分力，因此具有较高的稳定性，理论上可以完全避免油膜振荡的产生。此外，由于瓦块可以自由摆动，增加了支承柔性，还具有吸收转轴振动能量的能力，即具有很好的减振性。同时，可倾瓦轴承还具有承载能力大、功耗小及可承受各个方向的径向载荷、适应正反转动等优点。目前，越来越多的大功率机组采用了这种轴承。它的不足之处是结构复杂、安装检修较为困难、成本较高等。

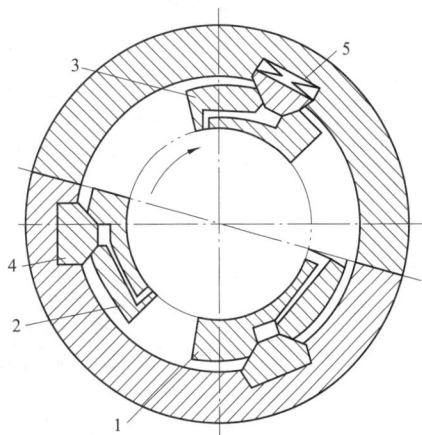

图 4-21　可倾瓦轴承原理图
1—下瓦块；2—侧瓦块；3—上瓦块；
4—支点；5—盘形弹簧

四、推力轴承

推力轴承的作用是确定转子的轴向位置和承受作用在转子上的轴向推力。虽然大功率汽轮机通常采用高、中压缸对头布置以及低压缸分流等措施来减小轴向推力，但轴向推力仍具有较大数值，一般可达几万牛甚至几十万牛。如果考虑到工况变化，特别是事故工况，例如水冲击、甩负荷等，还能出现更大的瞬时推力以及反向推力，从而对推力轴承提出了较高的要求。

通常应用最广泛的推力轴承是米切尔式推力轴承，这种轴承在沿轴瓦平均圆周速度展开图上，瓦块表面与推力盘之间能构成一角度，它们之间可形成楔形油膜以建立液体摩擦。瓦块可做成固定的或摆动的，大功率机组一般都为摆动的。

推力轴承的工作原理可用图 4-22 来说明。当转子的轴向推力经过油层传给瓦片时，其油压合力 Q 并不作用在瓦片的支承点 O 上，而是偏在进油口一侧。因此合力 Q 便与瓦片支点的支反力 R 形成一个力偶，使瓦块略微偏转形成油楔。随着瓦片的偏转，油压合力 Q 逐渐向出油口一侧移动，当 Q 与 R 作用于一条直线上时，油楔中的压力便与轴向推力保持平衡状态，在推力盘与瓦片之间建立了液体摩擦。

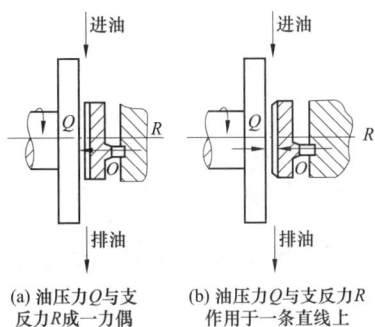

(a) 油压力 Q 与支反力 R 成一力偶　(b) 油压力 Q 与支反力 R 作用于一条直线上

图 4-22　推力瓦片与推力盘间油楔的形成

推力轴承经常与支持轴承合为一体，称为推力支持联合轴承。图 4-23 为一有代表性的推力支持联合轴承结构。这种轴承的推力轴承壳体与支持轴承的轴瓦连成一体，称为轴承体。为了保证各推力瓦（工作瓦）受力均匀，轴承体的支承面为球面，使轴承体能够在一个小的锥度范围内自由摆动，以自动适应推力盘的角度。轴承的径向位置靠沿轴瓦圆周分布的三块垫块及垫片来调整，轴向位置靠调整圆环 1 来调整。轴承的推力瓦片分为工作瓦片 2 和非工作瓦片 3，各有 10 片左右，分别承受转子的正向和反向推力。这些瓦片利用销子挂在它们背后的两半对应瓦片安装环 9 和 10 上，销子松宽地插在瓦片背面的销孔中，由于瓦片背面有一条突起的肋，使瓦片可以绕它略微转动，从而在推力盘和瓦片工作面间建立起液体摩擦。

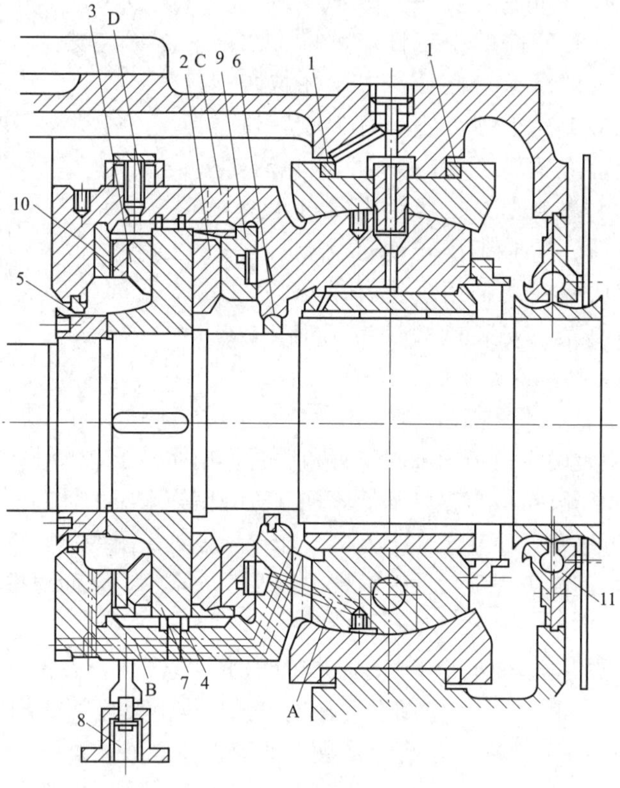

图 4-23　推力支持联合轴承结构
1—调整圆环；2—工作瓦片；3—非工作瓦片；4~6—油封；7—推力盘；
8—支撑弹簧；9、10—瓦片安装环；11—油挡

为减少推力盘在润滑油中的摩擦损失，用青铜油封 4 来阻止润滑油进入推力盘外缘腔室。润滑油从支持轴承下瓦调整垫片的中心孔引入，经过轴瓦上的环形腔室，一路顺中分面进入支持轴承，另一路经过油孔 A、B 流向推力盘两侧去润滑工作瓦片和非工作瓦片，最后两路油分别经过泄油孔 C、D 流回油箱。推力轴承的进油温度为 35~45℃，设计温升一般为 5~15℃，最高不超过 20℃。在供油正常的情况下，推力轴承润滑油的温升能反映出转子轴向推力的变化。但由于在推力轴承中，形成油膜的润滑油占很少一部分，大部分油起冷却作用，因此借用润滑油温升不能敏感地反映轴向推力的大小。有时乌金已被严重磨损或烧毁，

而回油温度才上升了 1～3℃。因此，为了更加灵敏地反映推力瓦处的情况，目前在机组上都设法直接测量推力瓦的温度。

第二节　汽轮机转动部分结构

汽轮机的转动部分包括动叶栅、叶轮（或转鼓）、主轴和联轴器以及紧固件等旋转部件。

一、转子

汽轮机的转动部分总称为转子，主要由主轴、叶轮（或轮鼓）、动叶栅及联轴器等组成，是汽轮机最主要的部件之一，起着工质能量转换及扭矩传递的作用。它汇集了各级动叶栅上得到的机械能并传给发电机（或其他机械）。汽轮机工作时，转子的工作条件相当复杂，它处在高温工质中，并以高速旋转，它不仅承受着叶片、叶轮、主轴本身质量离心力所引起的巨大应力、蒸汽作用在其上的轴向推力以及由于温度分布不均匀引起的热应力，而且还要承受巨大的扭转力矩和轴系振动所产生的动应力，因此要求转子具有很高的强度和均匀的质量，以确保安全工作。

汽轮机转子可分为轮式和鼓式两种。轮式转子具有安装动叶片的叶轮，鼓式转子则没有叶轮，动叶片直接装在转鼓上。通常冲动式汽轮机转子采用轮式结构，反动式汽轮机转子采用鼓式结构。按主轴与其他部件间的组合方式，轮式转子有套装式、整锻式、组合式和焊接式四种结构形式。

1. 整锻转子

如图 4-24 所示，整锻转子的叶轮、轴封、联轴节等部件与主轴系由一整体锻件加工而成，没有热套部件，因而消除了叶轮等部件高温下可能松动的问题，对启动和变工况的适应性较强，适于在高温条件下运行。其强度和刚度均大于同一外形尺寸的套装转子，且结构紧凑，轴向尺寸短，机械加工和装配工作量小。缺点是锻件尺寸大，工艺要求高，加工周期长，且大锻件的质量难以保证，贵重材料消耗量大，不利于材料的合理利用。

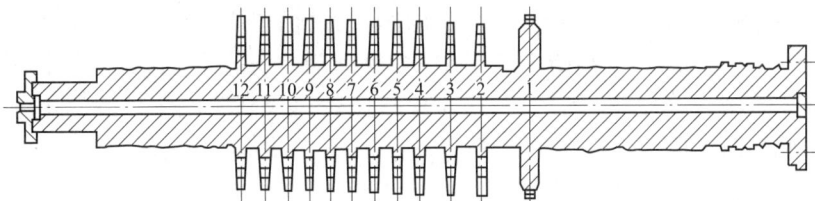

图 4-24　整锻转子

在高温区工作的转子一般都采用这种结构，如国产 125、200、300MW 汽轮机的高压转子都是整锻转子。现代大型汽轮机，由于末级叶片长度增加，套装叶轮的强度已不能满足要求，因此许多机组的低压转子也采用了整锻结构。如美国西屋公司系列机组，美国 GE 公司的 350MW 机组等。目前我国引进型 300、600MW 机组的高、中、低压转子均为整锻转子。

由于浇铸的钢锭在冷却过程中，中心部位最后凝结，在这些地方容易夹渣；在锻压转子毛坯时，中心部位的变形错综复杂，容易产生裂纹。因此整锻转子通常钻一个 $\phi100$ 的中心孔，其目的是将这些材质差的部分去掉，防止裂纹扩展，同时也可借助潜望镜检查锻件内部质量。目前随着金属冶炼和锻造水平的提高，国外已有些大的整锻转子不再打中心孔。

随着冶炼技术和探伤技术的进步，整锻转子不再需要钻中心孔，开始使用实心转子。如美国西屋公司生产的超临界参数汽轮机的全部转子以及日本和苏联生产的大型汽轮机上的转子均采用无中心孔的实心转子，我国上汽、哈汽和东汽生产的典型的 1000MW 超临界汽轮机也均采用无中心孔的实心转子。采用无中心孔转子不仅可以简化锻件的制造工序、缩短生产周期、降低制造成本，而且还可以延长转子的使用寿命，尤其是对于目前大容量机组采用长末级叶片时，需要转子承受更高的应力，采用无中心孔的转子更具有优越性，由于转子中心处的切向应力比有中心孔转子小几乎一半。

2. 套装转子

套装转子的结构如图 4-25 所示，转子上的叶轮、轴封套、联轴节等部件是分别加工的，加热后套装在主轴上的，为防止配合面发生松动，各部件与主轴之间采用过盈配合，并用键传递力矩。

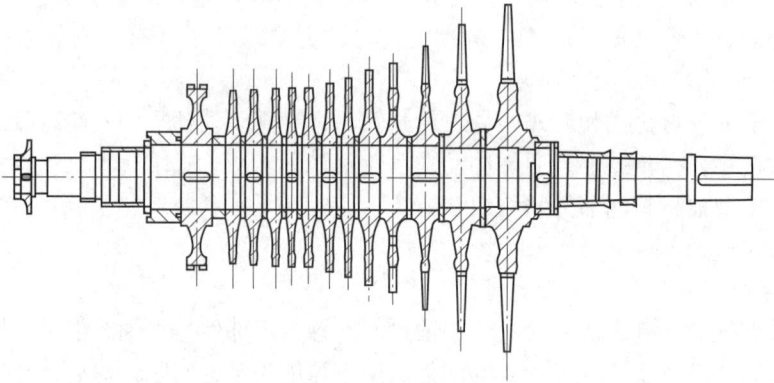

图 4-25 套装转子

套装转子的锻件尺寸较小，加工方便，质量容易得到保证，而且不同部件可以采用不同的材料，可以合理利用材料。但高温下，金属会因蠕变而导致叶轮内孔直径逐渐增大，最后使得装配过盈量消失，使叶轮与主轴之间产生松动，从而造成叶轮中心与转子中心偏离，造成转子质量不平衡，机组产生振动，且降低了快速启动的适应性。因此，套装转子不宜用于高温高压汽轮机的高、中压转子，只适应于中压汽轮机或高压汽轮机的低压部分，如国产 200MW 汽轮机的低压转子即为这种结构。

3. 焊接转子

焊接转子主要由若干个叶轮和两个端轴拼焊而成，其结构如图 4-26 所示。焊接转子的优点是采用无中心孔的叶轮，可以承受很大的离心力，强度好，相对质量小，结构紧凑，刚度大。焊接转子不需要采用大型锻件，叶轮与端轴的质量容易得到保证，其工作的可靠性取决于焊接质量，故要求焊接工艺高、材料的焊接性能好。随着冶金和焊接技术的不断发展，焊接转子的应用必将日益广泛。

汽轮机的低压转子直径大，特别是大功率汽轮机的低压转子质量较大，叶轮承受很大的离心力。采用套装结构，叶轮内孔在运行中将发生较大的弹性变形，因而需要设计较大的装配过盈量，但同时会引起很大的装配应力。若采用整锻转子，则因锻件尺寸太大，质量难以保证，故往往采用焊接转子。如引进的法国 300MW 汽轮机的低压转子以及我国生产的

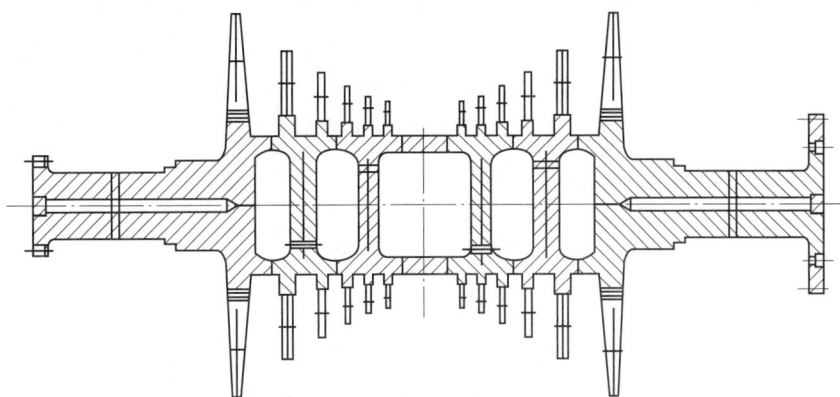

图 4 - 26　焊接转子

125MW 和 300MW 汽轮机均采用了焊接结构。瑞士制造的 1300MW 双轴反动式汽轮机的高、中、低压转子均为焊接转子。

4. 组合转子

整锻-套装组合转子也是汽轮机常采用的转子结构形式，如图 4 - 27 所示。它利用整锻转子与套装转子的各自特点，在高温区采用叶轮与主轴整体锻造结构，而在低温区采用套装结构。这样，既可保证高温区各级叶轮工作的可靠性，又可避免采用过大的锻件；而且套装的叶轮和主轴可以采用不同的材料，有利于材料的合理利用。

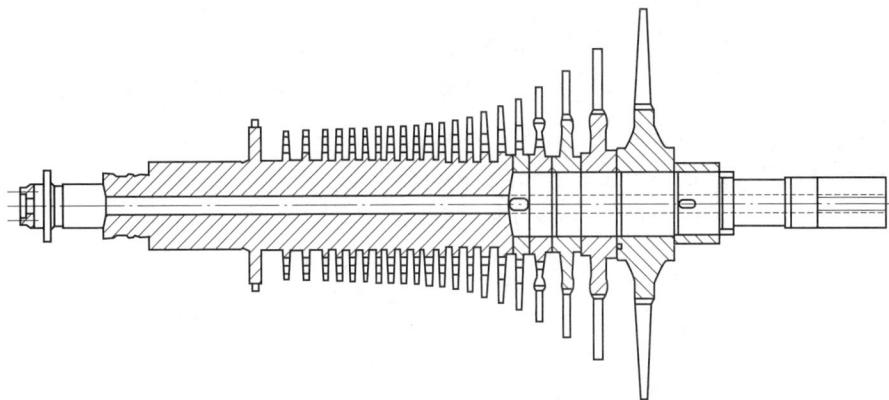

图 4 - 27　组合转子

组合转子广泛应用于高参数、中等容量的汽轮机上，如国产 200MW 汽轮机的中压转子。

大型汽轮发电机组高中压转子采用整锻结构后，由于高中压转子高温段工作条件恶劣，且随着转子整体直径的增大，离心力和同一变工况速度下的热应力也相应增加，在高温条件下受离心力作用而产生的金属蠕变速度，以及在离心力和热应力共同作用下而产生的金属微观缺陷发展的危险也有所增长，为此需对高温区段的转子进行蒸汽冷却，以减少金属蠕变变形和降低启动工况下的热应力。

一般情况下均采用较低温度的蒸汽来冷却主蒸汽和再热蒸汽进口处的转子部位。

　　图 4-28 所示是在主蒸汽进口处的高温区段对转子采用的冷却结构情况。由于调节级的焓降较大，因此主蒸汽经调节级膨胀做功后，压力和温度均有明显降低，让一小部分这种较低温度的蒸汽利用抽吸作用，通过调节级叶轮中的斜孔并继续流过高温区转子表面，从而对高温区的转子产生冷却作用。冷却蒸汽和主蒸汽流汇合后，通过高压各级继续做功。采用这种结构，使得转子在机组正常工作时能得到冷却，而在启动过程中，又可使转子得到迅速加热，以提高启动速度，缩短启动时间。

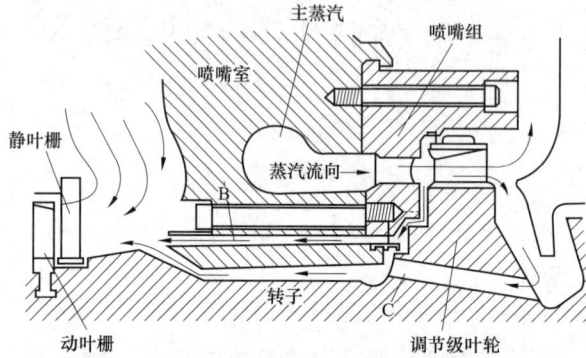

图 4-28　主蒸汽进入调节级的区域内转子冷却结构

　　图 4-29 所示为再热蒸汽进口区转子的冷却结构，该区域的转子同样也是利用调节级后的蒸汽来冷却的。该区的转子和中压第一级动叶叶根处利用中压平衡活塞的漏汽来冷却。流经高压平衡活塞密封环后的蒸汽和冷却高压内缸后的蒸汽，均在各自的压差下流过中压平衡活塞密封环，在中压平衡活塞密封环和转子之间通过，其中一部分冷却汽流在中压第一级静叶后与主汽流相汇合，另一部分通过中压第一级动叶根部的通道进入中压第二级，这样中压第二级的转子表面也完全被冷却蒸汽覆盖，从而使中压第二级前的转子不与高温蒸汽接触，转子温度比进口再热蒸汽温度低很多。

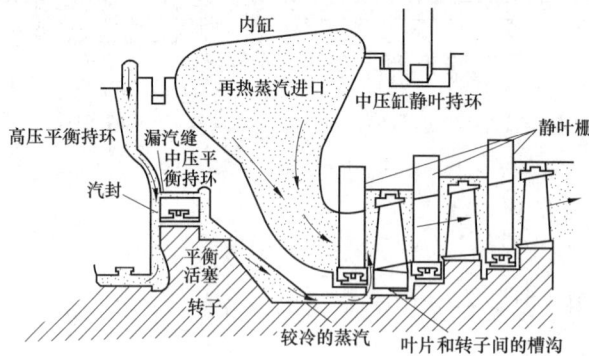

图 4-29　再热蒸汽进口区转子的冷却结构

二、主轴

　　汽轮机的主轴通常呈阶梯形，中间较粗、两端轴径部分较细，上面还有若干叶轮和其他零件。它汇集了各级动叶栅上的得到的机械能并传递给发电机（或其他机械），起着工质能量转换及扭矩传递的作用。多缸汽轮机根据主轴连接方式可分为：单轴（系）汽轮机和双轴（系）汽轮机。

单轴（系）汽轮机指多缸汽轮机各汽缸的轴（转子）串接为一个轴系共同驱动一台发电机的汽轮机。图 4-30 为邹县电厂国产单轴 1000MW 超超临界机组热力系统，汽轮机为冲动式、一次中间再热、四缸四排汽、单轴双背压凝汽式汽轮机。

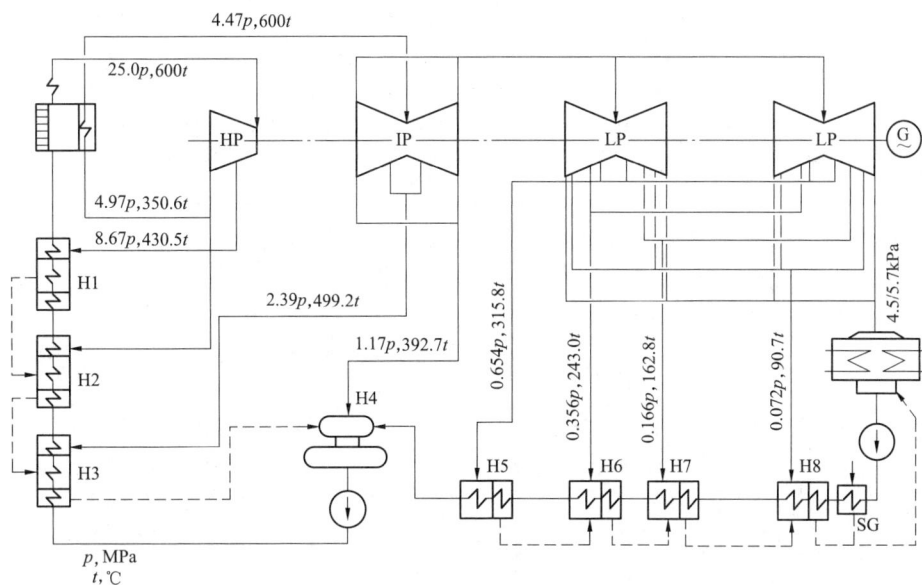

图 4-30　国产 N1000-25.0/600/600 超超临界机组热力系统

基于汽轮机轴系稳定性和安全性，单轴（系）设置汽缸的个数是有限的，这将使单机机组容量受到了限制。目前，在汽轮机汽缸轴系技术合理范畴内，设置五个汽缸（即五缸六排汽）迄今已有 10 多年的运行业绩，运行情况良好。2020 年前，世界上单轴、最大容量机组是装在俄罗斯科斯特罗马电厂的 1200MW 凝汽式发电机组。2020 年 7 月 7 日 9 时，广东华厦阳西电厂二期 5 号机 1240MW 机组顺利完成 168h 满负荷试运行，机组各系统运行正常、参数优良，这代表着全球首台单轴、全速、单机容量最大火电机组正式投入商业运用。

采用双轴（系）技术，可突破机组容量瓶颈。双轴（系）汽轮机指多缸汽轮机的汽缸分列为两组，每组汽缸的轴（转子）串接成一个轴系，各自驱动一台发电机的汽轮机。双轴（系）汽轮机根据轴系是否在同一平台可分为：常规（同一平台布置）双轴汽轮机和高低位布置双轴汽轮机。

常规（同一平台布置）双轴汽轮机，虽采用了双轴系，但两个轴系布置在同一平台，汽轮机轴系平台与单轴汽轮机轴系平台高度相同，主要体现在增大单机容量上。对于此类双轴机组最大容量发展到 1300MW，如图 4-31 所示，机组为超临界压力、一次中间再热、双轴六缸八排汽凝汽式机组，两轴功率相等，该机型分别装在美国坎伯兰、加绞和阿莫斯等电厂。

高低位布置双轴汽轮机，两个轴系采用高、低位布置在不同平台，高置轴系布置在紧靠末级过热器和再热器出口的高位位置，低位轴系平台与常规（同一平台布置）双轴汽轮机轴系平台高度相同。采用高低位布置双轴技术，可大幅缩短主蒸汽管道、一次再热冷管道、一次再热热管道、二次再热冷管道，不仅降低了管道本身投资，还降低了管道压损提高了机组热经济性。图 4-32 所示是申能安徽平山电厂二期工程 1350MW 高低位轴系汽缸配置图，

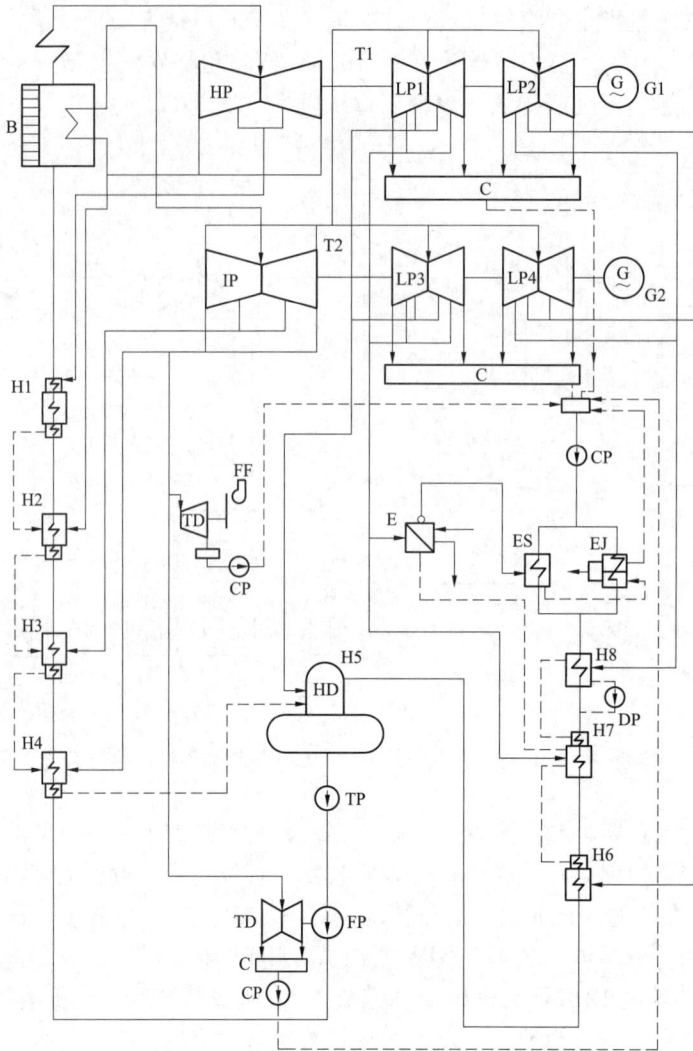

图 4 - 31　1300MW 双轴凝汽式机组热力系统

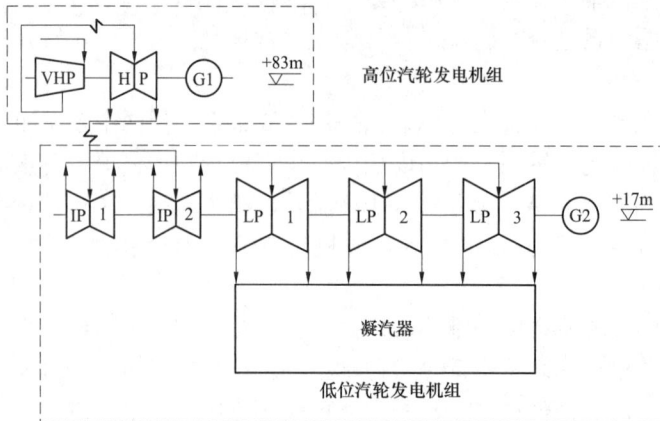

图 4 - 32　申能安徽平山电厂 1350MW 高低位轴系汽缸配置

轴系由 1 个超高压缸、一个高压缸、1 台高位发电机组成高置轴系和 2 个中压缸、3 个低压缸、1 台低位发电机组成低置轴系构成,其中,高置轴系容量为 603.3MW,低置轴系容量为 746.7MW,该机组是目前世界上单机最大容量的双轴汽轮机。

三、叶轮

叶轮是用来装置叶片并传递汽流力在叶栅上产生的扭矩的。由于处在高温工质内并以高速旋转,使得叶轮受力情况相当复杂:除叶轮自身和叶片等零件的质量引起的巨大离心力外,还有因温度沿叶轮径向分布不均匀所引起的热应力、叶轮两边蒸汽的压差作用力,以及叶片—叶轮振动引起的振动应力,对于套装叶轮,其内孔上还受到因装配过盈而产生的接触压力。因此正确地选择叶轮的结构形式是非常重要的。

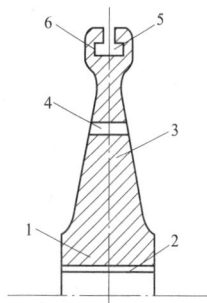

图 4-33 套装式叶轮
1—轮毂;2—键槽;3—轮面;
4—平衡孔;5—叶根槽;6—轮缘

叶轮的结构与转子的结构形式密切相关,图 4-33 为套装式叶轮的纵截面图,由图可见,叶轮由轮缘、轮面和轮毂三部分组成。轮缘上开有叶根槽以装置叶片,其形状取决于叶根的形式;轮毂是为了减小内孔应力的加厚部分,其内表面上通常开有键槽;轮面把轮缘与轮毂连成一体,高、中压级叶轮的轮面上还通常开有 5~7 个平衡孔。

按照轮面的型线可将叶轮分成等厚度叶轮、锥形叶轮、双曲线形叶轮和等强度叶轮等。轮面的型线主要是根据叶轮的工作条件来选择的。

图 4-34 为各种形式叶轮的纵截面图。图(a)和图(b)为等厚度叶轮,这种叶轮加工方便,轴向尺寸小,但强度较低,一般用在圆周速度为 120~130m/s 的场合。图(b)为整锻转子的高压级叶轮,没有轮毂。图(c)为在内径处有加厚部分的等厚度叶轮,其圆周速度可达 170~200m/s。图(d)和图(e)为锥形叶轮,这种叶轮不但加工方便,而且强度高,可用在圆周速度为 300m/s 的场合,因而得到了最广泛的应用,套装式叶轮几乎全是采用这种结构形式。图(f)为双曲线形叶轮,与锥形叶轮相比,它的质量小,但强度不一定高,且加工较复杂,故仅用在某些汽轮机的调节级中。图(g)为等强度叶轮,这种叶轮没有中心孔,强度最高,圆周速度可达 400m/s 以上,但对加工要求高,故一般采用近似等强度的叶轮型线以便于制造。此种叶轮多用在盘式焊接转子或高速单级汽轮机中。

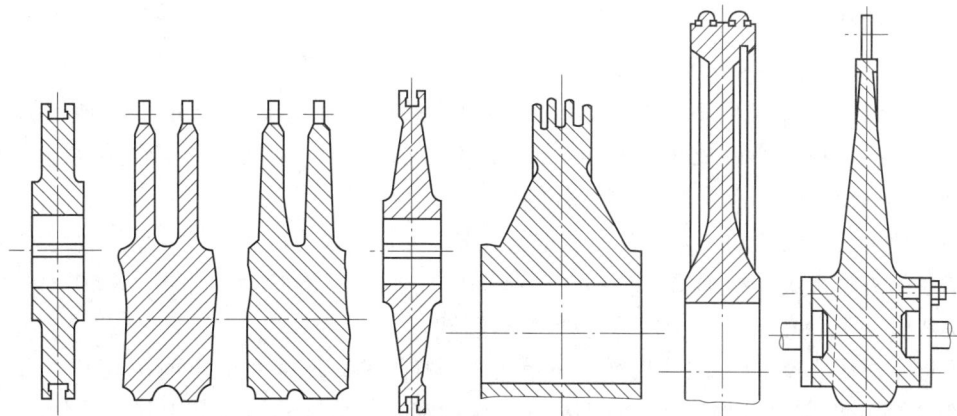

(a) 等厚度叶轮 (b) 等厚度叶轮 (c) 等厚度叶轮 (d) 锥形叶轮 (e) 锥形叶轮 (f) 双曲线形叶轮 (g) 等强度叶轮

图 4-34 叶轮的结构形式

四、动叶片

动叶片是在汽轮机工作过程中随汽轮机转子一起转动的叶片，也称工作叶片，动叶片安装在叶轮（或转鼓）上，由多个叶片组成动叶栅，其作用是将蒸汽的热能转换为动能，再将动能转换为使汽轮机转子旋转的机械能。叶片是汽轮机中重要的零件之一，是汽轮机中数量和种类最多的零件，其工作条件较为复杂，除因高速转动和汽流作用而承受较高的静应力和动应力外，还因其分别处在高温过热蒸汽区、两相过渡区和湿蒸汽区内工作而承受高温、腐蚀和冲蚀作用。因此叶片结构的型线、材料、加工、装配质量等直接影响着汽轮机中能量转换的效率和汽轮机工作的安全性。

叶片一般由叶型部分、叶根和叶顶连接件组成，如图 4-35 所示。

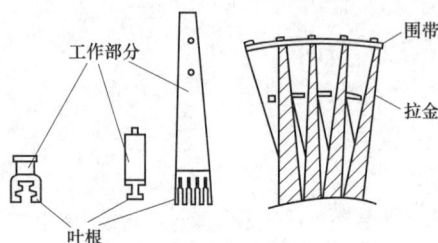

图 4-35　叶片结构

1. 叶型部分

叶型部分也称作叶身或工作部分，它是叶片的基本部分。叶型部分的横截面形状称为叶型，叶型决定了汽流通道的变化规律。为了提高能量转换效率，叶型部分应符合气体动力学要求。叶型的结构尺寸主要取决于静强度、动强度以及加工工艺的要求。

按叶型沿叶高是否变化，叶片分为叶型沿叶高不变的等截面直叶片和叶型沿叶高变化的变截面扭叶片。扭叶片叶型沿叶高的变化要求满足一定规律。

在湿蒸汽区工作的叶片，为了提高抵抗水滴侵蚀的能力，其上部进汽边的背面通常经过强化处理，如表面镀铬、局部高频淬硬、电火花强化、氮化、焊硬质合金等。

2. 叶根部分

叶根是将叶片固定在叶轮（或转鼓）上的连接部分，其作用是坚固动叶，使叶片在经受汽流的推力和旋转离心力作用下，不至于从轮缘沟槽里拔出来。因此它的结构应保证在任何运行条件下叶片都能牢靠地固定在叶轮（或转鼓）上，同时应力求制造简单、装配方便。常用的叶根结构形式有 T 形叶根、叉形叶根和纵树形叶根等。

（1）T 形叶根。T 形叶根结构如图 4-36 所示，这种叶根结构简单，加工装配方便，工作可靠，强度能满足较短叶片的工作需要，为短叶片所普遍采用。它的缺点是叶片的离心力对轮缘两侧截面产生弯矩，而叶根承载面积小，使叶轮轮缘弯曲应力较大，轮缘有张开的趋势。为了克服这个缺点，在叶根和轮缘上做成两个凸肩，成为如图 4-36（a）所示的凸肩 T 形叶根（也称外包 T 形叶根）。叶根的凸肩能阻止轮缘张开，减小轮缘两侧截面上的应力。叶轮间距小的整锻转子常采用这种形式的叶根。

在叶片离心力较大的场合下，为了避免过多地增加轮缘及叶根尺寸，就需要用增加叶根承力肩数的方法加大叶根的受力面积，于是就出现了双 T 形叶根，如图 4-36（c）所示，也称为双倒 T 形叶根。这种叶根结构可用于较长叶片。

T 形叶根属于周向装配式叶根，通常在一圈叶根槽上对称铣出两个切口，如图 4-36（d）所示。叶根由此切口插入，再沿叶根槽滑动，最后在封口处装上封口叶片，并用铆钉把它铆在叶轮上。因此这种周向装配式叶根的缺点是当个别叶片损坏需要更换时，不能单独拆换，必须将部分或全部叶片拆下重装。

(a) T形叶根　　(b) 外包T形叶根　　(c) 双T形叶根　　(d) 装入T形叶根的切口

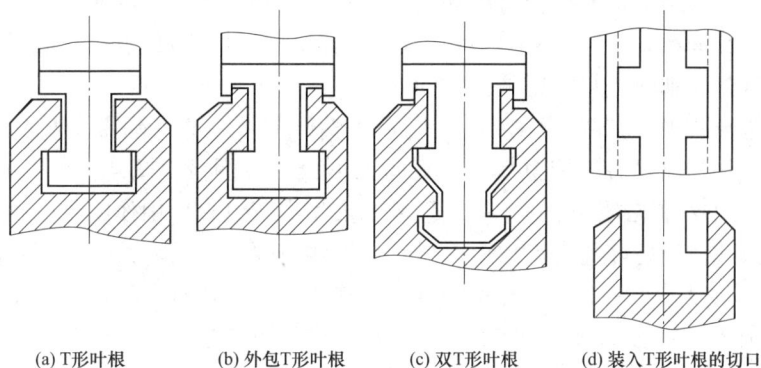

图 4-36　T形叶根

　　(2) 叉形叶根。叉形叶根结构如图 4-37 所示。叶根的叉尾从径向插入轮缘的叉槽中，并用铆钉固定。这种叶根使轮缘不承受偏心弯矩，叉尾数目可根据叶片离心力大小选择，因而强度高、适应性好。同时，叶根和轮缘加工方便，检修时可以单独拆换个别叶片，因此被大功率汽轮机末几级广泛采用。但其装配时比较费工；另由于整锻转子和焊接转子的工作空间小，给钻铆钉孔带来了困难，因此这两种转子一般不用叉形叶根。

　　(3) 枞树形叶根。枞树形叶根结构如图 4-38 所示，这种叶根和轮缘的轴向断口设计成尖劈状，以适应根部的载荷分布，使叶根和对应的轮缘承载面都接近于等强度，因此在同样的尺寸下，枞树形叶根承载能力高。叶根两侧齿数可根据叶片离心力的大小选择。

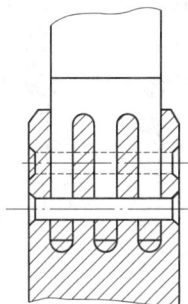

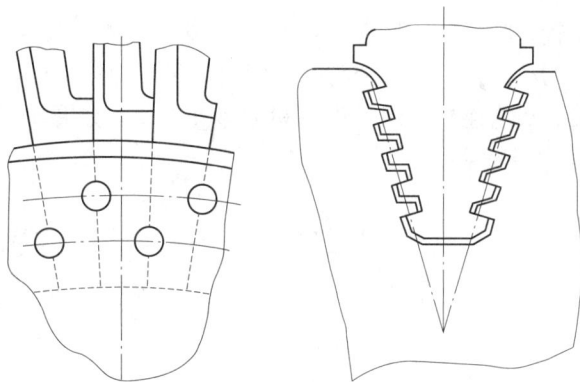

图 4-37　叉形叶根　　　　　图 4-38　枞树形叶根

　　叶根沿轴向装入轮缘相应的枞树槽中，底部打入楔形垫片将叶片向外胀紧在轮缘上，同时，相邻叶根的接缝处有一圆槽，用两根斜劈的半圆销对插入圆槽内将整圈叶片周向胀紧，因此拆装方便。但是这种叶根外形复杂，装配面多，要求有很高的加工精度和良好的材料性能，而且齿端易出现较大的应力集中，因此一般多用于大功率汽轮机的调节级和叶片较长的级。

　　3. 叶顶部分

　　叶顶部分包括在叶顶处将叶片连接成组的围带和在叶型部分将叶片连接成组的拉金。汽轮机同一级的叶片常用围带或拉金成组连接，有的是将全部叶片连接在一起，有的是几个或十几个成组连接。采用围带或拉金可增加叶片的刚性，降低叶片中汽流产生的弯应力，调整叶片频率以提高其振动安全性。围带还构成封闭的汽流通道，防止蒸汽从叶顶逸出，有的围带还做出径向汽封和轴向汽封，以减少级间漏汽。

围带的结构形式很多，图4-39（a）所示为整体围带。这种围带是与其叶片在同一块毛坯上铣出的，叶片装好后围带也就相互靠紧而形成一圈围带。图4-39（b）所示为铆接或焊接围带，采用这种结构的叶片，在其顶部要加工出铆钉头。用作围带的钢带要按铆钉头的节距冲好铆钉孔，待备好的钢带放上以后，用铆接或焊接，或者铆接加焊接的方法把钢带固定在叶片上。一般是4~16只叶片用一段钢带连成一组。还有一种用在大型机组末级叶片上的弹性拱形围带，如图4-39（c）所示，这种围带可以有效地加强叶片的刚性，控制叶片的A型振动和扭转振动，此时叶顶需做出与弹性拱形片相配合的铆接部分。

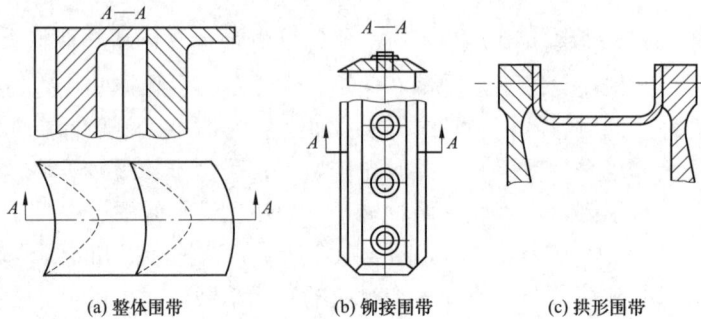

(a) 整体围带　　　(b) 铆接围带　　　(c) 拱形围带

图4-39　围带

汽轮机的较长叶片常用拉金将叶片连接成组。拉金为6~12mm的实心或空心金属线，穿在叶型部分的拉金孔中。拉金与叶片间可以采用焊接结构，也可以采用松装结构；连接方式有整圈连接、成组连接、网状连接和Z形连接等，如图4-40所示。通常每级叶片上拉金穿有1~2圈，最多3圈。

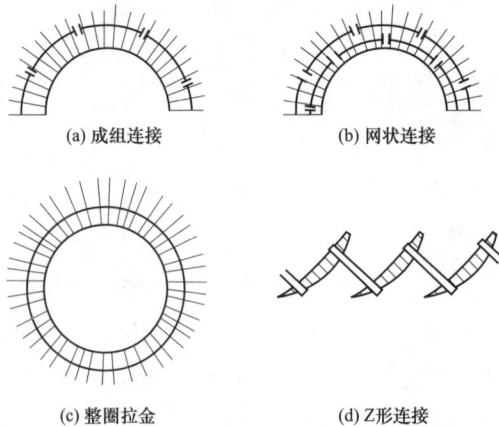

(a) 成组连接　　　(b) 网状连接

(c) 整圈拉金　　　(d) Z形连接

图4-40　拉金的连接方式

焊接拉金的作用是减小叶片的弯应力，改变叶片的刚性，提高其振动安全性。松拉金的作用是增加叶片的离心力，以提高叶片的自振频率；增加叶片的阻尼，以减小叶片的振幅；

同时对叶片的扭振也起到了一定的抑制作用。但由于拉金处在汽流通道的中间，从而引起了附加的能量损失；同时拉金孔削弱了叶片的强度，因此在满足了强度和振动要求的情况下，有的长叶片也可以设计成自由叶片。

当叶片不用围带连接或为自由叶片时，叶顶通常削薄，这样可以减小叶片质量，同时起到汽封的作用，并防止运行中叶顶与汽缸相碰时损坏叶片。

五、联轴器

联轴器又叫靠背轮或对轮，用来连接汽轮机的各个转子以及发电机的转子，并将汽轮机的扭矩传给发电机。在多缸汽轮机中，如果几个转子合用一个推力轴承，则联轴器还将传递轴向推力。

联轴器一般有三种形式：刚性联轴器、半挠性联轴器和挠性联轴器。

1. 刚性联轴器

刚性联轴器的结构如图 4-41 所示，两个半联轴器直接刚性相连。按联轴器对轮与主轴的连接方法不同，刚性联轴器有装配式和对轮与主轴成整体两种结构。

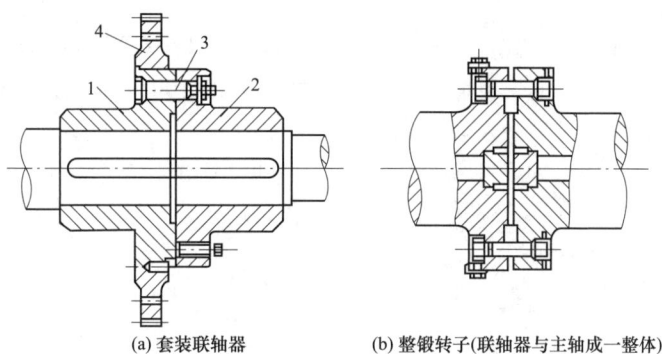

(a) 套装联轴器　　　　　　(b) 整锻转子(联轴器与主轴成一整体)

图 4-41　刚性联轴器

1、2—联轴器（对轮）；3—螺栓；4—盘车齿轮

图 4-41（a）为套装的联轴器，联轴器 1 和 2 用热套加双键分别套装在相对的轴端上，对准中心后再一起铰孔，并用配合螺栓 3 紧固，以保证两个转子同心。扭矩就是通过这些螺栓以及对轮端面间的摩擦力由一个转子传给另一个转子的。联轴器法兰的圆周上常套装着盘车齿轮 4，以备盘车装置驱动转子之用。高参数大容量汽轮机常采用整锻或焊接式转子，它的联轴器常与主轴成一整体，这种联轴器的强度和刚度均较套装式的高，也无松动危险。

刚性联轴器结构简单、尺寸小，工作时不需要润滑、无噪声、连接刚性强、传递扭矩大，能传递轴向推力，因而可以只用一个推力轴承；此外，有时在刚性联轴器两侧只用一个支持轴承，可省去一个支持轴承，缩短了转子轴向长度。如国产 200MW 汽轮机的高压转子与中压转子间采用了刚性联轴器后，两根转子只用了三个轴承。此类联轴器的主要缺点是可互相传递相连转子的振动与轴向位移，以致使现场查找振动原因增加了困难；另外对两侧转子校中心的要求较高，制造和安装的少许偏差都会产生附加应力，引起机组较大的振动。

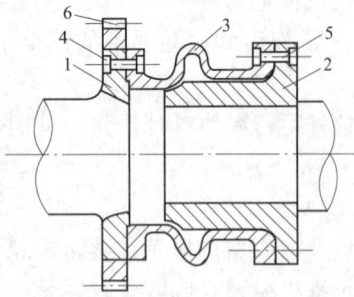

图 4-42 半挠性联轴器
1、2—联轴器；3—波形套筒；
4、5—螺栓；6—齿轮

2. 半挠性联轴器

半挠性联轴器的结构如图 4-42 所示。联轴器 1 与主轴锻成一体，对轮 2 则用热套加双键套装在相对的轴端上，两对轮之间用一波形半挠性套筒 3 连接起来，并配以螺栓 4 和 5 紧固。波形套筒在扭转方面是刚性的，在弯曲方面则是挠性的。

汽轮机运行时，由于两转子轴承热膨胀量的差异等原因，可能会引起联轴器连接处大轴中心的少许变化。波形套筒则可略微补偿两转子不同心的影响，同时还能在一定程度上吸收从一个转子传到另一个转子的振动，且能传递较大的扭矩，并将发电机转子的轴向推力传递到汽轮机的推力轴承上。以上优点使这种联轴器广泛用于连接汽轮机转子与发电机转子。例如，国产 125、200、300MW 汽轮机的低压转子与发电机转子之间的连接均采用半挠性联轴器。

3. 挠性联轴器

挠性联轴器通常有两种形式：齿轮式和蛇形弹簧式。齿轮式联轴器多用在小型汽轮机上以连接汽轮机转子与减速箱的主动轴，其基本结构是：两半联轴器都加工出外齿，它们又同时与带内齿的套筒啮合。蛇形弹簧联轴器多用于汽轮机转子与主油泵轴的连接上，其基本结构是在两半联轴器的外圆上对等地铣出若干个齿，再把用钢带绕成的蛇形弹簧沿圆周嵌在齿内。

这类联轴器不传递轴向推力，也可以认为基本上不传递振动，对中要求较低，但易磨损，需要润滑，造价高，现已很少采用。国产 300MW 机组所配用的小汽轮机与给水泵的连接件就是此种联轴器。

六、盘车装置

在汽轮机内不进蒸汽时就能使转子保持转动状态的装置称为盘车装置。盘车装置的作用是在汽轮机启动冲转前或停机后，让转子以一定速度连续转动起来，以保证转子均匀受热或冷却，避免产生热弯曲。

汽轮机启动时，为了迅速提高真空，常在冲转前向汽轮机轴封供汽，这些蒸汽进入汽缸后大部分滞留在汽缸上部，造成汽缸与转子上下受热不均，如果转子静止不动，便会引起自身上下温差而产生向上弯曲变形。变形后的转子其重心与旋转中心不重合，机组冲转后势必会引起振动，甚至还可能造成动静部分摩擦。因此，在汽轮机冲转前要用盘车装置带动转子做低速转动，以使转子受热均匀，利于机组顺利启动。

对于中间再热机组，为减少启动时的汽水损失，在锅炉点火后，蒸汽经旁路系统排入凝汽器，这样低压缸将产生受热不均匀现象。为此在投入旁路系统前也应投入盘车装置。

汽轮机停机后，汽缸和转子等部件会逐渐冷却，由于上、下缸散热条件不同，以及气体的对流作用，其下部冷却快、上部冷却慢，上缸温度高于下缸，转子因上下存在温差而产生弯曲，弯曲程度随着停机后的时间而增加。对于大型汽轮机，这种热弯曲可以达到很大的数值，并且要经过几十个小时才能逐渐消失。因此，停机后，应投入盘车装置。盘车不但使转子温度均匀，防止变形，还可消除汽缸上下温差。

此外，启动前以盘车装置转动转子，还可以用来检查汽轮机是否具备启动条件。如主轴弯曲度是否满足要求、有无动静部分摩擦等。也可通过盘车消除转子因长时间停置而产生的非永久性弯曲，以及驱动转子做一些现场的简易加工等。

盘车装置的分类有以下几种形式：按其动力来源分，可分为电动盘车和液动盘车；按其结构特点分，可分为具有螺旋轴的电动盘车、具有摆动齿轮的电动盘车以及具有链轮-蜗轮蜗杆的电动盘车；按盘车转速的高低分，可分为低速盘车（转速为 2～4r/min）和高速盘车（转速为 40～70r/min）。采用高速盘车，可以较好地建立起轴承的油膜，以减少轴颈和轴瓦之间的干性或半干性摩擦，保护轴颈和轴瓦；还可以加速并改善汽缸内部冷热蒸汽的热交换，较有效地减少上下缸之间和转子内部的温差，缩短机组的启停时间，这是高速盘车的优点。但高速盘车除要克服转子的静摩擦力矩外，还要克服静止汽（气）体对转子的阻力，因此就需要配置功率较大的盘车电动机。低速盘车的启动力矩小，盘车装置电动机的功率小些。其缺点是在油膜形成方面以及在减少上下缸及转子内部温差方面差些。实践中，高速盘车多用在大型机组上，而低速盘车不仅用在中小型机组上，也用在大型机组上。

1. 具有螺旋轴的盘车装置

具有螺旋轴的盘车装置的工作原理如图 4 - 43 所示。电动机 1 通过小齿轮 2 和大齿轮 3、啮合齿轮 6 和盘车大齿轮 7 两次减速后带动汽轮机主轴 8 转动。啮合齿轮的内表面铣有螺旋齿与螺旋轴相啮合，并可沿螺旋轴左右滑动。推转手柄可以改变啮合齿轮在螺旋轴上的位置，并同时控制盘车装置的润滑油门和电动机行程开关。

投入盘车时，拔出保险销 10，将手柄 9 向左扳至工作位置时，该装置即开始工作。这时滑阀 12 的油口已打开，润滑油可以进入盘车装置，行程开关 11 已闭合，电动机 1 开始运转。由于受手柄的拨动，啮合齿轮 6 向右移动和凸肩 5 靠拢，并和汽轮机主轴上的盘车齿轮 7 啮合。电动机运转时，小齿轮 2 和大齿轮 3 也随之转动，并使螺旋轴 4 按图示方向转动。当螺旋轴按图示方向转动时，将通过啮合齿轮和盘车齿轮带动汽轮机转子旋转。

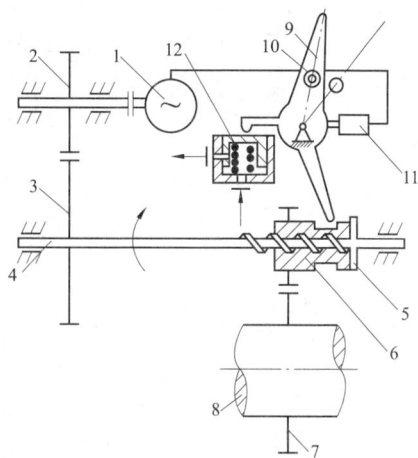

图 4 - 43　具有螺旋轴的盘车装置示意图

1—电动机；2—小齿轮；3—大齿轮；4—螺旋轴；
5—凸肩；6—啮合齿轮；7—盘车齿轮；
8—汽轮机主轴；9—手柄；10—保险销；
11—电动机行程开关；12—润滑油滑阀

冲动转子后，当转子转速高于盘车转速时，啮合齿轮由主动变为从动，随着转动而向左移，最后退出啮合位置。此时，在啮合齿轮的推动下手柄向右返回断开位置，并被保险销自动锁住。至此，通向盘车装置的油源和电源全部切断，该装置停止工作。

如果操作停止按钮切断电源，也可使盘车装置停止工作。此时，盘车装置自身的转速会迅速下降，而转子则因其惯性大转速下降缓慢，啮合齿轮同样会被推向左边。随后各部件的动作与上边所谈该装置自动退出的过程完全一样。

多数国产中、小型机组及上海汽轮机厂的 125、300MW 汽轮机采用的是这种装置。

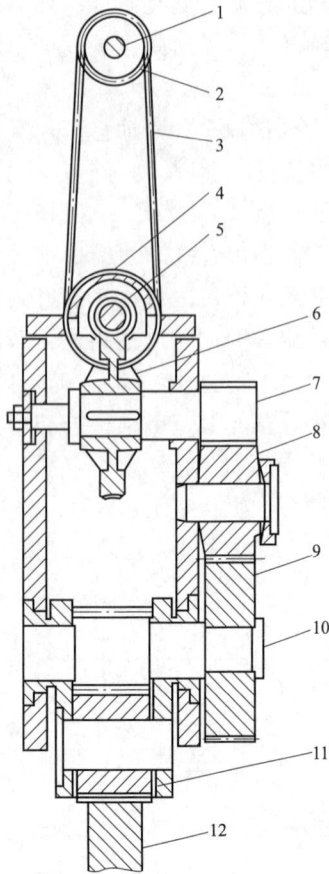

图 4 - 44　传动齿轮系统展开图

1—电动机；2—主动链轮；
3—传动链条；4—被动链轮；
5—蜗杆；6—蜗轮；7—第一级小齿轮轴；
8—惰轮；9—减速齿轮；10—主齿轮轴；
11—啮合齿轮；12—盘车大齿轮

2. 具有链轮—蜗轮蜗杆的盘车装置

具有链轮—蜗轮蜗杆的盘车装置的传动齿轮系统展开图如图 4 - 44 所示。该装置主要由电动机、传动齿轮系统、操纵杆及连锁装置等组成。

传动齿轮系统主要是用来传递电动机的力矩并进行三级减速的。电动机轴带动着主动链轮 2 旋转，通过链条 3 带动蜗杆链轮 4、蜗杆 5、蜗轮 6、蜗杆轴小齿轮（第一级小齿轮轴）7 以及惰轮 8 来带动减速齿轮 9，减速齿轮则用链与主齿轮轴 10 相连接。主齿轮轴 10 带动着与传动齿轮相啮合的啮合齿轮 11 转动，最后带动装在汽轮机联轴器上的盘车大齿轮 12 转动，从而带动转子转动。

操纵杆使啮合齿轮 11 与盘车大齿轮 12 相啮合（或退出），将盘车投入运行（或退出）。啮合齿轮 11 可在主齿轮轴 10 上转动，齿轮轴装在两块侧板上，而侧板又以主齿轮轴 10 为支轴转动，这些侧板的内端用适当的连杆机构与操纵杆相连接。因此，将操纵杆移到投入位置时，啮合齿轮 11 即与盘车大齿轮 12 相啮合，则可以传递电动机的扭矩，带动转子旋转。当将操纵杆移到退出位置时，啮合齿轮即和盘车大齿轮退出啮合状态。由于旋转方向以及啮合齿轮相对于侧板转动点位置的原因，因此只要啮合齿轮在盘车大齿轮上施加转动力矩，其转矩总会使它保持啮合状态。两个挡板限制了啮合齿轮向盘车大齿轮上的位移，也因此限制了齿轮的啮入深度。

盘车装置可以自动投入运行。当机组停止运行及转动控制开关到盘车装置自动运行的位置时，则可开始自动投入程序。此后，控制开关在正常情况下停留在这个位置。

当转子的转速降到约 600r/min 时，自动顺序电路被接通，润滑油将供给盘车装置，当转子逐渐静止至"零转速"时，压力开关闭合，使空气阀开启，压力空气进入气缸活塞的上部，活塞下移，带动操纵杆做顺时针转动，使齿轮和转动齿轮顺利啮合，此时活塞继续下移，接近触点，使盘车电动机启动，盘车装置将自动投入。

当操纵杆顺时针转动时，若齿轮和盘车大齿轮顶部相碰而不能顺利啮合，此时活塞将不再运动，而在压缩空气作用下气缸向上运行。当触点接通时，盘车电动机瞬时转动，使齿轮和传动齿轮啮合，在压缩空气作用下，气缸活塞相对气缸向下移动而使触点接通，电动机正常启动，盘车自动投入。

随着齿轮啮合的顺利进行，转子将以盘车装置的速度，即 2.5r/min 运转，引起"零转速"的增加，压力开关则跳开，空气将被隔离，盘车装置正常工作。

汽轮机通入蒸汽冲动转子后，当转子转速高于盘车转速时，盘车大齿轮所施加的转矩能使啮合齿轮自动脱离啮合，并带动操纵杆向着"退出"位置移动，这时将关闭电动机开关，并提供脱开用的压缩空气，以保证啮合齿轮完全脱开。当操纵杆到达完全脱开的位置时，限位开关将关掉盘车电动机和切断压缩空气。当转速升到大约为 600r/min 之后，连续自动程序将不起作用，盘车装置将停止运行，并关掉盘车装置的润滑油，至此，盘车工作结束。

拓展阅读 4

第三节　汽封及轴封系统

汽轮机运转时，转子高速旋转，而汽缸、隔板等静止部分固定不动，为避免转子与静子间碰磨，它们之间应留有适当的间隙。有间隙的存在，就会导致漏汽。在汽轮机级内，主要是在隔板和主轴的间隙处，以及动叶顶部与汽缸（或隔板套）的间隙处存在漏汽。在汽轮机的高压端或高中压缸的两端，在主轴穿出汽缸处，蒸汽也会向外泄漏，这些都将使汽轮机的效率降低，并增大凝结水损失。在汽轮机的低压端或低压缸的两端，因汽缸内的压力低于大气压力，在主轴穿出汽缸处，会有空气漏入汽缸，使机组真空恶化，并增大抽气器的负荷。漏汽不仅会降低机组的效率，还会影响机组安全运行。为减小蒸汽的泄漏和防止空气漏入，在这些间隙处设置有密封装置，通常称之为汽封。

一、汽封的结构与种类

汽封按其安装位置的不同，可分为通流部分汽封、隔板（或静叶环）汽封、轴端汽封。反动式汽轮机还装有高、中压平衡活塞汽封和低压平衡活塞汽封。①轴端汽封：主轴穿出汽缸处的汽封，该汽封用于减少蒸汽自缸内向缸外泄漏或防止空气漏入汽缸；②隔板汽封：隔板（或静叶环）内孔与主轴间隙处的汽封，用于减少隔板（或静叶环）前后的漏汽；③通流部分汽封：动叶栅与隔板及汽缸之间间隙处的汽封，用于减少动叶根部和顶部的径向和轴向漏汽。

汽封的结构形式有曲径式、碳精式和水封式等。在现代汽轮机中广泛采用齿形曲径汽封。在汽轮机的高压段（或高中压缸）常采用高低齿曲径轴封；在汽轮机的低压段（或低压缸）常采用平齿光轴轴封。

（一）汽封的结构

1. 曲径式汽封

曲径式汽封也称迷宫式汽封，常用的结构形式有以下几种：梳齿形、丁形和枞树形。

曲径式汽封一般由汽封体（或汽封套）、汽封环及轴套（或带凸肩的轴颈）三部分组成，如图 4-45 所示。汽封体固定在汽缸上，内圈有 T 形槽道（隔板汽封一般不用汽封体，在隔板上直接车有 T 形槽）。汽封环一般由 6～8 块汽封块组成，装在汽封体 T 形槽道内，并用弹簧片压住。在汽封环的内圈和轴套（或轴颈）上，有相互配合的汽封齿及凹凸肩（如果汽封齿为平齿，则轴上没有凸肩），形成许多环形孔口和环形汽室。蒸汽通过这些汽封齿和相应的汽封凸肩时，在依次连接的狭窄通道中反复节流，逐步降压和膨胀。在汽封前后参数及漏汽截面一定的条件下，随着汽封齿数的增加，每个孔口前后的压差也相应减小，因而流过孔口的蒸汽量也必然会减小，从而达到减少漏汽量的目的。

曲径式汽封属于典型的传统汽封，转套（或带凸肩的轴颈）加工为凸凹槽，对应高、低汽封齿片，汽封环背部是片状弹簧，将汽封环顶向转子。当汽轮机运行时一旦发生转子与汽封片摩擦，汽封环可以退让，不致造成过度的刚性摩擦。但实际上，由于作用在汽封环上的片状弹簧的刚度和预紧力较大，虽然名为弹性汽封，但在动、静部分碰摩时退让作用是有限的。

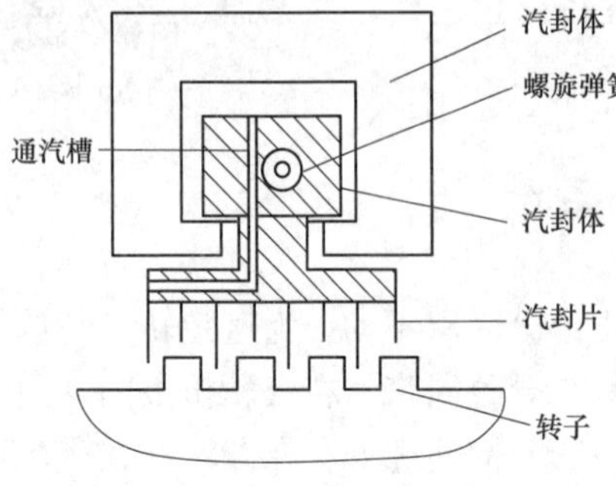

图 4-45 布莱登汽封结构示意图

2. 布莱登汽封

布莱登汽封又称可调式汽封，结构与传统汽封基本相同，只是取消了位于汽封环外径处的片状弹簧，在不同汽封环弧段之间，沿圆周方向装有四根螺旋弹簧，在汽封环进汽侧（高压侧）开一条通汽槽，供进汽侧蒸汽流入汽封环背部（外径处），如图 4-45 所示。汽轮机启动时，汽封环进出汽两侧压力不大，由通汽槽引入到汽封体内的蒸汽压力不大，在周向螺旋弹簧力作用下，汽封环沿圆周向张开，使动、静部分达到最大间隙，其最大汽封齿间隙可达 3mm 以上，避免了启动过程中由于振动及变形而导致的碰摩。随着汽轮机升速并逐渐加载负荷，汽封环进出汽两侧压差也逐渐增大，高压侧蒸汽进入汽封体，汽封环外径处受到进汽侧压力作用，与内径处的压力差也逐渐增大，最后这一压差足以克服弹簧力，将所有汽封环顶向转子侧，达到设计的汽封齿间隙，其设计最下汽封齿间隙可达 0.32mm。

布莱登汽封可以使用在高、中压缸轴端汽封和隔板汽封中，但汽封环前后的设计压差要足够大才能应用布莱登汽封。一般的，轴端汽封最外三段不能使用布莱登汽封，主要是要保证汽轮机在启动过程中能正常建立起真空。

布莱登汽封综合考虑了机组的安全性与经济性，能保证汽轮机在启、停过程中汽封与转子有较大的间隙，动、静部分不发生摩擦，而在机组正常运行时，汽轮机能够保持合理而且较小的动、静间隙，减少汽封漏汽损失，从而达到提高汽轮机效率的目的。但是，布莱登汽封是否能够达到设计要求，螺旋弹簧的质量和工作性能是关键。同时，由于需要工作蒸汽来保证汽封的准确位移，蒸汽中如果有杂质，会堵塞通道，导致汽封不能到位。而且，在启动初期由于汽封间隙较大，蒸汽与转子换热加强，会使转子相对膨胀变化，影响启动过程。因此，是否采用布莱登汽封，应在综合评价的基础上决策。

（二）通流部分汽封

在汽轮机的通流部分，由于动叶顶部与汽缸壁面（或静叶持环）之间存在着间隙，动叶栅根部和隔板（或静叶环）壁面之间也存在着间隙，而动叶两侧又具有一定的压差，因此在动叶顶部和根部必然会有蒸汽的泄漏，为减少蒸汽的泄漏，装有通流部分汽封。

通流部分汽封包括动叶围带处的径向、轴向汽封和动叶根部处的轴向汽封。

为了减少叶片上部和下部的漏汽，应尽量减小动静叶间的轴向间隙和叶顶围带处的径向间隙。但间隙过小，不能适应较大的相对膨胀，甚至会发生动静部分碰磨而造成事故，因此汽封间隙也不能太小。一般围带汽封径向间隙较小，约为 1mm，轴向间隙考虑到动静部分的相对膨胀而设计的较大，为 6～10mm。

（三）隔板（或静叶环）汽封

无论冲动式或反动式汽轮机，由于隔板（或静叶环）前后存在压差，而它们与主轴间又存在着间隙，就不可避免要发生蒸汽从前向后的泄漏，从而造成损失。为了减少该损失，在汽轮机中设有隔板（或静叶环）汽封。

对于冲动式汽轮机来说，由于隔板前后的压差较大，故设置的汽封片一般较多，汽封间隙也较小，约为 0.6mm。对于反动式汽轮机，由于静叶环前后压差较小，汽封片一般较小，汽封间隙也取得较大，约 1.0mm。现代大型汽轮机中，隔板（或静叶环）汽封一般多为梳齿形。

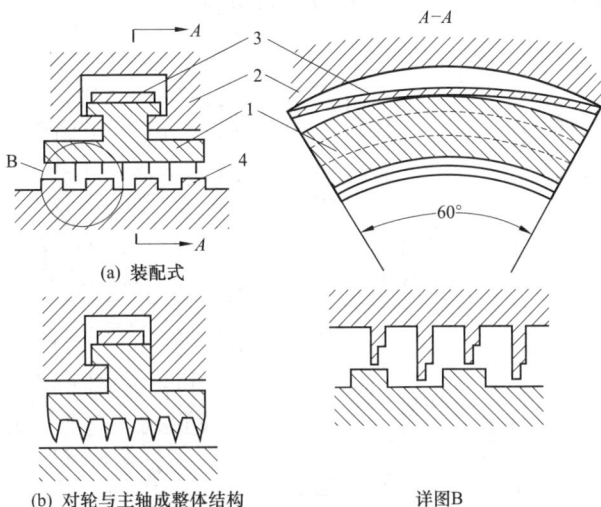

图 4-46　曲径式汽封的结构组成
1—汽封环；2—汽封体；3—弹簧片；4—汽封套

（四）平衡活塞汽封

为减小汽轮机的轴向推力，反动式汽轮机往往设置平衡活塞，为在平衡活塞两侧形成压差并减少蒸汽的泄漏，在平衡活塞处都装有汽封。平衡活塞的汽封体（或称平衡持环）均制成两半，支承在高、中压内缸上。

平衡活塞汽封采用高低齿汽封，由于前后压差较大，故做成若干个汽封环，它们分别嵌装在平衡活塞汽封持环的环形槽道内，采用弹性支承。

（五）轴端汽封

由于汽轮机主轴必须从汽缸内穿出，因此主轴与汽缸之间必须留有一定的径向间隙，且汽缸内蒸汽压力与外界大气压力不等，就必然会使汽轮机内的高压蒸汽通过间隙向外漏出，或者使外界空气漏入。为了提高汽轮机的效率，应尽量防止或减少这种漏汽（气）现象的发生。为此，在转子穿过汽缸两端处都装有汽封，这种汽封称轴端汽封，简称轴封。正压轴封是用来防止蒸汽漏出汽缸，而负压轴封是用来防止空气漏入汽缸。

大型汽轮机的轴封比较长，通常分成若干段，相邻两段之间有一环形腔室，可以布置引出或导入蒸汽的管道。

二、轴封系统

在汽轮机的高压端和低压端虽然都装有轴端汽封，能减少蒸汽漏出或空气漏入，但漏汽（气）现象仍不可能完全消除。如前所述，一般汽轮机的每个轴端汽封都是由几段组成的，相邻两段之间设有环形腔室，并有管道与之相连。通常把轴封和与之相连的管道、阀门及附属设备组成的系统称之为轴封系统。

不同形式的汽轮机组其轴封系统也不尽相同，它主要由汽轮机的进汽参数、回热系统的连接方式和轴封结构等因素决定。大中型汽轮机都采用具有自动调节装置（调整轴封蒸汽压力）的闭式轴封系统。

图 4-47 所示为国产 300MW 凝汽式汽轮机轴封系统示意图，由轴端汽封、轴封供汽母管压力调整机构、轴封冷却器、减温器以及有关管道组成。

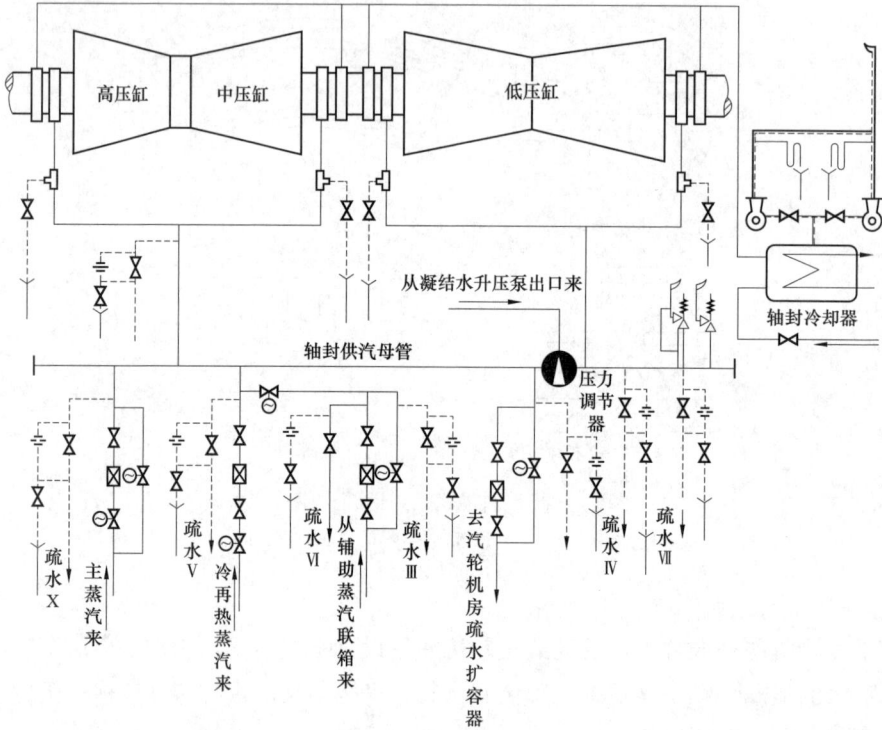

图 4-47　轴封系统示意图

轴封系统所需的蒸汽与汽轮机的负荷有关。在机组启动、空载和低负荷时，缸内为真空状态，为防止空气漏入，需向各轴封供应低温低压蒸汽，以及在高负荷时防止高、中压缸轴端漏汽，设有定压轴封供汽母管，母管内蒸汽来自再热蒸汽或主蒸汽、辅助蒸汽。机组冷态启动时，用辅助蒸汽向轴封供汽。机组正常运行时，主蒸汽、冷再热蒸汽、辅助蒸汽作为轴封备用汽源，这时低压缸两端轴封用汽靠高、中压缸两端轴封漏汽供给，即采用了自密封系统。

机组运行过程中，轴封供汽母管的压力维持在 0.02～0.027MPa。

通往轴封装置的轴封供汽母管的压力可通过 3 个气动控制的膜片阀——高压供汽阀（主蒸汽供应阀）、冷再热蒸汽供汽阀、溢流阀进行调节。每个阀上都装有气动压力调节器的控制阀和一个带有内置式滤网的空气减压阀。减压阀供给控制阀的压力稳定在 0.133～0.147MPa，控制器则利用这个压力，根据轴封供汽母管上的传压管传来的蒸汽压力信号产生出一个相应的空气压力输出。这样，在机组的所有运行工况下，调节汽阀都能使通向轴封装置的密封蒸汽维持在控制器整定值所给定的压力范围内。

每个阀门的控制阀都能检测出轴封供汽母管的压力。根据汽轮机蒸汽参数和负荷变化的需要，在蒸汽来源许可的情况下，可通过控制器整定压力最高的调节汽阀供汽。通常，在启动、跳闸甩负荷、低负荷下无冷再热蒸汽时，用主蒸汽作为轴封的汽源，因此高压进汽控制阀的整定压力最低，而再热冷段蒸汽控制阀的整定压力比高压供汽阀高 0.003 3MPa，而溢流阀的控制阀压力又比再热冷段蒸汽控制阀高出 0.003 3MPa。

图 4-48 所示为机组启动或低负荷时轴封系统的气流流向。

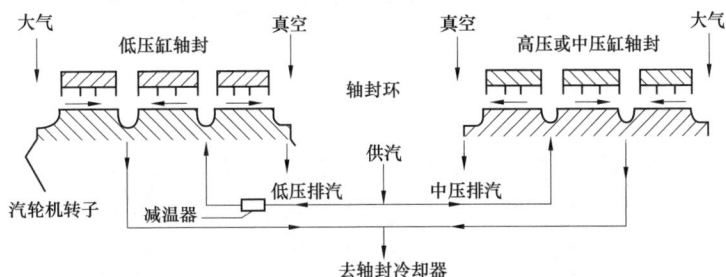

图 4-48　机组启动或低负荷时轴封系统的汽流流向

在汽轮机启动和低负荷时，汽轮机两汽缸中的压力都低于大气压力，密封蒸汽由轴封供汽母管进入"X"腔室后，分成两路，一路流向汽缸内部；另一路则流向"Y"腔室。"Y"腔室与轴封冷却器相连，并通过轴封抽风机进行抽吸，从而控制该室的压力保持在 0.097MPa，略低于大气压力，从而避免轴封供汽漏向外界。外界空气通过外汽封漏入"Y"腔室后，与从"X"腔室来的密封蒸汽混合，再流向轴封冷却器。"X"腔室的压力控制在 0.114～0.126MPa。

随着机组负荷的增加，调节汽阀开大，进汽量增大，汽缸内压力相应增大。当高、中压缸两端的排汽压力高于"X"腔室压力时，缸内蒸汽经过第 1 段汽封流向"X"腔室。随着排汽压力的增加，蒸汽流量也增加。此时轴封中的汽流流向如图 4-49 示。

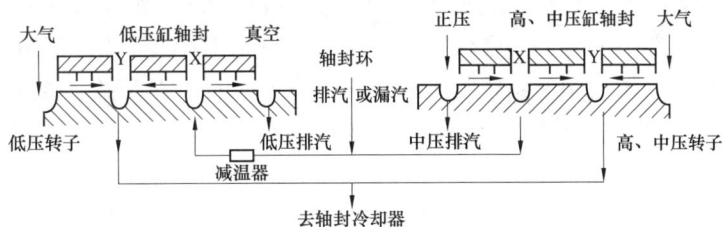

图 4-49　25％负荷以上时轴封系统的汽封流向图

在 15％额定负荷时，高、中压缸调速器端的高压排汽压力已达到密封蒸汽压力，成为自密封。在 25％额定负荷时，中压排汽压力也达到密封压力，中压排汽端也成为自密封。这时，蒸汽从"X"腔室排出流入轴封母管，再由母管流向低压缸两端的"X"腔室。若通过"X"腔室流向汽封母管的漏汽量超过低压缸轴端汽封所需的蒸汽量，轴封供汽压力会升高，这时控制阀将供汽阀全关，而打开溢流阀，将过量的蒸汽排入疏水扩容器。溢流阀起着调整轴封供汽母管压力的作用，其控制阀的压力整定值为最高。

为了预防轴封系统的供汽压力可能超过系统设计的允许压力，系统中装设一只安全阀，安全阀的动作压力为 0.275～0.79MPa。

第五章 汽轮机的调节

第一节 汽轮机调节的任务及工作原理

一、汽轮机调节的任务

由于电能不易大量储存，而电力用户的耗电量又不断地变化，因此，汽轮机都装有调节系统，随时调节机组的功率，使之与用户的需要相适应。调节系统的任务之一就是要保证汽轮发电机组能根据用户的需要及时地提供足够的电力。

电力生产除了要保证一定的数量外，还需保证一定的质量。供电质量标准主要有两个：一是频率；二是电压。由同步发电机的运行特性可知，发电机的端电压取决于无功功率，而无功功率取决于发电机的励磁；电网的频率（或周波）取决于有功功率，即取决于原动机的驱动功率。因此，电网的电压调节归发电机的励磁系统，频率调节归汽轮机的功率控制系统。这样，机组并网运行时，根据转速偏差改变调节汽阀的开度，调节汽轮机的进汽量及焓降，改变发电机的有功功率，适应外界电负荷的变化。由于汽轮机调节系统是以机组转速为调节对象的，故习惯上将汽轮机调节系统称为调速系统。由此可知，调节系统的另一任务是调整汽轮机的转速，使它维持在规定的范围内。

二、调节系统的基本工作原理及组成

当阀门开度不变时，汽轮发电机组的转速将随负荷的变化而变化，于是调节系统就可利用一定的仪器设备感受这种转速变化信号，并将其转换放大，从而达到调节阀门开度即调节功率而转速基本维持不变的目的。大功率汽轮机也有根据功率、加速度信号进行调节的。供热式的汽轮机除了调节转速外，还要调节供汽压力，因此还需感受供汽压力的变化信号。但习惯上仍称这些调节系统为调速系统。生产实际中所采用的调节系统大多是概括上述基本工作原理工作的。为了更好地理解调节系统的基本工作原理，首先介绍两个最简单的调节系统。

1. 直接调节系统

图 5-1 为汽轮机直接调节系统示意图。当负荷减小时转速升高，使离心调速器的飞锤向外扩张，带动滑环在转轴上向上移动 Δx，Δx 的大小就标志着转速变化的大小。滑环上移通过杠杆使调节汽阀关小，减小进汽量以适应外界新的负荷。当负荷增大时各机构的动作情况与此相反。该系统的基本原理可用方框图来表示，如图 5-2 所示。

图 5-1 中，调节汽阀是由调速器本身直接带动的，称之为直接调节。由于调速器的能量有限，一般难以直接带动调节汽阀，因此应将调速器滑环的位移在功率上加以放大，从而构成间接调节系统。

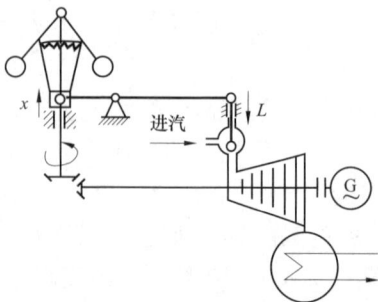

图 5-1 直接调节系统

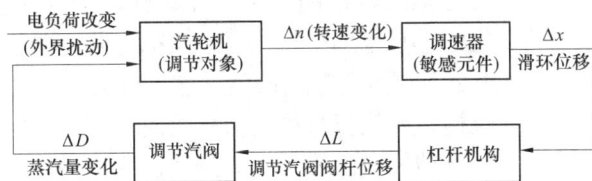

图 5-2　直接调节系统方框图

2. 间接调节系统

图 5-3 是最简单的一级放大间接调节系统。调速器滑环带动的是错油门滑阀，再借助于压力油的作用，使油动机带动调节汽阀。当外界负荷减小使转速升高时，调速器滑环 A 向上移动，通过杠杆带动错油门滑阀上移，使压力油经错油门窗口 a 进入油动机的上腔，其下腔的油经错油门窗口 b 与回油管路相通。于是，油动机活塞在较大的压差作用下向下移动，关小调节汽阀，减小进汽量，使机组功率与外界负荷相适应。在油动

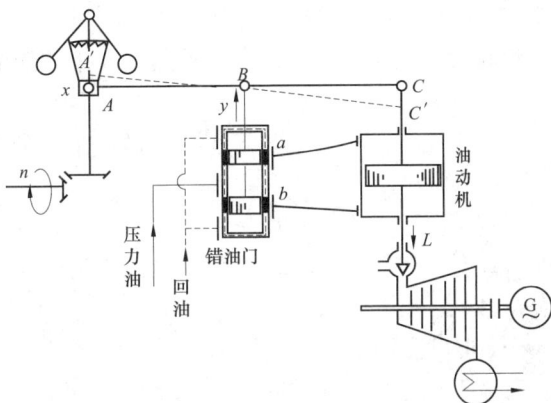

图 5-3　间接调节系统

机活塞下移的同时通过杠杆带动错油门滑阀向下移动。当滑阀恢复至居中位置时，压力油不再与油动机相通，活塞停止运动，此时，调节系统达到了新的平衡状态。

油动机活塞的运动是错油门滑阀位移引起的，而活塞位移反过来又影响错油门滑阀的位移，这种作用称为反馈，这里的反馈元件为杠杆。因为这种反馈是要抵消调速器对滑阀的作用的，故称为负反馈。如果没有这个负反馈，油动机将一直运动到死点，因而无法实现稳定的调节。因此，负反馈是间接调节系统中必不可少的环节。负反馈的作用是使调节系统稳定。

图 5-4 所示为间接调节系统原理方框图。

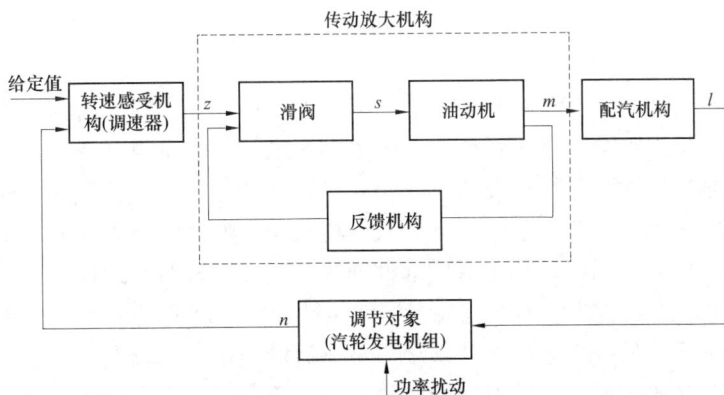

图 5-4　间接调节系统原理方框图

一个闭环的汽轮机自动调节系统可分成下列四个组成部分：

（1）转速感受机构。其作用是感受转速的变化，并将其转变为能使调节系统动作的信号，如位移、油压或电压的变化等。转速感受机构通常又称为调速器。

（2）传动放大机构。其作用是将调速器送来的信号进行放大，并将放大的信号送至执行机构——配汽机构。传动放大机构在向执行机构发信号的同时，还发出一个信号使滑阀复位并使油动机活塞停止运动。实现反馈的设备元件称为反馈机构。

（3）执行机构。其作用是接受放大后的调节信号，调节汽轮机的进汽量，即改变汽轮机的功率。

（4）调节对象。对汽轮机调节来说，调节对象就是汽轮发电机组。当汽轮机进汽量改变时，汽轮发电机组发出的功率、转速也发生相应的改变。

第二节　汽轮机调节系统的静态特性

稳定工况下，汽轮机功率与转速是一一对应的，较高的转速对应较低的汽轮机功率，较低的转速对应较高的汽轮机功率。这种汽轮机的功率与转速之间的对应关系称为调节系统的静态特性。

一、速度变动率

对应于汽轮机不同的功率，机组的转速是不同的，静态特性曲线的斜率表明了这种差异。定义：汽轮机空负荷时所对应的最大转速 $n_{\max}$ 与额定负荷时所对应的最小转速 $n_{\min}$ 之差，与额定转速 n_0 的比值，称为调节系统的速度变动率或速度不等率，通常用 δ 表示，即

$$\delta = \frac{n_{\max} - n_{\min}}{n_0} \times 100\% \qquad (5-1)$$

速度变动率表示了单位转速变化所引起的汽轮机功率的增（减）量。对并网运行的机组，当外界负荷变化引起电网频率变动时，各机组的调速系统将根据各自的静态特性，自动增、减负荷，以维持电网的频率。这一过程称为一次调频。如果电网频率与额定频率的偏离量为 Δn，那么由调节系统静态特性曲线和速度变动率的定义可求得机组功率改变的相对量为

$$\frac{\Delta P}{P_0} = \frac{\Delta n}{n_0} \cdot \frac{1}{\delta} \qquad (5-2)$$

式中　P_0——机组的额定功率，MW。

式5-2表明，速度变动率越大，单位转速变化所引起的功率变化就越小。因此，速度变动率的大小，对机组安全、稳定运行和参与电网一次调频有着重要影响。

速度变动率越小，即静态特性曲线越平坦，则转速变化很小就会引起汽轮机较大的功率变化，使汽轮机的进汽量和蒸汽参数变化较大，机组内各部件的受力、温度应力等都变化很大，这将造成汽轮机寿命损耗，甚至造成部件损坏。因此，调节系统的速度变动率一般不得小于3.0%。但是，速度变动率也不宜太大，因为过大的速度变动率，一方面使机组参与电网一次调频能力下降；另一方面使调节系统甩负荷后的稳定转速过高，稍有不慎，有可能使甩负荷后最高飞升转速超过危急保安器的动作转速，不利于机组安全和甩负荷后重新并网带负荷。因此，调节系统的速度变动率一般不要超过6.0%。

二、迟缓率

在汽轮机调节系统中，相对运动部件间不可避免地存在动、静摩擦；机械传动机构中存

在着旷动间隙；滑阀存在一定的盖度。这些非线性因素的存在，使转速感受特性和传递特性发生畸变，并最终表现在静态特性曲线上，使之偏离理想的一一对应特性。对于间接调节系统，在转速升高时为使调速器滑环移动，飞锤离心力增量的一部分必须首先克服滑环移动的静摩擦力，方能使杠杆转动。而杠杆的转动量必须大于旷动间隙和错油门滑阀的盖度，方能开启油动机活塞腔室的进、排油口而使活塞运动，使得调节汽阀关小、机组功率减小。很明显，机组功率的减小量小于由式（5-2）得到的理想值。相反地，在电网频率降低时，这些非线性因素的作用，使机组功率的增加量小于式（5-2）得到的理想值。这种机组增负荷和减负荷特性曲线不重合的现象称为迟缓。

在调节系统增、减负荷特性曲线上，相同功率处转速偏差 $\Delta n = n_1 - n_2$ 与额定转速 n_0 的比为调节系统的迟缓率，通常用 ε 表示，即

$$\varepsilon = \frac{|n_1 - n_2|}{n_0} \times 100\% = \frac{|\Delta n|}{n_0} \tag{5-3}$$

迟缓率对调节系统的控制精度和机组的稳定运行会产生不良影响。在汽轮机单机运行时，机组的功率取决于外界的电负荷。在某一稳定负荷下，迟缓率的存在将会使机组的转速在 $\Delta n = \varepsilon n_0$ 范围内漂移，引起机组转速波动，如图 5-5（a）所示。如果迟缓率 $\varepsilon = 0.5\%$，则对应的转速波动的幅度为 $\Delta n = 15 r/min$，相当于供电频率有 $0.25 Hz$ 的波动。

在多台机组并列运行时，机组的转速取决于电网的频率，当电网的频率一定时，迟缓率的存在将会引起机组功率晃动，如图 5-5（b）所示。由速度变动率和迟缓率的定义可知，功率晃动的幅度为 $\Delta P = \frac{\varepsilon}{\delta} P_0$。迟缓率 ε 越大、速度变动率 δ 越小，功率晃动的幅度就越大。因此，为提高调节系统的控制精度和运行稳定性，要求迟缓率 ε 尽可能小。由于迟缓率难以避免，故希望速度变动率不宜过小。

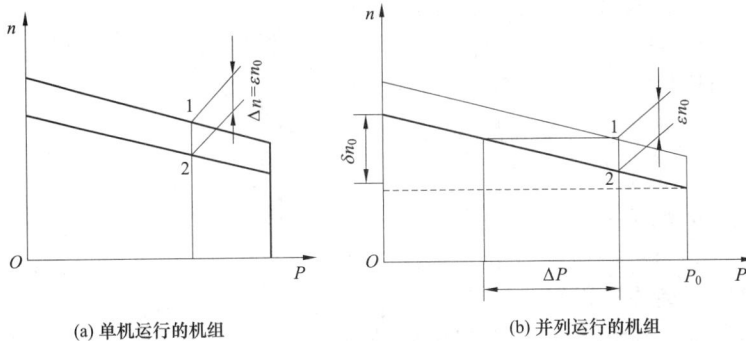

(a) 单机运行的机组　　　　　　　(b) 并列运行的机组

图 5-5　调节系统迟缓对汽轮机运行的影响

由于机械液压调节系统的机械传动和液压放大环节较多，故迟缓率相对较大，但通常要求机械液压调节系统的迟缓率小于 0.6%。电液调节系统，特别是采用高压抗燃油的数字电液调节系统，液压控制回路很简单，减少了产生迟缓的中间环节，故迟缓率较小，一般要求电液调节系统的迟缓率小于 0.2%。

三、同步器与静态特性曲线平移

1. 同步器的作用

由调节系统的静态特性可知，机组在不同功率下所对应的转速是不等的。汽轮机在额定

转速 n_0 下单机运行时，当机组的功率由 P_1 增加到 P_2 时，一次调频的结果使汽轮机的转速由 n_0 降低到 n_2，如图 5-6 所示。很明显，调节系统仅有一次调频功能是不能满足优良供电品质要求的。当外界电负荷增大到 P_2 后，若能使静态特性曲线向上平移到 C 点，那么在机组功率增大后又能保证机组的转速仍为额定转速，即供电频率维持在额定值。因此，在单机运行时要求有一个能平移静态特性线的装置。

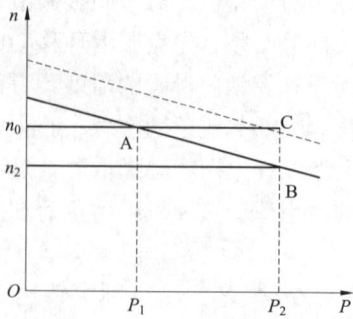

图 5-6　单机运行时同
步器的作用

在汽轮机并列运行时，若电网的频率基本不变，则机组所承担的负荷也就基本不变。因此，在机组并网带负荷时，也应有一能平移静态特性线的装置在并列运行的机组间进行负荷的重新分配。这种能平移调节系统静态特性线的装置称为同步器，其主要作用如下：

（1）单机运行时，启动过程中提升机组转速到达额定值；带负荷运行时，可以保证机组在任何稳态负荷下转速维持在额定值。

（2）并列运行时，用同步器可改变汽轮机功率，并可在各机组间进行负荷重新分配，保持电网频率基本不变。这个过程称为二次调频。

2. 同步器的调节范围

根据同步器提升转速和调节机组负荷的作用，同步器平移静态特性线的调节范围除了在额定蒸汽参数和电网频率下能顺利地将机组加载到满负荷和卸载到空负荷外，还应充分考虑蒸汽参数、真空和电网频率等在允许范围内变化时，也能完成上述功能。因此应为这些因素变化预留足够的调节范围。

（1）同步器最小调节范围。为使机组在正常蒸汽参数、额定转速时能带满负荷，并能通过操作同步器卸去全部负荷，同步器的最小调节范围至少为 δ，即图 5-7 中 AA～BB 所示范围。

（2）静态特性线的下限位置。下限工作位置的设置应考虑电网频率降低、蒸汽参数升高及真空上升等运行因素，并为机组并网前操作留有一定操作空间。当电网频率低于额定值时，若仍能使机组维持空负荷运行，则应能将静态特性线下移至图 5-7 中 CC 位置方可进行并网带负荷操作，以及机组并列运行时用同步器卸去全部负荷维持空转运行。

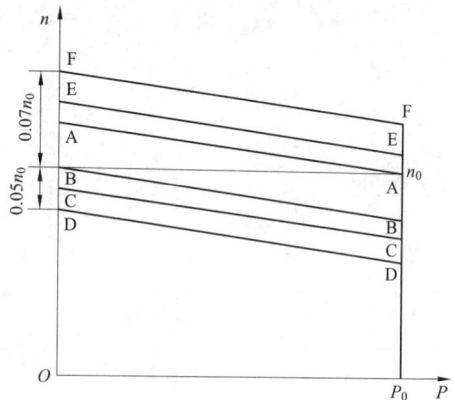

图 5-7　同步器的调节范围

当新蒸汽参数升高或真空上升时，在同一调节汽阀开度或油动机活塞行程 Δm 下，汽轮机的进汽量和理想比焓降增大，机组功率上升，相当于配汽机构特性线向右上方平移，对应于此工况的空转调节汽阀开度就要减小。如果此工况与电网频率降低同时发生，静态特性曲线在 CC 位置处是不能维持空转运行的。因此，静态特性线还应下移至图 5-7 中 DD 位置。此外，还应为机组并网前的操作留有足够的空间，在图 5-7 中 DD 线下还应有一定的调节空间。综合考虑这些情况后，同步器调节的下限位置通常设在额定转速下—5.0%处。

（3）静态特性线的上限位置。上限位置的设定主要考虑电网频率升高和新蒸汽参数降低、真空恶化工况。在电网频率升高时，为能使机组带满负荷运行，静态特性曲线必须平移至图5-7中的EE位置。在低新蒸汽参数、低真空工况下，配汽机构特性线向左下方平移，为使机组在此种工况下电网频率升高时仍能带满负荷运行，静态特性线必须能上移至图5-7中的FF位置。通常要求同步器调节的上限位置不小于 $[\delta+(1\sim2)\%]$。对于一般机组，速度变动率取为5.0%，则同步器调节的上限位置取为7.0%。

第三节　汽轮机DEH（数字电液）调节系统

一、数字电液调节系统基本调节原理

随着计算机技术的发展，以及计算机性能价格比的不断提高，用微型数字计算机来控制电液调节系统，取代了发展尚未完善的模拟电液调节系统。这种调节系统（digital electro—hydraulic control system）习惯上简称为DEH调节系统或数字电液调节系统。

图5-8所示为DEH调节系统原理框图。由图可知，该系统实际上为模拟-数字、功率-频率、电子-液压调节系统，其采样信号除转速为数字量外，其余采样信号均为模拟量，故送入计算机前需经A/D转换器变换成数字量，在计算机中进行数字处理和运算，其输出数字量经D/A反变换后送至电液转换器，将电信号转变成液压信号，此液压信号作用于油动机以控制主汽门及调节汽阀的开度，使汽轮机的转速或功率发生变化。系统中的给定值，有转速给定及功率给定，可以数字量输入，也可以模拟量输入。

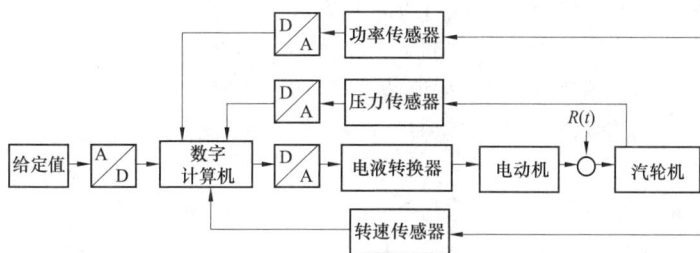

图5-8　数字电液调节系统原理

该系统的调节规律是PI（比例、积分）调节，而且是多回路串级调节系统。整个系统由内回路和外回路组成，内回路可加速调节过程，外回路则可保证输出严格等于给定值；PI调节规律既保证了对系统信息的运算处理和放大，其积分环节又可保证消除静差，从而实现无差调节。

数字电液调节系统与模拟电液调节系统相比，其给定、比较、综合和PI的运算部分都是在数字计算机内完成的，因此，两者在控制方式上完全不同，模拟电液调节系统属于连续控制系统，数字电液调节系统则属于离散控制系统，也称为采样控制系统。

由于计算机的逻辑判断与处理功能特别强，只要通过开发软件，就可实现机组对调节系统的复杂要求，并可在同一机组上实现不同的控制方式。例如，在带负荷时从喷嘴调节（顺序阀调节）转换成节流调节（单阀控制），并可在线进行各汽阀的活动试验；可以由运行人员确定是否进行滑压运行，并可随时改变滑压运行范围；调节特性、凸轮特性等均以数字模型编制在软件中，修改程序或调整某些参数便可改变这些特性，而无需改变任何硬件设备；

当锅炉也用计算机来进行控制时，可以十分方便地进行机炉协调控制，甚至最优控制等。

DEH 调节系统由于有功率反馈和转速反馈，故可严格按照选定的特性曲线参与一次调频，其调节品质及精度更优于模拟电液调节系统。DEH 调节系统能够自启动、自动监测和自动加负荷；可进行数据传递，具有故障诊断、事故追忆、图像显示和制表打印等功能；可实现运行管理和人机对话等。

二、DEH 调节系统的功能

DEH 调节系统具有自动调节、程序控制、监视、保护等方面的功能。不同的 DEH 调节系统其具体功能也有所差异，其总体功能可以概括为四个方面：DEH 调节系统的运行方式选择、汽轮机的自动调节、汽轮机的监控及汽轮机的超速保护。

1. DEH 调节系统的运行方式

DEH 调节系统为使用者设置了四种运行方式可供选择，它们的转换关系为

二级手动⇔一级手动⇔操作员自动⇔自动透平控制（ATC）。相邻两种运行方式都可相互切换，且可做到无扰切换。

2. 汽轮机自动调节功能

从启动过程看，系统能自动地迅速通过临界转速区，能自动同期。

从启动方式看，能适应冷态启动、温态启动和热态启动时控制主汽门，当达到切换转速时，可自主汽门 TV 控制自动切换到调节汽阀 GV 控制；当热态启动采用中压缸冲转方式时，达到切换转速后，能自中压调节汽阀Ⅳ控制自动切换到 TV 控制；当达到 TV/GV 切换转速后，能自动切换到 GV 控制。

从运行状态来看，系统的功能有以下几种：

（1）可根据电网要求，选择调峰运行方式或基本负荷运行方式。

（2）可由运行人员调整或设置负荷的上、下限及负荷的升降率。

（3）系统采用串级 PI 运行方式，在负荷大于 10% 以后，也可由运行人员选择是否投入调节级压力 p 和发电机功率 P 反馈回路。

（4）可以选择定压运行和滑压运行方式。当选择定压运行时，系统有阀门管理功能，以保证汽轮机能获得最大的效率。

（5）可根据需要选择炉跟机、机跟炉或协调控制方式。当机组参与协调控制 CCS 时，可由机、炉运行人员发出目标负荷指令，自动地控制汽轮发电机组的出力。

除此之外，为确保系统的可靠性而采取的措施是计算机采用双机系统，并能自动或手动切换；对重要模拟量（如转速、功率、压力等）进行三选二处理、对重要开关量进行二选一处理；对操作员的命令按规则检查；对系统进行自检等。

3. 汽轮机启停、运行监控系统的功能

监控系统在机组启停和运行中，对机组和 DEH 装置两部分的运行状态均进行监控，其内容包括操作状态按钮指示、状态指示和 CRT 画面。其中对 DEH 装置监控的内容包括重要通道、电源、内部程序运行情况等；CRT 画面包括机组和系统的重要参数、运行曲线、变化趋势和故障显示等。

4. 汽轮机超速保护系统的功能

为避免机组超速，DEH 调节系统设置了三种保护功能。

（1）甩全负荷超速保护。机组运行中若发生油开关跳闸，保护系统检测到这种情况后，

迅速关闭调节汽阀，以避免大量蒸汽进入汽轮机而引起严重超速事故，在延迟一段时间后，如不出现升速，再开调节汽阀使机组保持空负荷运行，为了减少机组的再启动损失，使机组能迅速重新并网。

（2）抛负荷保护。当电网发生瞬间短路或某一相发生接地等故障引起发电机功率突降时，为了维持电网的稳定性，保护系统将迅速地把中压调节汽阀关闭一下，然后再开启，以维持机组的正常运行。

（3）超速保护。该保护有 103%（OPC）和 110%（电超速）保护两种。OPC（overspeed protect controller）是指当汽轮机转速超过 3090r/min 时，迅速将高压调节汽阀和中压调节汽阀同时关闭数秒；电超速保护是指汽轮机转速超过 3300r/min 时，将所有汽门同时关闭，进行紧急停机，与此同时，旁路系统也将协同动作，以保证再热器的冷却并减少工质损失。

DEH 的保护系统还能够在运行中做 103%超速试验、110%超速试验和 AST 电磁阀的定期试验等，以保证系统始终处于良好的备用等待状态。

三、DEH 调节系统的组成及数字部分

图 5-9 所示为引进型 300MW 机组的 DEH-Ⅲ调节系统简图。该系统是根据西屋公司 DEH-Ⅱ的功能原理仿制的。在系统配置方面，尽可能吸收离散系统可靠性高的优点；在硬件设备方面，主要控制器都采用微处理机，从而使硬件电路简化，系统的可靠性提高。

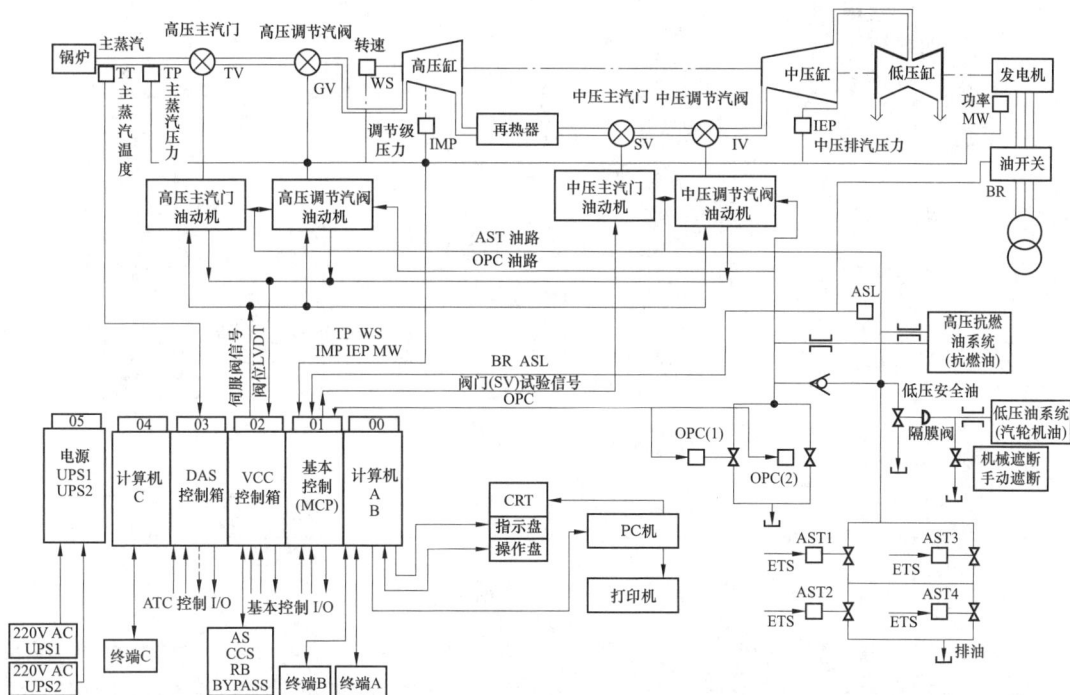

图 5-9 引进型 300MW 机组的 DEH-Ⅲ调节系统

该系统的硬件组成可以分为五个部分：DEH 控制器、操作系统、油系统、执行机构及保护系统，但有时又将其分成数字与液压两大部分。在 DEH 调节系统中，通过计算机来处理、比较、综合和运算后的数字量，经 D/A 转换成模拟量，再与从执行机构传来的位移反馈信号进行比较，其输出经功率放大器放大后去控制电液伺服阀（电液转换器），把电信号转换成液压信号；该信号再经错油门和油动机进行末级放大，最后去控制各主汽门和调节汽阀。为便于区分，习惯上都把功率放大器以前的部分称为数字部分，而把电液转换器及其以后的部分称为液压部分——EH 控制系统。

四、DEH 的液调部分——EH 控制系统

按照各部分的功能可以把 EH 控制系统划分为供油系统、执行机构和危急遮断三部分。这里简述液调部分中的执行机构和危急遮断部分的结构特点及工作原理。图 5-10 所示为 DEH 液调的部分。从图中可以看出，DEH 的液调系统可分成四块，图中的右下方为危急遮断系统，是在机组失常时保护用的；右上方为抗燃油遮断系统，是为系统进行抗燃油压低遮断试验用的；图的左下方为主汽门（2 个）和调节汽阀（6 个）的控制系统；左上方为再热主汽阀（也称中压主汽门，共 2 个）和中压调节汽阀（2 个）的控制系统。

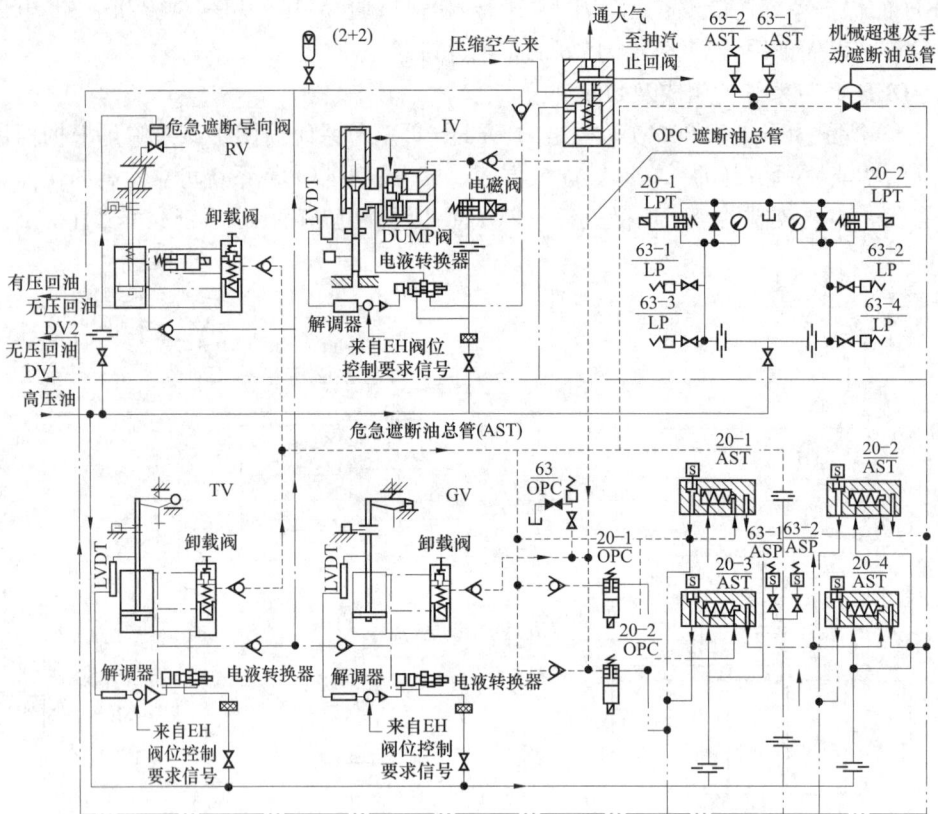

图 5-10　DEH 的液调系统

各汽门及其相应的油动机，统称为 DEH 的执行机构，整个系统共有 12 个这样的机构，按其控制要求及结构特点可分为主汽门、调节汽阀、中压主汽门和中压调节汽阀四种类型。

第四节　汽轮机保护系统及主要装置

一、汽轮机的保护系统

为了确保汽轮机的安全运行，防止设备损坏事故的发生，除了要求其调节系统动作可靠以外，还应该具有必要的保护系统。随着机组容量的增大，保护装置也越来越重要，同时保护项目也越来越多。现代大容量汽轮发电机组一般具有以下几方面的保护功能：

（1）超速保护。当汽轮机转速超过规定值时，超速保护系统应发出信号并动作，迅速关闭主汽门并停机。

（2）低油压保护。当轴承润滑油压低于不同整定值时，先后启动交流润滑油泵、直流事故油泵，直至停机。

（3）轴向位移及差胀保护。当汽轮机的轴向位移或差胀达到一定数值时，发出报警信号；增大到更大数值时，汽轮机跳闸停机。

（4）低真空保护。当真空低于某一规定值时报警，发出报警信号；真空继续降低至停机值时跳闸停机。

（5）振动保护。当汽轮发电机组转子振动值超过安全范围时停机。

（6）轴承回油温度或瓦温保护。当轴承回油温度或瓦温超过某规定值时报警；超过更大的规定值时停机。

（7）发电机故障保护。当发电机发生电气故障，油开关跳闸时停机。

（8）手动遮断保护。当机组出现异常情况危及人身或设备安全时，可在远方或就地打闸停机。

（9）防火保护。在发生火灾被迫停机时，防火保护动作，自动切断进入主汽门及各调节汽门油动机的压力油通路，同时将油动机的排油放回油箱，以免火灾事故的扩大。

保护系统和自动调节系统一样，也是由感受、放大和执行机构组成，只是调节方式不一样。调速系统根据参数给定值进行跟踪调节，使运行参数始终维持在给定值附近，而保护系统只有当被监视参数大于给定值时，才使执行机构动作。

一般汽轮机保护系统中设有三套遮断装置，即机械超速保护遮断装置、手动遮断装置和磁力遮断装置（或称电磁阀），其中任一遮断装置动作便会泄去安全油，关闭自动主汽门和调节汽门，迫使机组紧急停机。图 5-11 给出了安全保护装置联锁作用原理的一个示例。汽轮机保护系统中很多保护信号是接入磁力遮断装置的。

二、自动主汽门

自动主汽门装在调节汽门之前，在正常运行时保持全开状态，不参与负荷和转速的调节。当任何一个遮断保护动作时，安全油失压，主汽门迅速关闭，隔绝蒸汽来源，紧急停机。因此，自动主汽门是保护系统的执行元件。

为保证安全，要求自动主汽门动作迅速、关闭严密。对于高压汽轮机，自汽轮机保护系统动作到主汽门完全关闭的时间，通常要求不大于 0.5s；严密性的要求是，在调节汽阀全开的条件下，当自动主汽门全关后，机组转速能降到规定值（有的机组规定为 1000r/min）之下。

从结构上看，自动主汽门分主汽门和自动关闭器（或称操纵座）两部分。自动关闭器是控制主汽门开启或关闭的执行机构，自动关闭器的动作是靠压力油来控制的，此压力油称为安全油。安全油压建立后，自动主汽门开启才具备条件，安全油压消失，自动主汽门关闭。

图 5-12 为自动关闭器的一种结构形式。它主要由油动机活塞 8、油动机弹簧 1、错油门活塞 2 等组成。停机时油动机活塞 8 依靠一对大小弹簧 1 的力被推向右侧，将主汽门紧紧关闭。错油门活塞 2 的左端 a 油路通以高压油，在安全油压建立以前，a 路高压油将错油门

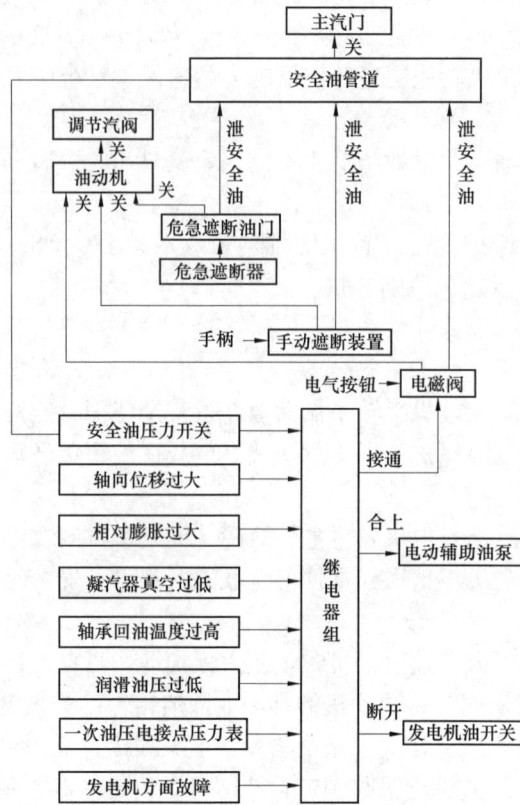

图 5-11　安全保护装置联锁作用原理

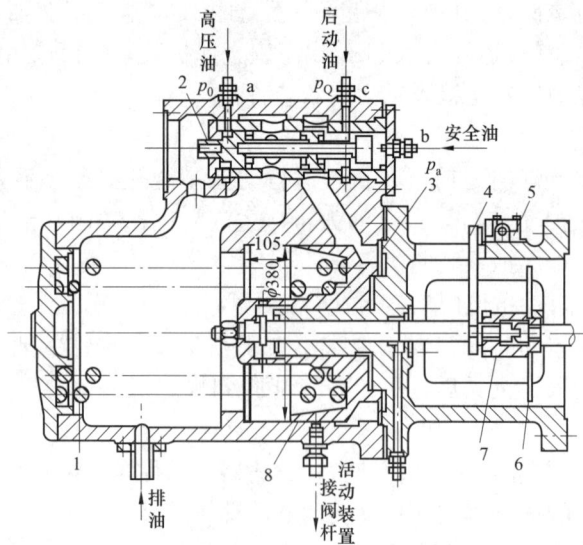

图 5-12　自动关闭器

1—油动机弹簧；2—错油门活塞；3—缓冲器；4—开度指示器；5—行程开关；
6—挡热板；7—阀杆结合器；8—油动机活塞

活塞推至右端，此时，油动机活塞 8 左右侧通过错油门相通，主汽门不能开启。在机组启动时，首先建立安全油压 p_a，安全油压建立后，b 路的安全油通入错油门活塞的右端。虽然安全油压和高压油压力大小差不多，但安全油的作用面积大，所以有足够的力量克服高压油的推力将活塞推向左方（如图中位置）。此时，油动机活塞的右侧只和启动阀来的高压启动油压 p_Q（c 路）相通，与活塞左侧的排油口已隔绝。

安全油压的建立，使主汽门具备了开启的条件。这时只要继续操作启动阀使启动油压 p_Q 升高，当油压的作用力大于弹簧的作用力时，油动机活塞 8 便开始向左移动，开启主汽门。

一旦安全油失压，则高压油就会迅速将错油门活塞推向右方，将通向油动机活塞右侧的启动油路隔绝，同时接通油压动机的左、右侧，使活塞右侧的油迅速从排油口排出，依靠弹簧力快速将主汽门关闭。

三、超速保护装置

一个设计良好的汽轮机调节系统，在机组甩全负荷时能将机组转速控制在 $109\%n_0$ 之内。为了防止调节系统中某些元件工作不正常，使汽轮机转速可能升高到超过转子强度所允许的程度，从而造成严重的转子损坏事故。因此，每台汽轮机都装有超速保护装置，当汽轮机转速超过额定转速的 $110\%\sim112\%$ 时，超速保护装置动作，泄去安全油，迅速关闭自动主汽门及调节汽阀，切断汽轮机的进汽，使汽轮机停止转动。

超速保护装置的感受元件有机械式、液压式及电气式等。机械式是利用飞锤或飞环所受离心力的大小来感受转速的；液压式则以主油泵出口油压信号作为转速信号；电气式用直接测得的转速向超速保护系统发信。机械式感受元件通常称为危急遮断器或危急保安器，它的执行机构是危急遮断滑阀；而液压式及电气式感受元件的执行机构通常为电磁阀。所有机组都装有危急遮断保护系统，而现代大型机组还同时装有液压式或电气式超速保护系统，以确保机组的安全。

1. 危急保安器

危急保安器是机械式超速保护装置的转速感受机构，按其结构特点分为飞锤式和飞环式两种，如图 5-13 和图 5-14 所示，其工作原理完全相同，均属不稳定调节器。现以飞锤式危急保安器为例说明其工作原理。

(1) 工作原理。危急保安器装在用靠背轮和汽轮机主轴连为一体的短轴上，其结构如图 5-20 所示。它主要由调整螺母 1、飞锤 2、压弹簧 3 等部件组成。飞锤与汽轮机转轴垂直，且重心 O 不在汽轮机转轴中心线上，其偏心距为 r_0，当汽轮机转动时，飞锤的离心力欲使飞锤飞出。但在正常转速下，离心力小于弹簧的约束力，飞锤被弹簧压在如图所示的位置不动。随着转速的升高，飞锤的离心力增大，当转速升高到危急保安器动作转速时，飞锤的离心力将大于弹簧的约束力，飞锤开始飞出。飞锤一旦飞出后，偏心距增大，此时离心力与弹簧约束力同时增大，但离心力增大量大于弹簧力的增大量，使飞锤迅速飞出，一直飞到碰到限制凸肩 F 位置。危急保安器的这种特性称为静不稳定性。这种静不稳定结构可以保证飞锤在一定转速下准确的出击，而且出击迅猛有力，急速打击危急遮断油门上的挂钩，使危急遮断油门脱钩，泄去安全油，关闭所有汽门，紧急停机。

通常飞锤出击力应达 $50\sim200N$ 或者大于当时离心力的 35%，飞锤飞出的最大距离 Δr_{max} 一般为 $4\sim6mm$。

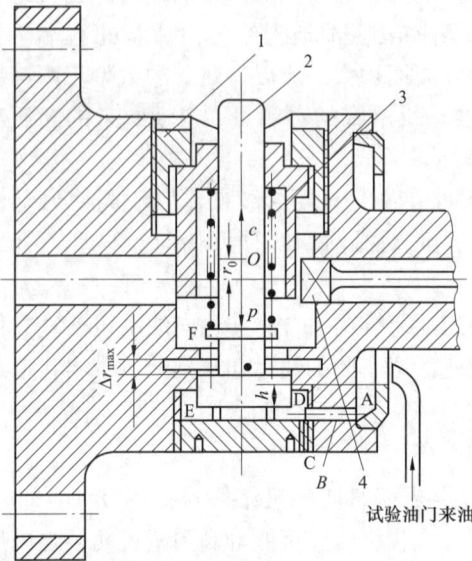

图 5-13　飞锤式危急保安器
1—调整螺母；2—飞锤；3—压弹簧；4—键

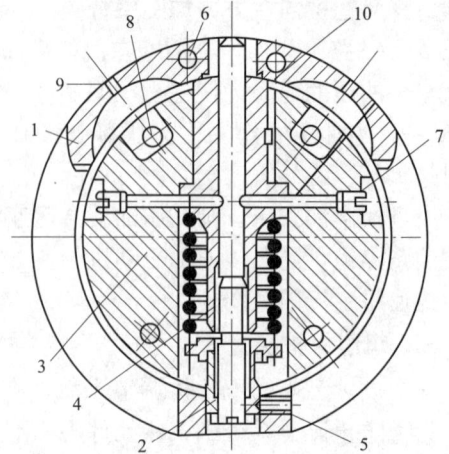

图 5-14　飞环式危急保安器
1—飞环；2—调整螺母；3—主轴；4—弹簧；5—螺钉；
6—圆柱销；7—螺钉；8—孔口；9—泄油孔口；10—套筒

保护系统动作后，机组转速下降，飞锤的离心力减小，当机组转速降至复位转速时，离心力与弹簧力相等，随后转速稍有下降，离心力的下降速率大于弹簧力的下降，飞锤快速复位。为使机组能可靠地停机，通常希望复位转速不要太高，也不宜太低，一般要求复位转速高于机组的额定转速，这样在降速到额定转速前系统就能复位，以便机组排除故障后尽快带负荷运行。

（2）危急保安器的充油试验。为了能够在正常运行条件下检查危急保安器动作是否灵活、准确，并为了经常活动危急保安器以防止卡涩，大型机组都有充油试验装置。当一套危急保安器进行充油试验时，应有另一套超速保护装置在起保护作用。现以飞锤式危急保安器为例，说明充油试验原理。如图 5-20 所示，在进行充油试验时，从试验油门来的压力油进入 A 环室，并通过 B 孔进入 D 室，该油压将作用于飞锤端面上，此力与飞锤的离心力方向一致，使危急保安器在较低的转速下动作。一旦停止充油，D 室中的油在离心力的作用下从油孔 G 泄出。因具有充油试验装置的危急保安器飞锤的复位转速高于额定转速，因此一旦试验油泄掉，飞锤就在弹簧力作用下自行复位。

2. 危急遮断油门

图 5-15 所示为危急遮断油门的结构。它主要由挂钩 1、活塞 2、壳体 3、压弹簧 4、扭弹簧 5 组成。在正常运行时，活塞被挂钩顶在如图所示的下限位置。此时，二次油接通 C 室，安全油接通 D 室，各室的所有泄油通路皆被活塞 2 切断。当危急保安器动作时，飞锤打击挂钩，使挂钩逆时针方向旋转而脱钩，活塞 2 在下部压弹簧 4 的作用下被抬起，使 D 室与下部回油接通，C 室与 B 室回路接通，使安全油和二次油同时泄掉，自动主汽门和调节汽门关闭。

若欲将危急遮断油门复位，可操作启动阀（挂闸按钮）使高压复位油进入 A 室，活塞在复位油压作用下下移，挂钩 1 借扭弹簧 5 的作用顺时针转回原位，顶住活塞。复位后便可将复位油切除。

四、汽轮机的供油系统

汽轮机的调节和保护装置的动作都以油作为工作介质，同时支持轴承和推力轴承也需要大量的油来润滑和冷却。因此供油系统与调节系统、保护系统、润滑系统密切联系在一起，成为保证汽轮发电机组正常运行不可缺少的一个重要部分。

（一）供油系统的作用

供油系统的主要作用有如下几点：

（1）向调节和保护系统供油。

（2）向各轴承供润滑用油，并带走摩擦产生的热量和由高温转子传来的热量。

（3）供给各运动副机构的润滑用油。

（4）对有些采用氢冷的发电机，向密封瓦提供密封用油。

（5）供给盘车装置和顶轴装置用油。

油系统必须在任何情况下，即不论在机组正常运行、停机、事故甚至当电厂交流电源中断时，都能确

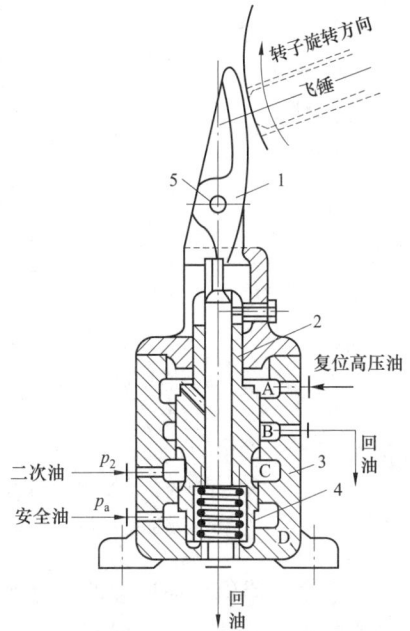

图 5-15　危急遮断油门的结构
1—挂钩；2—活塞；3—壳体；
4—压弹簧；5—扭弹簧

保供油。对于高速旋转的汽轮发电机组，哪怕是短暂时间（如几秒钟）的供油中断也会引起重大事故。

（二）典型供油系统

根据供油系统中主油泵的形式，汽轮机供油系统可以分成具有容积式油泵的供油系统和具有离心式油泵的供油系统两种。

1. 具有容积式油泵的供油系统

这类供油系统的主油泵采用容积式油泵。容积式油泵有齿轮泵、螺杆泵、柱塞泵等，其中以齿轮泵用得较多。图 5-16 所示为齿轮泵供油系统。主油泵 1 是由主轴通过减速装置带动的，在正常运行中供给机组的全部用油。主油泵供油分为三路：一路供给调节和保安系统；另一路经自动减压阀 5 降压后再经冷油器 8 送往各轴承；还有一路经溢流阀 6 回油箱。两只溢流阀用来维持主油泵出口和送往轴承的油压在一定的范围内。除主轴泵外，系统中还设置了两台油泵：一台是高压启动辅助油泵 9，用于在机组启动、停机时代替主油泵供给机组的全部用油；另一台是事故油泵 11，它由直流电动机带动，当油泵 9 因断电而停运或润滑油压过低时自启动供润滑用油。

2. 具有离心式油泵的供油系统

图 5-17 所示为离心式油泵作为主油泵的供油系统。它的主要设备包括：1 台由汽轮机主轴直接带动的离心式主油泵，1 台交流高压辅助油泵，1 台交直流低压润滑油泵，2 只注油器，3 台冷油器，另外还有滤油器、过压阀及润滑油低油压发信器等部件。主油泵供出的高压油经止回阀后分为三路：一路供给调节系统和保安系统；另一路用作Ⅰ号注油器的动力

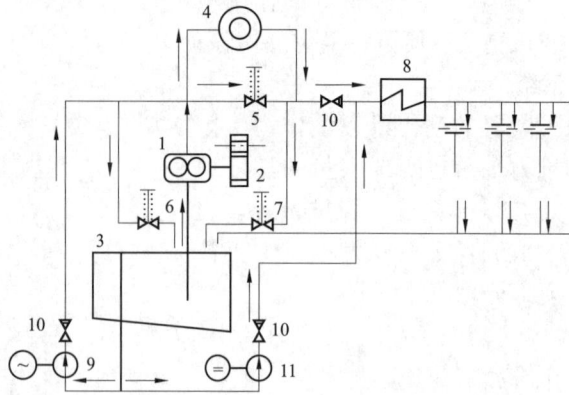

图 5-16　齿轮泵供油系统

1—主轴泵；2—减速机构；3—油箱；4—调节系统；5—减压阀；6—高压溢油阀；
7—低压溢油阀；8—冷油器；9—高压启动辅助油泵；10—止回阀；11—事故油泵

油，Ⅰ号注油器出口油压较低，专供主油泵进油；第三路用作Ⅱ号注油器的动力油，Ⅱ号注油器出口油压较高，经止回阀、冷油器及滤油器等后送往轴承，作为润滑用油。过压阀能自动调节回油量，使润滑油压保持在 0.08~0.15MPa 的范围内。低油压发信器在润滑油压低于 0.08MPa 时发出报警信号，并根据润滑油压降低的程度，自动启动高压辅助油泵、交流润滑油泵或直流润滑油泵。高压辅助油泵在机组启动时代替主油泵供油，正常运行时作为主油泵的备用泵。低压交流润滑油泵在机组启动高压辅助油泵前开启，用来赶走低压管道及各调节部件中的空气；停机时供给润滑油，或在润滑油压低至一定值时自启动以维持润滑油压。直流润滑油泵用于在失去交流电源时供给润滑油。

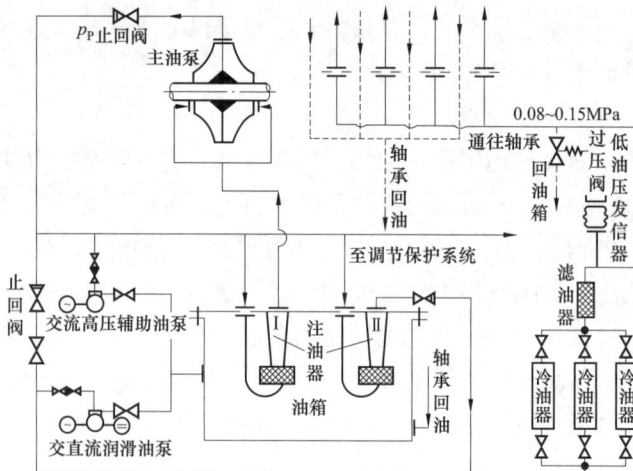

图 5-17　离心式油泵作为主油泵的供油系统

（三）注油器

1. 工作原理

注油器又称射油器，它是离心式油泵供油系统的主要设备之一。图 5-18 所示为注油器

的工作原理图，主要由喷嘴、混合室及扩压管组
成。从主油泵来的压力油在喷嘴内加速，从而在
喷嘴出口的混合室中形成负压，由于负压及自由
射流的卷吸作用，不断将油箱中混合室内的油带
入扩压管，混合油流在扩压管内减速升压后送入
主油泵或供轴承润滑用油。

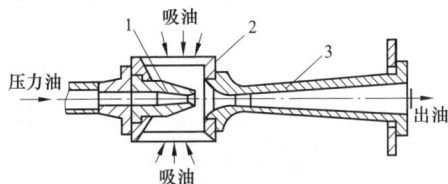

图 5-18　注油器工作原理图
1—喷嘴；2—混合室；3—扩压管

2. 连接方式

注油器在系统中有三种连接方式，如图 5-19 所示。

（1）单注油器供油系统。注油器只供给主油泵用油，润滑系统用油靠主油泵出口的高压
油经节流孔板减压供给。这样必然造成很大的节流损失，是很不经济的。因此这种连接方式
只是在早期生产的较小容量机组中采用。

（2）串联双注油器供油系统。第 I 级注油器出口的低压油为两路：一路供主油泵；另一
路经第 II 级注油器升压后供轴承润滑系统。

（3）并联双注油器供油系统。这种系统的 I 号注油器出口油压较低，专供主油泵用油；
II 号注油器出口的油压较高，专向润滑系统供油。

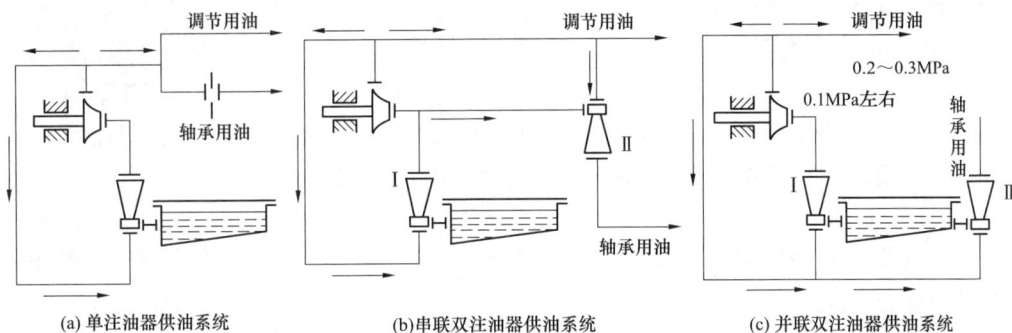

图 5-19　注油器在供油系统中的连接方式

显然，双注油器供油系统都有一个注油器专供润滑系统用油，从而避免了节流损失，有
较好的经济效果。其中并联方式两路油压调整方便，且互不干扰。所以目前大机组大多采用
并联双注油器供油系统。

第三篇　电厂锅炉原理及设备

第六章　电厂锅炉概况

第一节　电厂锅炉的工作过程

锅炉是火力发电厂的三大主机中最基本的能量转换设备，发电用的锅炉称为电厂锅炉。在电厂锅炉中，通常将化石燃料（煤、石油、天然气等）燃烧释放出来的热能，通过受热面的金属壁面传给其中的工质——水，把水加热成具有足够数量和一定质量（汽温、汽压），且具有一定洁净度的过热蒸汽，蒸汽驱动汽轮机，把热能转变为机械能，汽轮机再带动发电机，将机械能转化为电能供给用户。我国火力发电厂锅炉主要以煤作为主要燃料，其中又以煤粉炉燃烧为主，本节简单介绍燃烧煤粉的自然循环锅炉的设备构成和工作过程。

一、电厂锅炉的系统构成

煤粉炉不是把原煤直接送入锅炉进行燃烧，而是先把原煤磨制成煤粉，然后再送入锅炉燃烧放热并产生过热蒸汽。在锅炉中实现煤的化学能转化为蒸汽热能时，共进行四个相互关联的工作过程：煤粉制备过程、燃烧过程、过热蒸汽的生产过程和通风过程，即锅炉的四个主要系统——煤粉制备系统、燃烧系统、汽水系统和风烟系统。

1. 制粉系统

原煤输送系统将破碎后的原煤送入原煤仓→给煤机→磨煤机→煤粉分离→合格的煤粉→由空气送入炉内燃烧。

2. 燃烧系统

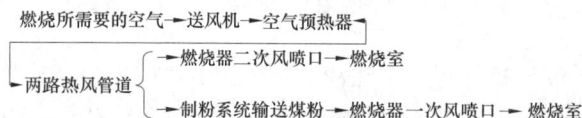

3. 汽水系统

给水（凝结水和少量补给水经化学水处理→低压加热器→除氧器→给水泵→高压加热器）→锅炉省煤器加热→水冷壁蒸发→过热器升温至汽轮机要求的进汽温度。高参数、大容量锅炉机组还有再热器系统，即锅炉生产的高压蒸汽在汽轮机高压缸做功后的排汽→锅炉再热器二次再热→汽轮机中、低压缸。

4. 风烟系统

燃烧所需的空气由送风机提供，经空气预热器预热后部分作为一次风进入制粉系统用来干燥、分离煤粉，另一部分单独作为二次风送入燃烧系统提供燃烧所需的氧量。燃烧后产生的烟气由锅炉尾部的空气预热器出口排出后，经过除尘器将烟气中的大部分细灰分离出来，排往除灰系统，以防止粉尘粒子对大气产生污染。

分离出来的气体经过引风机排往烟囱。为了减少 SO_3、SO_2 和 NO_x 等有害气体对大气的污染，现代锅炉还设有烟气脱硫、脱硝装置。

二、电厂锅炉的工作过程

锅炉机组的组成部件分为两部分，即本体设备和辅助设备，本体设备包括炉膛、燃烧器、空气预热器、省煤器、水冷壁、汽包、过热器、再热器等；辅助设备包括给煤机、磨煤机、送风机、引风机、给水泵、吹灰器、碎渣机、除尘器、灰浆泵等。图6-1所示为一台煤粉锅炉的主要设备。

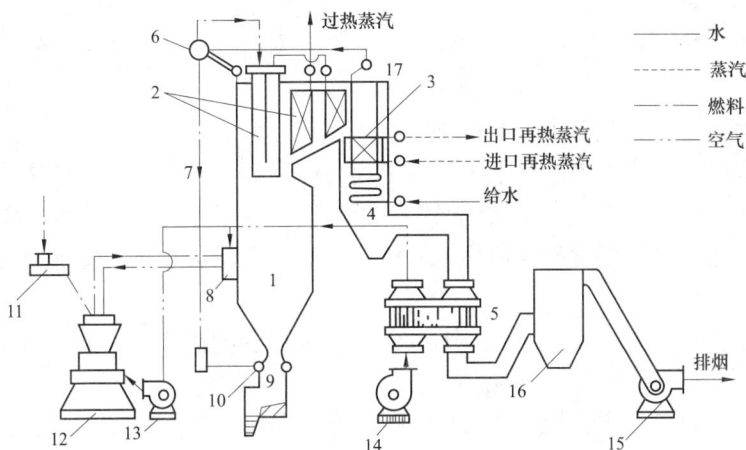

图6-1　煤粉锅炉及辅助设备示意图

1—炉膛及水冷壁；2—过热器；3—再热器；4—省煤器；5—空气预热器；6—汽包；7—下降管；
8—燃烧器；9—排渣装置；10—水冷壁下联箱；11—给煤机；12—磨煤机；13—排粉机；14—送风机；
15—引风机；16—除尘器；17—省煤器出口联箱

首先是煤粉的制备过程。由煤仓落下的原煤经给煤机11送入磨煤机12中，原煤在磨煤机中被磨制成煤粉。燃烧过程的完成除依赖于煤粉的制备外，空气的补充也是必不可少的。外界冷空气是经送风机14升压后送入锅炉尾部的空气预热器5，冷空气在空气预热器内被烟气加热成热空气，它们分成两部分最终进入锅炉。一部分热空气经排粉机13送入磨煤机中，这部分热空气起到干燥、输送煤粉的作用，把已磨制好的煤粉从磨煤机带出。这样从磨煤机排出的煤粉和空气的混合物经煤粉燃烧器8进入炉膛进行悬浮燃烧。由空气预热器带来的另一部分热空气直接经燃烧器进入炉膛与已着火的煤粉气流混合，并参与燃烧反应。

燃烧产物中除烟气外，还包含大量的飞灰和炉渣。烟气夹带大量的飞灰经炉膛、水平烟道、尾部烟道，最后经除尘设备16将飞灰捕集下来，防止环境污染及引风机磨损、最后只带有少量细微灰粒的比较清洁的烟气通过引风机由烟囱排入大气。煤粉燃烧所生成的较大灰粒不能随烟气上升，而是逐渐沉降至炉膛底部的冷灰斗中，并逐渐冷却和凝固，落入排渣装置9。

炉膛空间很大，在炉膛周围布置大量的水冷壁管1，炉膛上布置顶棚过热器及屏式过热器，它们都是辐射受热面，高温火焰和烟气在炉膛内向上流动时，主要以辐射换热的方式把热量传递给水冷壁管及过热器管内的水和蒸汽。携带飞灰的高温烟气经炉膛上部出口离开炉膛进入水平烟道，然后再向下流动进入垂直烟道。在锅炉本体的烟道内布置有过热器2、再热器3、省煤器4和空气预热器5等受热面，烟气在流过这些受热面时主要以对流换热的方式将热量传递给工质，布置这些受热面的烟道称为对流烟道。烟气流经一系列对流受热面，不断放出热量逐渐被冷却下来。

烟气出口端装有空气预热器，用以加热冷空气。离开空气预热器的烟气即锅炉排烟，其温度已相当低，通常在 110～160℃。

自然循环锅炉给水首先进入省煤器。省煤器是预热设备，其任务是利用尾部烟气的热量把进入锅炉的未饱和的给水预热升温。由省煤器出来的水送入汽包，形成汽包、下降管、联箱、水冷壁组成的自然水循环蒸发设备。水冷壁是锅炉的蒸发受热面，水在水冷壁中继续吸收炉内高温火焰和烟气的辐射热而进一步被加热为饱和水与饱和蒸汽的混合物，汽水混合物向上流动并进入汽包。在汽包中通过汽水分离装置分离后，饱和水通过下降管、联箱送至水冷壁继续循环，而饱和蒸汽进入过热器。过热器的任务是将饱和蒸汽加热成为具有一定压力和温度的过热蒸汽。由过热器出来的过热蒸汽经主蒸汽管道送往汽轮机高压缸内膨胀做功。

对于现代大容量、高参数电厂锅炉，为了提高循环效率，往往采用再热循环方式，即过热蒸汽在汽轮机高压缸做功后，又被送回锅炉再热器，其任务是将汽轮机高压缸排汽进行加热，使其温度与过热蒸汽温度相等或相近，然后再送入汽轮机，在中低压缸内继续做功。

第二节　电厂锅炉的分类与型号

表征电厂锅炉设备的主要特性有锅炉容量、蒸汽参数、排渣方式、汽水流动方式、燃烧方式和锅炉整体布置等。

1. 锅炉容量

锅炉容量是说明锅炉产汽能力大小的特性参数，也叫锅炉的蒸发量，是指锅炉每小时所产生的蒸汽量，用符号 D_e 表示，单位为 t/h 或 kg/s。

电厂锅炉容量也习惯于用与之配套的汽轮发电机组的电功率来表示，如 300MW 锅炉。

按锅炉容量的大小，锅炉有大、中、小型之分，但随着电力工业的发展，电站锅炉容量不断增大，大、中、小型锅炉的分界容量也在不断变化。从当前情况来看，发电功率等于或大于 300MW 的锅炉才算是大型锅炉。

2. 蒸汽参数

蒸汽锅炉额定蒸汽参数是指锅炉出口处蒸汽的额定压力和额定温度。额定蒸汽压力用符号 p 表示，单位为 MPa。额定蒸汽温度用符号 t 表示，单位为℃。

按照锅炉出口蒸汽压力（表压）可将锅炉分为低压锅炉（不大于 2.45MPa）、中压锅炉（2.94～4.90MPa）、高压锅炉（7.84～10.8MPa）、超高压锅炉（11.8～14.7MPa）、亚临界压力锅炉（15.7～19.6MPa）、超临界压力锅炉（超过临界压力 22.1MPa）、超超临界压力锅炉（超过临界压力 28MPa）。现阶段淘汰落后产能后，大部分火电厂装机容量等于或大于 300MW，其锅炉均为亚临界压力和超临界压力锅炉。

3. 排渣方式

不同燃煤锅炉由于燃烧的煤种各不相同，其灰熔融特性也各不相同，因此需要采用不同的排渣方式。据排渣方式的不同，可分为固态排渣炉和液态排渣炉。

4. 汽水流动方式

蒸发受热面内工质为两相的汽水混合物，它在蒸发受热面内的流动可以是循环的，也可以是一次通过的，按汽水混合物在蒸发受热面中流动的主要动力来源不同，可以将锅炉分为自然循环锅炉、强制循环锅炉、直流锅炉、复合循环锅炉几种。

自然循环锅炉汽水流程如图 6-2（a）所示。给水经给水泵送入省煤器，预热后进入汽包，水从汽包流向不受热的下降管，下降管的工质是单相的水。当水进入蒸发受热面后，经受热变为汽水混合物。由于汽水混合物的密度小于水的密度，因此，下联箱的左右两侧因工质密度不同而形成压力差，推动蒸发受热面的汽水混合物向上流动，进入汽包，并在汽包内进行汽水分离。分离出的蒸汽由汽包顶部送至过热器，分离出的水则和省煤器给水混合后再次进入下降管，继续循环。这种循环流动完全是由于蒸发受热面受热而自然形成的，故称自然循环。

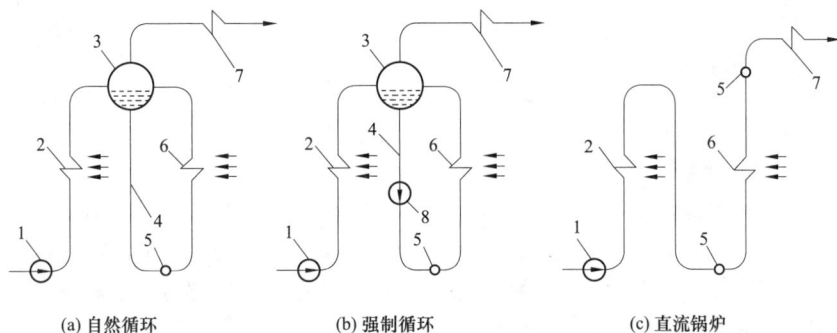

图 6-2　锅炉工质流程示意图
1—给水泵；2—省煤器；3—汽包；4—下降管；5—联箱；6—蒸发管；7—过热器；8—循环泵

强制循环锅炉汽水流程如图 6-2（b）所示。强制循环锅炉是在自然循环锅炉的基础上发展起来的，在结构和运行特性等许多方面与自然循环锅炉有相似之处，主要差别是在循环回路的下降管中加装了循环泵，因此蒸发受热面内工质流动的动力除了依靠水与汽水混合物的密度差以外，还包括循环泵的压头，故称为强制循环锅炉。随着锅炉工作压力的提高，汽水的密度差减小，自然循环的可靠性降低，但强制循环锅炉因为有了锅水循环泵，利用泵提供的压头增强了循环推动力，使工质在蒸发受热面内强制流动。

直流循环锅炉汽水流程如图 6-2（c）所示。在直流锅炉中，给水完全依靠给水泵的压头，一次性通过锅炉各受热面而产生过热蒸汽。直流锅炉的特点是没有汽包，因此水的加热、汽化、过热过程没有固定的分界点，在给水泵压头的作用下，工质依顺序一次通过加热、蒸发和过热等受热面。直流锅炉可用于临界压力以下，也可设计为超临界压力。

复合循环锅炉是由直流锅炉和强制循环锅炉综合发展起来的，也是对直流锅炉的一种改进。其基本工作方式为：锅炉在低负荷时蒸发受热面的工质有循环，循环倍率大于1；锅炉在高负荷时按直流方式工作，即工质一次性通过蒸发受热面，循环倍率等于1。

5. 燃烧方式

对于不同燃料，锅炉的燃烧方式不同，锅炉的结构也不一样。

按燃料在锅炉中的燃烧方式不同，可分为层燃炉、室燃炉、旋风炉和流化床锅炉。

层燃炉具有炉箅（或炉排），按炉箅是否固定可分为固定炉排和链条炉。煤块或其固体燃料主要在炉箅上的燃料层内燃烧。燃烧所需要的空气由炉箅下的配风箱送入，穿过燃料层进行燃烧反应，如图 6-3（a）所示。主要应用于小容量、低参数的工业锅炉。

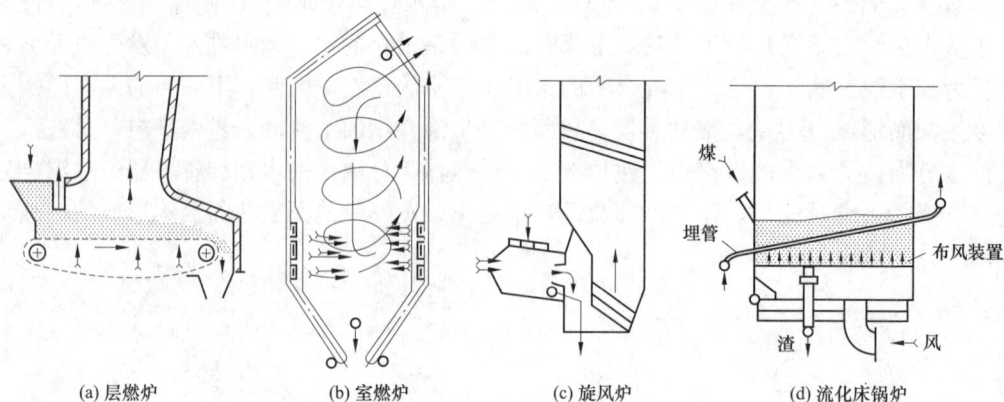

(a) 层燃炉　　　　　(b) 室燃炉　　　　　(c) 旋风炉　　　　　(d) 流化床锅炉

图 6 - 3　锅炉燃烧方式

　　室燃炉又称悬浮燃烧方式，燃料颗粒连续流过炉膛，并在悬浮状态下着火、燃烧，直至燃尽，如图 6 - 3（b）所示。室燃炉又可分为前后墙对冲布置方式、四角切圆燃烧方式、U形燃烧方式、W形火焰燃烧方式等多种类型。煤粉炉、燃油锅炉和燃气锅炉都属于室燃炉，煤粉炉是我国火电厂锅炉采用的主要燃烧方式。

　　旋风炉是一个圆柱形旋风筒作为燃烧室的炉子，燃料和空气在筒内高速旋转，细小的燃料颗粒在旋风筒内悬浮燃烧，而较大燃料颗粒被甩向筒壁并在其上进行燃烧，如图 6 - 3（c）所示。旋风筒内的高速旋转气流加速了燃烧，并将灰渣熔化从而形成液态排渣。旋风炉由于负荷调节范围较小，而且不能快速启动和停炉，炉温也较高，NO_x 的排放量较煤粉炉大等原因，在我国很少使用。

　　流化床锅炉又称沸腾床，炉子底部为布风板，空气以大于临界风速的速度穿过布风板，均匀进入布风板上的床料层，如图 6 - 3（d）所示。床料层中的物料在空气流速作用下上下翻腾，呈流化状态，在流化过程中煤粒与空气有良好的接触混合，使得煤粒着火快，燃烧效率高。现代流化床锅炉在炉膛出口处将烟气中的大部分固体颗粒从气流中分离并收集起来，送回炉膛继续燃烧，称为循环流化床锅炉。由于具有燃料适应性广，燃烧效率高，脱硫效果好等优点，循环流化床锅炉已进入大型化的商业运转阶段。

　　6. 锅炉整体布置

　　锅炉整体布置是指炉膛、蒸发受热面、过热受热面和尾部受热面之间的相对位置关系。根据锅炉容量、参数和燃料性质等条件的不同，设置不同的整体布置方案。

　　比较典型的大中型煤粉锅炉的布置方案为 Π 型布置、Γ 型布置和塔式布置，而其中又以 Π 型布置最常见。

第三节　锅炉机组的热平衡

一、锅炉热平衡的概念

　　从能量平衡的观点来看，在稳定工况下，输入锅炉的热量应与输出锅炉的热量相平衡，锅炉的这种热量收、支平衡关系，就叫锅炉热平衡。锅炉输入热量是指伴随燃料送入锅炉的热量；锅炉输出热量包括用于产生蒸汽的有效利用热和各项热损失。

　　锅炉热平衡是在锅炉机组稳定热力状态下，以 1kg 燃料为基准来计算的。煤粉锅炉热平衡方程式可写为

$$Q_r = Q_1 + Q_2 + Q_3 + Q_4 + Q_5 + Q_6 \tag{6-1}$$

式中　Q_r——1kg 燃料的锅炉输入热量，kJ/kg；

　　　　Q_1——锅炉有效利用热量，kJ/kg；

　　　　Q_2——排烟热损失热量，kJ/kg；

　　　　Q_3——可燃气体未完全燃烧损失热量，kJ/kg；

　　　　Q_4——固体未完全燃烧损失热量，kJ/kg；

　　　　Q_5——散热损失热量，kJ/kg；

　　　　Q_6——灰渣物理显热损失热量，kJ/kg。

　　式（6-1）可以表示某一锅炉燃用一种燃料时各项热量的数值，从中比较它们的大小，但对于不同炉型，燃用煤种不同，输入热量也不同，无法对它们进行经济性比较，因此，将上式两端同除以 Q_r，乘以 100% 变成以百分数表示的热平衡方程式，变换后的方程式为

$$100\% = (q_1 + q_2 + q_3 + q_4 + q_5 + q_6) - 100\% \tag{6-2}$$

　　式（6-2）表示出各项热量或损失所占的比重，从而输入热量即使不同，也可以进行经济性比较。

二、锅炉热效率的计算方法

　　锅炉热效率可以通过两种方法计算得出，一种是正平衡求效率法或直接求效率法，另一种是反平衡求效率法或间接求效率法。

　　1. 正平衡求效率法

　　这种方法通过测定输入热量 Q_r 和有效利用热量 Q_1 直接计算锅炉效率。用正平衡法求锅炉效率就是求出锅炉有效利用热量占输入热量的百分数，即

$$\eta_{pos} = q_1 = Q_1/Q_r \times 100\% \tag{6-3}$$

　　正平衡求效率法简单，对于热效率较低的（$\eta < 80\%$）工业锅炉比较准确。

　　2. 反平衡求效率法

　　这种方法首先要测定锅炉各项热损失，然后再间接计算锅炉效率。用反平衡法可根据式（6-2）求出锅炉效率，即

$$\eta_{con} = q_1 = 1 - (q_2 + q_3 + q_4 + q_5 + q_6) \tag{6-4}$$

　　反平衡求效率法较复杂，但通过各项热损失的测定和分析，可以找出提高锅炉经济性的途径，适用于大容量高效率的现代化电站锅炉。

　　当全面鉴定锅炉时，必须既做正平衡试验又做反平衡试验。

三、锅炉热平衡的意义

　　热平衡对锅炉的设计及运行都很重要。通过它可以确定锅炉的有效利用热量、各项热损失、锅炉效率及燃料消耗量，以检查锅炉的设计质量及运行水平，并由此分析造成热损失的重大原因，做到及时改进，提高效率。

　　研究锅炉热平衡可以正确指出燃料中的热量有多少被有效利用，有多少变成热损失，这些热损失分别表现在哪些方面和大小如何，只有通过热平衡才能确定锅炉机组的效率和所需的燃煤消耗量。根据热平衡结果还可以判断锅炉机组设计和运行情况，找出提高锅炉经济性的有效途径。因此，无论对锅炉的设计和运行来说，确定锅炉机组的热平衡都是必要的。运

行中的锅炉设备应定期进行热平衡实验，以查明影响锅炉效率的主要因素，并作为改进锅炉的依据。

四、电厂锅炉输入热量

电厂锅炉输入热量可表示为

$$Q_r = Q_{net,ar,p} + i_r + Q_1 + Q_{s,neb} \tag{6-5}$$

式中　$Q_{net,ar,p}$——燃料收到基低位发热量，kJ/kg；

　　　i_r——燃料物理显热，kJ/kg；

　　　Q_1——外来热源加热空气所带入的热量，kJ/kg；

　　　$Q_{s,neb}$——雾化燃油所用蒸汽带入的热量，kJ/kg。

对于燃煤锅炉，如燃煤和空气都未利用外部热源进行预热，且燃煤水分 $M_{ar} < Q_{net,ar,p}/630$，则锅炉输入热量就等于燃煤收到基低位发热量，即

$$Q_r = Q_{net,ar,p} \tag{6-6}$$

五、锅炉有效利用热量

锅炉有效利用热量包括过热蒸汽的吸热、再热蒸汽的吸热、饱和蒸汽的吸热和排污水的吸热。当锅炉不对外供应饱和蒸汽时，单位时间内锅炉的总有效利用热量 Q 可按式（6-7）计算。

$$Q = D_{sh}(h''_{sh} - h_{fw}) + D_{rh}(h''_{rh} - h'_{rh}) + D_{sw}(h_{sw} - h_{fw}) \tag{6-7}$$

式中　D_{sh}、D_{rh}、D_{sw}——过热蒸汽、再热蒸汽、排污水的流量，kg/s；

　　　h''_{sh}、h_{fw}——过热器出口蒸汽和锅炉给水的焓，kJ/kg；

　　　h''_{rh}、h'_{rh}——再热器出、入口蒸汽的焓，kJ/kg；

　　　h_{sw}——排污水的焓，等于汽包压力下饱和水的焓，kJ/kg。

每千克燃料的有效利用热量 Q_1 可用式（6-8）表示。

$$Q_1 = \frac{Q}{B} = \frac{[D_{sh} - (h''_{sh} - h_{fw}) + D_{rh}(h''_{rh} - h'_{rh}) + D_{sw}(h_{sw} - h_{fw})]}{B} \tag{6-8}$$

式中　B——锅炉的燃料消耗量，kg/s。

当锅炉排污量不超过蒸发量的 2% 时，排污水热量可略去不计。

六、锅炉的各项热损失

煤粉锅炉的热损失包括：排烟热损失、可燃气体未完全燃烧热损失、固体未完全燃烧热损失、散热损失、灰渣物理热损失。

1. 固体未完全燃烧热损失

固体未完全燃烧热损失是由于灰中含有未燃尽的碳造成的热损失。

固体未完全燃烧热损失是燃煤锅炉主要热损失之一，通常仅次于排烟热损失百分率。影响固体未完全燃烧热损失的主要因素有：燃烧方式、燃料性质、煤粉细度、过量空气系数、炉膛结构及运行工况等。不同燃烧方式的固体未完全燃烧热损失数值差别很大，层燃炉、沸腾炉较大，旋风炉较小，煤粉炉介于两者之间。煤中灰分和水分越多，挥发分含量越少，则固体未完全燃烧热损失越大；在燃料性质相同的情况下，炉膛结构合理，燃烧器结构性能好、布置适当，配风合理，气粉有较好的混合条件和较长的炉内停留时间，则固体未完全燃烧热损失较小；炉内过量空气系数要适当，运行中过量空气系数减小时，一般会导致固体未完全燃烧热损失增大，炉膛温度较高时，固体未完全燃烧热损失较小；锅炉负荷过高时，煤

粉来不及在炉内烧透，负荷过低时，则炉温降低，这些都会导致固体未完全燃烧热损失增大。

2. 气体未完全燃烧热损失

气体未完全燃烧热损失是由于烟气中含有可燃气体而造成的热损失。这些气体主要是CO，另外还有微量的 H_2 和 CH_4 等。当燃用固体燃料时，考虑到烟气中 H_2、CH_4 等可燃气体的含量极微，可认为烟气中可燃气体只是 CO。

气体未完全燃烧热损失是由于烟气中存在可燃气体造成的。因此，烟气中可燃气体含量越多，气体未完全燃烧热损失越大。影响烟气中可燃气体含量的主要因素是：炉内过量空气系数、燃料挥发分含量、炉膛温度以及炉内空气动力工况等。一般来说，炉内过量空气系数 α 过小，O_2 供应不足，燃料与空气不易混合得好，都会造成气体未完全燃烧热损失增加；过量空气系数 α 过大，又会导致炉温降低。燃料挥发分含量高时，气体未完全燃烧热损失相对较大；炉膛温度过低时，燃料的燃烧速度很慢，此时烟气中 CO 来不及燃烧就离开炉膛，会使气体未完全燃烧热损失相应增加。此外，炉膛结构及燃烧器布置不合理，炉膛内有死角或燃料在炉内停留时间过短，都会导致气体未完全燃烧热损失增大。

在进行锅炉设计计算时，固态排渣和液态排渣煤粉炉的气体未完全燃烧热损失可认为为零。

3. 排烟热损失

锅炉的排烟热损失是由于排烟温度高于外界空气温度所造成的热损失。在室燃炉的热损失中，排烟热损失是最大的一项，为 4%～8%。

影响排烟热损失的主要因素是排烟焓的大小，而排烟焓又取决于排烟容积和排烟温度。排烟温度越高，排烟容积越大，则排烟热损失越大。一般排烟温度提高 15～20℃，排烟热损失约增加 1%，锅炉效率下降 1%。

降低锅炉的排烟温度，可以降低排烟热损失。但是要降低排烟温度，就要增加锅炉的尾部受热面面积，因而增大了锅炉的金属耗量和烟气流动阻力；另外，烟温太低会引起锅炉尾部受热面的低温腐蚀，故不允许排烟温度降得过低。特别是燃用硫分较高的燃料时，排烟温度还应适当保持高一些。近代锅炉的排烟温度为 110～160℃。

排烟容积的大小取决于炉内过量空气系数和锅炉的漏风量。炉内过量空气系数越小，漏风量越小，则排烟容积越小，但过量空气系数的减小，常会引起 q_3 和 q_4 的增大，因此，最合理的过量空气系数（最佳过量空气系数）应使 q_2、q_3 和 q_4 之和为最小。

炉膛在运行中，受热面积灰、结渣等会使传热减弱，促使排烟温度升高。因此，锅炉在运行中应注意及时吹灰打渣，保持受热面的清洁。

炉膛和烟道漏风，不仅会增加排烟容积，漏入烟道的冷空气会使漏风点处的烟气温度降低，从而使漏风点以后所有受热面的传热量都减小，因此炉膛和烟道漏风还会使排烟温度升高。漏风点越靠近炉膛，对排烟温度升高的影响越大。因此，尽量设法减少炉膛及各烟道不严密处的漏风也是降低排烟热损失的一个重要措施。

汽水品质不良引起受热面内部结垢也会促使排烟温度升高。

4. 散热损失

锅炉在运行中，汽包、联箱、汽水管道、炉墙等的温度均高于外界空气的温度，这样就会通过自然对流和辐射向周围散热，形成锅炉的散热损失。

影响散热损失的主要因素有：锅炉额定蒸发量（锅炉容量）、锅炉实际蒸发量（锅炉负荷）、锅炉外表面积、水冷壁和炉墙结构、周围空气温度等。

由于锅炉的散热损失通过试验来测定比较困难，因此通常根据大量的经验数据绘制出锅炉额定蒸发量 D_e 与散热损失 q_5^e 的关系曲线，如图 6-4 所示。在已知锅炉额定蒸发量 D_e 的情况下，通过该曲线就可查得该额定蒸发量 D_e 下的散热损失 q_5^e。当锅炉额定蒸发量大于 900t/h 时，按 0.2%。

当锅炉在非额定蒸发量下运行时，由于锅炉外表面的温度变化不大，锅炉总的散热量也就变化不大。但对于 1kg 燃料的散热量 Q_5 却有明显变化。可以近似认为散热损失是与锅炉运行负荷成反比变化的，即锅炉在非额定蒸发量下的散热损失可按式（6-9）计算：

$$q_5 = q_5^e \frac{D_e}{D} \tag{6-9}$$

式中 q_5^e——锅炉额定蒸发量下的散热损失，%；

q_5——锅炉实际蒸发量下的散热损失，%；

D_e——锅炉额定蒸发量，kg/s；

D——锅炉实际蒸发量，kg/s。

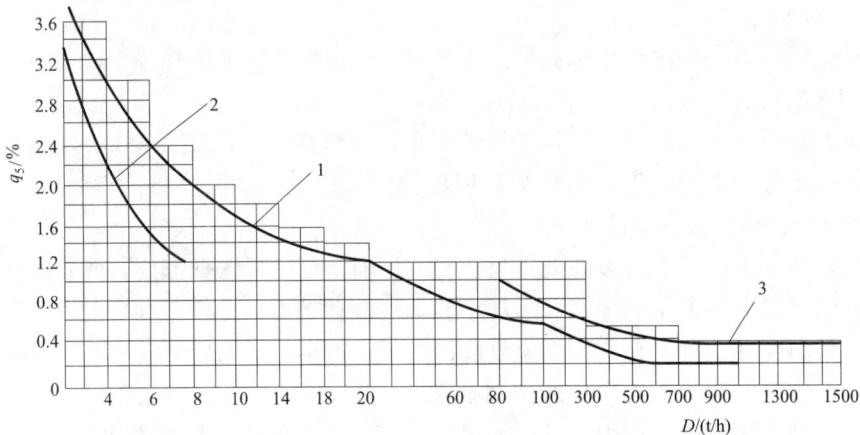

图 6-4   锅炉额定蒸发量下的散热损失
1—锅炉整体（连同尾部受热面）；2—锅炉本身（无尾部受热面）；
3—我国电厂锅炉性能验收规程中的曲线（连同尾部受热面）

锅炉容量增大时，额定蒸发量下的散热损失减小。这是因为锅炉容量增大时，燃料消耗量大致成比例地增加，而锅炉的外表面积却增加较慢，这样对应于单位燃料消耗量的锅炉外表面积是减小的。锅炉容量越大，散热损失越小。对同一台锅炉来说，当锅炉运行负荷降低时，散热损失就相对增大。

5. 灰渣物理热损失

锅炉炉渣排出炉外时带出的热量形成灰渣物理热损失。

灰渣物理热损失的大小主要与燃料中灰分的多少、炉渣中纯灰量占燃料总灰量的份额以及炉渣温度高低有关。简而言之，灰渣物理热损失的大小主要取决于排渣量和排渣温度。煤粉锅炉的排渣量和排渣温度主要与排渣方式有关。固态排渣煤粉炉的渣量较小，液态排渣煤粉炉的渣量较大；液态排渣煤粉炉的排渣温度比固态排渣煤粉炉高得多，因此液态排渣煤粉炉的灰渣物理热损失必须考虑。而对于固态排渣煤粉炉的排渣温度比液态排渣煤粉炉的排渣温度低得多，只有当灰分很高时，即 $A_{\text{ar}} \geqslant \dfrac{Q_{\text{net,ar},p}}{419}$ 时才考虑。

第七章　燃料特性及煤粉制备系统

第一节　燃　料　特　性

燃料是可以用来取得大量热能的物质。目前所用的燃料可分为两大类，一类是核燃料，另一类是有机燃料。火电厂锅炉采用的燃料为有机燃料。

锅炉所用的燃料种类不同，其燃烧方式及燃烧设备也不尽相同。而且，燃料的成分及特性对锅炉设计的合理性、运行操作的可靠性和经济性都有重要影响。因此，对于锅炉的设计及运行人员而言，掌握好燃料的成分、特性及其对锅炉工作的影响十分必要。煤是我国火电厂锅炉的主要燃料，本节着重介绍煤的成分、性质及相关的燃烧理论。

一、煤的成分分析及分析基准

煤属有机燃料，是古代植物在地质变化过程中逐渐形成的，不同种类的煤所含成分也不相同。随着埋藏年代的加深，碳的含量逐渐增多，而氢、氧、氮的含量则逐渐减少，这个变化过程称为煤的碳化过程。

煤中既包括有机成分，又包括无机成分，是多种物质的混合物，其化学组成和结构十分复杂。为了使用方便，一般通过元素分析和工业分析来确定煤中各组成成分的含量。元素分析测定煤的成分是由碳（C）、氢（H）、氧（O）、氮（N）、硫（S）五种元素及灰分（A）、水分（M）组成，主要用于锅炉的设计、燃烧计算等，但不能直接反映出煤的燃烧特性；工业分析测定煤的成分由水分（M）、灰分（A）、挥发分（V）和固定碳（FC）组成，可以反映出煤的燃烧特性并确定煤的性质。

1. 元素分析成分

煤中的各种组成成分的含量通常以它们各自的质量百分数来表示。

（1）碳。碳是煤中的主要可燃元素，一般占煤成分的 $20\%\sim70\%$（指收到基，下同）。碳元素包括固定碳（挥发分放出后所剩下的纯碳）和挥发分（CH_4、C_2H_2 及 CO 等）中的碳。碳化程度越深的煤，固定碳的含量也越多。

（2）氢。煤中氢元素的含量不多，为 $3\%\sim5\%$，氢均以化合物状态存在，H_2 极易着火及燃烧，含氢量多的煤着火及燃尽都较容易。

（3）氧和氮。氧和氮都是不可燃元素，是煤中的杂质，不能产生热量。煤中氧的含量变化很大，少到只有 $1\%\sim2\%$，多则可达 40%，氧常与碳、氢处于化合状态，减少了煤中可燃碳、可燃氢的含量，降低了煤的发热量。氮是有害的不可燃元素，含量低，为 $0.5\%\sim2.5\%$。煤高温燃烧时，其中氮的一部分将与氧反应生成 NO_x，造成大气污染。

（4）硫。煤中的硫以三种形式存在：有机硫（与 C、H、O 组成的有机化合物）、黄铁矿（FeS_2）、硫酸盐硫（$CaSO_4$、$MgSO_4$、$FeSO_4$ 等）。前两种硫均能燃烧放出热量，因此合称可燃硫或挥发硫，而硫酸盐硫不能燃烧，只能计入灰分。

煤中硫的含量一般不超过 2%，但个别煤种也高达 $8\%\sim10\%$。硫是有害元素，烟气中的 SO_2 及 SO_3 与水蒸气作用生成亚硫酸（H_2SO_3）及硫酸（H_2SO_4）蒸气，使烟气的露点大大升高，酸蒸气凝结在低温的受热面上便造成金属的低温腐蚀及堵灰。

此外，烟气中的硫化物从烟囱排入大气，造成环境污染，损害人体健康及农作物的生长。对于液态排渣炉，硫还是使受热面产生高温腐蚀的重要因素。

（5）水分。水分也是煤中不可燃杂质，各种煤含量差别甚大，少的只有 2%，如无烟煤，多的可达 50%～60%。

煤中水分增加，可燃成分相对减少，降低了煤的发热量，使炉内的燃烧温度下降，从而影响煤的着火及燃尽，增加机械和化学不完全燃烧热损失，降低锅炉效率。水分的蒸发使烟气的容积大大增加，导致排烟热损失和引风机电耗增大。而且，烟气中的水分过多还会使锅炉尾部受热面的低温腐蚀及堵灰均相应加重。原煤水分多会给煤粉制备增加困难，也会造成原煤仓、给煤机及落煤管中的黏结堵塞及磨煤机出力下降。

（6）灰分。煤中所含的矿物杂质燃烧后即形成灰分。灰分是煤中的不可燃杂质。各种煤的灰分含量相差很大，一般为 5%～45%，对石煤及煤矸石而言，常常可达 60%～70%，甚至更高。

灰也是煤中的有害成分。煤中灰分增加，可燃成分相应减少，这不仅降低了煤的发热量，而且影响煤的着火与燃尽程度，妨碍可燃物质与氧的接触，使煤不易燃尽，增加机械不完全燃烧热损失，降低锅炉效率，还使炉膛温度下降，燃烧不稳定，也增加了不完全燃烧热损失，同时增加了开采运输、煤粉制备等费用。

此外，多灰燃料使受热面的积灰严重，削弱传热效果，排烟温度升高，增加排烟热损失。当灰熔点低时，熔融灰粒还会黏结在高温受热面上形成大块熔渣，烟气中的灰粒将加速受热面金属的磨损，严重时还会堵塞低温受热面的通道。为了清除各受热面的熔渣、积灰及烟气中的飞灰，需要专门的设备，这又会使设备和运行操作复杂化。而且，由烟囱跑出的飞灰会造成环境粉尘污染。

2. 工业分析成分

在一定实验室条件下的煤样通过分析得出水分、挥发分、固定碳和灰分这四种成分的质量百分数称为工业分析。

（1）水分。实际应用状态下的煤（工作煤或收到煤）中所含的水分，称为全水分。它由外在水分（M_f）和内在水分（M_{inh}）两部分组成。

外在水分（M_f）又称为表面水分，是在开采、运输、洗选和储存期间附着于煤粒表面的外来水分，例如，因雨雪、地下水或人工润湿等进入煤中。其易于蒸发，通过自然干燥方法可予以除掉。内在水分（M_{inh}）又称为固有水分，指原煤试样失去了外在水分后剩余的水分。依靠自然干燥方法不可以除掉，在较高温度下才能从煤样中除掉。

（2）挥发分。将失去水分的煤样在隔绝空气的环境中加热到一定温度，煤中有机质分解而析出的气体产物（$C_m H_n$、H_2、CO、H_2S 可燃气体及少量 O_2、CO_2、N_2 不可燃气体的混合物）称为挥发分。挥发分并不是以现成的状态存在于煤中，而是煤被加热分解后形成的产物。不同碳化程度的煤挥发分析出的温度和数量不同。碳化程度浅的煤，挥发分开始析出的温度低。在相同的加热时间内，挥发分析出的数量随煤的碳化程度的提高而减少，挥发分析出的数量除取决于煤的性质外，还受加热条件的影响，加热温度越高、时间越长，则析出的挥发分愈多。

（3）固定碳和灰分。原煤试样除掉水分、析出挥发分之后，剩余的部分称为焦炭。由固定碳和灰分组成。

　　3. 煤的成分分析基准

　　由于煤中水分和灰分的含量受外界条件的影响，其他成分的百分数亦将随之变更，所以不能简单地用成分百分数来表明煤的种类和某些特征，而必须同时指明百分数的基准是什么，或者说，必须用某种基准的百分数才能确切反映煤的性质。为了实际应用和理论研究的需要，常用的基准有以下几种：

　　(1) 收到基 (ar)。以收到状态的煤（进入锅炉设备的工作煤俗称入炉煤）为基准计算煤中全部成分的组合称为收到基，其表达式为

$$C_{ar}+H_{ar}+O_{ar}+N_{ar}+S_{ar}+A_{ar}+M_{ar}=100\% \qquad (7-1)$$

$$FC_{ar}+V_{ar}+A_{ar}+M_{ar}=100\% \qquad (7-2)$$

　　(2) 空气干燥基 (ad)。以与空气温度达到平衡状态的煤为基准，即供分析化验的煤样在实验室一定温度条件下，自然干燥失去外在水分，其余的成分组合便是空气干燥基，其表达式为

$$C_{ad}+H_{ad}+O_{ad}+N_{ad}+S_{ad}+A_{ad}+M_{ad}=100\% \qquad (7-3)$$

$$FC_{ad}+V_{ad}+A_{ad}+M_{ad}=100\% \qquad (7-4)$$

　　(3) 干燥基 (d)。以假想无水状态的煤（去掉外在水分和内在水分的煤样）为基准，其余的成分组合便是干燥基。干燥基中因无水分，故灰分不受水分变动的影响，灰分百分数含量相对比较稳定，其表达式为

$$C_d+H_d+O_d+N_d+S_d+A_d=100\% \qquad (7-5)$$

$$FC_d+V_d+A_d=100\% \qquad (7-6)$$

　　(4) 干燥无灰基 (daf)。以假想无水、无灰状态的煤为基准，余下的成分，即为可以燃烧发热，提供能量的干燥无灰基。

$$C_{daf}+H_{daf}+O_{daf}+N_{daf}+S_{daf}=100\% \qquad (7-7)$$

$$FC_{daf}+V_{daf}=100\% \qquad (7-8)$$

　　煤的成分及各种分析基准之间的关系，如图 7-1 所示。

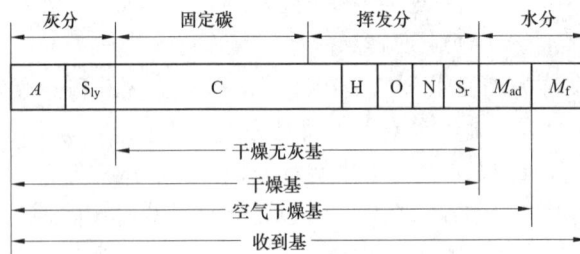

图 7-1　煤的成分百分数和各基准间的关系

M_f—外部水分；M_{ad}—内部水分；S_r—可燃硫或称全硫；S_{ly}—硫酸盐硫，已归入灰分

　　4. 动力用煤的分类

　　干燥无灰基是表示 C、H、O、S、N 成分百分数最稳定的基准，煤中挥发分的多少通常用干燥无灰基来表示，它能确切地反映燃料燃烧的难易程度，也是动力用煤分类的标准。动力用煤按挥发分含量的多少可分为无烟煤、贫煤、烟煤、褐煤四类。

（1）无烟煤。无烟煤挥发分含量最低，一般 $V_{daf} < 10\%$，且挥发分析出的温度也较高（可达 $400℃$），而且含碳量高，最高可达 95%，因而着火困难，燃尽也不容易。其发热量一般也很高，为 $25\,000 \sim 325\,00kJ/kg$。

（2）贫煤。贫煤是介于无烟煤与烟煤之间的一种煤，燃烧性能方面比较接近无烟煤。碳化程度比无烟煤稍低，干燥无灰基挥发分含量低，$V_{daf} = 10\% \sim 20\%$，碳的含量较高，一般为 $50\% \sim 70\%$，不太容易着火，燃烧时不易结焦。

（3）烟煤。烟煤的碳化程度较无烟煤低，含碳量一般为 $C_{ar} = 40\% \sim 60\%$，挥发分含量较多，一般 $V_{daf} = 20\% \sim 40\%$，故大部分烟煤都易着火，燃烧快，燃烧时火焰长。烟煤因其含氢量较高，发热量也较高，一般 $Q_{net,ar,p}$ 为 $20\,000 \sim 30\,000kJ/kg$，燃烧时多数具有弱结焦性。

（4）褐煤。褐煤挥发分含量高，$V_{daf} = 40\% \sim 50\%$，有的甚至高达 60%，而碳化程度低，含碳量低，$C_{ar} = 40\% \sim 50\%$。同时褐煤中水分及灰分含量很高，因此发热量较低，约 $10\,000 \sim 21\,000kJ/kg$，着火及燃烧均较容易，易自燃，不宜远途长时间储存。

二、煤的主要特性

1. 煤的发热量

（1）高位发热量和低位发热量。高位发热量指 $1kg$ 煤完全燃烧所放出的热量，其中包括燃烧产物中的水蒸气凝结成水所放出的汽化潜热，用 $Q_{gr,ar}$ 表示，单位为 kJ/kg。

低位发热量指 $1kg$ 煤完全燃烧所放出的热量，其中不包括燃烧产物中的水蒸气凝结成水所放出的汽化潜热，用 $Q_{net,ar,p}$ 表示，单位为 kJ/kg。

电厂锅炉的排烟温度通常在 $110 \sim 160℃$，烟气中水蒸气的分压力很低，烟气中的水蒸气不可能凝结成水释放出汽化潜热，即这部分热量不可能被锅炉有效利用。故在锅炉热力计算中都采用低位发热量。

煤收到基的高位发热量与低位发热量之间的关系为

$$Q_{net,ar,p} = Q_{gr,ar} - 2510\left(\frac{9H_{ar}}{100} + \frac{M_{ar}}{100}\right) = Q_{gr,ar} - 25.10(9H_{ar} + M_{ar}) \qquad (7-9)$$

式中　2510——水的汽化潜热，kJ/kg；

$\dfrac{9H_{ar}}{100}$——$1kg$ 煤中的氢燃烧生成的水蒸气的质量，kg/kg；

$\dfrac{M_{ar}}{100}$——$1kg$ 煤中水分的质量，kg/kg。

（2）标准煤。由于不同种类的煤具有不同的发热量，并且往往相差很大。同一燃烧设备在相同工况下，燃用发热量低的煤时，其煤的消耗量就大；燃用发热量高的煤时，其煤的消耗量就必然小。因此如果不考虑所燃用的具体的煤种就简单地说煤消耗量的大小，是不能正确表明设备运行经济性的。故引入标准煤的概念来核算企业对能源的消耗量，以便于进行比较和管理。

标准煤是收到基低位发热量为 $29\,310kJ/kg$（$7000kcal/kg$）的煤。实际煤的消耗量为 $B(t/h)$，折合成标准煤的消耗量 $B_b(t/h)$，其计算式为

$$B_b = \frac{Q_{net,ar,p}}{29\,310}B \qquad (7-10)$$

式中　$Q_{net,ar,p}$——实际煤的收到基低位发热量，kJ/kg。

（3）折算成分。煤中各种成分都以质量百分数来表示，为了看清煤中的水分、灰分、硫分这些有害成分对锅炉的影响程度，通常把它们的含量与燃料的发热量联系起来，引入折算的概念。规定把相对于每 4190kJ/kg（即 1000kcal/kg）收到基低位发热量的煤所含的收到基水分、灰分和硫分的质量百分数，分别称为折算水分、折算灰分、折算硫分，用公式表示分别为

$$折算水分 \quad M_{ar,zs} = \frac{M_{ar}}{Q_{net,ar,p}} \times 4190 \quad (7-11)$$

$$折算灰分 \quad A_{ar,zs} = \frac{A_{ar}}{Q_{net,ar,p}} \times 4190 \quad (7-12)$$

$$折算硫分 \quad S_{ar,zs} = \frac{S_{ar}}{Q_{net,ar,p}} \times 4190 \quad (7-13)$$

如果煤中 $M_{ar,zs} > 8\%$，称为高水分煤；$A_{ar,zs} > 4\%$，称为高灰分煤；$S_{ar,zs} > 0.2\%$，称为高硫分煤。

2. 灰的熔融特性

（1）灰的熔融特性及其影响因素。煤或多或少含有灰分，煤灰在某一确定的温度下开始熔化，此温度定义为煤灰的熔化温度，也称为灰熔点。灰熔点与灰的化学组成、灰周围高温的环境介质性质及煤中灰的含量有关。

灰的熔化温度主要取决于灰的成分及各成分含量的比例。灰的组成成分主要有 SiO_2、Al_2O_3、Fe_2O_3、FeO、CaO、MgO 及 K_2O、Na_2O 等。灰的各组成成分的熔化温度各不相同，而且煤灰是各组成成分的复合化合物和混合物，故其熔化温度并不是各组成成分熔化温度的算术平均值。一般来讲，煤灰中 SiO_2 和 Al_2O_3 的含量越高，则灰的熔化温度就越高。当 SiO_2 的含量与 Al_2O_3 的含量之比大于 1.18 时，自由 SiO_2 易与 FeO、CaO、MgO 等形成共晶体，这些共晶体的熔化温度较低，从而降低了灰的熔化温度。

煤中灰分含量不同时，灰熔点也会发生变化。含灰量越多，灰中各成分在加热过程中相互接触越频繁，则结合成低熔点共晶体的机会增多，使灰熔点降低的可能性增大。

灰所处的环境气氛对灰的熔化温度也有影响。同一种煤质，在还原性气氛中要比在非还原性气氛中的熔化温度低，这是由于在高温还原性气氛中，灰中高熔点 Fe_2O_3 被还原成熔点较低的 FeO，FeO 最容易与灰渣中的 SiO_2 形成低熔点的 $2FeO \cdot SiO_2$，从而使灰熔点降低。

灰熔点由于受以上因素影响，很难有一个确定的温度。煤灰往往是在一定的高温区间内逐渐熔化的，通常把煤灰的这种特性称为灰的熔融特性，并用灰的变形温度 DT、软化温度 ST 和流动温度 FT 来表示。

（2）灰的熔融特性对锅炉工作的影响。灰的熔融特性对于锅炉运行的经济性及安全性均有很大影响。灰的熔融特性一般以 ST 为代表，各种灰的软化温度多在 1100～1600℃。通常把 ST＜1200℃ 的煤灰称为易熔灰；ST＞1400℃ 的煤灰称为难熔灰。

当燃用低灰熔点的煤时，往往使固态排渣煤粉炉的炉壁和高温对流过热器结渣，严重时甚至会恶化炉内燃烧，甚至大块焦渣落下砸坏冷炉斗的水冷壁管而被迫停炉。一般认为，对于 ST＜1200℃ 的煤种，用液态排渣的方式更为合理；对于 ST＞1400℃ 的煤种，宜采用固态排渣的方式；对于 1200℃＜ST＜1400℃ 的煤种，通常也采用固态排渣的方式。

灰的熔融特性还用于锅炉设计时炉膛出口烟气温度的选择，一般要求炉膛出口烟气温度

应比 DT 低 50～100℃。

此外，DT、ST 和 FT 的温度间隔对锅炉结渣也有一定影响。当 ST－DT＞200℃时，说明灰渣的液态与固态共存时间较长，称为长渣；当 ST－DT＜100℃时，说明灰渣的液态与固态共存时间较短，称为短渣。因此，对固态排渣煤粉炉，为减轻炉内结渣，应燃用具有短渣性质的煤；而对液态排渣炉，为使排渣通畅，应燃用具有长渣性质的煤。

3. 煤的可磨性指数与磨损指数

（1）煤的可磨性指数。燃煤在进入煤粉炉之前，需预先磨制成煤粉，不同的煤被磨制成煤粉的难易程度不同，所消耗能量也不同，煤的这一性质是煤的可磨性，并用可磨性指数 K_{HGI} 来表示。

某种煤的可磨性指数是指在风干状态下，将等量的标准样煤和被测试煤，由相同的初始粒度磨制成同一规格的细煤粉时，所消耗的能量之比，即

$$K_{HGI} = \frac{E_n}{E_t} \tag{7-14}$$

式中　E_n——磨制标准煤样（一种难磨的无烟煤 $K_{HGI}=1$）消耗的能量；

　　　E_t——磨制被测试煤消耗的能量。

显然，K_{HGI} 越大，煤越易磨制成粉，所消耗的能量越小；K_{HGI} 越小，煤越难磨制成粉，所消耗的能量越大。

除了 K_{HGI} 以外，可磨性指数还可用哈氏可磨性指数 HGI 表示，两者的关系为

$$K_{HGI} = 0.0034HGI^{1.25} + 0.61 \tag{7-15}$$

我国动力煤可磨性指数 K_{HGI} 一般在 0.8～2.0（HGI＝25～125）。通常认为 $K_{HGI}＜$ 1.2（HGI＜64）的煤为难磨煤，$K_{HGI}＞1.5$（HGI＞86）的煤为易磨煤。

（2）煤的磨损指数。煤在磨制过程中，对磨煤机金属碾磨部件磨损的轻重程度，称为煤的磨损性，并用磨损指数 K_e 表示。

煤的磨损指数可通过不同的试验方法测定。试验方法不同，磨损指数的定义不同，但它们之间在数值上存在一定的换算关系。我国多采用西安热工研究院倡导利用的冲击式磨损实验装置测定煤的磨损指数，并将其定义为：在一定试验条件下，某种煤每分钟对纯铁的磨损量 X 与相同条件下标准煤样每分钟对纯铁磨损量的比值。这里的标准煤是指每分钟能使纯铁磨损 10mg 的煤。若在 τ(min) 内，某种煤对纯铁的磨损量为 m(mg)，则该煤的磨损指数为

$$K_e = \frac{E}{A\tau} = \frac{m}{10\tau} \tag{7-16}$$

式中　E——纯铁试片的累计磨损量；

　　　A——标准煤在单位时间内对纯铁试片的磨损量，$A=10mg/min$；

　　　τ——累计时间。

很明显，煤的磨损指数 K_e 越大，表明煤对金属碾磨部件的磨损越强烈，煤的磨损性越强；煤的磨损指数 K_e 越小，对金属碾磨部件的磨损越弱，煤的磨损性越弱。

煤的可磨性指数与煤的磨损指数是两个完全不同的概念。容易磨成粉的煤不一定都具有弱磨损性，不易磨成粉的煤也不一定都具有强磨损性。煤的磨损指数取决于煤中硬质颗粒（石英、黄铁矿等）的性质和含量，而煤中这些硬质颗粒与煤的总量比毕竟是少数。煤的

可磨性指数取决于煤的机械强度、脆性等因素，碳和除硬质颗粒以外的灰分在原煤中占绝大多数，它们决定了煤的机械强度和脆性，从而影响 K_{HGI} 的大小。

三、煤粉的性质

由磨煤机磨制出的煤粉是由各种粒径不同、形状不规则的微小颗粒组成的混合物，煤粉粒径在 $1\sim1000\mu m$，其中 $20\sim50\mu m$ 的颗粒居多。刚磨制的疏松煤粉的堆积密度为 $0.4\sim0.5t/m^3$，经堆存自然压紧后，其堆积密度约为 $0.7t/m^3$。

新磨制的干煤粉由于小而轻，其表面具有较强吸附大量空气的能力，故而煤粉与空气混合后具有良好的流动性，可通过气力方便地在管道内输送，但也容易通过缝隙引起漏粉和煤粉自流，影响锅炉的安全工作及环境卫生，因而要求制粉系统具有足够的严密性。

在氧化性气氛中积存的煤粉会因吸附了大量空气而不断地被氧化，在散热不良时，缓慢氧化产生的热量将不断积聚，使煤粉温度逐渐升高，当达到着火点时，则会引起煤粉的自燃，甚至爆炸。另外，煤粉气流在一定条件下遇到明火时也会发生爆炸。制粉系统内煤粉的起火爆炸多数是由系统内的沉积煤粉自燃引起的。影响煤粉或煤粉气流爆炸的因素主要有煤粉的挥发分、水分含量及煤粉细度、煤粉气流的温度、含粉浓度、含氧浓度等。煤粉越细、挥发分含量及发热量越高发生爆炸的可能性就越大；煤粉气流的温度越高、含粉浓度越接近危险浓度（$1.2\sim2.0kg/m^3$）、含氧浓度越大，爆炸的可能性也越大。实践表明，当煤粉的 $V_{daf}<10\%$ 或粒度大于 $100\mu m$ 时，煤粉几乎不会发生爆炸；对温度低于 $100℃$、含粉浓度避开了危险浓度或含氧浓度小于 16% 的煤粉气流，也基本上不存在爆炸的危险。在制粉系统的设计和运行中，通常采用的防爆手段是：设法避免或消除煤粉的沉积，限定或控制煤粉气流的温度和含氧浓度，安装防爆门等。

煤粉的最终水分对供煤的连续性、均匀性、爆炸性、燃烧的经济性、磨煤机出力等都有较大的影响。水分高，则流动性差，输送困难，且易引起粉仓搭桥、管道堵塞、着火推迟等；水分低易引起自燃或爆炸。所以，煤粉水分应根据其储存和输送的可靠性以及燃烧和制粉系统的经济性综合考虑。一般要求烟煤磨制后的煤粉最终水分 $0.5M_{ad}<M_{mf}\leqslant M_{ad}$，无烟煤、贫煤 $M_{mf}\leqslant0.5M_{ad}$，褐煤 $0.5M_{ad}<M_{mf}<M_{ad}$。

1. 煤粉细度

煤粉细度指煤粉的粗细程度，是衡量煤粉品质的重要指标，一般用一组具有标准筛孔尺寸的筛子测定。我国常用的筛子规格及煤粉细度的表示方法列于表 7-1。若试样煤粉经内孔边长为 x 的标准筛筛分后，通过筛子的煤粉质量（称为过筛量）为 b，留在筛子上的煤粉质量（称为筛余量）为 a。则该煤粉的细度定义为

$$R_x=\frac{a}{a+b}\times100\%\qquad(7-17)$$

显然，R_x 代表筛余量占试样煤粉总质量的百分数。对确定的筛子而言，R_x 越小，说明煤粉越细。

进行比较全面的煤粉细度分析，通常需用四五个不同规格的筛子。电厂中对于无烟煤和烟煤常用 30 号和 70 号两种筛子，对于褐煤则常用 12 号和 30 号两种筛子，如果只用一个数值来表示煤粉细度则常用 70 号筛子，即用 R_{90} 表示。

表 7-1　　　　　　　　　　　　　　筛子规格及煤粉细度表示

筛号（每厘米的孔数）	6	8	12	30	40	60	70	80
孔径（孔的内边长）（μm）	1000	750	500	200	150	100	90	75
煤粉细度表示	R_{1000}	R_{750}	R_{500}	R_{200}	R_{150}	R_{100}	R_{90}	R_{75}

2. 煤粉的均匀性

煤粉由粗细不同的颗粒组成。甲、乙两种煤粉的煤粉细度相同，也就是两种煤粉的筛余量相等，但如果甲煤粉在筛子上剩下的煤粉更粗，而落在筛子下的煤粉更细，则甲、乙两种煤粉在燃烧过程中，甲更不易燃尽。因此，仅用煤粉细度来表示煤粉性质并不全面，还需要引进煤粉均匀性的概念。

煤粉均匀性可以用均匀性指数 n 来表示。n 值较大时，煤粉中较粗和较细的颗粒都较少，煤粉颗粒粗细分布比较均匀；反之，n 值较小时，煤粉中较粗和较细的颗粒均较多，颗粒粗细分布就不均匀。

煤粉的均匀性指数 n 的大小主要取决于制粉系统中磨煤机和粗粉分离器的形式以及它们的运行工况。各种制粉设备的 n 值一般在 $0.8 \sim 1.5$，见表 7-2。

表 7-2　　　　　　　　　　　　　　各种制粉设备的 n 值

磨煤机形式	粗粉分离器形式	n 值	国外数据
筒式钢球磨煤机	离心式 回转式	$0.8 \sim 1.2$ $0.95 \sim 1.1$	$0.7 \sim 1.0$
中速磨煤机	离心式 回转式	0.86 $1.2 \sim 1.4$	$1.1 \sim 1.3$

3. 煤粉的经济细度

煤粉细度对煤粉（气流）的着火和焦炭的燃尽以及磨煤运行费用 q_{m}（包括磨煤电耗费用和磨煤设备的金属磨耗费用）都有直接影响。煤粉磨得越细，越容易着火，不完全燃烧热损失（主要是 q_4）越小，但磨煤运行费用 q_{m} 增加。比较合理的煤粉细度应根据锅炉燃烧对煤粉细度的要求与磨煤运行费用两个方面进行技术经济比较确定。通常把 $q_4 + q_{m}$ 为最小值时所对应的煤粉细度 R_{90} 称为经济细度，如图 7-2 所示。

影响煤粉经济细度的因素很多，最主要的是燃煤的 V_{daf} 及磨煤机和粗粉分离器的性能。V_{daf} 较高的燃煤，易于着火和燃尽，允许煤粉磨得粗一些，即 R_{90} 可以大一些；否则，R_{90} 应小一些。磨煤机和粗粉分离器的性能决定了煤粉的均匀性指数 n。n 值较大时，煤粉的粗细比较均匀，即使煤粉粗一些，也能燃烧得比较完全，因而 R_{90} 也可以大一些；反之，R_{90} 也应小一些。综合考虑 V_{daf} 和均匀性指数 n 这两个主要因素的影响，对固态排渣煤粉炉，煤粉的经济细度可按下式选取。

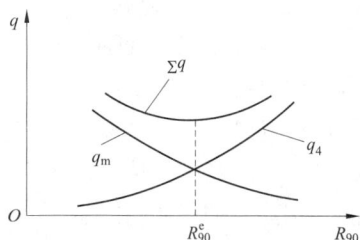

图 7-2　煤粉经济细度的确定原理

当燃用无烟煤、贫煤和烟煤时：$R_{90}^{e} = 4 + 0.5 n V_{daf}$（适用于 300MW 及以上机组，对于 200MW 以下机组要在上述基础上适当下降）。

当燃用劣质烟煤时：$R_{90}^e = 50 + 0.35V_{daf}$。

当燃用褐煤和油页岩时：$R_{90}^e = 35\% \sim 50\%$（挥发分高取大值，挥发分低取小值）。

另外，燃烧设备的形式及锅炉运行工况对煤粉经济细度也有较大影响。因此，在锅炉实际运行时，对于不同煤种和燃烧设备，应通过燃烧调整试验来确定煤粉的经济细度。

第二节　磨　煤　机

磨煤机是将煤块磨制成煤粉的机械，是制粉系统的主要设备。煤在磨煤机中被磨制成煤粉，主要通过撞击、挤压和碾磨三种作用力。任何一种磨煤机往往同时具有上述两种或三种作用力，但以一种作用力为主。

磨煤机的形式很多，按磨煤部件的转速高低分为三种类型。

低速磨煤机：转速一般为 $50 \sim 300$r/min，如筒式钢球磨煤机。筒式钢球磨煤机又可分为单进单出钢球磨煤机和双进双出钢球磨煤机。

中速磨煤机：转速一般为 $50 \sim 300$r/min，如平盘磨煤机、环球式中速磨煤机（又叫 E 型磨）、碗式磨煤机、MPS 磨煤机等。

高速磨煤机：转速一般为 $420 \sim 1500$r/min，如风扇磨煤机、竖井磨煤机等。由于高速磨煤机在我国火力发电厂中很少使用，故以下不做阐述。

磨煤机形式的选择关键在于煤的性质，特别是煤的挥发分、可磨性系数、磨损指数及水分、灰分等，同时还要考虑运行的可靠性、初投资、运行费用以及锅炉容量、负荷性质等，必要时还进行技术经济比较。

煤在磨煤机内被碾磨的同时还被干燥，所以，磨煤机的出力有两个，即磨煤出力和干燥出力。磨煤出力指单位时间内，在保证一定煤粉细度的条件下，磨煤机所能磨制的原煤量，用 B_m 表示，单位为 t/h。干燥出力指磨煤系统在单位时间内，能将多少煤由最初的水分干燥到所要求的煤粉水分，用 B_g 表示，单位为 t/h。对某一磨煤机而言，磨煤出力和干燥出力在任何时间都应一致，可通过调节干燥剂的温度和流量达到。

一、筒式钢球磨煤机

1. 单进单出钢球磨煤机

筒式钢球磨煤机结构如图 7-3 所示。磨煤部分是一个直径为 $2 \sim 4$m，长为 $3 \sim 10$m，内壁衬有耐磨的波浪形锰钢护甲的圆筒。筒内装有许多直径为 $30 \sim 60$mm 配比数量不等的钢球。圆筒两端是架在大轴承上的空心轴颈，一端作为原煤与干燥剂的进口，另一端作为风粉混合物的出口。

筒体经电动机、减速装置传动以低速旋转，在离心力和摩擦力的作用下，护甲将钢球及煤提升至一定高度，然后借重力自由下落。煤主要被下落的钢球撞击破碎，同时还受到钢球之间、钢球与护甲之间的挤压、研磨作用。原煤与热空气从一端进入钢球磨煤机，磨好的煤粉被气流从另一端排出。热空气不仅是输送煤粉的介质，而且还起干燥原煤的作用。因此，进入钢球磨煤机的热空气被称为干燥剂。

钢球磨煤机筒体和钢球的质量远比磨体内煤的质量大，钢球磨煤机的功率主要消耗在转动筒体和提升钢球，而与磨煤出力关系不大，钢球磨煤机的满负荷功耗与空载时相差不大。

钢球磨煤机单位电耗 E_m 按式（7-18）计算

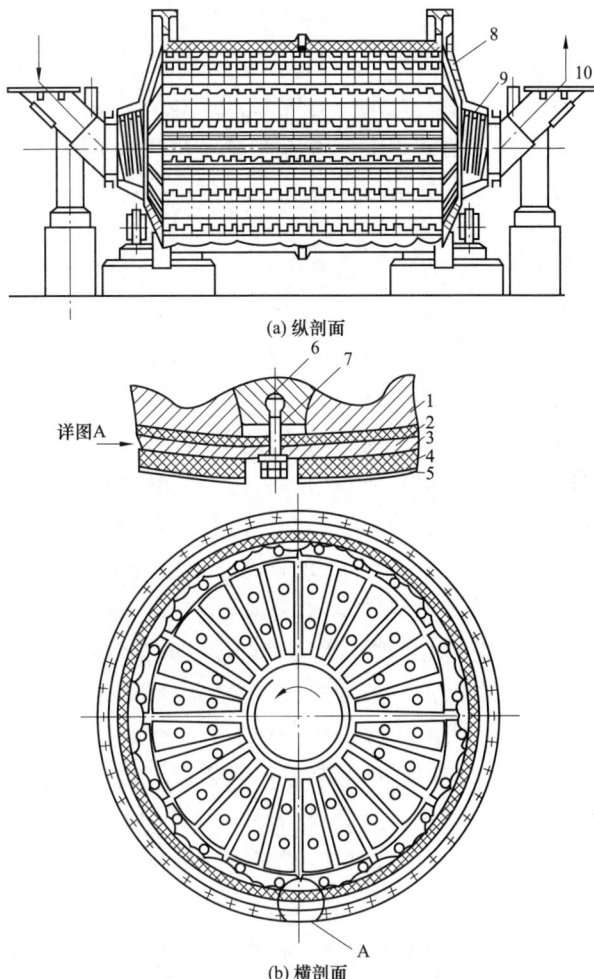

(a) 纵剖面

详图A

(b) 横剖面
图 7 - 3　钢球磨煤机的剖面

1—波浪形的护甲；2—绝热石棉垫层；3—筒身；4—隔音毛毡层；5—钢板外壳；
6—压紧用的楔形块；7—螺栓；8—封头；9—空心轴颈；10—短管

$$E_{\mathrm{m}} = \frac{P_{\mathrm{m}}^{\mathrm{gd}}}{B_{\mathrm{m}}} \quad \mathrm{kWh/t} \tag{7-18}$$

式中　　$P_{\mathrm{m}}^{\mathrm{gd}}$——磨煤机消耗的功率，kW。

可以看出，随着磨煤出力的增加，单位电耗 E_{m} 减小。所以，钢球磨煤机满负荷运行时最为经济，而低负荷或变负荷运行都是不经济的。这是钢球磨煤机与其他形式磨煤机的重要差别。

制粉系统中，煤粉的气力输送一般由一次风机（或排粉风机）承担。一次风机（或排粉风机）消耗的电网功率 $P_{\mathrm{vl}}^{\mathrm{gd}}$ 取决于通风量与制粉系统压降。通风单位电耗 E_{vl} 按式（7-19）计算

$$E_{\mathrm{vl}} = \frac{P_{\mathrm{vl}}^{\mathrm{gd}}}{B_{\mathrm{m}}} \quad \mathrm{kWh/t} \tag{7-19}$$

式中　　$P_{\mathrm{vl}}^{\mathrm{gd}}$——一次风机或排粉风机消耗的功率，kW。

磨煤单位电耗 E_{m} 与通风单位电耗 E_{vl} 之和称为制粉系统单位电耗 E_{pul}，即

$$E_{\text{pul}} = E_{\text{m}} + E_{\text{vl}} \quad \text{kWh/t} \tag{7-20}$$

钢球磨煤机的主要特点是结构简单，适应煤种广，能磨任何煤，对煤中混入的铁块、木屑和硬石块等不敏感；能在运行中补充钢球，能长期维持一定出力和煤粉细度，工作可靠，检修周期长；设备庞大笨重、占地面积大、金属耗量大，初投资及运行电耗、金属磨耗都较高；运行噪声大，磨制的煤粉也不够均匀，低负荷运行不经济。

2. 双进双出钢球磨煤机

双进双出钢球磨煤机是在单进单出钢球磨煤机基础上发展起来的一种新颖的制粉设备，它包括两个相互对称的磨煤回路，具有烘干、磨粉、选粉、送粉等功能，如图 7-4 所示。双进双出钢球磨煤机的中间为一由钢板卷制的圆筒形壳体和两端的铸钢盖组成的筒体，其内壁衬有由定位螺栓固定的波浪形锰钢或铬钼合金护甲，其外部封闭在衬有吸音材料的防护罩壳内以降低磨煤机的运行噪声。筒体由电动机通过减速装置、气动离合器、小齿轮及装在壳体上的螺旋大齿轮单侧驱动低速旋转，与其内装载的不同规格尺寸的钢球一道将进入的原煤磨成粉。两端的铸钢盖分别与两个耳轴的一端相连。耳轴是一个中空轴，由轴承支承，随筒体一起转动，是进煤、送风及排出煤粉气流的通道。耳轴内有一空心圆管，是干燥剂（热风）进入筒体的通道。由于磨煤过程中筒体内钢球碰撞会使一些钢球进入空心圆管，为了将其送回筒体，空心圆管内装有输送分离带。空心圆管外端的滤网则用来防止钢球进入空气入口弯头。在空心圆管外侧绕有由保护链条或弹簧弹性以及环形密封板固定的螺旋输送器。螺旋输送器允许有一定位移变形，可防止被硬质杂物卡坏。螺旋输送器外缘与中空轴之间有一定间隙，其下部可通过煤块，上部可通过磨制后的风粉混合物。空心圆管和螺旋输送器也随筒体一起转动。耳轴的另一端与静止的进煤/排粉室（或煤粉分离器底部）相连，其中煤走室外，煤粉气流走室内，动静之间通过密封装置和密封风密封。当筒体转动时，螺旋输煤器像连续旋转的铰刀，将落在钢球磨煤机两端中空轴底部的原煤通过空心圆管与中空轴间的环形通道不断地刮向筒内进行磨制，同时从空心圆管进入筒内的干燥剂（热风）对煤进行干燥。由于等量干燥剂（热风）从钢球磨煤机的两端进入筒体并在中间部位对冲后反向流动，将磨制好的煤粉按进煤的反方向通过两端中空轴的上半部带出钢球磨煤机，从而形成了两个相互对称，又彼此独立的磨煤回路。

双进双出钢球磨煤机特点如下：

（1）煤种适应性广，可靠性和可用率高。适合于磨制灰分高、磨损性强、腐蚀性强的煤种，以及挥发分低、要求煤粉细的无烟煤。对煤中的杂物不敏感。实践表明，其长期运行可用率达 98% 以上，高于锅炉本体可用率。

（2）备用容量小，维护费用低。设计坚固、结构简单，故障少，日常运行维护的主要工作就是补充钢球。在钢球磨损时无需停机即可添加，以保证系统正常供粉，因而连续作业率高，备用容量小，而中速磨煤机通常需 20% 左右的备用容量。

（3）风煤比低。风煤比比其他磨煤机低，通常为 1.4~1.7，即一次风的煤粉浓度高，特别适合于低挥发分劣质煤的燃烧。

（4）煤粉细度稳定，不受负荷变化的影响。由于煤位恒定，钢球磨煤机负荷越低，煤粉在筒内停留时间越长，煤粉越细，甚至 95% 的煤粉可通过 200 目筛，从而能改善煤粉气流着火和燃烧性能，对于锅炉低负荷时的燃烧稳定非常有利，使锅炉负荷调节范围扩大。

（5）负荷响应迅速，运行灵活。双进双出钢球磨煤机的出力通过高速进入钢球磨煤机的

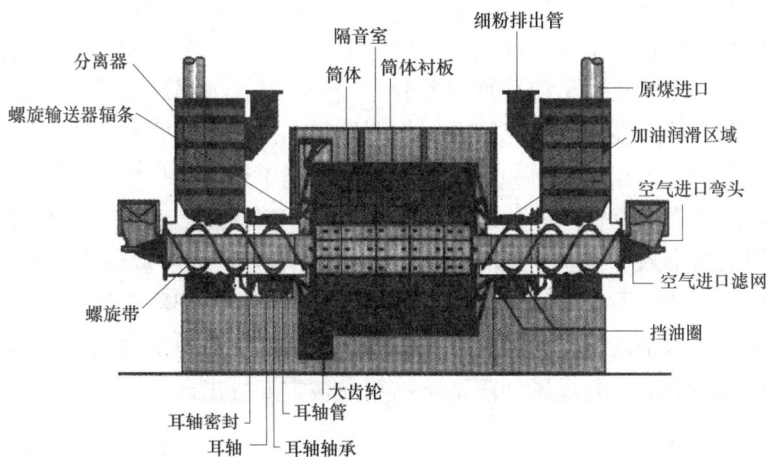

图 7-4　双进双出钢球磨煤机的结构

一次风量来进行控制，钢球磨煤机几乎可以立即对锅炉的负荷变化做出响应。由于转筒中存有大量磨制好的煤粉，即使在大的负荷变化时，也不会出现粉量不足的现象，因而通常配直吹式制粉系统。实践表明，配双进双出钢球磨煤机的直吹式制粉系统，对锅炉负荷变化的响应时间几乎与燃油和燃气一样快，其负荷变化率可超过每分钟 20%，自然滞留时间是所有磨煤机中最少的，只有 10s 左右。

　　由于双进双出钢球磨煤机具有两个对称的彼此独立的研磨回路，具体运行时可使用其中一个或同时使用两个回路，使双进双出钢球磨煤机的出力可降至 50% 以下，扩大了负荷调节范围，因而有显著的灵活性。单端给煤时，双进双出钢球磨煤机出力一般限制在 85% 以下。

　　（6）短时的给煤中断不影响双进双出钢球磨煤机出力。即使两台给煤机同时不能给煤，筒体内的存煤量也能够维持 10min 的满负荷出力。如果两台给煤机中的一台发生故障，另一台给煤机仍可维持满负荷出力，不会因为检修其中一台给煤机而停磨。

　　（7）整个制粉系统加配套风系统在基本出力时运行电耗低，但低负荷时，制粉单位电耗较高。

二、中速磨煤机

　　1. 中速磨煤机的类型及其工作原理

　　我国电厂采用的中速磨煤机主要有四种：辊-盘式，也称平盘磨煤机；辊-碗式，又称碗式磨煤机或 RP 磨煤机（或改进型 HP 磨煤机）；球-环式，又称 E 型磨煤机；辊-环式，如 MPS 磨煤机。这四种形式的磨煤机的结构分别如图 7-5～图 7-8 所示。

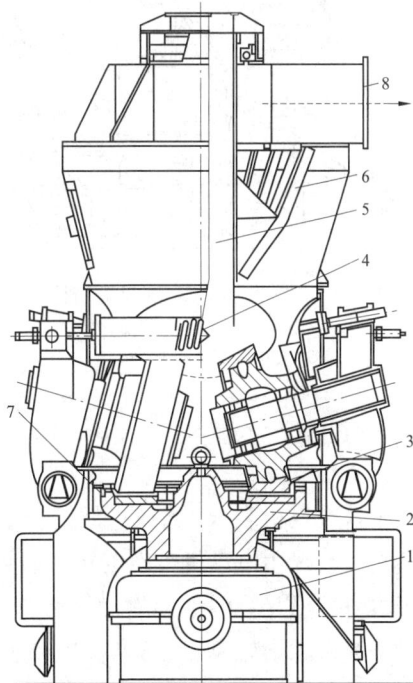

图 7-5　中速平盘磨煤机结构

1—减速器；2—磨盘；3—磨辊；
4—加压弹簧；5—下煤管；6—分离器；
7—风环；8—风粉混合物出口

中速磨煤机的结构各异，但工作原理和基本组成大致相同。由图 7-5～图 7-8 可见，四种磨煤机均包括驱动装置、碾磨部件、干燥分离空间以及煤粉分离和分配装置四部分。工作过程为：由电动机、减速装置驱动垂直布置的主轴带动磨盘或磨环转动。原煤经落煤管进入两组相对运动的碾磨件的表面，在压紧力的作用下受到挤压和碾磨被粉碎成煤粉。磨成的煤粉随碾磨部件一起旋转，在离心力和不断被碾磨的煤和煤粉的推挤作用下被甩至风环处。热空气（干燥剂）经装有均流导向叶片的风环整流后以一定的速度进入环形干燥空间，对煤粉进行干燥，并将煤粉带入磨煤机上部的煤粉分离器。不合格的粗煤粉在分离器中被分离下来，经锥形分离器底部返回碾磨区重磨。合格的煤粉经煤粉分配器由干燥剂带出磨外，进入一次风管。煤中夹带的难以磨碎的煤矸石、石块等在磨煤过程中也被甩至风环上方，因风速不足以将它们夹带而下落，通过风环落至杂物箱内被定期排出。

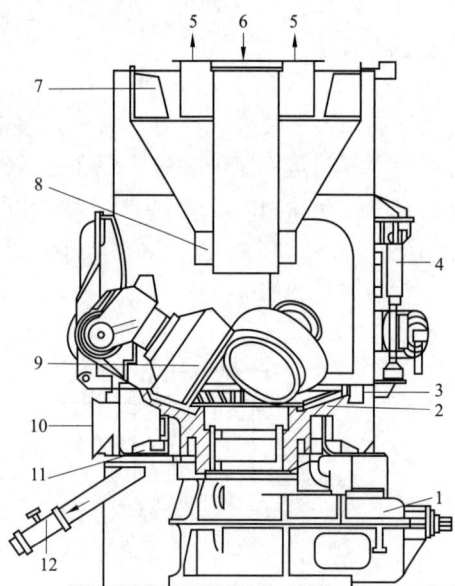

图 7-6　RP 磨煤机结构

1—减速器；2—磨碗；3—风环；4—加压缸；
5—风粉混合物出口；6—原煤进口；7—分离器；
8—粗粉回粉管；9—磨辊；10—热风进口；
11—杂物刮板；12—杂物排放管

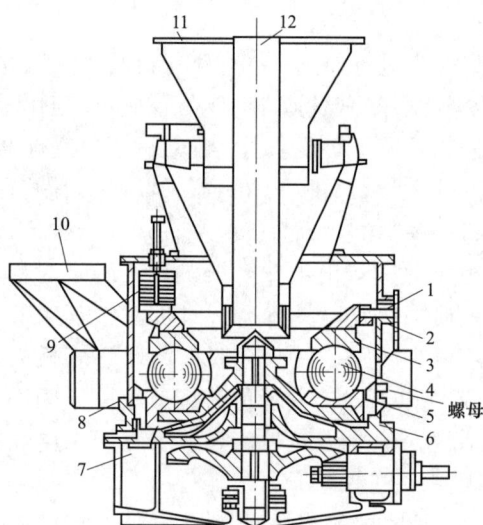

图 7-7　E 型磨煤机结构

1—导块；2—压紧环；3—不转的上磨环；
4—钢球；5—旋转的下磨环；6—轭架；
7—石子煤箱；8—活门；9—压紧弹簧；
10—热风进口；11—风粉混合物出口；12—原煤进口

平盘磨煤机和 RP 磨煤机的旋转磨盘分别为圆形平盘和碗形。它们的碾磨部件均为磨盘和磨辊。磨盘由电动机带动旋转，磨辊绕固定轴在磨盘上滚动。磨辊碾压煤的压力一部分靠辊子本身的重量，但主要靠加压弹簧（小型磨）或液力-气动加载装置（大型磨）的压力。平盘磨煤机的磨辊是锥形的，其转动轴线与平盘成 15°夹角，一般每台平盘磨煤机上装有 2～3 个磨辊。为了防止原煤在旋转平盘上未经碾磨就被甩到风环室，因此在平盘外缘设有挡圈。挡圈还能使平盘上保持适当的煤层厚度，提高碾磨效果。RP 磨煤机的磨盘目前多采用浅沿形或斜盘形钢碗，磨辊一般也是锥形的，其转动轴线与水平面成一定角度，以使磨辊表面与磨盘碗面相吻合。一般 RP 磨煤机装有 3 个磨辊，相隔 120°安装于磨盘上方，磨辊与

磨盘之间不直接接触，间隙可调。HP 磨煤机是 RP
磨煤机的改进型，二者的主要区别体现在传动装置
上，RP 磨煤机采用的传动装置是蜗轮蜗杆，磨辊长
度大，直径小。HP 磨煤机采用的传动装置是螺旋伞
/行星齿轮，传动力矩大，而且磨辊长度小，直径大，
磨煤出力较大。弹簧加载装置装在机外，不存在弹簧
磨损问题，弹簧位移量较大，允许较大的杂物通过磨
辊，对磨煤机起到保护作用，装有随磨碗一起转动的
风环装置来改变一次风的流向和流速，使通过磨煤机
的空气分配得更为均匀，增强了煤粉的分离效果，降
低了磨煤机内部的磨损及一次风阻力损失，提高了对
石子煤排量的调控能力。

　　E 型磨煤机的碾磨部件为上、下磨环和夹在中间
的约 10 个大钢球，钢球可以在磨环之间自由滚动。
钢球在下磨环的带动下沿环形轨道回转的同时，也不
断改变其自身的旋转轴线，因此，钢球在其工作寿命
期内能始终保持圆球形，以保证磨煤性能不变，使磨
煤出力不会因钢球磨损而减少。中小型 E 型磨用弹
簧加载，大型的采用液压-气动加载装置，它通过上
磨环对钢球施加压力。液压-气动加载装置能在碾磨

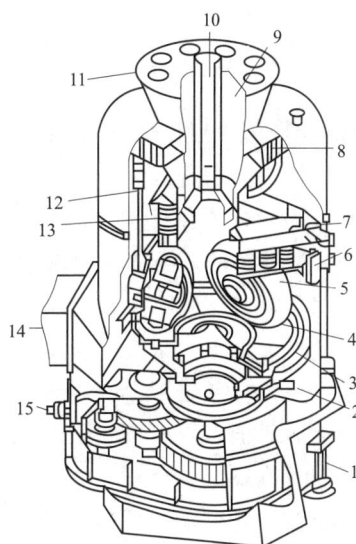

图 7-8　MPS 磨煤机结构

1—液压缸；2—杂物刮板；3—风环；4—磨环；
5—磨辊；6—下压盘；7—上压盘；8—分离器导
叶；9—风粉混合物出口；10—原煤进口；
11—煤粉分离器；12—密封空气管路；
13—加压弹簧；14—热风进口；15—传动轴

部件使用寿命期限内自动维持磨环上的压力为定值，从而降低因碾磨部件磨损对磨煤出力和
煤粉细度的影响。其一般采用正压方式运行。

　　MPS 磨煤机采用具有圆弧凹形槽滚道的磨盘，磨辊的碾磨面近乎球状。三个磨辊相对
布置在相距 120°的位置上。磨辊尺寸大，在水平方向具有一定的自由度，可自由摆动 12°～
15°，使三个磨辊受力一致，磨损均匀。在碾磨过程中磨辊由磨盘摩擦力带动旋转。磨煤的
碾磨力来自磨辊、弹簧架及压力架的自重和弹簧的预压缩力。弹簧的预压缩力依靠作用在弹
簧压盘上的液压缸加载系统来实现。

　　2. 中速磨煤机的特点

　　结构紧凑，占地面积小，仅为球磨机的 1/4，钢材耗量少，重量小，投资省。磨煤电耗
约为球磨机的 50%～75%。金属磨耗较低，金属磨损量约为 4～2g/t 煤，而钢球磨煤机为
400～500g/t 煤。煤粉细度 R_{90} 可在 10%～35% 调节，煤粉均匀性指数较高，密封性能好，
适用于正压运行，运行噪声小、启动灵活、调节迅速，适宜变负荷运行。但结构复杂，需定
期检修、维护。进风温度不宜太高，煤和干燥剂接触晚，磨制高水分煤种困难，煤种适应性
不如球磨机。对铁块、石块、木块敏感性大于球磨机，易引起振动和部件损坏。在排放的石
子煤中难免夹带少量合格煤粒。

　　中速磨适合磨制的煤种为外在水分 $M_f \leqslant 15\%$，磨损指数 $K_e \leqslant 3.5$ 的烟煤、贫煤、劣质
烟煤和褐煤。

第三节　煤 粉 制 备 系 统

　　煤粉制备系统通常简称为制粉系统，是指将原煤磨碎、干燥，使之成为具有一定细度和水分的煤粉，然后送入锅炉炉膛进行燃烧所需设备和有关连接管道的组合。常见的制粉系统主要有中间储仓式和直吹式两种。

　　一、煤粉制备系统的主要辅助设备

　　制粉系统的主要辅助设备有给煤机、粗粉分离器、细粉分离器、给粉机、锁气器等。

　　1. 给煤机

　　给煤机的任务是根据磨煤机或锅炉负荷的需要，向磨煤机均匀连续地供应适量的原煤。给煤机的形式很多，有皮带式、刮板式和电磁振动式等，目前国内大型火电厂常用的为电子称重式皮带给煤机。

　　电子称重式皮带给煤机主要由机体、给煤皮带机构、称重机构、链式清理刮板、断煤及堵煤信号装置、清扫输送装置、电子控制柜及电源动力柜组成，结构如图7-9所示。该给煤机一般处于正压下运行，故采用全封闭装置。原煤经给煤皮带机构送入磨煤机，给煤皮带内侧中间有凸筋，各皮带的运动具有良好的导向性。称重机构位于给煤机的进煤与出煤口之间，由三个称重托辊和一对负荷传感器以及电子装置组成。该给煤机控制系统在机组协调控制系统的指挥下，根据锅炉负荷所需的给煤率信号，控制驱动电机的转速来进行调节，使实际给煤量与所需要的给煤量相一致。在称重机构的下部装有链式清理刮板机构，将煤刮至出口排出，以清除称重机构下部的积煤。在给煤皮带的上方装有断煤信号，当皮带上无煤

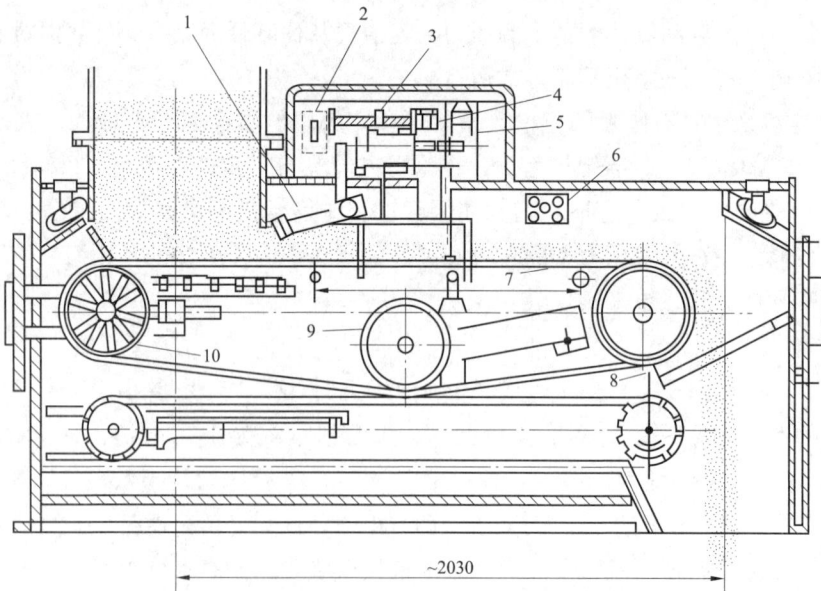

图7-9　电子称重式皮带给煤机结构示意图

1—可调节的平煤门；2—电磁开关；3—游码；4—游码动作电动机；

5—重量修正电动机；6—事故按钮；7—称量段；8—刮板；9—张紧轮；10—主动轮

时，便启动原煤仓的振动器；另有堵煤信号装在给煤机的出口，若煤流堵塞，则停止给煤机的运行。

由于这种给煤机具有先进的皮带转速测定装置、精确度高的称重机构、良好的过载保护以及完善的检测装置等优点，所以在国内大容量机组中得到了广泛的应用。

2. 粗粉分离器

粗粉分离器的任务是调节煤粉细度，并将不合格的粗粉分离出来。粗粉分离通常是利用重力、惯性力和离心力作用原理来完成的。实际上各种分离器的工作一般都利用了上述两种或三种力的综合作用。

（1）离心式粗粉分离器。离心式粗粉分离器由内外锥体、折向挡板和回粉管组成，按照可调折向挡板的装置方向可分为径向型和轴向型，如图 7-10 所示。径向型粗粉分离器存在循环倍率高和阻力偏大的缺点，国内电厂大多选用轴向离心式粗粉分离器。

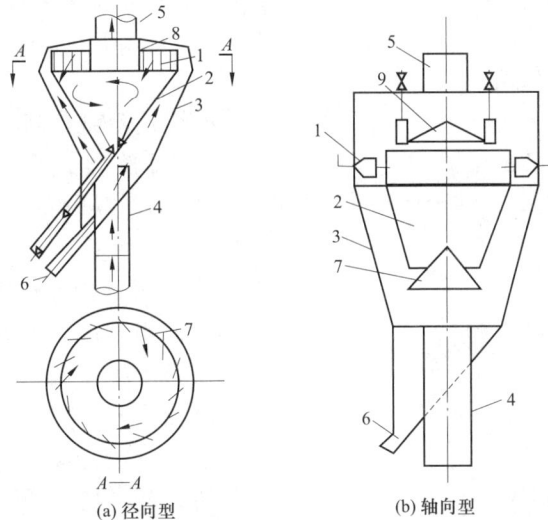

图 7-10　离心式粗粉分离器结构
1—折向挡板；2—内锥体；3—外锥体；4—进口管；
5—出口管；6—回粉管；7—锁气器；8—活动环；9—圆锥帽

轴向离心式粗粉分离器的工作原理是：来自磨煤机的风粉混合物以 18～20m/s 的速度通过进口管进入外锥体，由于通流截面积突然扩大，气流速度降低到 4～6m/s，在重力沉降和内锥锁气器底部对上升气流的撞击分离共同作用下，气流中的部分粗煤粉被分离出来，经回粉管返回磨煤机重磨。内锥锁气器还使煤粉气流能够均匀地导入环形通道，减轻筒壁涡流。气流上升至轴向挡板处时，由于撞击作用部分粗煤粉又被弹至外锥内壁沿壁滑落。气流通过轴向挡板产生旋转，在轴向挡板出口的分离器上部空间内形成一个倒漏斗状旋转气流，而且分离器中心旋转最强，使粗煤粉在离心力和惯性力作用下集中到外锥壳体附近并被分离下来，较细的煤粉趋向分离器中心范围。在内锥体上方有一个圆锥形盖帽，它起阻流作用，以减弱沿中心向下的螺旋运动，使靠近分离器中间的较细的煤粉不易被分离，从而提高分离的效率，并防止分离器中心的细煤粉进入内锥。最后经分离后的煤粉气流以 18～20m/s 的速度进入出口管流出。

在磨煤通风量一定的条件下，通过改变轴向挡板角度和盖帽的垂直高度可调节煤粉气流旋转强度以对煤粉细度进行调节。

轴向挡板布置在内外锥体之间的环形空间，其一般采用平板形，最大开度与水平方向成45°角。由于它具有较好的导流作用，因此更有利于气流旋转，并提高离心分离效果。在内锥体的下部安装有篦片式结构的回粉装置，当锥体上堆积的煤粉到一定量时，锥体就向下运动，煤粉落入外锥体。当锥体上煤粉减少到一定程度时，锥体就会自动封住风粉混合物的出口。此活门结构运行时有时会被杂物卡住，致使气粉混合物从回粉缝隙短路进入内锥，影响分离效果。为此，在设计中要保证足够的篦片高度，使得有足够的缝隙。由于内锥体的分离作用不是非常显著，为防止进口气流通过锁气器直接短路进入内锥，可制成封闭型内锥。

与径向型相比，轴向型粗粉分离器加大了圆筒空间，调节幅度较宽，回粉中细粉含量少，改善了煤粉的均匀性，提高了分离效率，提高了制粉系统出力，降低了分离器的阻力，节电效果明显，适应煤种也较广，可配用于各种形式的磨煤机。目前，国内的轴向离心式粗粉分离器已经形成系列产品。

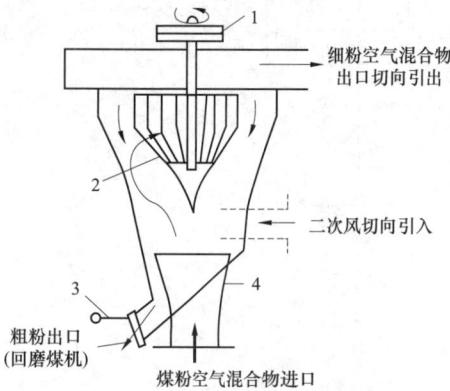

图 7 - 11　回转式粗粉分离器结构

1—减速皮带轮；2—转子；3—锁气器；4—进口管

（2）回转式粗粉分离器。回转式粗粉分离器实际上是一种旋转式离心分离器，其结构如图 7 - 11 所示。分离器上部有一个用角钢或扁钢作叶片的转子，并由电动机驱动做旋转运动。风粉混合物自下而上进入分离器，粗粉首先借助重力作用而分离出来；在分离器上部，煤粉气流随转子一起旋转，粗粉在离心力的作用下再次分离出来；当气流沿叶片间隙穿过转子时，由于叶片的撞击又有部分粗粉被分离出来。转子的转速越高，气流带出的煤粉越细。改变转子转速即可调节煤粉细度。回转式粗粉分离器 $R_{90} \leqslant 12\%$。

有的回转式粗粉分离器加装了切向引入的二次风，将沿内壁下落的回粉吹扬，减少回粉中夹带的细粉，以提高磨煤机的磨煤出力并降低其单位电耗。

回转式粗粉分离器具有结构紧凑、流动阻力小、分离效率高、煤粉细度均匀、调节幅度大且较为方便等优点。其缺点是结构复杂，磨损严重，检修工作量大。

（3）组合式粗粉分离器。组合式粗粉分离器也称为动静分离器，如图 7 - 12 所示。风粉气流由进口管进入粗粉分离器后，首先因流通截面积扩大而产生重力分离，随后进入由动静叶片组合成的叶片区，气流经切向静叶片的导流作用进入分离区。细粉因惯性较小，在旋转转子的作用下产生旋转并穿过转子叶片进入出口管，而粗粉因惯性较大，会沿原运动方向撞击到转子叶片上。如果撞击发生在图 7 - 12 (b) 所示的切线外侧，粗粉会被弹出分离区而被分离，如撞击发生在切线内侧，则粗粉穿过转子叶片而污染细粉。同时由于导流挡板与转子使气流产生旋转的方向相反，在煤粉颗粒上同时作用着转子转动产生的离心力 F_e 和叶片导流产生的向心力 F_n，当 $F_n > F_e$ 时，颗粒就会被分离出来。可见，在组合式分离器内，同时存在离心分离和碰撞分离作用，其分离效果取决于转子叶片的形状、数目、大小、角度以及导流叶片的布置方式等，转子的转速、系统风量和给粉浓度等运行因素也对分离效果有影响。组合式分离器的分离效果高，出口煤粉细度高（$R_{90}<10\%$），由于出口煤粉均匀性好（$n>1.0$），煤粉在分离器内的循环量少，有利于降低制粉电耗和提高出力。组合式分离器同时具有低阻力性能，阻力为 $700\sim1000\mathrm{Pa}$。这是因为在相同出口煤粉细度的条件下，组合式分离器的导流叶片开度可以大一些，从而降低了阻力。与旋转式分离器相比，组合式分离器细度调节特性更好一些，出口煤粉细度更细一些。

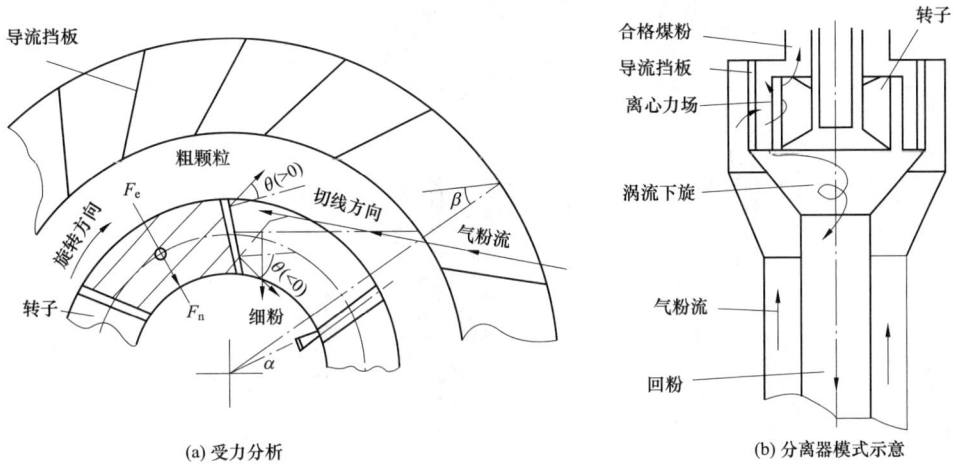

图 7 - 12　组合式粗粉分离器

组合式分离器也存在一些缺点，主要是其结构复杂，动静叶片设计难度高，并要考虑转子的密封结构和润滑结构，因此只有在需要高煤粉细度时，才考虑应用组合式分离器。

3. 细粉分离器

细粉分离器又称旋风分离器，它是中间储仓式和半直吹式制粉系统中不可缺少的辅助设备。其作用是将风粉混合物中的煤粉分离出来，以便储存或直接送入炉膛燃烧。常用的细粉分离器如图 7 - 13 所示，它的工作原理是依靠煤粉气流旋转运动产生的离心力进行分离，为此，风粉混合物由入口切向引入，在外圆筒与中心管之间高速旋转，由于离心力的作用使煤粉集中于圆筒壁，并沿壁面落至筒底出口，剩余煤粉随气流（乏气）经中心管从出口管排出。这种细粉分离器的分离效率为 $80\%\sim90\%$。

4. 给粉机

给粉机的作用是把煤粉仓里的煤粉根据锅炉负荷的需要均匀地送入一次风管。图 7 - 14 所示为常用的叶轮式给粉机。直流电动机经减速装置带动上、下叶轮一起旋转。从煤粉仓落下的煤粉，首先送到上固定盘右侧，通过上叶轮将煤粉拨至上固定盘左侧的落粉孔后落入下固定盘，再经下叶轮拨至煤粉出口。改变叶轮的转速可以调节给粉量。

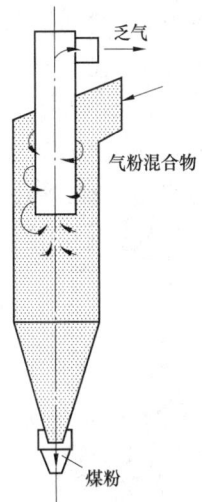

图 7 - 13　细粉分离器

叶轮式给粉机给粉均匀，调节方便，不易发生煤粉自流，并可以防止一次风冲入煤粉仓，但结构较复杂，电耗较大，当煤粉中含有杂物时容易造成堵塞，从而对设备造成危害。为此，需要在细粉分离器下面装

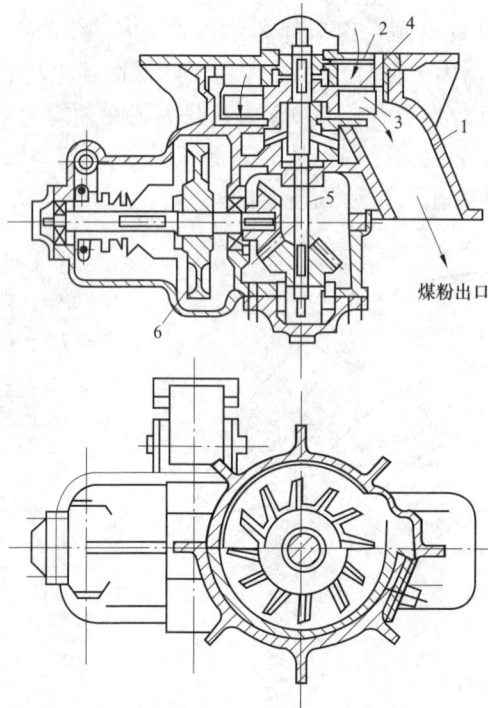

图 7-14 叶轮式给粉机

1—外壳；2—上叶轮；3—下叶轮；4—固定盘；5—轴；6—减速器

设筛网以分离杂物。

5. 锁气器

在粗粉分离器回粉管及细粉分离器的落粉管上均装有锁气器，其作用是只允许煤粉沿管道下落，而不允许气体流过，以保证分离器的正常工作。锁气器有翻板式和草帽式两种，结构如图 7-15 所示，这两种形式都是通过杠杆原理进行工作的。当翻板或活门上的煤粉超过一定数量时，翻板或活门自动打开，煤粉落下；当煤粉减少到一定程度时，翻板或活门又因平衡重锤的作用而关闭。翻板式可装在垂直或倾斜管段上，而草帽式只能装在垂直管段上。翻板式锁气器结构简单，不易卡住，工作可靠。草帽式锁气器动作灵活，下粉均匀，而且严密性较好。

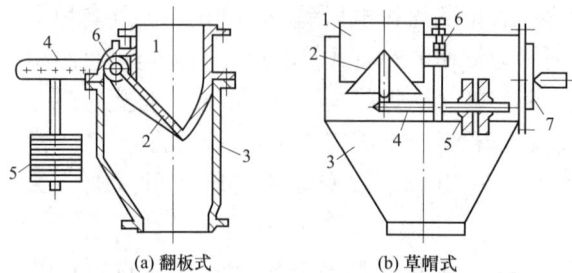

(a) 翻板式　　　(b) 草帽式

图 7-15 锁气器

1—煤粉管；2—翻板或活门；3—外壳；4—杠杆；5—平衡重锤；6—支点；7—手孔

二、直吹式制粉系统

在直吹式制粉系统中，磨煤机磨制的煤粉全部直接送入炉膛燃烧。运行时，与锅炉配套的所有运行磨煤机制粉量总和等于锅炉煤耗量，制粉量随锅炉负荷的变化而变化。

配中速磨煤机的直吹式制粉系统有正压和负压两种形式，正压形式中又分为热一次风机直吹式和冷一次风机直吹式两种。按流程，若在磨煤机之后布置有排粉风机，使制粉系统处于负压下工作的称为负压直吹式制粉系统；若在磨煤机和空气预热器之间布置有热一次风机，使制粉系统处于正压下工作的称为正压热一次风机直吹式制粉系统，如图 7 - 16 (a)、(b) 所示。在负压直吹式制粉系统中煤粉不会向外泄漏，但漏风量较大，同时燃烧所需的煤粉全部经过排粉风机，导致排粉风机磨损严重，效率低，检修工作量大，系统可靠性降低等。而在正压热一次风机直吹式制粉系统中热一次风机输送的介质是经空气预热器加热过的温度较高的空气（约300℃），使热一次风机比输送相同质量冷空气的冷一次风机尺寸大、电耗高、运行效率低，以及存在受到高温侵蚀的危险。如果空气预热器采用回转式空气预热器，则从空气预热器中出来的热空气还会携带部分沉积在波纹板上的飞灰颗粒，造成热一次风机的磨损。由于上述两种系统存在的不足，因此，国内配用中速磨煤机的直吹式制粉系统均采用正压冷一次风机直吹式制粉系统，即将一次风机布置在空气预热器之前，如图 7-16 (c) 所示。流过一次风机的是洁净冷空气，使一次风机工作条件得到改善，运行可靠性得到提高，通风电耗明显下降，同时磨煤机处在一次风机造成的正压状态下，冷空气不会漏进磨煤机，对保证磨煤机的干燥出力有利。为了防止煤粉向外泄漏，系统中设有专门的一次密封风机，用高压空气对磨煤机的不严密部位进行密封。此外，为了降低一次风机压头，通常采用专设的一次风机，并配合三分仓或四分仓回转式空气预热器，将一次风与其他风分开加热，可以获得较高的一次风温度，以满足高水分煤干燥的需要。

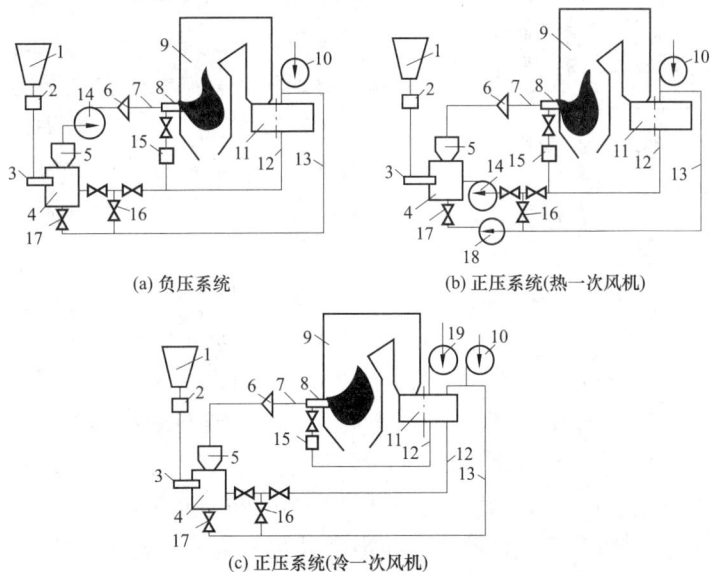

(a) 负压系统　(b) 正压系统(热一次风机)

(c) 正压系统(冷一次风机)

图 7 - 16　配中速磨煤机的直吹式制粉系统

1—原煤仓；2—煤秤；3—给煤机；4—磨煤机；5—粗粉分离器；6—煤粉分配器；
7—一次风管；8—燃烧器；9—锅炉；10—送风机；11—空气预热器；12—热风道；13—冷风道；
14—排粉风机；15—二次风箱；16—调温冷风门；17—密封冷风门；18—密封风机；19—二次风机

配中速磨煤机的直吹式制粉系统简单，设备少，布置紧凑，钢材耗量少，投资省，磨煤电耗也较低。但制粉系统设备的工作直接影响锅炉的运行工况，运行可靠性相对较差，因而在系统中需设置备用磨煤机。此外，对煤种适应性较差。锅炉负荷变化时，燃煤与空气的调节均在磨煤机之前，时滞较大，灵敏性较差。在低负荷运行时，风煤比较大。由于磨煤机出口即是煤粉分配器，各并列一次风管中煤粉分配均匀性较差，运行中也无法调节煤粉流量。

配双进双出钢球磨煤机的锅炉也往往采用正压直吹式制粉系统，如图 7-17 所示。

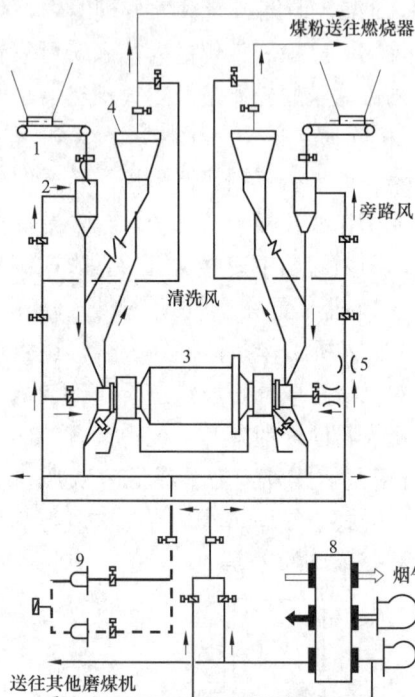

图 7-17　双进双出钢球磨煤机
正压直吹式系统

1—给煤机；2—混料箱；3—双进双出钢球磨煤机；
4—粗粉分离器；5—风量测量装置；6—一次风机；
7—二次风机；8—空气预热器；9—密封风机

三、中间储仓式制粉系统

在中间储仓式制粉系统中，磨煤机的制粉量不需与锅炉燃煤量一致，磨煤机的运行方式在锅炉运行过程中有一定的独立性，并可经常保持在经济负荷下运行。因此，这种系统最适合配用调节性能较差的单进单出球磨机。单进单出球磨机中间储仓式制粉系统在我国的老电厂广泛应用。

由于单进单出球磨机轴颈密封性不好，不宜正压运行。所以，配单进单出球磨机的中间储仓式制粉系统均为负压系统，并要求球磨机进口维持 200Pa 的负压。与直吹式制粉系统相比，由于需要风粉分离及煤粉的储存、转运、调节，中间储仓式制粉系统增加了细粉分离器、煤粉仓、螺旋输粉机、给粉机等设备，如图 7-18 所示。

原煤和干燥用热风在下行干燥管内相遇后一同进入磨煤机，从磨煤机出来的风粉混合物，经粗粉分离器分离后，合格的煤粉被干燥剂带入细粉分离器进行风粉分离，其中 90% 左右的煤粉被分离出来并落入煤粉仓，或通过螺旋输粉机（俗称铰龙）转送到其他煤粉仓。根据锅炉负荷的需要，给粉机将煤粉仓中的煤粉送入一次风管，在一次风的携带下经燃烧器喷入炉内燃烧。由细粉分离器上部出来的磨煤乏气（温度低、含有水蒸气）中还含有 10% 左右的煤粉，通常经排粉风机送入炉内燃烧，以节省燃料并避免其污染环境。乏气送入炉内的方式有两种：一种是乏气作为一次风输送煤粉进入炉膛，这种系统称为干燥剂送粉系统，如图 7-18（a）所示，它适用于 M_{ar} 较低、V_{daf} 较高、易着火燃烧的烟煤；另一种是乏气作为三次风直接送入炉内燃烧，而煤粉由热空气送入炉内燃烧，此种系统称为热风送粉系统，如图 7-18（b）所示，它适合于燃用难着火和难燃尽的无烟煤、贫煤及劣质烟煤。

在煤粉仓和螺旋输粉机上部装有吸潮管，利用排粉风机的负压将潮气吸出，以免煤粉受潮结块。在排粉风机出口与磨煤机进口之间，一般设有再循环管，利用乏气再循环来协调磨煤通风量、干燥通风量与一次风量（或三次风量）三者之间的关系。在系统的某些管道上装有锁气器，如回粉管上的锁气器，它只准回粉通过，但不允许磨煤机前的气流短路流向粗粉

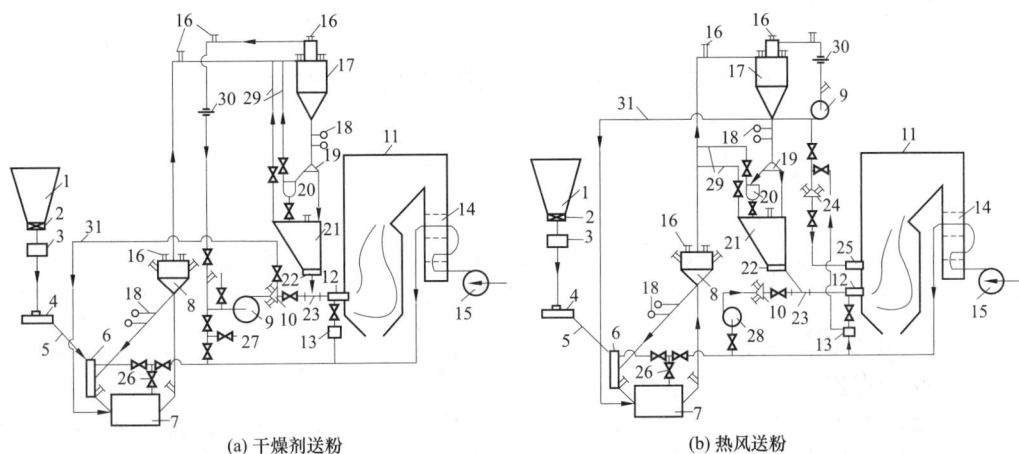

图 7-18 配单进单出钢球磨煤机的中间储仓式制粉系统
1—原煤仓；2—煤闸门；3—自动磅秤；4—给煤机；5—落煤管；6—下行干燥管；
7—钢球磨煤机；8—粗粉分离器；9—排粉风机；10——次风箱；11—锅炉；12—燃烧器；
13—二次风箱；14—空气预热器；15—送风机；16—防爆门；17—细粉分离器；18—锁气器；
19—换向阀；20—螺旋输粉机；21—煤粉仓；22—给粉机；23—混合器；24—三次风箱；25—三次
风喷嘴；26—冷风门；27—大气门；28——次风机；29—吸潮管；30—流量测量装置；31—再循环管

分离器。在系统中的某些设备和管道上还装有防爆门，当系统发生爆炸事故时，防爆门首先
爆破，以保护设备的安全。

中间储仓式系统由煤粉仓储存煤粉，并可通过螺旋输粉机在相邻制粉系统间调剂煤粉，
供粉的可靠性较高，可减小磨煤机的备用容量。此外，磨煤机可经常在经济负荷下运行，当
储粉量足够时，还可停止磨煤机工作而不影响锅炉的正常运行。锅炉负荷变化时，燃煤量通
过给粉机调节，中间环节少，可快速响应锅炉负荷需要，同时，也增加了各燃烧器煤粉分配
的均匀性。储仓式系统还可采用热风送粉，从而大大改善了燃用无烟煤、贫煤及劣质煤时的
着火条件。排粉风机输送的是经过风粉分离的乏气，减轻了排粉风机的磨损。储仓式系统的
主要缺点是系统复杂，初投资大，运行费用高，制粉系统管道长，容易发生煤粉沉积现象，
煤粉自燃爆炸的可能性增加，同时系统中负压大，漏风量也大，使输粉电耗增加。

第八章　煤粉燃烧设备及系统

第一节　煤粉的着火与燃尽

在煤粉气流燃烧过程中，着火是良好燃烧的前提；燃烧是整个燃烧过程的主体；燃尽是完全燃烧的关键。一个组织良好的燃烧应该做到尽早着火和完全燃尽，除此之外燃烧还应尽量避免造成炉膛的结渣。

一、煤粉的着火

煤粉气流经燃烧器喷入炉膛后需要吸收一定的热量，升高到一定温度后才能着火，此温度称为着火温度。燃料的着火温度不是一个物理常数，而是随反应系统的热力条件——放热和散热的变化而变化。不同燃料着火温度不同，对煤而言，即使是同一种燃料，在不同测试条件下测得的着火温度也不同，表现为煤粉气流着火温度高于煤粉着火温度。可见，影响煤粉气流着火温度的因素还有煤的挥发分含量和煤粉浓度（即气粉比）。挥发分含量越高的煤，着火温度越低；在一定范围内，着火温度随气粉混合物中煤粉浓度的增加而降低。此外，煤粉细度、煤粉的加热速度、周围介质的扩散条件等都会影响着火温度的高低。

将煤粉气流加热到着火温度所需的热量称为着火热。着火热包括加热煤粉和一次风所需热量，加热原煤在制粉系统中蒸发出来的水分所需热量以及煤粉中水分加热、蒸发、过热所需热量，略去挥发分分解所需热量后，其着火热 Q_{fire} 可近似地按下式计算

$$Q_{fire} = \left(V_1 c_a + c_r^g \frac{100 - M_{ar}}{100} + \Delta M c_q\right)(t_{fire} - t_1) + \left(\frac{M_{ar}}{100} - \Delta M\right)$$
$$\times [4.19 \times (100 - t_1) + 2510 + c_q(t_{fire} - 100)] \tag{8-1}$$

式中　V_1——一次风量（标准状态），m^3/kg；

c_q——水蒸气的比热容，$kJ/(kg \cdot ℃)$；

c_a——空气的比热容（标准状态下），$kJ/(m^3 \cdot ℃)$；

c_r^g——干煤的比热容，$kJ/(kg \cdot ℃)$；

M_{ar}——原煤水分，%；

ΔM——原煤在制粉系统中蒸发掉的水分，kg/kg；

t_1——一次风粉混合物的初温，℃；

t_{fire}——着火温度，℃。

由式（8-1）可知，影响着火热的因素有着火温度 t_{fire}、一次风粉混合物的初温 t_1、一次风量 V_1 和原煤水分 M_{ar} 等。

着火是良好燃烧的前提，着火过程是否及时、稳定对整个燃烧过程相当重要。着火及时对于不同煤种有不同的要求，煤粉气流最好离喷口不远就能迅速稳定地着火。着火快，才能保证可燃物在炉内短暂的停留时间内充分燃尽，否则，将导致火焰中心上移，不仅增大不完全燃烧热损失，而且还可能造成炉膛出口结渣和过热汽温偏高，严重时还会造成炉膛灭火，产生严重事故。因此，对于难着火的低挥发分煤种，常常要采取一些强化着火的措施，以保证着火过程迅速稳定。而对于高挥发分煤种，常常要采取一些措施使着火有所推迟，以防止

着火过早而烧坏喷口或使燃烧器附近发生结渣。

着火的稳定性是指煤粉气流能连续地被引燃，有稳定的着火面而不会发生灭火、爆燃等现象。影响煤粉气流着火的因素很多，主要因素有：

1. 燃煤的特性

燃料中的挥发分、水分和灰分对燃料的着火均有一定的影响。挥发分对煤的着火性能影响很大，是判别燃料着火特性的主要指标。挥发分高的煤所需着火热少，着火温度低，其火焰传播速度也快，着火迅速、稳定。反之，挥发分低的煤着火困难，着火时间长，着火点距燃烧器喷口的距离自然也就大。

水分大的煤所需着火热多，同时由于一部分燃烧热消耗在加热水分并使其汽化和过热上，使炉内的烟气温度水平降低，煤粉气流卷吸的烟气温度以及火焰对煤粉气流的辐射热相应降低，从而不利于着火。

原煤灰分在燃烧过程中不但不放热，还要吸热，特别是燃用高灰分的劣质煤时，由于燃料本身发热量低，燃料的消耗量增大，大量灰分在着火和燃烧过程中要吸收更多热量，使得炉内温度降低，同样使煤粉气流着火推迟，而且燃烧时灰壳对焦炭核的燃烧和燃尽起阻碍作用，影响着火和燃烧的稳定性。

2. 煤粉细度

煤粉越细越容易着火。这是因为在同样的煤粉浓度下，煤粉越细，进行燃烧反应的表面积就越大，而煤粉本身的热阻却减小，因而加热时，细煤粉的温升速度比粗煤粉快，可更快地着火和加快化学反应速度。

3. 一次风温

提高一次风温可减少着火热，从而加快着火。因此，对难着火的低挥发分煤种，应适当提高空气预热器出口的热风温度，并采用热风作为一次风输送煤粉。

4. 一次风量

一次风量越大，着火热增加得越多，将使着火推迟；但一次风量太小，着火阶段部分挥发分和细粉燃烧得不到足够的氧，将限制燃烧过程的发展。一般考虑一次风所提供的 O_2 应能满足挥发分着火燃烧的需要和输送煤粉的要求。因此，高挥发分煤的一次风量应大，低挥发分煤的一次风量应适当限制。一次风量常用一次风率 r_1 来表示，它是指一次风量占入炉总风量（含炉膛漏风）的质量百分比，其推荐范围见表 8-1。

在燃烧器设计中，常常使用一次风气流中的煤粉浓度或空气与煤粉的质量比（气粉比 A/C）来分析煤粉气流的着火稳定性。显然，一次风量越大，空气与煤粉的质量比越大，煤粉浓度越小。

表 8-1	一次风率的推荐范围 r_1				%
制粉系统	无烟煤	贫煤	烟煤		褐煤
			$V_{daf} \leqslant 30\%$	$V_{daf} \leqslant 30\%$	
乏气送粉	20～25	20～25	20～25	25～35	20～45
热风送粉		20～25	25～40		

5. 一次风速

除一次风量外，煤粉气流通过一次风喷口截面的速度对着火过程也有影响。一次风速过高，则通过单位截面积的流量增大，这会降低对煤粉气流的加热，使着火推迟，着火也不稳定，在一些偶然因素的影响下可能灭火；反之，一次风速过低，着火点离喷口太近，易将燃烧器烧坏或引起燃烧器附近结渣等。最适宜的一次风速与煤种和燃烧器形式有关，其推荐范围列于表 8-2。

表 8-2　　　　　　　　　　一、二、三次风速的推荐范围 r_1　　　　　　　　　　％

燃烧器形式		无烟煤	贫煤	烟煤	褐煤
旋流燃烧器	一次风	12～16	16～20	20～25	20～26
	二次风	15～22	20～25	30～40	25～35
直流燃烧器	一次风	20～25	20～25	25～35	18～30
	二次风	45～55	45～55	40～55	40～60
三次风		50～60	50～60		

6. 着火区的炉温

煤粉气流在着火阶段的温度较低，燃烧处于动力燃烧区，提高着火区的温度可加速着火过程。

影响着火区温度的因素较多，如炉膛热强度、炉内散热条件、锅炉运行负荷等。炉膛断面热强度和燃烧器区域壁面热强度较大时，燃烧器区域的炉温较高，对煤粉气流着火和燃烧有利。锅炉降低负荷运行时，燃料消耗量和水冷壁总的吸热量相应减少，但水冷壁的吸热量减少幅度较小，致使炉膛平均温度降低，着火区的温度也降低，因而对煤粉气流着火不利。当着火区的温度降低到一定程度时，会危及着火的稳定，甚至可能灭火，故而煤粉锅炉在没有其他措施的情况下，负荷调节范围有限。为了提高着火区温度，燃用难着火的煤种时，除采用热风送粉外，还常将燃烧器附近的水冷壁用耐火材料覆盖，构成卫燃带，也称燃烧带，以减少这部分水冷壁的吸热，即减少燃烧过程的散热量，提高着火区的温度水平，改善煤粉气流的着火条件。

7. 高温烟气与煤粉的对流换热

煤粉气流着火热的来源有两个方面，一方面是卷吸炉膛高温烟气而产生的对流换热，另一方面是炉内高温火焰的辐射换热。两者之中对流换热是主要的，煤粉气流着火热的主要来源是高温烟气和煤粉气流之间的对流换热，而这主要与燃烧器的结构、尺寸以及燃烧器在炉膛中的布置和燃烧方式等有关。当煤粉气流与炉内高温烟气有较大的接触周界，并强烈地混合时，则会提高煤粉气流和高温烟气之间的对流换热强度，缩短达到着火点的时间，这不仅有利于着火，而且有利于燃烧和燃尽。

由以上分析可知，组织强烈的煤粉气流与高温烟气的混合，以保证供给足够的着火热，这是稳定着火过程的首要条件；提高一次风温、采用合适的一次风量和风速是减小着火热的有效措施；采用较细较均匀的煤粉和敷设卫燃带是难燃煤稳定着火的常用方法。

二、煤粉的完全燃烧

燃烧的完全程度可用燃烧效率来表示。燃烧效率是输入锅炉的热量扣除机械不完全燃烧和化学不完全燃烧热损失的热量后占输入锅炉热量的百分比，用符号 η_r 表示，并可用下式计算

$$\eta_r = \frac{Q_r - Q_3 - Q_4}{Q_r} \times 100\% = 1 - q_3 - q_4 \quad \% \quad (8-2)$$

燃料燃烧不仅要满足经济性的要求，而且更应该保证燃烧的可靠性。燃烧的可靠性主要是指燃烧的稳定性和防结渣性。燃料完全燃烧的程度以及燃烧的稳定性又都与燃烧速度密切相关。因此，良好的燃烧要求燃烧过程既迅速又完全。能否实现迅速完全地燃烧，除了取决于燃料的化学反应特性和煤粉细度外，还取决于以下四个条件：

1. 维持适当高的炉温

燃烧快慢和完全程度均与炉内温度有关。炉温过低会使燃烧化学反应速度降低，不利于燃烧反应的进行，所以温度应高些。适当高的炉温不仅可以促使煤粉很快着火，迅速燃烧，而且可以保证煤粉充分燃尽。对固态排渣煤粉炉而言，炉温也不宜太高，过高的炉温会引起炉膛结渣、管内工质的膜态沸腾等，同时因为燃烧反应是一种可逆反应，过高的炉温一方面会使正反应速度加快，同时也会使逆反应（还原反应）速度加快。逆反应速度的加快意味着有较多燃烧产物又还原为燃烧反应物，这等同于不完全燃烧。实验证明，锅炉的炉温为 1000～2000℃ 比较适宜。在这个温度区域内，若保证炉内不结渣，可以尽量让炉温高一些。

2. 供给适量的空气

要达到完全燃烧就必须供给炉膛适量的空气，即保持适当的过量空气系数。如果空气供给不足，空气中的氧不能及时补充到炭粒表面，燃烧速度就会降低，这将会造成不完全燃烧热损失；但空气供给过多会使炉温下降，燃烧速度也会降低，不完全燃烧热损失也相应增加。合适的空气量一般根据炉膛出口最佳过量空气系数 α_1'' 供应，α_1'' 值要通过燃烧调整试验取得。

3. 燃料与空气的良好混合

燃料和空气混合良好，对煤粉迅速达到完全燃烧起着很大的作用。煤粉锅炉一般都采用一、二次风组织燃烧。煤粉由一次风携带进入炉膛，煤粉着火后，二次风应以较高的速度喷入炉内与煤粉混合，补充燃烧所需要的空气，同时形成强烈的扰动，冲破炭粒表面的烟气层和灰壳，以强行扩散代替自然扩散，从而提高扩散混合速度，使燃烧速度加快并实现完全燃烧。

除此之外，还应该在炉膛形状、燃烧器的结构和布置等方面采取相应措施，以促使气流和煤粉充分的混合。

4. 确保煤粉在炉膛内有足够的停留时间

一般而言，煤粉从燃烧器出口到炉膛出口仅有 2～3s 的时间，在这段时间内煤粉必须完全烧掉，否则到了炉膛出口处，一方面因受热面多，烟气温度很快下降，燃烧就会停止，从而造成不完全燃烧热损失。另一方面会导致炉膛出口处烟气温度过高，使过热器结渣和超温，影响锅炉运行的安全性。煤粉在炉内的停留时间主要取决于炉膛容积、炉膛截面积、炉膛高度及烟气在炉内的流动速度，这都与炉膛容积热负荷和炉膛截面热负荷有关，即要在炉膛设计中选择合适的数据，而在炉膛运行时切不可超负荷运行。

总之，要保证燃料的良好燃烧，就必须满足以上这些基本条件，具有合理的结构和布置，同时在运行中要科学地组织整个燃烧过程。

第二节　燃烧器及炉膛

煤粉炉的燃烧设备包括煤粉燃烧器、点火器和炉膛。煤粉燃烧器也称为喷燃器，其作用是将携带煤粉的一次风和助燃的二次风送入炉膛，并组织合理的气流结构，使煤粉气流能迅速稳定地着火、燃烧。燃烧器的性能对燃烧的稳定性和经济性有很大的影响。一个性能良好的燃烧器应能满足下列要求：

（1）组织良好的空气动力场，使燃料及时着火，与空气适时混合。

（2）具有良好的调节性能和较大的调节范围，可满足煤种特性一定变化和负荷变化的需要。

（3）能控制 NO_x 的生成在允许的范围内，以达到环境保护的要求。

（4）运行可靠，不易烧坏和磨损，便于维修和更换部件。

（5）易于实现远程或自动控制。

煤粉燃烧器的形式很多。根据燃烧器出口气流特征，煤粉燃烧器可分为直流燃烧器和旋流燃烧器两大类。出口气流为直流射流或直流射流组的燃烧器称直流燃烧器；出口气流包含有旋转射流的燃烧器称旋流燃烧器。旋流燃烧器出口气流可以是几个同轴旋转射流的组合，也可以是旋转射流和直流射流的组合。

炉膛也称为燃烧室，是供燃料燃烧的空间，它的四壁布满了蒸发受热面（水冷壁），有时也敷设有墙式过热器和再热器。炉底是由前后墙水冷壁管弯曲而成的倾斜冷灰斗。为便于灰渣自动滑落，冷灰斗斜面的水平倾斜角常为 $50°\sim55°$。大容量锅炉的炉顶都采用平炉顶结构，并布置顶棚管过热器。炉膛上部悬挂有屏式受热器。为了改善烟气对屏式受热器的冲刷，充分利用炉膛容积并加强炉膛上部气流的扰动，Π 形布置锅炉炉膛出口的下方有后水冷壁弯曲而成的折焰角，大容量锅炉的折焰角的深度为炉膛深度的 $20\%\sim30\%$。炉膛后上方为烟气出口。燃料在炉膛内流动过程中完成燃烧，并放出热量，部分热量由布置在炉膛内的受热面吸收，以维持炉膛出口处烟气温度在灰熔点以下，防止炉膛出口受热面结渣，因此，炉膛也是锅炉的热交换部件。

炉膛的形状、大小与燃料种类、燃烧器的结构和布置、燃烧方式、火焰的形状和行程、锅炉容量等一系列因素有关。合理的炉膛结构应满足如下要求：

（1）具有良好的空气动力场和合理的温度场，能使燃料迅速稳定着火，可避免火焰冲墙或局部高温，以及水冷壁结渣；燃料在炉内有足够的停留时间，以减少不完全燃烧热损失；火焰在炉内具有较好的充满程度，以减少炉内气流的死滞区和旋涡区；各壁面热负荷均匀。

（2）热负荷分配合理，受热面布置满足锅炉容量要求，炉膛出口处烟气温度不超过允许值，以保证其后的对流受热面不结渣和不超过安全工作所允许的温度。

现代大容量锅炉的炉膛高度远大于其宽度或深度。炉膛的水平横截面形状与燃烧器的布置方式有关。对于直流燃烧器四角切圆布置的锅炉，要求炉膛横截面采用正方形或宽深比小，最大不超过 1.3 的矩形。当锅炉采用旋流燃烧器时，炉膛横截面呈长方形，其宽深比可按燃烧器布置的需要确定。在确定炉膛宽度时，应使炉膛宽度能适应过热器系统布置和尾部受热面布置的需要。对于自然循环锅炉，炉膛宽度还应能满足与汽包长度相匹配的需要。

一、旋流煤粉燃烧器及其布置形式

（一）旋流煤粉燃烧器

旋流燃烧器是利用旋流器使气流产生旋转运动。当旋转气流从燃烧器出口射入炉膛大空间后，不再受燃烧器通道壁面的约束，在离心力作用下，向四周旋转扩散，形成辐射状空心旋转射流，如图 8-1 所示。旋转射流中任一点的空间速度均可分解成轴向速度 w_a、径向速度 w_r 和使射流旋转的切向速度 w_t，如图 8-1（b）所示。旋转射流的径向速度比轴向速度和切向速度小得多。因此，气流的流动工况可以用相互垂直的轴向速度和切向速度来描述。

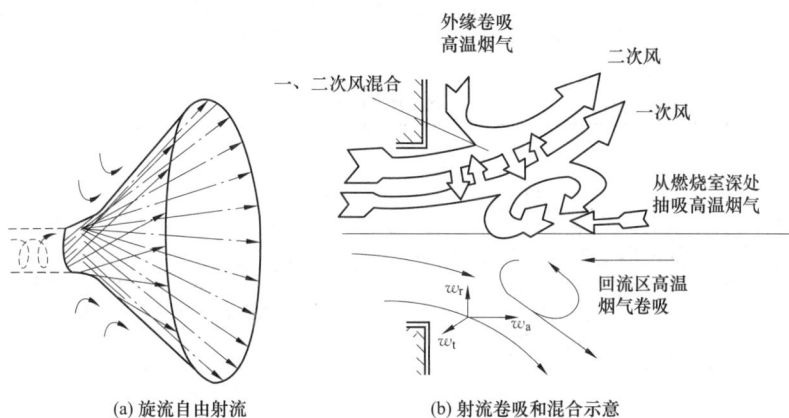

(a) 旋流自由射流　　　　(b) 射流卷吸和混合示意

图 8-1　旋转射流示意图

旋转射流主要有以下特点：

（1）有内外两个回流区。旋转射流有强烈的卷吸作用，能将中心及外缘的气体带走，造成负压区，其中心部分和外缘就会因高温烟气回流而形成两个回流区。中心部分形成的回流区称为内回流区；外缘部分形成的回流区称为外回流区。旋转射流从内外两个回流区卷吸高温烟气，这对煤粉气流的着火十分有利，特别是内回流区是煤粉气流着火的主要热源。

（2）射流衰减较快。射流速度的降低称为衰减。射流轴向速度衰减至某一很小数值时所在截面与喷口的距离称为射流的射程。由于旋转射流从内外两侧卷吸周围介质，因而射流的流量增加较快，射流切向速度和轴向速度的衰减都很快，特别是切向速度的衰减比轴向速度的衰减更快。切向速度的衰减使射流的旋转程度减弱。由于旋转射流轴向速度的衰减比较快，因此旋转射流的射程比较短。

（3）扩展角比较大。旋转射流外边界所形成的夹角称为扩展角，用符号 θ 表示。旋转射流的扩展角比较大，而且随着气流旋转强度的增加而增大。

（4）旋转强度。旋转射流的流动工况与其旋转的强烈程度有关，通常用旋转强度 n 来表示其旋转的强烈程度。旋转强度 n 可用式（8-3）表示为

$$n = \frac{M}{KL} \tag{8-3}$$

式中　M——气流的切向旋转动量矩；

　　　K——气流的轴向动量；

　　　L——燃烧器喷口的特征尺寸。

　　随着旋转射流旋转强度的变化，射流的回流区、扩展角和射程也相应发生变化。旋转强度越大，射流的扩展角也就越大，回流区的区域和回流量也随之增大，而旋转射流的衰减却越快，射程也越短。

　　传统的旋流燃烧器主要有蜗壳型和叶片型两大类。前者采用蜗壳作旋流器，后者用轴向叶片或切向叶片作旋流器，如图 8-2 所示，它们之间的不同组合形成了不同类型的旋流燃烧器，其分类及特性列于表 8-3 中。实际运行中由于可调性和煤种适应性较差，且 NO_x 排放量高等，有的已被淘汰，随之出现了一些新型旋流煤粉燃烧器。新型旋流煤粉燃烧器从燃烧器的结构和配风两个方面出发，采用浓淡燃烧技术，推迟燃料和空气的混合，形成良好的炉内空气动力场，以解决低 NO_x 和飞灰含碳量高的矛盾。下面主要介绍几种新型旋流煤粉燃烧器。

表 8-3　　　　　　　　　　　　　　旋流燃烧器分类

类型	旋流器	一次风	二次风
蜗壳型	单蜗壳 双蜗壳 叶片＋蜗壳	直流，带中心扩散锥 旋流 经蜗壳旋转	旋转 旋转 经叶片旋转
叶片型	轴向叶片 切向叶片	直流或弱旋 直流或弱旋	旋转 旋转

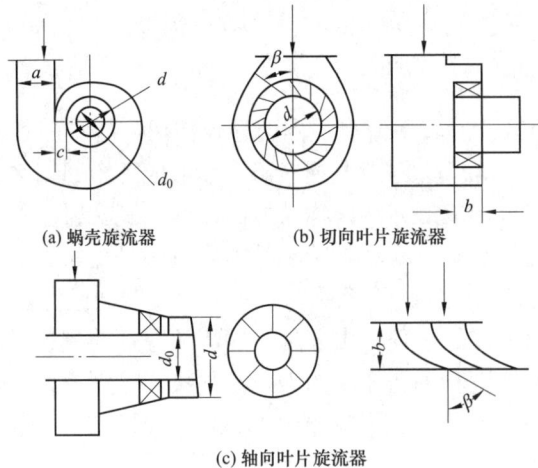

(a) 蜗壳旋流器　　　　　(b) 切向叶片旋流器

(c) 轴向叶片旋流器

图 8-2　旋流器

　　1. 双调风低 NO_x 煤粉燃烧器

　　NO_x 是对 N_2O、NO_2、NO、N_2O_5 等氮氧化物的统称。在煤的燃烧过程中，NO_x 生成物主要是 NO 和 NO_2，其中尤以 NO 最为重要。实验表明，常规燃煤锅炉中 NO 生成量占 NO_x 总量的 90% 以上，NO_2 只是高温烟气在急速冷却时由部分 NO 转化生成的。N_2O 之所以引起关注，是由于其在低温燃烧的流化床锅炉中有较高的排放量，同时与地球变暖现象有关。国务院印发的《"十四五"节能减排综合工作方案》提出，到 2025 年，全国单位国内生产总值能源消耗比 2020 年下降 13.5%，能源消费总量得到合理控制，化学需氧量、氨氮、氮氧化物、挥发性有机物排放总量比 2020 年分别下降 8％、8％、10％以上、10％以上。

双调风低 NO_x 煤粉燃烧器的结构如图 8-3 所示，其主要特点是有三个同心的环形喷口，中心为一次风喷口。一次风煤粉混合物为不旋转的直流射流，一次风量占总风量的 15％～20％。它外面是内、外层二次风喷口，内二次风的风量占总风量的 35％～45％，外二次风占总风量的 55％～65％。内二次风通过调节挡板和叶轮（即叶片旋流器）进入炉膛，前者用以调节二次风的流量，后者用以调节二次风的旋转强度。外二次风通过调节挡板切向进入环形通道，在流动过程中获得旋转强度后与内二次风平行进入炉膛。改变外二次风调节挡板的角度，外二次风的旋转强度随之改变。调节内、外二次风调风装置，不仅会改变内/外二次风的旋转强度、流量比，而且也改变内/外二次风间，二次风与煤粉气流间，以及与已着火前沿间的混合，从而实现调整着火和火焰形状的目的。

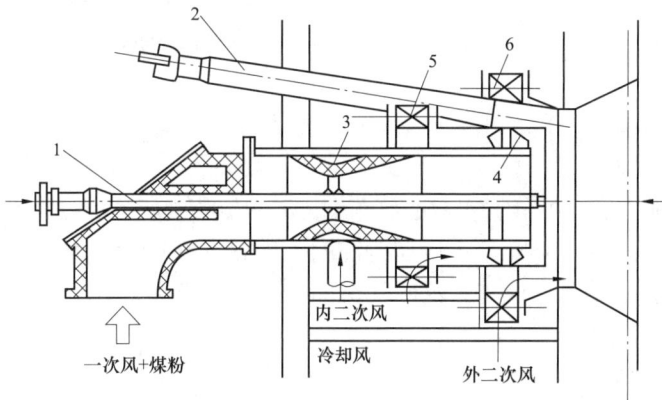

图 8-3　双调风低 NO_x 煤粉燃烧器
1—油嘴；2—点火油枪；3—文丘里管；4—二次风叶轮；5—内二次风调风器；6—外二次风调风器

来自煤粉管道的煤粉气流从下方经 90°的弯角首先在通道的上部与被称为导向器的挡板相碰撞，使由于气流转向、管道弯曲半径较大处的高浓度煤粉气流能借助于挡板的碰撞而使之均匀。因煤粉水分较高而存在黏结成团的粉粒也能被打碎。其后流经文丘里管，进一步使煤粉颗粒分散，使气流的煤粉浓度分布均匀。经一次风喷口喷出后，与内二次风混合形成回流区抽吸已着火前沿的高温介质，构成富燃料内部着火燃烧区。外二次风与内二次风及煤粉气流间的混合使在内部燃烧区域的外缘构成一个燃料过稀的燃烧区域，燃尽过程随着两者的混合而进行并完成。混合程度通过挡板开度控制。NO_x 与 SO_3 因内部燃烧区内的氧浓度低、外部燃烧区域中温度相对较低而受到抑制。

此外，在一次风喷口周围还有一股冷空气或烟气，它对抑制在挥发分析出和着火阶段 NO_x 的生成也起着较大作用。在燃烧器周围还布置有二级燃烧空气喷口，以维持炉内过量空气系数为 1.2 左右，从而保证煤粉的燃尽。由于这种燃烧器的内、外二次风均匀可调，故称之为双调风燃烧器。

双调风燃烧器既能有效地控制 NO_x，同时燃烧调节灵活，有利于稳定燃烧，对煤质有较宽的适应范围。

2. PAX 型燃烧器

PAX 型燃烧器常见于 W 形火焰锅炉中。它是在双调风旋流燃烧器的基础上增设了煤粉

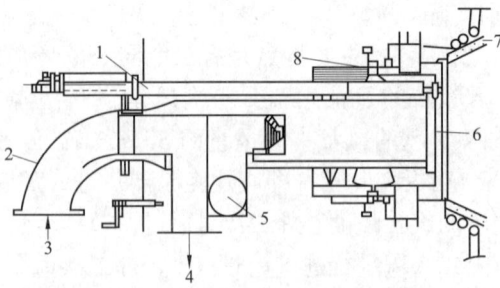

图 8-4　PAX 型燃烧器

1—点火油枪；2—燃烧器入口弯管；3—一次风煤粉气流进口；4—低浓度煤粉出口；5—二次风进口；6—火焰稳定器；7—出口扩锥；8—增强型点火装置

浓缩装置和 PAX 装置，即一次风置换装置，在燃烧器内用热空气预先加热细煤粉。如图 8-4 所示，煤粉浓缩装置是在燃烧器煤粉管道入口端连接一个弯头，煤粉气流通过弯头时，在惯性力作用下，绝大部分煤粉颗粒集中到燃烧器内一次风管，形成高浓度煤粉气流，在 PAX 装置中又与增压风机送来的热风均匀混合，并在燃烧器内加热煤粉。煤粉在进入燃烧器时浓度约为 93%，在一次风管中被加热后，温度由 90～100℃ 提高到 170～200℃，然后喷入炉膛。这样就大大减少了着火热，缩短了加热煤粉气流所需时间，因而着火迅速，燃烧稳定。

一次风管中还装有均流器，用来消除在输送过程中煤粉浓度分布不均的现象，使煤粉气流均匀混合后射入喷口。

经过分离后被抽出的 50% 的冷一次风气流中含有 10% 的煤粉，这股气流从燃烧器下方以一定倾角射入炉内，既可补充着火后期所需的空气量，还能阻止高温火焰直接冲刷炉墙，因此可避免或减轻炉墙结渣。此外，这股气流的射入，降低了火焰温度，从而降低 NO_x 的生成量。

（二）旋流煤粉燃烧器的布置

由于从旋流燃烧器喷入炉内的射流是依靠射流的切向旋转而在燃烧器出口中心附近形成稳定、合适的轴向回流区来稳定燃烧的，即每个旋流燃烧器可以基本独立地单独组织燃烧，燃烧过程的稳定性和经济性主要取决于燃烧器本身的工作性能。因此，旋流燃烧器布置时，应使每个燃烧器的火焰能自由发展，相邻燃烧器的两股射流不应互相干扰。燃烧器相互之间、燃烧器与邻近的炉墙之间以及燃烧器与冷灰斗上缘之间都应保持适当的距离。此外，为了防止炉内火焰的倾斜，并使炉内各受热面的热负荷趋于均匀，国内都习惯将各燃烧器出口总气流的旋转方向相对对称布置，即相邻两燃烧器的气流旋转方向相反。在中小容量锅炉上，旋流煤粉燃烧器主要采用前墙布置方式，使磨煤机可以布置在炉前，煤粉管道短且长度大体相同，分配到各燃烧器的煤粉较均匀，沿炉膛宽度方向烟气温度偏差小。但由于从每个燃烧器喷出的旋转射流在炉内各自独立发展，炉内射流衰减很快，炉内火焰扰动较弱，特别是燃烧后期混合较差，气流呈 L 形直接上升，死滞旋涡区大，炉内火焰充满程度不好，因而在炉膛前上部、底部形成两个非常明显的死滞旋涡区。燃烧器多排布置时形成的死滞旋涡区要比单排的小些。为了改善这种布置的火焰充满度，一般在后墙上部设置折焰角，如图 8-5 所示。

在大容量锅炉上，随着炉膛容积的增大，旋流煤粉燃烧器都采用前后墙布置方式。前后墙布置又分对冲布置和交错布置。当燃烧器对冲布置时，两方火炬在炉室中央相互撞击，可弥补后期混合的不足，气流的大部分向炉室上方运动，只有少部分气流下冲到冷灰斗内，并在其中形成死滞旋涡区，如图 8-5（c）所示。当燃烧器交错布置时，由于炽热的火炬相互穿插，使得炉膛上部的死滞旋涡区基本消失，改善了炉内火焰的混合和充满程度。具体采用

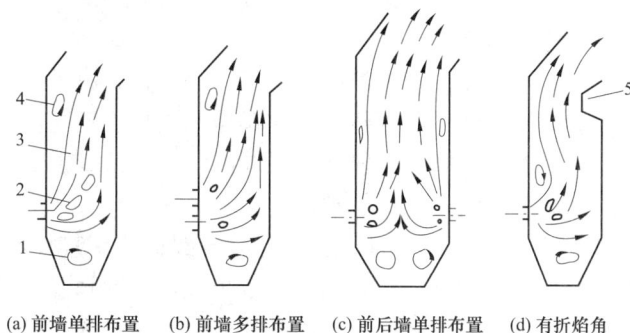

(a) 前墙单排布置　　(b) 前墙多排布置　　(c) 前后墙单排布置　　(d) 有折焰角

图 8-5　旋流燃烧器的炉内空气动力特性

1、4—死滞旋涡区；2—回流区；3—火炬；5—折焰角

哪种方式应综合炉膛尺寸、电耗等因素。前后墙布置方式的风、粉管道的布置比较复杂，锅炉低负荷运行或切换磨煤机停用部分燃烧器时，沿炉膛宽度方向容易产生温度不均现象。另外，不布置燃烧器的两面墙，其水冷壁中部热负荷偏高，易引起结渣。

二、直流煤粉燃烧器及其布置形式

(一) 直流煤粉燃烧器

煤粉气流从直流燃烧器的喷口射入炉膛内，由于炉膛空间较大，可以近似地看成直流自由射流。当喷射速度达到紊流状态时，则为直流紊流自由射流。

直流燃烧器单个喷口喷出的直流紊流自由射流如图 8-6 所示。由图可知，射流刚从喷口喷出时，在整个截面上流速均匀并等于初速 w_0。射流离开喷口后，周围静止的气体被卷吸到射流中随射流一起运动，射流的截面逐渐扩大，流量增加，而其流速却逐渐衰减。射流中仍保持初速 w_0 的这个三角形区域称为等速核心区。在喷口出口处与等速核心区结束点所在的截面之间的区段称为射流的初始段。射流初始段以后的区段称为射流主体段。射流主体段内轴线上的流速 w_m 是低于初速 w_0 的，并沿着流动方向逐渐衰减。

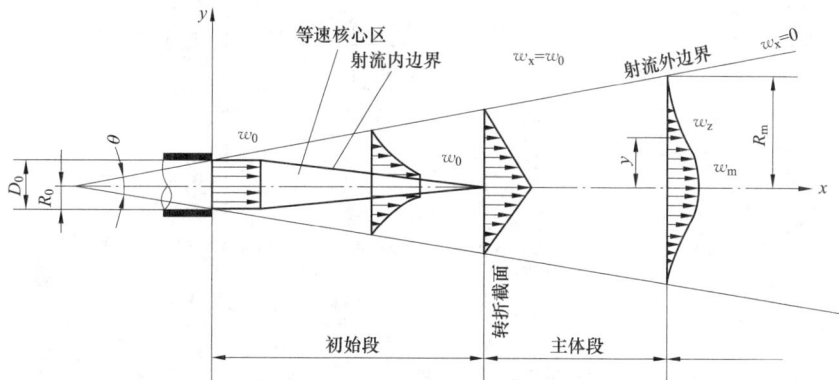

图 8-6　直流紊流自由射流示意图

直流射流与旋转射流不同，前者具有轴向速度、径向速度，但是无切向速度，射流是不旋转的，仅从射流的外边界卷吸周围的气体，扩展角比旋转射流的小，但直流射流的射程比旋转射流的长。射程与喷口尺寸和射流初速等因素有关。喷口尺寸越大，初速越高，射程越

长。射程长表示射流衰减慢，在烟气介质中贯穿能力强，对后期混合有利。显然，集中大喷口比分散的多个小喷口射流的射程长。

当喷口通流截面积不变时，将一个大喷口分为多个小喷口，由于射流周界面增大，卷吸气体量也增加。对于矩形截面的喷口，当初速与喷口通流面积不变时，随着喷口高宽比的增大，射流周界面增大，卷吸能力也增大。射流卷吸周围气体后流量增加，流速自然会衰减下来。卷吸能力越强，流速衰减越快，射程就越短。

炉膛并非无限大的空间，炉内微小的扰动，也会导致射流偏离原有轴线方向而发生偏转。射流抗偏转的能力称为射流的刚性。射流的动量越大，刚性越强，越不易偏转。对矩形截面喷口，喷口的高宽比越小，刚性越好。在炉内几股射流平行或交叉时，一般是刚性大的射流吸引刚性小的射流，并使其偏转。

根据煤种着火特性的不同，直流煤粉燃烧器的一、二次风喷口排列方式大致可分为均等配风和分级配风两种形式。

1. 均等配风直流煤粉燃烧器

均等配风方式是指一、二次风喷口相间布置，即在两个一次风喷口之间均等布置一个或两个二次风喷口，或者在每个一次风喷口的背火侧均等布置二次风喷口。沿高度方向间隔排列的各二次风喷口的风量分配接近均匀。传统的均等配风直流煤粉燃烧器喷口布置方式如图8-7所示。

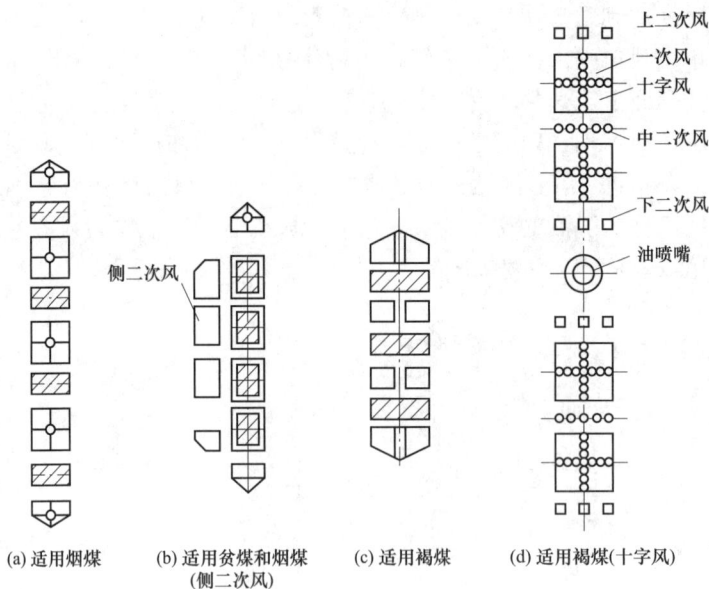

图 8-7　均等配风直流煤粉燃烧器喷口布置

图8-7（a）所示是一种燃烧烟煤的直流燃烧器。烟煤挥发分含量较高，容易着火和燃烧，因此，在每一个一次风喷口的上下方都有二次风喷口，而且喷口间距也较小，一、二次风自喷口喷出后能很快混合，使煤粉气流着火后不致由于空气跟不上而导致燃烧不完全。燃烧器最高层为上二次风喷口，其作用除供应上排煤粉燃烧器所需空气外，还可提供炉内未燃尽的煤粉继续燃烧所需的空气并压住火焰，不使其过分上飘。燃烧器最低层为下二次风喷

口，其作用除供应下排煤粉燃烧器所需空气外，还能把煤粉气流中离析出的粗煤粉托住，使其燃烧而减少机械不完全燃烧热损失，并托住火焰不致过分下冲，以免冷灰斗结渣。很多燃烧烟煤的直流燃烧器都设计成摆动式（或称可变倾斜角式）。一、二次风喷口可做成固定不动或上下摆动式，其上下摆动倾角范围为±30°。摆动式燃烧器通过改变一、二次风喷口倾角的办法来改变一、二次风的混合时机，以适应不同煤种的需要，还可用来调整炉内火焰的位置，以调节和控制炉膛出口烟气温度，因而可调节过热蒸汽和再热蒸汽温度。在二次风喷口内部均可装设油喷嘴，必要时可以烧油。

图 8-7（b）所示为一种侧二次风燃烧器。它是均等配风燃烧器的一种特殊形式。其一次风喷口集中布置在向火侧，二次风布置在背火侧。其作用如下：一次风布置在燃烧器的向火侧，有利于煤粉气流卷吸高温烟气和接受炉膛空间的辐射热，同时也有利于接受邻角燃烧器火炬的加热，从而改善煤粉着火；二次风布置在背火侧，可以防止煤粉火炬贴墙和粗煤粉离析，并可在水冷壁附近区域保持氧化性气氛，不致使灰熔点降低，有助于避免水冷壁结渣。此外，这种并排布置降低了整组燃烧器的高宽比，可以增强气流的穿透能力，有利于燃烧的稳定和完全。这种燃烧器适用于既难着火又易结渣的贫煤和劣质烟煤。

图 8-7（c）和（d）所示为燃烧褐煤的直流燃烧器。褐煤挥发分含量高、灰分大、灰熔点低，干燥的褐煤煤粉很容易着火，但易在炉膛内形成结渣。因此，燃烧褐煤时炉膛的温度应较低些，火焰中心的温度为 1100~1200℃，以避免产生局部高温而引起结渣。为了能降低炉膛内的燃烧温度，一、二次风喷口间隔布置，并将一次风喷口间的距离适当拉开，大容量燃烧器则采用分组布置，使煤粉不过于集中喷入炉膛，以分散火焰中心。为了使煤粉着火后能和二次风迅速混合，常在一次风喷口内安装十字形排列的二次风小管，称之为十字风。其作用是：冷却一次风喷口，以免喷口受热变形或烧损；将一个喷口分割成为四个小喷口，也可减小煤粉和气流速度分布的不均匀程度。

2. 分级配风直流煤粉燃烧器

分级配风方式是指把燃烧所需要的二次风分级分阶段地送入燃烧的煤粉气流中，即将一次风喷口较集中地布置在一起，而二次风喷口分层布置，且一、二次风喷口保持较大的距离，以便控制一、二次风的混合时间。这对于低挥发分煤种的着火与燃烧有利，故此种燃烧器适用于无烟煤、贫煤和劣质烟煤，所以又称为无烟煤型直流煤粉燃烧器。传统的分级配风直流煤粉燃烧器喷口布置方式如图 8-8 所示。

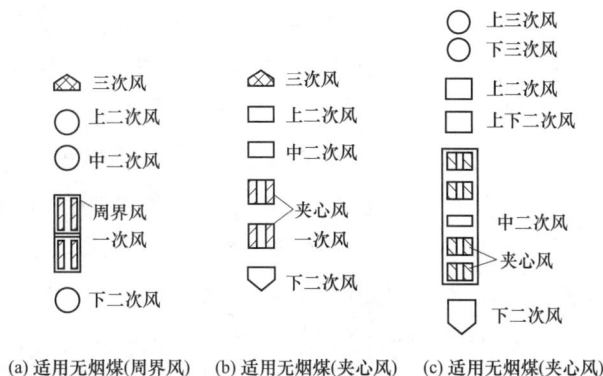

(a) 适用无烟煤(周界风)　(b) 适用无烟煤(夹心风)　(c) 适用无烟煤(夹心风)

图 8-8　分级配风直流煤粉燃烧器喷口布置

无烟煤和贫煤固定碳含量较高，挥发分含量低，不易着火和燃尽。因此，为了保证其着火和燃尽，必须保持较高的炉膛温度。为了解决低挥发分煤种着火难的问题，燃用低挥发分煤种的直流燃烧器往往具有以下特点：

（1）一次风喷口呈狭长形，狭长的一次风口高宽比较大，可以增大煤粉气流的着火周界，从而增加对高温烟气的卷吸能力，有利于煤粉气流着火。

（2）一次风喷口集中布置，一次风集中喷入炉膛可提高着火区的煤粉浓度，同时煤粉燃烧放热集中，火焰中心温度会有所提高，有利于煤粉迅速稳定的着火。集中大喷口还可增强一次风气流的刚性和贯穿能力，从而减轻火焰的偏斜，并加强煤粉气流的后期混合。

（3）一、二次风喷口的间距较大，一、二次风混合比较迟，对无烟煤和劣质烟煤的着火有利。

（4）二次风分层布置，将二次风按着火和燃烧需要分级分阶段送入燃烧的煤粉气流中，既有利于煤粉气流的前期着火，又有利于煤粉气流后期的燃烧。

（5）一次风喷口的周围或中间还布置有一股二次风，分别称为周界风和夹心风，如图 8-8 所示。周界风的风层薄（15~25mm），风量小（一般为二次风量的 10% 左右）而风速高（30~45m/s），有利于将周围的高温烟气卷吸入一次风气流中。夹心风的风量一般占二次风量的 10%~15%，风速高于一次风，从而可增强气流刚性，防止气流偏斜，也能防止燃烧器烧坏，不会影响一次风气流直接与高温烟气接触，有利于在煤粉着火后及时补充氧气。夹心风与一次风喷口有一定距离，以避免在煤粉着火前夹心风过早混入一次风中。但周界风或夹心风如果设计不当，则会影响着火稳定。

（6）在燃用低挥发分煤种，且采用中间储仓式制粉系统热风送粉时，为了保证着火的稳定性，含有 10%~15% 细煤粉的乏气作为三次风送入炉膛，目的是为了提高燃烧的经济性和避免污染环境。由于乏气的温度低（约 100℃）、水分含量高、煤粉浓度小，若三次风口布置不当，将会影响主煤粉气流的着火燃烧。因此，一般将三次风口布置在燃烧器上方。三次风口应有一定的下倾角（7°~15°），以增加三次风在炉内的停留时间，有利于三次风中少量煤粉的燃尽。此外，三次风宜采用较高的风速（见表 8-2），使其能穿透高温烟气进入炉膛中心，以加强炉内气流的扰动和混合，有利于三次风中细粉的燃尽。

3. 改进型直流煤粉燃烧器

煤粉空气混合物较难点燃是煤粉燃烧的特点之一。锅炉在冷态启动或低负荷运行时，煤粉气流的着火和燃烧的稳定性很差，特别是燃用劣质煤或低挥发分煤的锅炉稳定性更差。

为了改善锅炉着火稳定性，增大锅炉负荷调节范围，降低燃料燃烧时 NO_x 的生成量，满足日益严格的环境保护要求，出现了许多新型的煤粉燃烧器。

（1）WR 型燃烧器。WR 型燃烧器全称为直流式宽调节比摆动燃烧器，其喷口可以做成整体摆动的形式，也可以做成上下分别摆动的两部分。如图 8-9（a）所示，一次风煤粉喷嘴与煤粉管道的连接处有一个弯头，一次风煤粉气流通过这个弯头转弯时，受惯性力的作用，大部分煤粉紧贴着弯头外侧进入煤粉喷嘴，而放置在煤粉喷嘴中间的水平肋片将煤粉气流顺势分成浓淡两股，上部为高浓度煤粉气流，下部为低浓度煤粉气流，再经喷嘴出口处扩流锥喷入炉膛，形成浓淡燃烧。在煤粉喷嘴上下还布置有周界风，用以提高一次风刚性和补充一次风不足，其风量可调，与一次风呈一定角度。

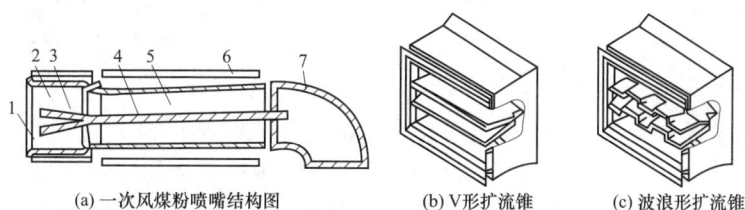

(a) 一次风煤粉喷嘴结构图　　　(b) V形扩流锥　　　(c) 波浪形扩流锥

图 8 - 9　WR 燃烧器的煤粉喷嘴

1—阻挡块；2—喷嘴头部；3—扩流锥；4—水平肋片；5——次风管；6—燃烧器外壳；7—入口弯头

扩流锥有 V 形和波浪形两种，如图 8 - 9（b）、（c）所示，一般多采用波浪形扩流锥。采用扩流锥可以在喷嘴出口形成一个稳定的回流区，使高温烟气不断稳定回流到煤粉火炬的根部，以维持煤粉气流的稳定着火。扩流锥装在煤粉管道内，不断有一次风煤粉气流流过，所以不易烧坏，其波浪形或 V 形结构可以吸收扩流锥在高温辐射下的热膨胀；同时可以增加一次风煤粉空气混合物和回流高温烟气的接触面，加快煤粉空气混合物的预热和着火。扩流锥前端有一细长的阻挡块，当煤粉气流的流动速度发生变化时，有利于回流区的稳定。

这种燃烧器由于改善了燃料的着火条件，所以可提高锅炉的燃烧效率。与普通直流燃烧器相比，当过量空气系数为 1.15～1.4 时，锅炉最大出力下的燃烧效率高 1%；当过量空气系数降到 1.10 以下时，普通直流燃烧器的燃烧效率降低较多，而 WR 型燃烧器的燃烧效率几乎没有变化；当锅炉负荷为额定负荷的 50% 时，WR 型燃烧器的燃烧效率要比普通直流燃烧器高 5%。上述技术特点使 WR 型燃烧器成为一种高效低 NO_x、能适应煤种和负荷变化的多功能燃烧器，尤其适用于燃用贫煤和无烟煤。

（2）PM 型直流煤粉燃烧器。PM 型燃烧器实际上是集烟气再循环、两级燃烧和浓淡燃烧于一体的低 NO_x 燃烧系统。如图 8 - 10 所示，它利用喷口布置及燃烧器一次风入口管道上的分离器弯头及一定的管内流速对煤粉浓度重新分配，实现浓淡偏差燃烧，其浓侧的气粉比（A/C）为 1～1.2，淡侧的气粉比为 3.19～4.8。一次风煤粉气流沿输送管 7 经弯头分离器 8 进行惯性分离，分成的贫、富两股煤粉气流分别经贫燃料喷口 2 和富燃料喷口 4 进入炉膛，富煤粉气流在过量空气系数远小于 1 的条件下燃烧，由于缺氧生成的燃料型 NO_x 减小，而贫煤粉气流则在过量空气系数远大于 1 的条件下燃烧，使燃烧温度降低，生成的温度型 NO_x 减少，从而形成了两个燃烧区段。在燃料喷口 2 和 4 的上面各有一个烟气再循环（SGR）喷口 3，它可以推迟二次风向燃烧区域扩散，延长挥发分在高温区内的燃烧时

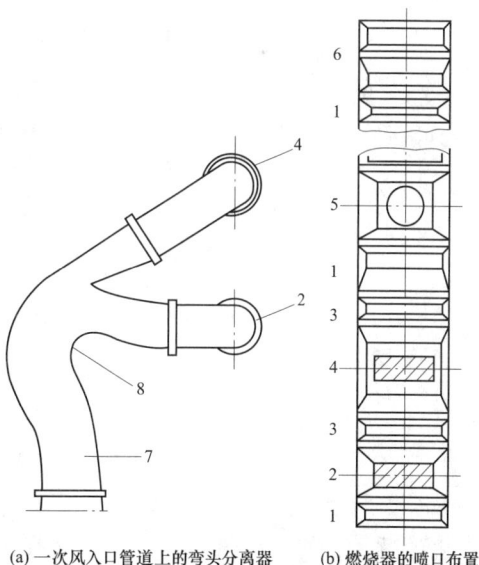

(a) 一次风入口管道上的弯头分离器　　(b) 燃烧器的喷口布置

图 8 - 10　PM 型直流煤粉燃烧器

1—二次风喷口；2—贫燃料喷口；3—烟气再循环喷口；4—富燃料喷口；5—油枪；6—燃尽风（OFA）喷口；7——次风煤粉管道；8—弯头分离器

间，还可以降低炉内温度水平及焦炭燃尽区中的氧浓度，既可稳定燃烧，又抑制 NO$_x$ 生成。在燃烧器的最上面有两级燃尽风（over fire air，OFA）喷口 6，从而将燃烧用空气分成二次风和燃尽风，是典型的分级燃烧方式。

与常规燃烧器相比，PM 型燃烧器可使 NO$_x$ 生成量减少 60%，且在 65%～100% 的负荷范围内，NO$_x$ 生成量大体不变。负荷降低时它仍能保持燃烧稳定，不投油的最低稳定燃烧负荷可达 40%，飞灰可燃物的含量随负荷下降而有所减少。随着烟气含氧量的下降及 SGR 的增加，NO$_x$ 有大幅度降低的倾向，但飞灰可燃物的含量稍有上升。

（二）直流煤粉燃烧器的布置

1. 切圆燃烧方式

由于直流燃烧器的射流本身不旋转，在炉内卷吸高温烟气的能力不够强，还不足以使煤粉强烈着火，所以直流燃烧器通常采用四角切圆布置燃烧方式，即其出口气流的几何轴线射向炉膛中心的一个假想切圆，从每一角的燃烧器喷出的煤粉气流，除依靠射流本身卷吸的高温烟气和接受炉膛火焰的辐射热以外，主要靠四角布置中来自上游邻角正在剧烈燃烧的高温火焰冲击混合和紊流加热作用，使之很快着火燃烧，从而在炉膛中心形成一个稳定的强烈旋转火炬。在离心力的作用下，旋转气流向四周扩展，在炉膛中心形成真空，即无风区。无风区的外面是气流强烈旋转的强风区，最外围是弱风区。另一方面由于引风机的抽力，迫使气流上升，结果在炉膛中形成一个螺旋上升气流，如图 8-11 所示。这不仅改善了火焰在炉内的充满度，延长了煤粉在炉内的停留时间，而且使直流射流的射程长，在炉膛烟气中的贯穿能力强。同时，由于气流在炉膛中心的强烈旋转，着火后的煤粉火炬和大量的二次风相互卷吸，使热量、质量和动量交换十分强烈，炉内温度、氧浓度等更趋于均匀，这不仅加速了煤粉的燃烧和燃尽，而且炉内热负荷均匀。此外，切圆燃烧方式还具有如下特点：每角直流燃烧器均由多个一、二次风喷嘴所组成，负荷变化时调节灵活，对煤种适应性强，控制和调节手段较多；便于实现分段送风，组织分段燃烧，从而抑制 NO$_x$ 的排放；炉膛结构简单，便于大容量锅炉的布置。

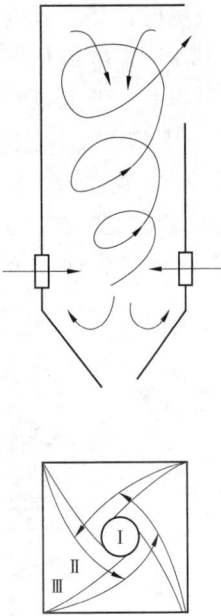

图 8-11　切向燃烧的炉内空气动力特性
Ⅰ—无风区；Ⅱ—强风区；Ⅲ—弱风区

在实际燃烧过程中，从燃烧器喷口射出的气流并不能保持沿喷口几何轴线方向前进，而会出现一定程度的偏斜，气流会偏向炉墙一侧，使实际气流的切圆直径总是大于假想切圆直径，如图 8-11 所示。由于一次风煤粉气流动量比二次风小、刚性较差，因此一次风煤粉气流的偏斜也最厉害，使一次风在着火早期得不到足够的氧量而产生还原性气氛。偏斜严重时，会导致煤粉气流贴附或冲击炉墙而造成水冷壁的结渣。所以，从避免水冷壁结渣的角度来看，应尽量减小一次风煤粉气流的偏斜。

直流煤粉燃烧器除采用布置在炉膛四角组织单切圆燃烧外，还有以下几种布置形式，如图 8-12 所示。（b）为两角对冲，两角相切或一次风对冲，二次风切圆；（c）为双切圆布置，即四角一、二次风口相切于不同直径的圆或对角燃烧器各自切于不同直径的圆；（d）为燃烧器布置在前后墙上,形成两个反向的双切圆,以获得沿炉膛水平断面较为均匀的空气动力场。大容量锅炉有时采用这种布置,且有的锅炉设置分割墙,有的锅炉无分割墙;(e)为燃烧器布置在辐射流很高的炉膛四周的中部,形成循环强化燃烧系统(circular ultra firing,CUF),可通过调整过量空气系数,得到温度更高、过量空气系数更低的 NO_x 还原区,也可用来点燃着火性能较差的无烟煤等和控制 NO_x 排放量;(f)为新型 CUF 系统。

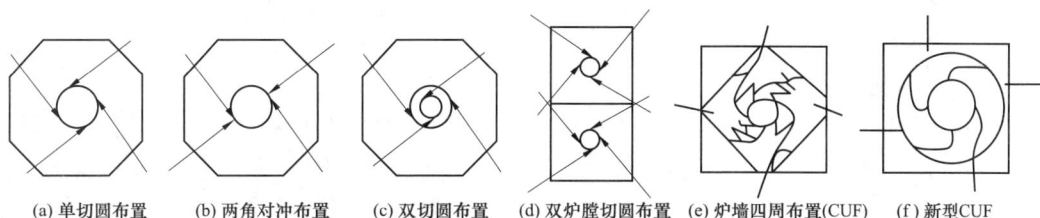

(a) 单切圆布置　　(b) 两角对冲布置　　(c) 双切圆布置　　(d) 双炉膛切圆布置　(e) 炉墙四周布置(CUF)　(f) 新型CUF

图 8 - 12　直流煤粉燃烧器的布置方式

2. W 形火焰燃烧方式

W 形火焰燃烧方式又称拱形炉膛燃烧方式或双 U 形火焰燃烧方式,主要针对低挥发分劣质煤需要在着火区保持高温,以加速着火,并有足够长的燃烧行程,以利燃尽。其炉膛由下部的拱形着火炉膛和上部的辐射炉膛组成,如图 8 - 13 所示。下部炉膛的深度比上部炉膛大 80%～120%,下部炉膛前后突出部分的顶部构成炉顶拱,煤粉喷嘴和二、三次风喷嘴从炉顶拱向下喷射,到达炉膛下部后向上转弯,从而形成 W 形火焰。燃烧过程基本在下部炉膛内完成,上部炉膛除了使燃料燃烧趋于完全外,主要使高温烟气与受热面进行辐射换热,将烟气温度逐渐冷却下来。

W 形火焰燃烧方式炉内过程分为三个阶段:一为着火的起始阶段。空气以低速、少量送入,煤粉在低扰动状态下着火和初步燃烧,应相应提高火焰根部的温度和延长煤粉在着火区的停留时间。二为燃烧阶段。已着火的煤粉气流先后与以二次风、三次风形式高速送入的空气强烈混合,形成剧烈燃烧。三为辐射换热和燃尽阶段。燃烧生成的高温烟气进入上部炉膛后,除继续以低扰动状态使燃烧趋于完全外,还与受热面进行辐射热交换。

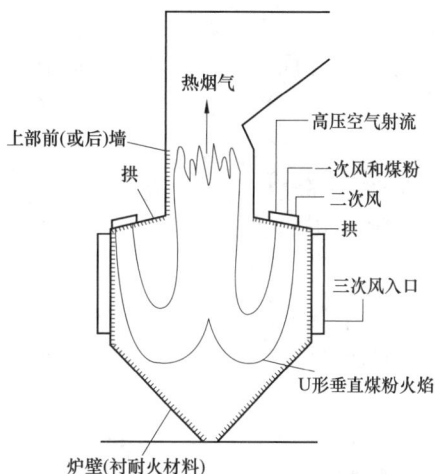

图 8 - 13　W 形火焰锅炉炉膛结构的示意图

W 形火焰燃烧方式煤种适应性广,尤其适合燃用无烟煤、劣质煤、水煤浆等燃尽时间长的煤种,且可根据燃煤挥发分的含量调节一次风煤粉浓度、热风温度,调整一、二、三次风等风量比例,或改变燃烧器结构和卫燃带面积等,扩大煤种的适应范围。国外实践证明,W 形火焰固态排渣锅炉能燃用挥发分 6%～20% 的煤,甚至挥发分 4% 的无烟煤。

第九章 锅炉受热面

第一节 蒸 发 设 备

一、蒸发设备的构成

锅炉中吸收火焰和烟气的热量，使水转化为饱和蒸汽的受热面称为蒸发受热面。自然循环锅炉的蒸发设备由汽包、下降管、水冷壁、联箱及连接管道等组成。图9-1所示为自然循环锅炉蒸发设备示意图。汽包、下降管、联箱、连接管道等位于炉外不受热。水冷壁布置在炉膛四周，接受炉膛内高温火焰的辐射传热。给水经省煤器加热后被送入汽包，在汽包内保持一定的水位。汽包内的水通过下降管、水冷壁下联箱进入水冷壁（又称上升管），水在上升管内受热达到饱和并部分变成蒸汽，形成汽水混合物。由于上升管吸热，其管内汽水混合物的密度小于下降管内水的密度，两者的密度差使上升管中的汽水混合物自动上升，然后由水冷壁上联箱经汽水引出管引入汽包，并在汽包内依靠汽水密度差和分离装置的作用进行汽水分离。分离出来的蒸汽进入过热器系统；分离出来的饱和水与给水混合后再流入下降管，继续循环。由汽包、下降管、上升管、联箱和连接管道所组成的闭合蒸发系统称为水循环回路。工质在依次沿着汽包、下降管、下联箱、上升管、上联箱、导汽管、汽包这样的循环回路流动过程中，其流动的推动力是由汽水密度差产生的，故称为自然循环。

为维持蒸发受热面中工质的良好换热，受热管子中的工质要有足够大的流速。在亚临界压力时，由于汽水密度差小，工质在循环回路中的流动速度也小，为保证循环的可靠性，需要用辅助循环泵推动工质流动，而成为控制循环流动。对于采用控制循环流动的控制循环锅炉，循环泵也属蒸发设备。

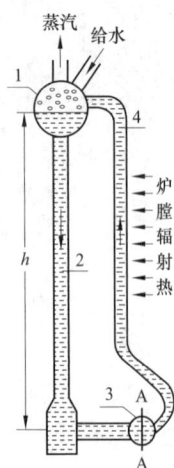

图9-1 自然循环原理图

1—汽包；2—下降管；

3—下联箱；4—上升管

自然循环锅炉当机组冷态时，下降管和水冷壁管中都是温度相同的水，此时水是不流动的。锅炉点火后，水冷壁管受热逐渐产生蒸汽，而下降管不受热，管中仍是水，这样，由于蒸汽的密度小于水的密度，因而水冷壁管中汽水混合物的平均密度小于下降管中的水密度，这个密度差促使水冷壁管中的汽水混合物向上流动，下降管中的水向下流动，形成水的循环，因而，水冷壁管也称上升管，这种循环没有泵作为动力。

自然循环汽包炉的原理如图9-1所示，整个回路由汽包、下降管、下联箱与水冷壁构成，水冷壁为辐射式受热面，上部通过上联箱后由引汽管接入汽包。

循环回路的运动压头是回路中工质流动的推动力，用S_{mp}表示。

$$S_{mp} = (\overline{\rho}_d - \overline{\rho}_r)gh \qquad (9-1)$$

式中 $\overline{\rho}_d$——下降管工质的平均密度；

$\overline{\rho}_r$——上升管工质的平均密度；

g——重力加速度，一般取 $9.8m/s^2$；

h——循环回路高度。

从式（9-1）可以看出，运动压头的大小取决于饱和水和饱和蒸汽的密度、上升管中的含汽率和循环回路高度。随着压力的提高，饱和水和饱和蒸汽的密度差减小，运动压头也减小；增加循环回路的高度，在上升管入口工质欠焓及炉内热负荷一定的情况下，含汽段高度相应增加，运动压头增大。上升管受热增强时，产汽量增多，汽水混合物的平均密度减小，运动压头随之增大。若下降管含汽，下降管内工质的平均密度将减小，运动压头随之降低。

随着锅炉蒸汽压力的提高，运动压头减小，为了维持循环回路的安全和水循环的稳定，需要增大上升管的含汽率，以降低汽水混合物的平均密度来进行补偿。但含汽率过大，水冷壁的工作安全也会受到影响。因此，目前自然循环锅炉的最高汽包压力约为 19MPa，压力再高就很难保证水循环的稳定性，这时需要采用强制流动，即借助水泵的压头来推动工质流动。

在自然循环锅炉中，上升管出口工质并不能完全变成蒸汽，而是汽水混合物。用干度 x 来表征上升管中蒸汽含量，其含义为蒸汽重量在汽水混合物重量中所占的份额。如 $x=0.2$ 或 $x=20\%$，说明汽水混合物重量中有 20% 是蒸汽。一般来说，压力越低，该干度越小，亚临界参数锅炉的干度不超过 25%，高压锅炉的干度在 10% 以下。

由于上升管出口工质并不能完全变成蒸汽，就是说在上升管出口获得1kg蒸汽需要在上升管入口送进更多质量的水，这将非常有利于上升管的冷却，使其能工作在更为安全的状态下。每蒸发 1kg 蒸汽与其需要的循环水量的比值称为循环倍率，正好是干度 x 的倒数，循环倍率越大，自然循环锅炉安全性越高。汽水的密度差逐级减小，自然循环的推力也逐渐减小，但是如果能增大上升管的含汽率以及提高回路高度，仍可维持足够的循环推动力。

作为辐射受热面，蒸发受热面的热负荷很高，管内不但要有足够的工质流动，而且必须使管子内壁保持一层水膜，这样才能很好地冷却管壁，从而避免水冷壁管被烧坏或发生高温腐蚀。因此，保证循环的可靠性是很重要的。

自然循环的一个重要特性是吸热较多的管子中，工质循环流量自动增加，循环流速会自动提高，循环安全性提高，这就是自然循环特有的自补偿特性。

二、下降管和联箱

下降管的作用是把汽包中的水连续不断地送往下联箱供给水冷壁，以维持正常的水循环。大中型锅炉的下降管都布置在炉外不受热，并加以保温，以减少散热损失。

下降管有小直径分散下降管和大直径集中下降管两种。小直径分散下降管直径一般为 108~159mm，它直接与各下联箱连接。由于这种下降管管径小、数量多（40 根以上），故流动阻力较大，对水循环不利，常用于小型锅炉。现代大型锅炉通常采用大直径集中下降管，其管内径一般为 325~490mm，大直径下降管上部与汽包下部下降管管座连接，垂直引至炉底，再通过小直径分支管引出接至下联箱。这种下降管的优点是流动阻力小，有利于水循环，节约钢材，简化布置。

联箱的作用是将进入的工质集中混合并均匀分配出去。通过联箱还可连接管径和管数不同的管子。它一般不受热，由无缝钢管两端焊接弧形封头构成，材料为20G、SA-106B等。

三、汽包

汽包是由筒身和两端封头组成的长圆筒形容器，其外形结构如图 9-2 所示。筒身由钢板卷制焊接而成；封头由钢板模压制成，焊接于筒身。在封头留有椭圆形或圆形人孔门，以备安装和检修时工作人员进出。在汽包上开有很多管孔，并焊有管座，通过对焊将给水管、

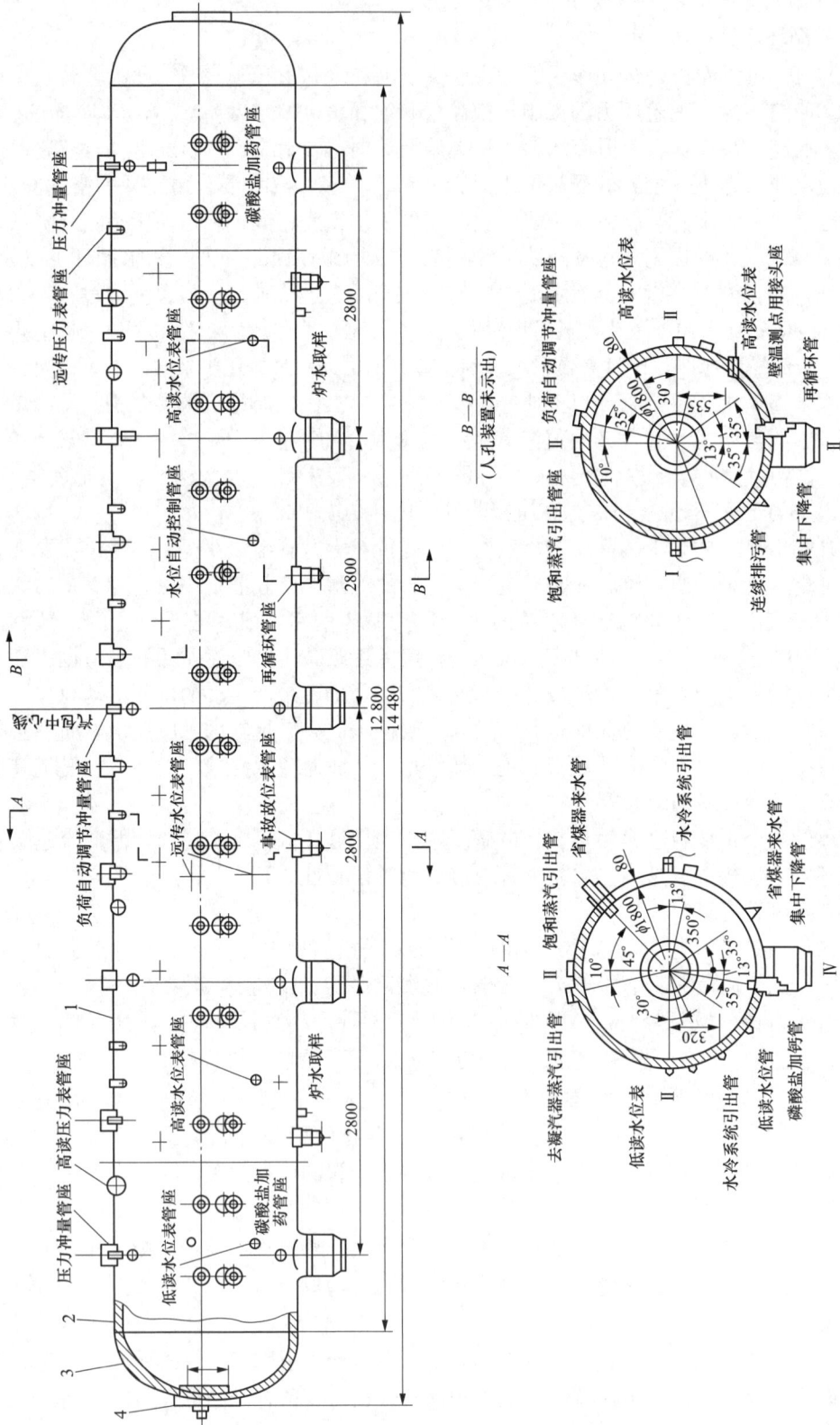

图 9-2　汽包外形结构

1—筒身；2—封头；3—人孔门；4—管座

下降管、汽水混合物引入管、蒸汽引出管以及连续排污管、给水再循环管、加药管和事故放水管等与汽包连接起来。此外还有一些连接仪表和自动装置的管座。

为了保证汽包能自由膨胀，现代锅炉的汽包都用吊箍悬吊在炉顶大梁上。汽包横置于炉顶外部，不受火焰和烟气的直接加热，并具有良好的保温性。

（一）汽包的作用

（1）与受热面和管道连接。如图9-3所示，给水经省煤器加热后送入汽包，汽包向过热器系统输送饱和蒸汽。同时汽包还与下降管、水冷壁连接，形成自然循环回路。汽包将省煤器、水冷壁、过热器三种受热面严格分开，保证了进入过热器系统的工质为饱和蒸汽，使过热器受热面界限明确，这也是汽包锅炉不同于直流锅炉的基本原因。因此，汽包是汽包锅炉内工质加热、蒸发、过热三个过程的连接中心，也是这三个过程的分界点。

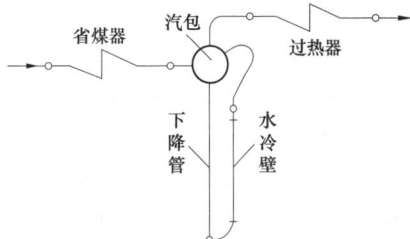

图9-3　受热面和管道与汽包的连接

此外，还有一些辅助管道与汽包连接，如加药管、连续排污管、给水再循环管、紧急放水管等。

（2）增加锅炉蓄热能力和水位平衡能力。汽包中存有一定水量，因而具有一定的蓄热能力和水位平衡能力，在锅炉负荷变化时起到了蓄热器和储水器的作用，可以延缓汽压和汽包水位的变化速度。

蓄热能力是指工况变化而燃烧条件不变时，锅炉工质及受热面、联箱、连接管道、炉墙等所吸收或放出热量的能力。如当锅炉负荷增加而燃烧未及时调整时，锅炉汽压下降，饱和温度也相应降低，原压力下的饱和水，以及与蒸发系统连接的金属壁、炉墙、构架等的温度也随之降低，它们必将放出蓄热，用来加热锅水，从而产生附加蒸汽量。附加蒸汽量的产生，弥补了部分蒸汽量的不足，使汽压下降的速度减慢；相反，在锅炉负荷降低时，锅水、金属壁、炉墙等则会吸收热量，使汽压上升的速度减慢。汽包水容积越大，蓄热能力越强，则自行保持锅炉负荷与参数的能力越强。这一特点对锅炉运行调节是有利的。

（3）汽水分离和改善蒸汽品质。由水冷壁进入汽包的工质是汽水混合物，利用汽包内部的蒸汽空间和汽水分离元件对其进行汽水分离，使离开汽包的饱和蒸汽中的水分减少到最低值。有的锅炉汽包内还装有蒸汽清洗装置，利用一部分给水清洗蒸汽，减少蒸汽直接溶解的盐分。另外，汽包内还装有排污和加药装置等，从而改善了蒸汽品质和锅水品质。

（4）装有安全附件，保证锅炉安全。汽包上装有许多温度测点、压力表、水位计和安全门等附件，保证锅炉安全工作。

（二）汽包的安全运行

汽包是具有一定壁厚的承压热容器。它的工作压力高、机械应力大，汽包壁温度场不均匀会使汽包产生热应力。因此，必须保证汽包的安全运行。

在运行过程中，必须限制汽包的工作压力。为了防止汽包工作压力超过限值，在汽包上和过热器出口装置有100%容量的安全阀。一旦压力超过允许限值，安全阀自动开启，释放蒸汽，降低汽压，以保护汽包和保证锅炉安全工作。

由于汽包直径大、壁厚，在锅炉进水、启动、停运和负荷变化时都可能产生较大的汽包上下壁、内外壁温差，造成较大的热应力。其机械和热力的综合应力在局部区域的峰值可能接近其至超过汽包材料的极限值，使汽包产生疲劳损伤，造成汽包使用寿命缩短。因此，一般要求锅炉在进水、启停、负荷变化和正常运行过程中，汽包上下壁、内外壁温差不得超过 40℃。

（三）蒸汽净化

电厂锅炉生产的蒸汽除必须符合设计规定的压力和温度外，还要求蒸汽品质良好。蒸汽品质一般用单位质量蒸汽中所含杂质的数量来衡量，其单位为 μg/kg 或 mg/kg。它反映了蒸汽的清洁程度。蒸汽中所含的杂质绝大部分为各种盐类，所以蒸汽中的杂质含量多用蒸汽中的含盐量来表示。当蒸汽中的含盐量比较大时，就会在锅炉、汽轮机中沉积下来形成盐垢。当盐沉积在过热器中，就会影响流动，使阻力增大，影响传热，使蒸汽吸热量减少，锅炉排烟温度升高，锅炉效率降低；如沉积严重则使管壁温度升高，可能发生爆管。盐分沉积在阀门中，会使阀门关闭不严，动作不灵。沉积在汽轮机中，会改变叶片型线，影响汽轮机出力和效率，使阻力增大，轴向推力增大，如果汽轮机转子积盐不均匀，还会引起机组振动，造成事故。

由此可见，蒸汽含盐量过多，对锅炉、汽轮机等热力设备的安全经济运行影响很大。因此，必须对蒸汽品质提出严格的要求，限制蒸汽的杂质含量，或者说对蒸汽进行净化，达到要求标准。

根据电站长期运行的经验，为保证汽轮机能在较长时间内正常运行而不致明显地降低其出力和效率，蒸汽品质应符合表 9-1 和表 9-2（根据 DL/T 561—2022《火力发电厂水汽化学监督导则》、GB/T 12145—2016《火力发电机组及蒸汽动力设备水汽质量》）。

表 9-1　　　　　　　　　　　　　蒸汽最大杂质含量

炉型	压力（MPa）	钠（μg/kg）		二氧化硅（μg/kg）
		磷酸盐处理	挥发性处理	
汽包锅炉	3.82～5.78	≤15		≤20
	5.88～12.6	≤10	≤10*	
	12.7～18.3	≤10		
直流锅炉	5.88～12.6	≤10		≤20
	12.7～18.3			

* 争取标准为 ≤5μg/kg。

表 9-2　　　　　　　　　　　　　蒸汽最大铜和铁的含量

压力（MPa）	铁（μg/kg）		铜（μg/kg）	
	汽包锅炉	直流锅炉	汽包锅炉	直流锅炉
12.7～18.3	≤20	≤10	≤5	≤5*

* 争取标准为 ≤3μg/kg。

为防止汽轮机积结金属氧化物，规定蒸汽中铜和铁的含量不得超过表 9-2 中规定的量。

蒸汽污染的主要原因为

锅炉给水虽经过了锅炉外的水处理，但总含有一定的盐分。随着给水不断被加热、蒸发，给水中的杂质大部分转移到锅水中，因此锅水的杂质浓度要比给水高很多。饱和蒸汽从汽包引出时，携带含有杂质浓度大的锅水，这是蒸汽污染的第一个原因，也是中低压锅蒸汽污染的主要原因。高压及以上压力的锅炉，蒸汽除携带锅水外，还能溶解某些盐类，这是蒸汽污染的第二个原因。蒸汽溶解盐类具有选择性，并与压力有关。

蒸汽通过携带含盐水滴而污染称之为机械性携带。蒸汽通过直接溶盐而污染称之为溶解性携带或选择性携带。

净化蒸汽的原则措施主要有：

（1）控制锅炉水品质。饱和蒸汽携带盐分来源于锅水，因此必须对锅水品质进行控制。但在汽包锅炉中，给水含盐量大大高于蒸汽含盐量，即在蒸发过程中，一部分水沸腾，生成蒸汽，此部分水的盐分除蒸汽带走少量外，剩余部分都转移到其余锅水中，使锅水含盐量增加。若不采取特别措施，含盐锅水不断被浓缩，使蒸汽品质变坏。解决此问题的办法是进行排污，即放掉一部分锅水，也就是放掉一部分盐来控制锅水的品质。

（2）提高给水品质。在排污量不变的情况下，提高给水品质，可使锅内含盐量减少，蒸汽品质提高。但提高给水品质，将使水处理设备的投资和运行费用增加，故应根据技术经济比较，采用合理的水处理系统。

（3）减少机械性携带，主要是采用高效汽水分离设备。

（4）减少选择性携带，主要是提高蒸汽清洗效果。

四、水冷壁

水冷壁一般布置在炉膛四周，大容量锅炉也有部分布置在炉膛中间（称为分割屏）。亚临界压力以下汽包锅炉的水冷壁主要是蒸发受热面。在临界压力以下的直流锅炉中，水冷壁一部分用作加热受热面和过热受热面，但主要是蒸发受热面。在超临界压力直流锅炉中，水冷壁用来加热水和过热蒸汽，它没有蒸发受热面。因此，在低于临界压力的锅炉中，蒸发受热面一般就是指炉膛水冷壁，其作用如下所述。

（1）炉内火焰温度很高，而火焰对水冷壁的辐射传热与火焰热力学温度的 4 次方成比例，因此水冷壁的辐射吸热很强烈。水冷壁内的工质吸收热量后由水逐步变成汽水混合物。

（2）在炉膛内敷设一定面积的水冷壁可使炉墙附近和炉膛出口烟温冷却到灰的软化温度以下，防止炉墙及受热面结渣，提高锅炉运行的安全可靠性。

（3）敷设水冷壁后，炉墙的内壁温度可大大降低，既保护了炉墙，又便于采用轻型炉墙，以简化炉墙结构，减小炉墙的厚度和重量。

（一）水冷壁的类型

水冷壁的主要类型有光管、膜式与销钉式三种。

1. 光管水冷壁

光管水冷壁是由普通无缝钢管弯制而成的。它在炉墙上的布置情况如图 9-4（a）所示。

2. 膜式水冷壁

膜式水冷壁由鳍片管连接而成。鳍片管有两种类型：一种是在光管之间焊接扁钢制成的，称为焊接鳍片管，如图 9-4（b）所示；另一种是轧制而成的，称为轧制鳍片管，如图 9-4（c）所示。

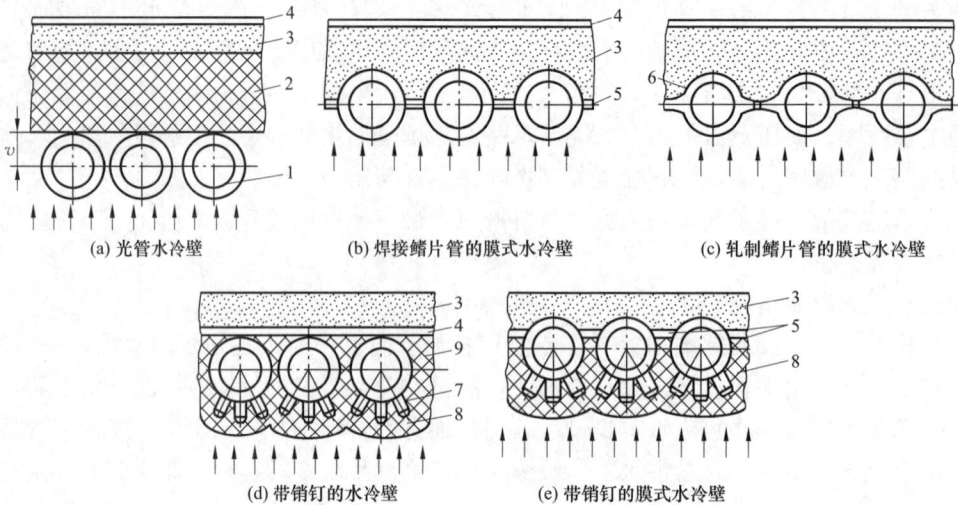

图 9-4　水冷壁结构

1—管子；2—耐火材料；3—绝热材料；4—炉皮；5—扁钢；
6—轧制鳍片管；7—销钉；8—耐火材料；9—铬矿砂材料

采用膜式水冷壁，有如下优点：

（1）在相同的炉墙面积下，膜式水冷壁的辐射换热面积比一般光管水冷壁大，且角系数 $x=1$，因而辐射换热效果好。又因用鳍片代替部分管材，从而可节省高价钢材。

（2）对炉墙具有良好的保护作用。膜式水冷壁把炉墙与炉膛完全隔离开，因而炉墙不用高温耐火材料，只需轻型的绝热材料，从而能减轻炉墙重量，便于采用悬吊结构。炉墙蓄热量只有采用耐火材料炉墙蓄热量的 $1/5 \sim 1/4$，蓄热能力小，燃烧室升温和冷却快，可缩短启动和停炉时间。

（3）膜式水冷壁使炉膛具有良好的气密性，适用于正压和负压炉膛。对于负压炉膛，因减少了漏风，还可降低排烟热损失。

（4）膜式水冷壁可在制造厂内按一定组件大小整焊成片，安装时组与组间焊接密封，现场安装工作量大大减小。

（5）膜式水冷壁能承受较大的侧向力，增加了抗炉膛爆炸的能力。

3. 销钉式水冷壁和卫燃带

销钉式水冷壁是在水冷壁的外侧焊接上很多直径为 $6 \sim 12mm$，长为 $20 \sim 25mm$ 的圆柱形销钉（或称抓钉），并在有销钉的水冷壁上敷盖一层铬矿砂耐火可塑料，形成卫燃带，如图 9-4（d）和图 9-4（e）所示。

（二）水冷壁布置形式

1. 汽包锅炉水冷壁布置形式

自然循环锅炉和控制循环锅炉均属于汽包锅炉，它们的水冷壁布置形式类似。为减少汽水混合物在上升管内的流动阻力，有利于水循环，左右两侧墙水冷壁多为垂直布置，前后墙水冷壁的炉底部分向内收缩形成漏斗形冷灰斗。冷灰斗可使燃烧中心形成的呈熔化状态的灰渣在下落过程中，由于斗状水冷壁的强烈吸热，而被迅速冷却成为固态，以减少结渣。

　　现代大容量锅炉一般采用平炉顶结构，炉顶由顶棚管过热器组成。折焰角使炉内火焰分布更加均匀，提高了炉膛内烟气流的充满程度，减少了炉膛上部的涡流与死滞区，改善了屏式过热器及对流过热器的冲刷条件，提高了炉膛辐射受热面的利用程度，防止上部烟气短路。另外，折焰角延长了锅炉的水平烟道，使锅炉在不增加深度的情况下，可布置更多的高温对流受热面，满足了高参数大容量锅炉工质过热吸热比例提高的要求。

　　大容量锅炉的水冷壁管大都采用耐热合金钢。一台锅炉的水冷壁管子的数量，根据锅炉容量的不同，少则几百根，多则超过千根。水冷壁管由进、出口联箱连接，进口联箱通过下降管支管与下降管连接，而出口联箱通过导汽管连接于汽包。炉膛每侧水冷壁的进、出口联箱分成数个，其个数由炉膛宽度和深度决定，每个联箱与其连接的水冷壁管组成一个水冷壁管屏。图9-5所示为1000t/h自然循环锅炉水冷壁管屏布置简图，其前墙和后墙各由8个管屏组成，左右侧墙各由7个管屏组成。

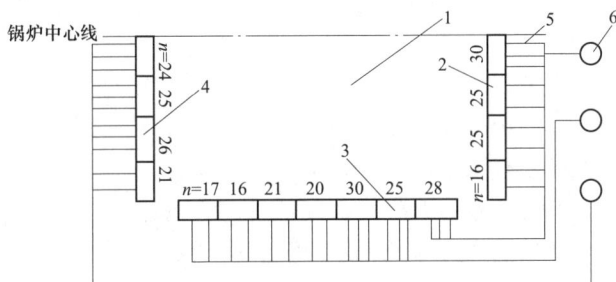

图9-5　1000t/h自然循环锅炉水冷壁管屏布置图

1—炉膛；2—前墙水冷壁；3—侧墙水冷壁；4—后墙水冷壁；5—下降管支管；
6—大直径下降管；n—每个水冷壁管屏并联管根数

2. 直流锅炉水冷壁布置形式

　　现代直流锅炉的水冷壁形式，主要有螺旋管圈型和垂直管屏型两类。螺旋管圈型水冷壁是在水平围绕管圈型的基础上发展而成的；垂直管屏型是在垂直多管屏型的基础上发展而成的。垂直管屏型的典型结构有一次上升型（UP）和上升-上升型（FW）等。

　　（1）螺旋管圈型水冷壁。螺旋管圈型水冷壁如图9-6所示，水冷壁管组成管带，沿炉膛周界按θ角倾斜螺旋上升，一般情况下螺旋管圈围绕炉膛圈数为1.25～1.5。它无水平围绕管圈型中的水平段，工质在蒸发管内不易出现汽水分层现象，管带中的并联管数也增多了。由于螺旋管圈的并联各管受热条件都基本相同，而且炉膛热负荷分布的变化对并联管吸热的影响很小，因此并联管的热偏差很小。实测数据表

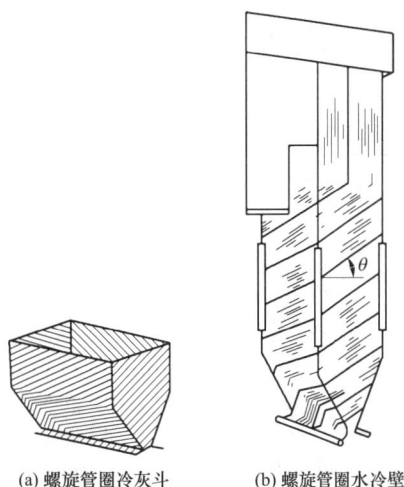

(a) 螺旋管圈冷灰斗　　(b) 螺旋管圈水冷壁

图9-6　螺旋管圈型水冷壁与冷灰斗

明，螺旋管圈型水冷壁两相邻管带的外侧管子的管壁温差可保持在30℃以下，可不用在水冷壁管进口加装节流圈。

　　螺旋管圈型直流锅炉的水冷壁一般由螺旋管圈和垂直管屏两部分组成。炉膛热负荷高的

区域，布置螺旋管圈；炉膛折焰角以上区域热负荷较低，两相邻垂直管屏的外侧管子的管壁温差已不至于造成膜式水冷壁的损坏，布置垂直管屏，以便于炉膛悬吊。冷灰斗区域的水冷壁可采用螺旋管圈或垂直管，对于易结渣的煤，宜布置螺旋管。

（2）垂直管屏式水冷壁。

1）一次上升型水冷壁。一次上升型水冷壁是在传统的垂直多管屏型水冷壁的基础上发展起来的。在一次上升型垂直管屏中，工质在水冷壁中从炉底一次上升到炉顶，中间经过一次或多次混合。美国 B&W 公司首先采用这种设计，简称通用压力（即 UP）锅炉。这种锅炉可适用于亚临界压力和超临界压力。

1025t/h 锅炉的水冷壁系统如图 9－7 所示。工质在整个炉膛四周的水冷壁内同时上升，沿高度分为 4 段，自下而上分别为冷灰斗区、下辐射区、中辐射区和上辐射区。在各段之间进行混合，通过混合可消除平行工作管子间的热偏差。冷灰斗管屏进水由省煤器通过过滤器引入，下辐射区每个进口联箱引入管上各装有一个节流阀，上辐射区出口工质进入炉顶过热器进口联箱。

2）上升-上升型水冷壁。这种形式的管屏结构与一次上升型管屏结构相同，只是为了能采用较大直径的水冷壁而又保证管内有足够的质量流速，有利于水冷壁的安全工作，在热负荷高的炉膛下部区域将管屏宽度改窄，在炉外加设下降管，把一次上升改为两次或多次上升，如图 9－8 所示。在炉膛上部由于热负荷较低，允许采用较低的质量流速，而与之对应的水冷壁管内工质比体积比下部的大，质量流速也高，所以仍采用一次上升型。

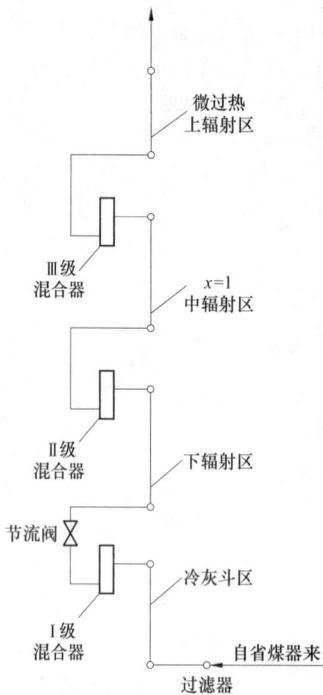

图 9－7　一次上升三次混合水冷壁　　　　　图 9－8　两次上升系统

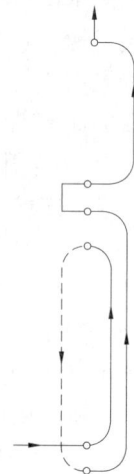

和一次上升型管屏相比较，这种结构有三个特点：①在保证热负荷较高的下辐射区管内有足够的质量流速的条件下，可以采用较大的管径，因此水冷壁的刚性好。由于可以根据对

质量流速的要求来确定炉膛下部管屏上升的次数，因此它的应用就不受锅炉容量大小的限制；②由于各个上升管屏中流过的是质量含汽率不同的汽水混合物（在超临界压力锅炉中则是不同温度的工质），各屏的膨胀程度不一致。当采用膜式水冷壁时，相邻管屏交界处炉管的相对膨胀是设计中要慎重处理的问题；③管系比较复杂，流程总长度长，因此汽水系统的阻力比较大。

第二节　过热器和再热器

过热器和再热器是锅炉汽水系统中的重要部件。过热器的作用是将饱和蒸汽或微过热蒸汽加热成具有一定过热度的过热蒸汽后，送往汽轮机高压缸中膨胀做功。

再热器的作用是将汽轮机高压缸的排汽加热到与过热蒸汽温度相等（或相近）后，送往汽轮机中、低压缸中膨胀做功，以提高汽轮机尾部叶片蒸汽的干度。

过（再）热器是锅炉工质温度最高的受热面，为了保证合理的传热温差，它们大部分布置在烟温较高的炉膛出口附近和炉膛内部，因此这些受热面的热负荷很高。而过热蒸汽，特别是再热蒸汽对管壁的冷却能力较差，因此过（再）热器是锅炉中管壁温度最高的受热面，它们的工作条件最差。但为了提高循环热效率，过热蒸汽的压力已经由超高压提高到亚临界和超临界压力，而过热蒸汽温度的选择却受到管材性能及市场价格和运行经济性的限制。为了尽量避免采用更高级别合金钢，设计过热器和再热器时，所选管材的工作温度几乎都接近于其许用温度。在此情况下，运行中蒸汽温度即使超温 $10\sim20℃$，也将会使钢材的许用应力降低很多，危及过（再）热器的安全。而过热汽温每降低 $10℃$，会使超高压锅炉到亚临界压力锅炉的循环热效率降低 0.3%，增加煤耗约 0.18%；再热汽温每降低 $10℃$，增加煤耗约 0.225%。由此可见，过（再）热蒸汽温度对机组安全、经济运行有十分重要的影响，因此，过（再）热器的设计、布置和运行应遵循以下主要原则：

（1）确保过（再）热器外壁温度低于管材的抗腐蚀和抗氧化温度，并保证其高温持久强度。

（2）对厚壁蒸汽管道和联箱，温度变化速率应限制在 $3℃/min$ 以内。

（3）运行中保持汽温稳定。汽温的波动范围不超过 $-10\sim+5℃$。

（4）过（再）热器系统温度特性好，并有可靠的调温手段，确保在较大的负荷范围内能通过调节装置保持汽温在额定值。保持额定汽温的负荷范围对燃煤汽包锅炉为 $60\%\sim100\%$ 额度负荷，对直流锅炉为 $30\%\sim100\%$ 额度负荷。

（5）尽量避免或减少并联管间的热偏差，防止发生高温积灰和高温腐蚀。

一、过热器和再热器的结构形式

布置在不同位置的过（再）热器，换热方式是不同的。根据换热方式的不同，可将过（再）热器分为对流、辐射及半辐射三种类型，并通常采用串级布置方式将它们构成过热器系统和再热器系统。

（一）对流过（再）热器

对流过（再）热器一般采用蛇形管式布置在水平烟道或尾部竖井中，主要吸收烟气的对流放热。

（1）按管子的排列方式，对流过（再）热器可分为错列和顺列两种形式，如图 9-9 所

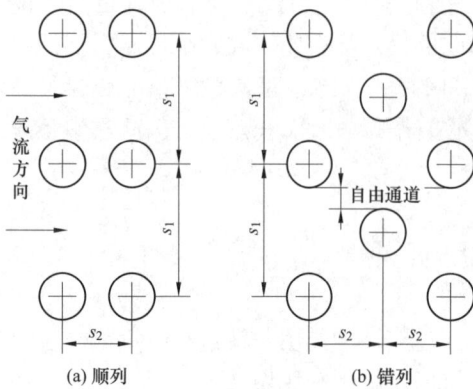

图 9-9 管子的排列方式

示。顺列布置传热系数小于错列布置，错列布置比顺列布置管壁磨损严重，因此要综合考虑确定。

（2）按受热面的放置方式，对流过（再）热器可分为立式和水平式两种。立式过热器布置结构简单，吊挂方便，积灰少，但停炉后产生的凝结水不易排除。卧式过热器容易疏水，但支吊较复杂，为节省合金钢，常用管子吊挂。

（3）按蒸汽和烟气的相对流动方向，对流过（再）热器可分为顺流、逆流、双逆流和混流布置 4 种方式，如图 9-10 所示。顺流式管壁温度最低，但传热温差小，相同传热量时所需受热面最多，故多应用于高温级受热面的高温段；逆流式则相反，故多应用于低温级受热面；双逆流和混流式的壁温和受热面大小居于前两者之间，多应用于高温级受热面。

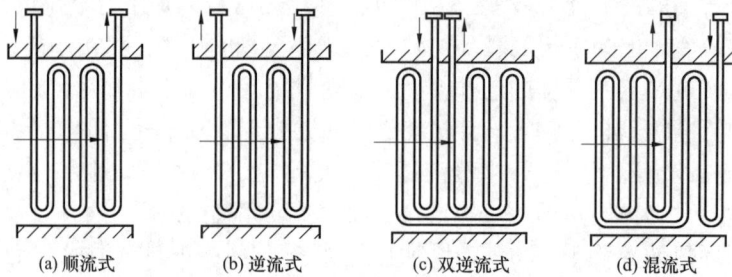

图 9-10 根据烟气与蒸汽相对流动方向划分的过热器形式

对流过（再）热器的烟速要适当，过大则管子磨损严重，过小则传热系数小，不能满足吸热要求。因此，对于布置在炉膛出口之后的水平烟道内的受热面，由于烟温高、灰粒较软、对受热面的磨损较轻，常采用 $10 \sim 15 \text{m/s}$ 的烟速，以提高受热面的传热系数。由于烟温较高，飞灰的黏结性和烧结性较强，设计时要考虑减少受热面的积灰；当烟温降低到 $700 ℃$ 以下时，灰粒变硬，飞灰的磨损能力加剧，此时要限制烟气的流速不大于 9m/s，但烟速也不应小于 6m/s，以防止堵灰。

为了保证过热器和再热器管壁得到更好的冷却，管内工质应保证一定的质量流速，但流速增加使工质阻力增大。整个过热器的压力降应小于 10% 工作压力，所以，对流过热器质量流速一般控制在 $800 \sim 1100 \text{kg/(m}^2 \cdot \text{s)}$；对于再热器，为了减少压力降，一般要求压力不超过 0.2MPa，蒸汽的质量流速一般采用 $250 \sim 400 \text{kg/(m}^2 \cdot \text{s)}$。

（二）辐射与半辐射式过热器

1. 屏式过热器和再热器

屏式过（再）热器布置位置不同，换热方式就不同，其中布置在炉膛上部，节距较大，以吸收炉膛辐射热为主的屏式过（再）热器，通常称为前屏，又称为大屏或分隔屏。其作用主要是降低炉膛出口烟温，减少烟气扰动和旋转，改善过热蒸汽或再热蒸汽的汽温特性。

　　布置在炉膛出口处，吸收炉膛中的辐射热和烟气的对流热的屏式过（再）热器，通常称为后屏或半辐射过热器。其对流和辐射热的份额与所布置的位置和节距有关。

　　前屏和后屏的结构形式基本相同，只是横向节距不同，前屏节距较大，一般在 3000～4000mm，后屏比前屏横向节距小，屏与屏之间的节距为 500～1000mm。前屏过热器由外径为 32～42mm 的钢管及联箱组成，每屏中的管数由蒸汽流速决定，一般为 15～30 根。每屏管子之间的节距和管外径之比 s_2/d 为 1.1～1.25。图 9 - 11 所示为前屏过热器的结构示意图，每片管屏用自身的管子作为夹持管，将管屏夹紧，以免管子从屏的平面凸出，并将内圈管子适当加长，外圈管子缩短，以减少热偏差。管屏之间的横向节距用定位管来保持，定位管内通有冷却介质。管屏也可用自身管子进行定位，由屏的管子拉出形成连接管并与相邻屏中的连接管夹持在一起，以保持各屏之间的节距，并增加屏的刚性，如图 9 - 12 所示。管屏的重量由联箱支撑。

　　前屏由于受炉内火焰辐射，热负荷较高，因而热偏差较大，特别是外圈管子，受热最强，长度又最长，阻力大，工质流量小，易发生超温现象。除用更好的材料外，在结构上采取如图 9 - 13 所示的措施，即外圈管子采用较短长度或用较大的管径、内外圈管子交叉等。

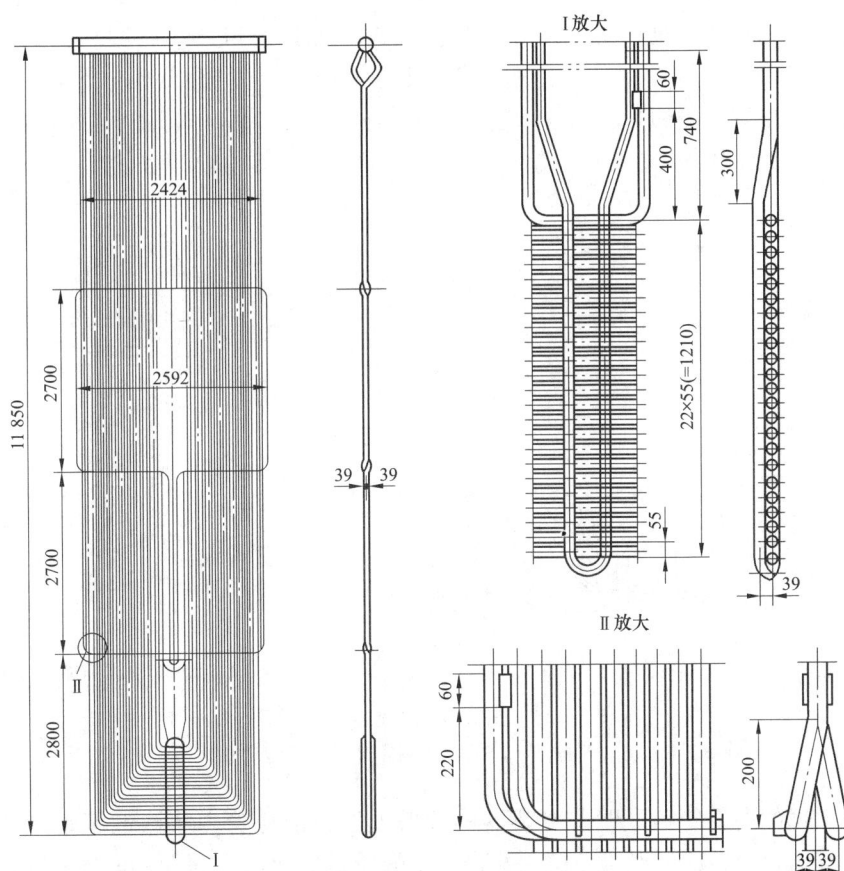

图 9 - 11　前屏过热器的结构示意图

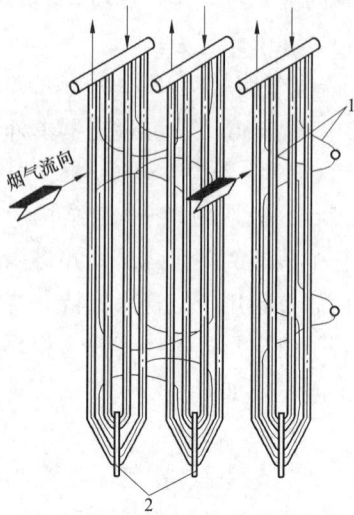

图 9-12　屏式过热器屏间定位
1—连接管；2—夹持管

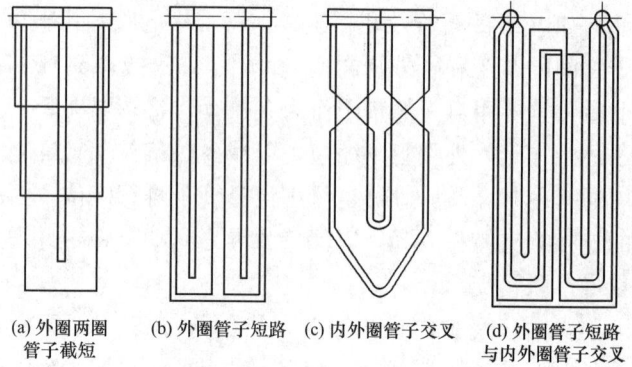

图 9-13　屏式过热器防止外圈管子超温的改进措施
(a) 外圈两圈管子截短　(b) 外圈管子短路　(c) 内外圈管子交叉　(d) 外圈管子短路与内外圈管子交叉

2. 壁式过（再）热器

壁式过热器也称墙式过热器，其结构和布置方式如图 9-14 所示。图 9-14（a）所示为紧贴炉墙，和水冷壁管相间布置，多用于控制循环锅炉；图 9-14（b）所示为附着在水冷壁管上，将水冷壁管遮盖的布置，水冷壁被遮盖部分按不吸热考虑，用于自然循环锅炉，以提高自然循环的运动压头。

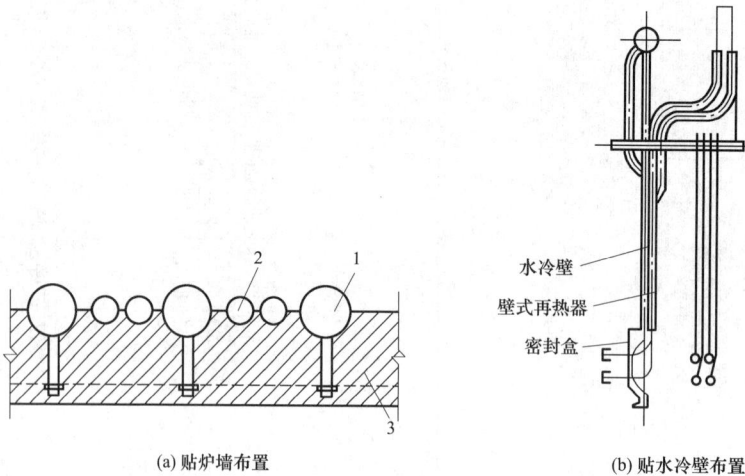

水冷壁
壁式再热器
密封盒

(a) 贴炉墙布置　(b) 贴水冷壁布置

图 9-14　壁式过热器结构及布置图
1—水冷壁管；2—壁式过热器管；3—敷管炉墙

由于受火焰的高温辐射，壁式过热器的管壁温度可能比管内蒸汽温度高 100～120℃，所以常将它作为过热器的低温段使用，并将管中的质量流速提高到1000～1500kg/($m^2 \cdot$ s)，以保证其冷却条件。

壁式再热器用作再热器的低温段，质量流速为250～400kg/($m^2 \cdot$ s)。在锅炉启动初期，管内无介质流动，为保证其安全，必须限制炉膛出口烟温。壁式再热器常布置在炉膛上部前墙或两侧墙上，如图 9-15 所示。

（三）顶棚过热器和包覆管过热器

顶棚过热器布置在炉顶，其管径与对流过热器基本相同，相对节距 $s_1/d \leqslant 1.25$，它的吸热量不大，主要用于支撑炉顶的耐火材料，并保持锅炉的气密性。

包覆管过热器布置在水平烟道和尾部竖井的壁面上，其管径与对流过热器基本相同，对于光管相对节距 $s_1/d \leqslant 1.25$，对膜式壁 $s_1/d = 2 \sim 3$。包覆管过热器的主要作用是形成炉壁并成为敷管炉墙的载体。

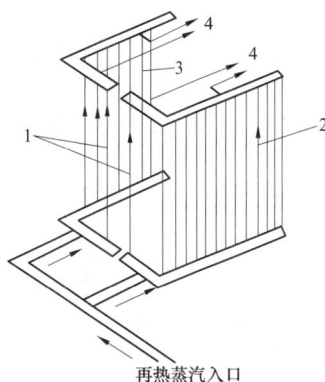

图 9-15　锅炉壁式再热器结构
1—前墙再热器管；2、3—侧墙再热器管；
4—壁式再热器引出管

某锅炉顶棚和包覆过热器的连接系统如图 9-16 所示，由汽包引出的饱和蒸汽一路经炉膛及水平烟道前部的顶棚管进入尾部烟道侧包墙的前部入口联箱，经前部侧包墙管吸热后，经底部 U 形联箱后又分成两部分，一部分经尾部烟道前包墙管进入顶棚延伸包墙的入口联箱，另一部分经侧包墙管进入顶棚延伸包墙的入口联箱与前一部分汇合后，进入顶棚延伸包墙管吸热后进入低温过热器入口联箱；另一路经顶棚旁路管进入尾部烟道后包墙管吸热后，经底部 U 形联箱进入后墙侧包墙管吸热，与前一路汇合到一起，进入低温过热器入口联箱。

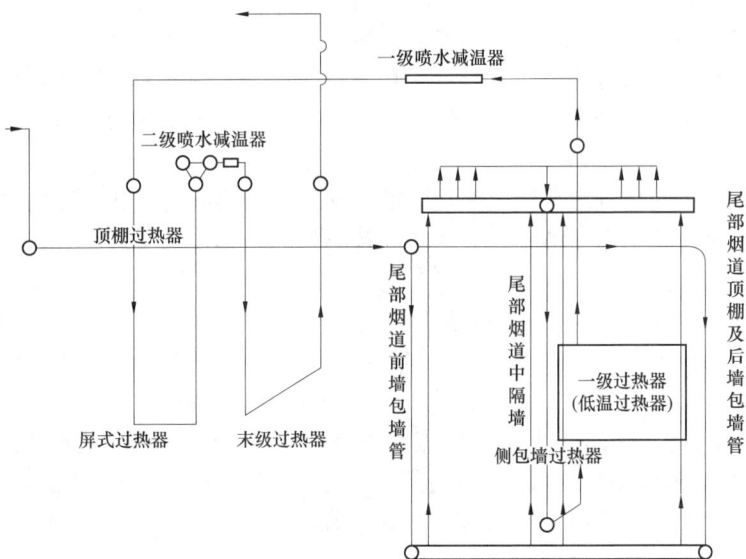

图 9-16　某锅炉顶棚和包覆过热器的连接系统

二、汽温特性

过（再）热器出口汽温随锅炉负荷变化的关系特性称为汽温特性。

对流过热器的汽温特性是随着锅炉负荷的增加，烟气流速增大，对流换热量增加，蒸汽的焓增大，出口汽温升高，如图 9-17 曲线 2 所示。

辐射过热器的汽温特性是随着锅炉负荷的增加，由于炉膛火焰的平均温度增加有限，辐

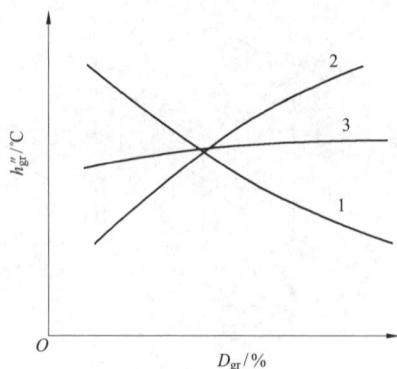

图 9-17　汽温特性曲线
1—辐射过热器；2—对流过热器；
3—半辐射过热器

射传热量增加不多，跟不上蒸汽流量的增加，使工质的焓增减小。因此，出口汽温下降，如图 9-17 曲线 1 所示。

半辐射过热器的汽温特性介于对流和辐射过热器的汽温特性之间，如图 9-17 曲线 3 所示。

再热器的汽温特性原则上与过热器的汽温特性相似，但又有不同的特点。在再热器中，工质进口参数取决于汽轮机高压缸的排汽参数。在负荷降低时，汽轮机高压缸排汽温度降低，再热器的进口汽温也随之降低，所以再热器出口汽温一般随负荷降低而下降。为了保持再热器出口汽温不变，必须吸收更多的热量。当锅炉负荷从额定值降到 70% 负荷时，再热器进口汽温约下降 30～50℃，再加上再热蒸汽的压力较低（2.0～5.0MPa），蒸汽比热容较小，因此，再热汽温的变化幅度较大。若再热器采用较多的辐射和半辐射式受热面，其汽温特性将得到改善；采用变压运行方式，其汽温特性也可以得到改善。

现代大型亚临界和超临界压力锅炉均采用复杂的辐射、对流多级布置的过（再）热器系统，其中大屏、半大屏、壁式过热器（再热器）呈辐射特性，后屏过热器（再热器）呈半辐射特性，布置在水平烟道中的对流过热器则具有明显的对流特性。为了获得比较平稳的汽温特性，各受热面的吸热比例按一定比例分配。国产大容量高压、超高压锅炉设计时屏的焓增约占过热器（再热器）系统总焓增的 30%～50%，亚临界及超临界压力锅炉设计的过热器（再热器）系统，其辐射受热面与对流受热面吸热量基本相同，从而使过热蒸汽（再热蒸汽）系统汽温变化比较平稳，调温幅度较小，给再热器调温带来方便，可以采用微量喷水减温来调节。

直流锅炉的汽温变化特性与汽包锅炉不同，在蒸发受热面与过热受热面之间没有固定的分界线，其随工况的变化而变动。当给水量保持不变时，如果减少燃料量，则加热段和蒸发段的长度增加，过热段的长度减小，过热器的出口汽温降低，要保持原来的蒸汽温度，就必须增加燃料量或减少给水量；要保持过热蒸汽温度不变，燃料消耗量与给水量必须保持一定的比例。在直流锅炉中，只要保持这一比例，就能保持一定的汽温。如果汽温偏低，可增加燃料量或减少给水量，使汽温升高到额定值；反之，汽温偏高，可减少燃料量或增加给水量，使汽温降低到额定值。因此，在直流锅炉中用保持给水/燃料比的方法能在 30%～100% 额定负荷范围内维持过热汽温为额定值。但是由于直流锅炉水容量小，工况变化对汽温变化的敏感性很大，而要保持给水/燃料的比例需要一定时间，在此期间就可能发生大的汽温偏差。此外，由于直流锅炉中工质的通流长度很长，从给水进口到过热器出口的总长度有 600～700m，因此直流锅炉的延迟时间较大，这对调节不利。为此，直流锅炉仍需要采用比较灵敏的调节系统。

大容量锅炉运行中一般要求，定压运行时在 70%～100% 的额定负荷范围内，变压运行时在 60%～100% 的额定负荷范围内，过热蒸汽和再热蒸汽温度与额定值的偏差应不超过如下数值：过热器不超过 ±5℃，再热器不超过 -10～+5℃。

三、热偏差

过（再）热器都是由许多并联管子组成的，其中每根管子的结构、热负拓展阅读 9-1

荷和工质流量大小不完全一致，工质焓增也就不同，这种现象叫热偏差。受热面并联管组中个别管子的焓增 Δh_p，与并联管子的平均焓增 Δh_0 的比值称为热偏差系数 ϕ，计算式为

$$\phi = \frac{\Delta h_p}{\Delta h_0} \qquad (9-2)$$

$$\Delta h_p = \frac{q_p A_p}{G_p} \qquad (9-3)$$

$$\Delta h_0 = \frac{q_0 A}{G_0} \qquad (9-4)$$

将式（9-3）和式（9-4）代入式（9-2）可得

$$\phi = \frac{q_p}{q_0} \cdot \frac{A_p}{A_0} \cdot \frac{1}{\dfrac{G_p}{G_0}} = \frac{\eta_q \eta_F}{\eta_G} \qquad (9-5)$$

式中　q_p、q_0——偏差管、并联管平均单位面积吸热率，kJ/(m$^2 \cdot$ s)；

A_p、A_0——偏差管、并联管每根管子的平均受热面积，m^2；

G_p、G_0——偏差管、并联管每根管子的平均流量，kg/s；

η_q、η_F、η_G——热力不均系数、结构不均系数和流量不均系数。

由式（9-5）可知，热偏差系数与热力不均系数、结构不均系数成正比，与流量不均系数成反比。并联管组中 η_q 和 η_F 大，η_G 小的管子热偏差大，管壁温度高。

（一）影响热偏差的因素

过（再）热器的热偏差主要是由热力不均和流量不均引起的，而影响热力不均和流量不均的因素也很多。

1. 影响热力不均的因素

影响受热面并联管圈之间热力不均的因素有结构因素，也有运行因素。

（1）受热面污染。受热面积灰和结渣会使管间吸热严重不均。结渣和积灰总是不均匀的，部分管子结渣或积灰会使其他管子吸热增加。

（2）炉内温度场和速度场不均。炉内温度场和速度场不均将引起辐射换热和对流换热不均。炉内温度场和速度场为三维场，炉膛四面炉壁的热负荷可能各不相同。对于某一壁面，沿其宽度和高度的热负荷差别也较大。沿炉膛宽度温度分布的不均，会不同程度地在对流烟道中延续下去。一般来说，对流烟道中部的热负荷较大，沿宽度两侧的热负荷较小，如图 9-18 所示，吸热不均系数 η_q 可能达到 1.1～1.3，从而引起对流过热器的吸热不均；而且，离炉膛出口越近，这种影响就越大。如果将烟道沿宽度分为几部分，如图 9-18 所示分成 3 部分，并在烟道宽度的两侧布置一级过热器，而在烟道中部布置另一级过热器，则过热器中并列管子的吸热不均匀性可减少很多。

由于燃烧器设计或锅炉运行等原因造成的风速和煤粉浓度不均，火焰中心偏斜，四角切圆燃烧所产生的旋转气流在对流烟道中残余旋转等，都会使炉内温度场和速度场不均，导致对流受热面吸热不均。

对流受热面中横向节距不均匀时，会在个别蛇形管排间产生较大的烟气流通截面，形成烟气走廊。烟气走廊阻力小，烟气流速快，加强了对流传热，烟气走廊还具有较大的烟气辐射层厚度，也加强了辐射传热。因此，烟气走廊中的受热面热负荷不均系数较大。

由各排管子的相对角系数 x_n / x_{pj} 随管子排数的变化规律（如图 9-19 所示）可见，在接

受炉膛辐射热的屏式过热器中，沿热流方向，同一屏各排管子的角系数沿管排的深度不断减小，因此，屏式受热面的热力不均系数较大。

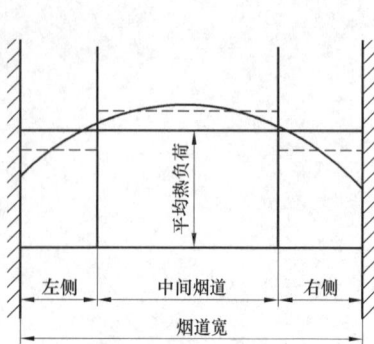

图 9-18　沿烟道宽度热的分布曲线

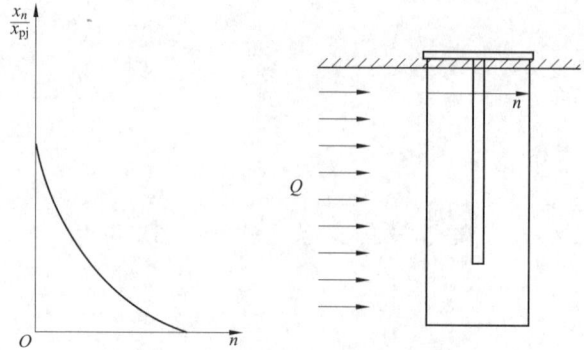

图 9-19　屏管沿着管排深度角系数的变化

n—管排数；x_n—第 n 排管子角系数；x_{pj}—n 排管子总的平均角系数

2. 影响流量不均的因素

影响并列管子间流量不均的因素也很多，例如联箱连接方式的不同，并列管子的重位压头的不同和管径及长度的差异等。此外，吸热不均也会引起流量的不均。

（1）连接方式。如图 9-20 所示为 Z 形和 U 形连接过热器及其联箱静压分布。在 Z 形连接的管组中，蒸汽由进口联箱左端引入，从出口联箱的右端导出。在进口联箱中，联箱中的流量沿联箱长度方向逐渐减小，流速也随之下降，根据能量守恒原理，动能转化为压力能，故联箱中的静压逐渐上升。但由于联箱中存在流动阻力，使静压沿流动方向的增加有所下降，而在出口联箱中则相反，沿流动方向静压下降，从而使 Z 形连接管组中的管子两端的压差 Δp 差异很大，导致较大的流量不均。由数学分析可得 Z 形连接平均流量管的位置在 $0.54L$ 处，最小流量管在 0 处。

在 U 形连接管组中，进、出口联箱内静压的变化方向相同，因而并列管子之间两端的压差 Δp 相差较小，其流量不均比 Z 形连接方式要小。Z 形连接平均流量管的位置在 $0.42L$ 处，最小流量管在 L 处。

采用多管均匀引入和导出的连接系统，如图 9-21 所示，沿联箱长度静压的变化对流量不均的影响可以减小到最低限度，但系统复杂，大容量锅炉很少采用。

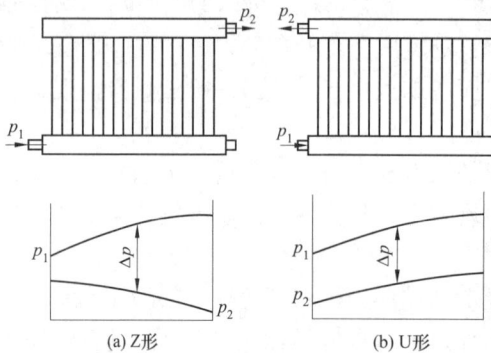

图 9-20　Z 形和 U 形连接过热器及联箱静压分布

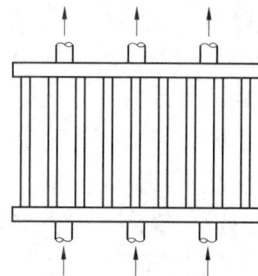

图 9-21　过热器的多管连接方式

(2) 热力不均对流量不均的影响。在并联管组中，热力不均会造成偏差管内工质的比体积 ν_p 与管组的平均比体积 ν_0 之间出现差异。在各并联管圈结构相同、阻力相等及进出口联箱压差相等的条件下，流量不均系数 η_q 与 ν_p 和 ν_0 之间的换算关系为

$$\eta_q = \frac{G_p}{G_0} = \sqrt{\frac{\nu_0}{\nu_p}} \qquad (9-6)$$

由式（9-6）可见，在过（再）热器并联管组中，热力不均会造成流量不均，而且热力不均系数 η_q 越大的管子，比体积越大（$\nu_p > \nu_0$），流量不均系数 η_q 越小，热偏差系数 ϕ 越大，使偏差管的流量减少，出口汽温和金属壁温的偏差随之增大。在此情况下，会进一步使热偏差系数大的管子工质比体积减小，热偏差系数也进一步增大，使其恶性发展直至管子超温，这就是过（再）热器热偏差的特点。可见，热力不均对流量不均的影响较大。

（二）减小热偏差的措施

由上述过（再）热器热偏差特点可知，过（再）热器并联管组间的热偏差比较危险，因此消除或尽量减小并联管组间的热偏差，是过（再）热器设计和运行的重点之一。

1. 结构设计方面的措施

（1）将过（再）热器分级布置，级间采用中间联箱进行均匀混合，如图 9-22 所示，减少每一级过（再）热器焓增，使出口汽温的偏差减小。

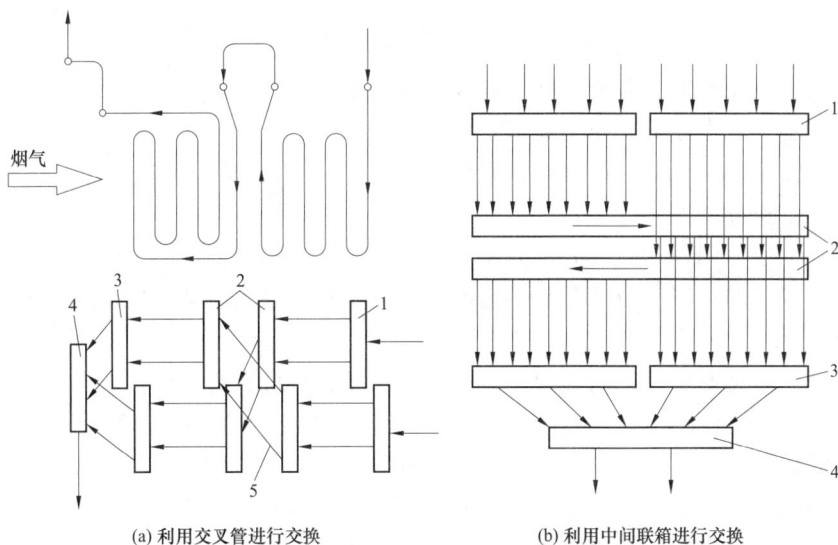

(a) 利用交叉管进行交换   (b) 利用中间联箱进行交换

图 9-22 蒸汽左右交叉流动连接系统

1—饱和蒸汽进口联箱；2—中间联箱；3—出口联箱；4—集汽联箱；5—蒸汽连接管

（2）沿烟道宽度方向进行左右交叉流动，如图 9-22（b）所示，以消除两侧烟气的热偏差。但在再热器系统中一般不宜采用左右交叉，以免增加系统的流动阻力，降低再热蒸汽的做功能力。

（3）连接管与过（再）热器的进、出口联箱之间采用多管引入和多管引出的连接方式，可减少各管之间压差的偏差，但会使系统复杂，管路阻力增加，现在大容量机组很少采用。大容量锅炉多采用 U 形连接系统。

（4）同一级过（再）热器分两组，中间无联箱，将前一组外圈管在下一组中转为内圈

管，即内、外圈管交叉布置，以均衡各管的吸热量。

（5）减少屏前或管束前烟气空间的尺寸，减少屏间、片间烟气空间的差异。受热面前烟气空间深度越小，烟气空间对同屏、同片各管辐射传热的偏差也越小。用水冷或汽冷定位管固定各屏或各片受热面，防止其摆动和变形，并使烟气空间固定，传热稳定。

（6）适当均衡并联各管的长度和吸热量，增大热负荷较高的管子的管径，减少其流动阻力，使吸热量和蒸汽流量匹配。

（7）将分隔屏过热器中每片屏分成若干组，对于大容量锅炉，由于蒸汽流量大，使每个分隔屏的流量都很大，因此管圈数多。为减小同屏各管的热偏差，采用分组方法，使每一组的管圈数和同组各管的热偏差减小。

（8）过（再）热器采用不同直径和壁厚的管子。按受热面所处运行条件，采用不同管径（即阶梯形管）、壁厚及材料，以改善其热偏差状况。

（9）消除炉膛出口烟气余旋造成的热偏差，除采用分隔屏外，还可以采用二次风反切的措施。

2. 运行方面的措施

（1）在设备投产或大修后，必须做好炉内冷态空气动力场试验和热态燃烧调整试验，以保证炉内空气动力场均匀，炉内火焰中心不偏斜，炉膛出口处烟气温度分布均匀，温度偏差不超过 50℃。

（2）在正常运行时，应根据锅炉负荷，合理投运燃烧器，调整好炉内燃烧。烟气要均匀充满炉膛空间，避免产生偏斜和冲刷屏式过热器。尽量使沿炉宽方向的烟气流量和温度分布均匀，控制好水平烟道左右侧的烟温偏差。

（3）及时吹灰，防止因结渣和积灰而引起受热不均现象的发生。

四、蒸汽温度的调节

蒸汽温度的正负偏差对过（再）热器和汽轮机等设备的安全运行及循环热效率都有影响，甚至造成设备的损坏。为了在锅炉运行过程中能保持蒸汽温度在规定的范围内波动，必须采用调温装置。

在选择蒸汽温度调节设备的容量时，对于对流过热器系统的锅炉，调温设备应有较大容量；对于辐射-对流复合型的过热器系统，调温设备的容量可以小些；燃用多灰分、灰熔融温度变化大或煤种变化大的燃料时，调温设备的容量应较大；对于新设计的尚缺乏运行经验的炉型，调温设备的容量应较大，以便锅炉投运后对受热面进行必要的调整。

汽温调节装置分为蒸汽侧调温和烟气侧调温两类。

（一）蒸汽侧调温装置

蒸汽侧调温装置有面式减温器、汽-汽热交换器和喷水减温器等，国内大型电厂锅炉上广泛应用的是喷水减温器。

喷水减温器又称混合式减温器，主要用于调节过热汽温，也被用作再热器事故减温和微调。其原理是将减温水直接喷入过热蒸汽中，使其雾化、吸热蒸发，达到降低蒸汽温度的目的。图 9-23 所示为采用给水作为减温水的连接系统。其优点是结构简单，调节灵敏，减温幅度与减温水量成正比，减温器出口的汽温延迟时间仅为 5～10s，调温幅度可达 100℃ 以上，压力损失小，一般不超过 50kPa；其缺点是要求减温水的品质不能低于蒸汽品质，且要保证减温后的蒸汽温度大于饱和温度 20℃。

对于多级布置的过热器系统，为减少热偏差，可采用 2～3 级喷水减温。对于再热蒸汽，喷水会使再热蒸汽的流量增加，也会使汽轮机中低压缸的做功能力增大，排挤高压蒸汽的做功，降低电厂的循环效率。例如，对于定压运行超高压机组，当喷水量为蒸发量的 1% 时，循环热效率将降低 0.1%～0.2%。所以，在再热蒸汽温度的调节中，喷水减温只作为烟气侧调温的辅助手段和事故喷水之用。

喷水减温器按其结构主要有笛形管式、旋涡式和文丘里式 3 种。

笛形管喷水减温器也称为多孔喷管减温器，由笛形管和保护套管组成，常利用过热器的中

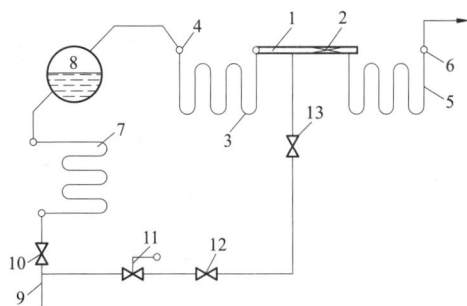

图 9-23　喷水减温器的连接系统

1—喷头；2—联箱；3、5—过热器蛇形管；

4、6—蒸汽进出口联箱；7—省煤器；

8—汽包；9—给水管；10—节水阀；

11—喷水调节阀；12—止回阀；13—隔离阀

间联箱或中间连接管作为减温器壳体。保护套管的作用是防止减温水滴与壳体直接接触而产生交变的温度应力。笛形管的外径为 50～76mm，上面开有若干个直径为 5～7mm 的喷孔，一般喷水顺汽流方向，喷水速度为 3～5m/s。当孔数较多时，可以多排布置，如图 9-24（a）所示。喷水量小的减温器只装设 1 根笛形管，喷水量大的减温器可配置 2～3 根笛形

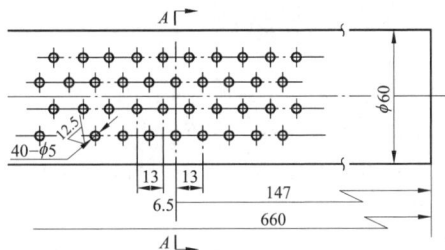

(a) 笛形管多孔喷头结构

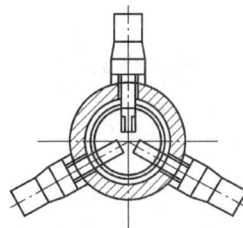

(b) 3 根笛形管结构

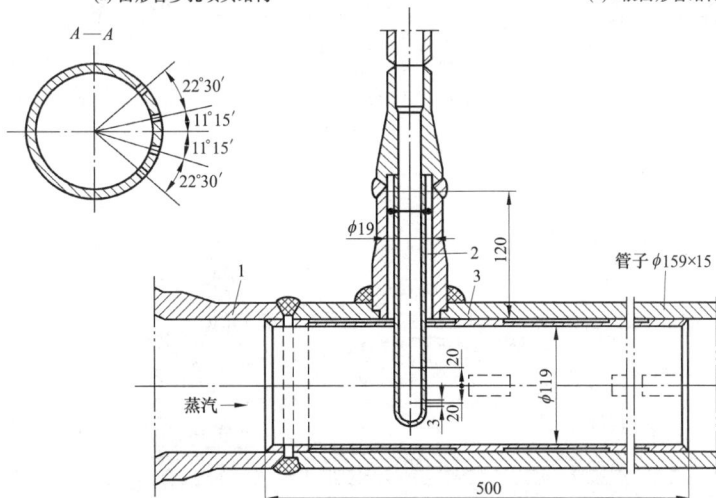

(c) 单根笛形管结构

图 9-24　笛形管式喷水减温器

1—喷水减温器外壳；2—喷管；3—保护套管

管，其结构如图 9-24（b）和图 9-24（c）所示。各级减温器的总喷水量约为锅炉容量的 3%～5%。笛形管式喷水减温器的结构简单，制造、安装方便，但在减温水量小时雾化质量较差。

旋涡式喷水减温器的结构如图 9-25 所示，由旋涡式喷嘴、文丘里管和混合管组成，也是布置在过热蒸汽的中间联箱或连接管内的。文丘里管用于使蒸汽加速，促进蒸汽和雾化水滴的混合。减温水在喷嘴内强烈旋转，喷出后水雾形成伞面，与蒸汽充分接触，雾化质量好，易蒸发，完成减温水雾化和与蒸汽充分混合所需的保护套管（混合管）的长度较短。

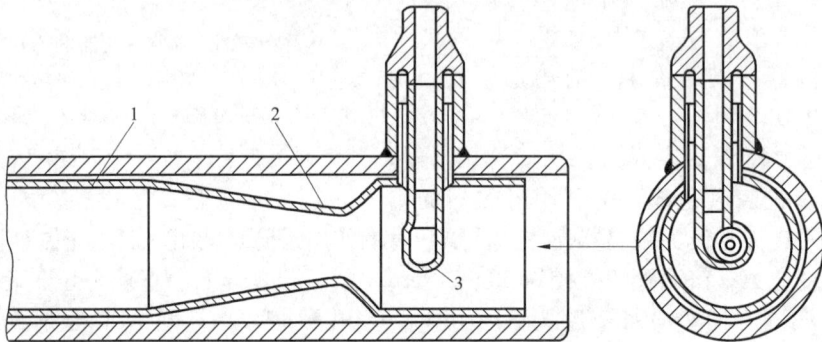

图 9-25　旋涡式喷水减温器
1—混合管；2—文丘里管；3—旋涡式喷嘴

这种减温器的减温幅度大，能适应减温水量的频繁变化，特别适用于减温水量变化范围较大的情况，其缺点是压力损失较大，若减温水压头无富余则不宜采用。此外，悬臂结构易产生共振而导致喷嘴断裂。设计时应使卡门涡流的激振频率 f_k 与喷嘴的固有振动频率 f_{pz} 之比 f_k/f_{pz} 小于或等于 0.75，以避开共振区。

文丘里式喷水减温器的结构如图 9-26 所示，由文丘里管、水室及混合管组成。文丘里管喉口处的蒸汽流速为 70～120m/s，形成局部负压。喉口外侧为环形水室，喉口壁上开有许多个直径为 3mm 的喷水孔，喷孔水速约为 1m/s。渐扩管的最佳角度为 6°～8°。一般将文丘里管蒸汽进口端固定，允许出口端自由伸缩。这种减温器的蒸汽流动阻力约为 50kPa。

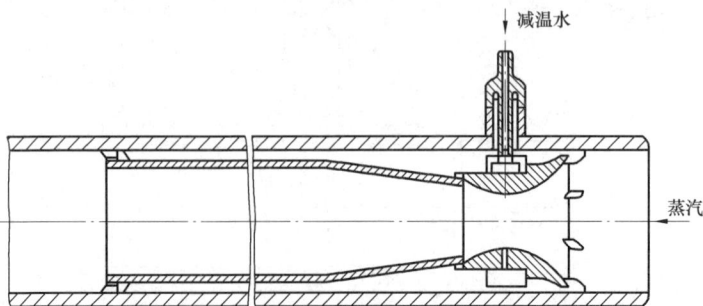

图 9-26　文丘里式喷水减温器

文丘里式喷水减温器结构较复杂，变截面多，焊缝也多，用给水作减温水时温差较大，喷水量频繁变化时会产生较大的温差应力，易引起水室裂纹等损坏事故。

（二）烟气侧调温装置

烟气侧调温方法主要有改变烟气流量和改变烟气温度两种。两种方法都存在调温滞后和调节精确度不高的问题，常作为粗调节，多用于调节再热蒸汽温度。

1. 烟气挡板

烟气挡板是利用改变烟气流量的方法调节蒸汽温度的，它分旁通烟道和平行烟道两种，如图 9-27 所示。平行烟道又可分为再热器与过热器并联和再热器与省煤器并联两种。当采用再热器与过热器并联布置时，要求过热器有较强的辐射特性才能和再热器的吸热特性相适应。

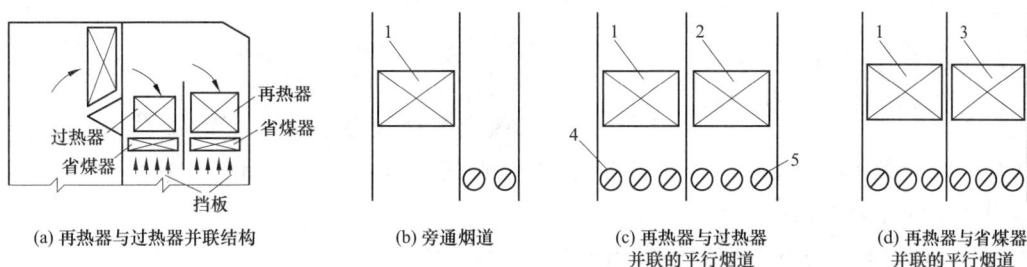

图 9-27　烟气挡板调节汽温装置
1—再热器；2—过热器；3—省煤器；4、5—烟气挡板

烟气挡板调节汽温装置的原理是通过改变挡板开度来改变分隔烟道中的烟气流量，使烟气侧的放热系数及其吸热量发生变化，从而改变再热器的出口汽温。烟道隔墙通常为膜式壁。

如图 9-28 所示为再热器与过热器并联方式挡板调温的原理图。锅炉负荷降低时，再热器侧挡板开大，过热器侧挡板关小，则再热器烟气通流量增加，过热器烟气通流量减小，使再热汽温升高而过热汽温下降。在这种调节方法中，过热汽温用减温器来协调到额定值。

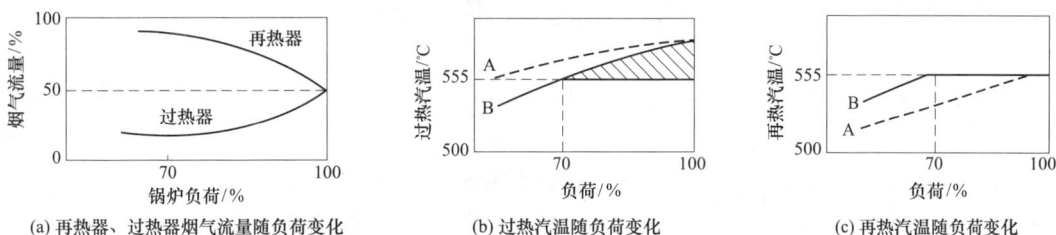

图 9-28　再热器与过热器并联方式挡板调节汽温原理
A—调节前；B—调节后

烟气挡板调温方式具有设备简单、操作方便、调节灵敏等优点，但挡板开度与汽温变化不成线性关系，一般在 0%～40% 挡板开度范围内调温效果较好。同时，为防止挡板变形，挡板布置区烟温应低于 400℃，并应注意烟道挡板的防磨及烟道隔墙密封问题。

烟气挡板调温适用于采用前后墙对冲燃烧的锅炉，对于四角切圆燃烧锅炉，炉膛出口扭转残余控制不好时，炉膛出口烟气偏差会一直影响到尾部烟道，烟气挡板往往成为运行中纠正锅炉尾部烟道烟气偏差的手段，大大削弱了预定的调温效果。

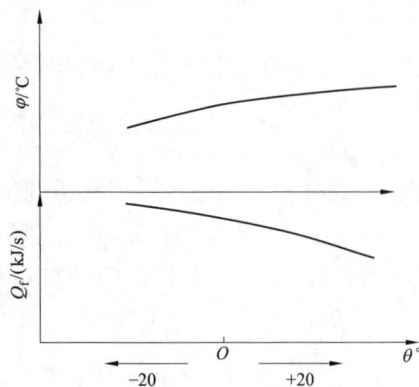

图 9-29　燃烧器倾角与炉膛吸热量、
炉膛出口烟温之间的关系

2. 摆动式燃烧器

如图 9-29 所示，当燃烧器倾角 θ 向上时，火焰中心位置上移，炉膛出口烟温升高；倾角 θ 向下时，火焰中心位置下移，炉膛出口烟温下降。炉膛出口烟温的变化，改变了炉膛辐射传热量和烟道对流传热量的比例。由于再热器与过热器都是以对流传热为主的受热面，因而在调节燃烧器的倾角时，它们的吸热量会发生相应的变化，出口汽温也随之改变。当燃烧器倾角变化幅度相同时，受热面吸热量变化的大小主要取决于其布置位置，越靠近炉膛出口的受热面吸热量变化越大。

用改变摆动式燃烧器的倾角调节再热汽温时，对过热汽温的影响用改变喷水减温器的喷水量来调整。为了达到理想的汽温调节效果，锅炉在设计中应注意以下几点：

（1）再热器的主要受热面应尽可能布置在靠近炉膛出口处。

（2）燃烧器摆动的角度及再热汽温与过热汽温的关系应尽可能与再热器及过热器的负荷-汽温特性匹配，以减少过热器的减温喷水量。

此外，改变摆动式燃烧器的倾角会直接影响炉膛内的燃烧工况。当燃烧器倾角向上摆动时，煤粉在炉内燃烧时间缩短，飞灰含碳量增加，还可能在炉膛出口处发生结渣。燃烧器向下摆动时，可能发生冷灰斗结渣。一般燃烧器的倾角改变范围为 $\pm 30°$，运行中应根据燃烧工况确定倾角的上限与下限值。采用摆动式燃烧器调节再热汽温的优点是调节简便，灵敏度高，在亚临界和超临界压力锅炉中采用较多，缺点是倾角变化较大时会使锅炉效率下降或炉膛出口发生结渣。

拓展阅读 9-2

第三节　省　煤　器

省煤器的作用是利用锅炉尾部烟气的热量加热锅炉给水。锅炉采用省煤器后会具有以下优点：

（1）节省燃料。在现代锅炉中，燃料燃烧生成的高温烟气将热量传递给水冷壁、过热器和再热器后，其温度还很高。装设省煤器后，可降低烟气温度，减少排烟热损失，提高锅炉效率，因而节省燃料。省煤器的名称就是由此而得。

（2）改善汽包的工作条件。由于采用省煤器提高了进入汽包的给水温度，减小了汽包壁与进水之间的温度差引起的热应力，从而改善了汽包的工作条件，延长了使用寿命。

（3）降低锅炉造价。由于给水在进入水冷壁之前，先在省煤器内加热，从而减少了水冷壁的吸热负荷，即节省了价格昂贵的高温水冷壁的数量。同时，由于省煤器工作环境温度较低，因而可采用管径较小、管壁较薄、价格较低的管材，从而使锅炉造价降低。

因此，省煤器已是现代锅炉中不可缺少的部件。

一、省煤器种类

（1）省煤器按使用材料可分为钢管省煤器和铸铁省煤器。目前大中型锅炉广泛采用钢管省煤器。其优点是强度高、能承受冲击、工作可靠，同时传热性能好、质量轻、体积小、价格低廉，缺点是耐腐蚀性差。但现代锅炉给水都经严格处理，管内腐蚀这一缺点已基本得到解决。

（2）省煤器按出口水温可分为沸腾式省煤器和非沸腾式省煤器。沸腾式省煤器出口水温不仅可达到饱和温度，而且可使部分水汽化，生成的蒸汽量一般占给水量的 10％～15％，最多不超过 20％，以免省煤器中介质的流动阻力过大。非沸腾式省煤器出口水温低于该压力下的沸点，一般低于沸点 20～25℃。

高压以上锅炉则多采用非沸腾式省煤器，这是因为随着压力的提高，水的汽化热相应减小，水的加热热量相应增大，故需把水的部分加热转移到炉内水冷壁管中进行，以防止炉膛温度和炉膛出口烟温过高，避免炉内及炉膛出口处受热面结渣。

二、省煤器的结构和布置

1. 结构

钢管省煤器不论沸腾式或非沸腾式，结构完全一样。它们均由蛇形管束和进口、出口联箱组成。联箱可布置在烟道外，为了减少穿墙管处漏风，联箱也可布置在烟道内。

省煤器蛇形管一般由外径为 28～57mm 的无缝钢管弯制而成，管壁厚度由强度计算确定，一般为 3～8mm。省煤器大多采用光管做受热面，但为了减轻飞灰磨损、强化烟气侧传热和使省煤器结构更加紧凑，也可采用焊接鳍片管、轧制鳍片管、膜式管和螺旋肋片管等，它们的结构如图 9-30 所示。在同样的金属耗量和通风耗电的情况下，焊接鳍片管省煤器如图 9-30（b）所示，所占据的空间比光管式省煤器减小 20％～25％，而采用轧制鳍片管，

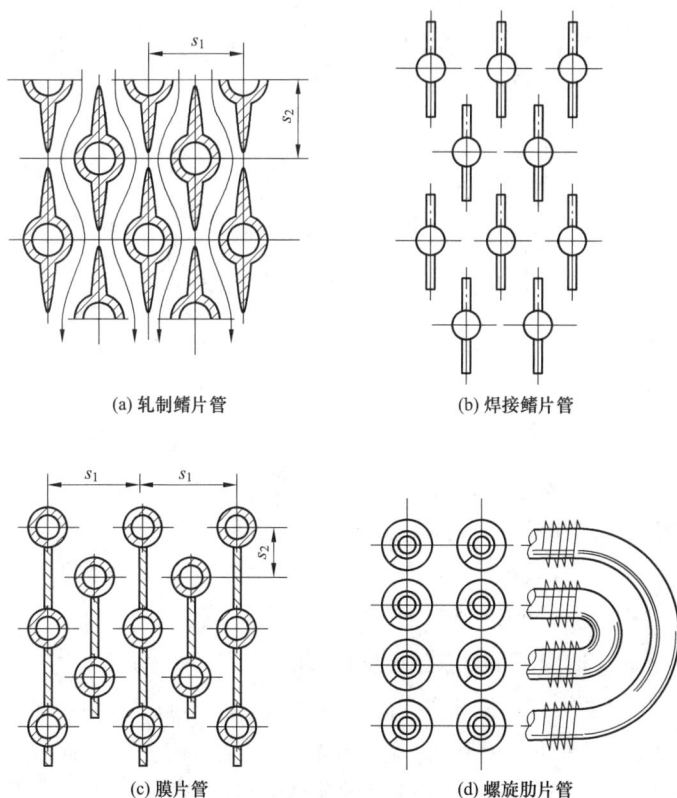

(a) 轧制鳍片管　　　　　　　　　(b) 焊接鳍片管

(c) 膜片管　　　　　　　　　(d) 螺旋肋片管

图 9-30　省煤器蛇形管结构

如图 9 - 30 （a） 所示，可使省煤器的外形尺寸减小 40％～50％。膜式省煤器，如图 9 - 30 （c） 所示，也具有同样的优点。膜式省煤器不仅减少了金属消耗，而且使结构更加紧凑，管组高度减小，有利于尾部受热面的布置。整片的膜式管件，简化了支撑结构，便于安装。由于膜式省煤器占有的空间位置小，当烟道截面不变时，可增大横向节距，烟气通流截面积增大，烟气流速降低，从而可减轻飞灰磨损及通风电耗。螺旋肋片管省煤器比鳍片和膜式省煤器传热面积大，传热系数高，但当灰分黏结性较强时，在设计中应注意积灰问题。

2. 布置方式

省煤器一般多卧式布置在尾部烟道中，这既有利于停炉排除积水，减轻停炉期间的腐蚀，又有利于改善传热，节约金属。其工作原理是水在蛇形管内自下而上流动，烟气在管外自上而下横向冲刷管壁，以实现烟气与给水之间的热量交换。水在蛇形管内自下而上流动便于启动时排除空气，避免局部 O_2 腐蚀，也可防止运行时产生蒸汽而造成汽塞，导致管子过热而遭到破坏。烟气在管外自上而下流动不但有助于吹灰，还使烟气与水呈逆向流动，增大了传热平均温差，有利于对流传热。

省煤器蛇形管垂直于锅炉前后墙时称为纵向布置，与前后墙平行时称为横向布置，如图 9 - 31所示。

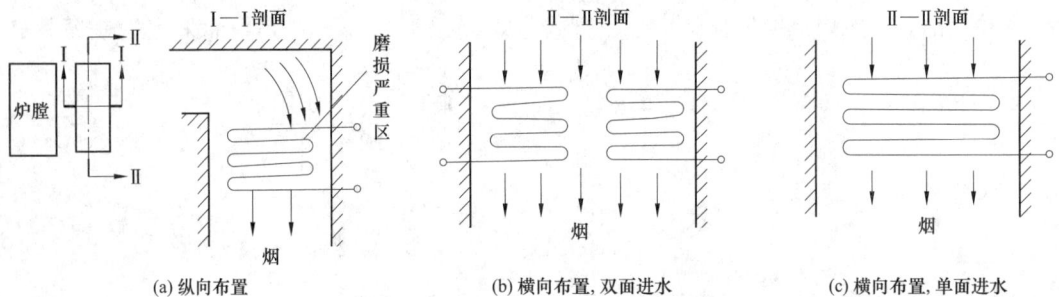

图 9 - 31　省煤器蛇形管的布置形式

从减轻飞灰磨损的角度看，横向布置有利。因为烟气从水平烟道流向尾部竖井时转弯 90°，转弯将产生离心力，使烟气中大部分飞灰集中在尾部烟道后墙附近。横向布置时，只有靠近后墙的几排管子磨损严重，而纵向布置时，所有蛇形管局部磨损严重，因而检修工作量比横向布置时大很多。但纵向布置的优点是管子较短，支吊比较简单。

从安全经济考虑，省煤器管中的水速应保持在一定范围。水速太高，省煤器的压降太大，给水泵的电能消耗过多，运行不经济，一般规定大容量锅炉省煤器中工质的压降不超过汽包压力的 5％。水速太低，不仅管壁冷却不良，而且从给水中析出的残余 O_2 不能被水流带走，它们附在管壁上，造成局部金属腐蚀和气塞。因此，非沸腾式省煤器中的水速不得低于 0.3m/s。蛇形管的布置方向，对省煤器管中水流速度影响较大。由于尾部烟道的宽度比深度大得多，因而纵向布置并联的蛇形管排数多，管内水流速低，管子较短，支吊也较简单；而横向布置并联的蛇形管排数少，管内的水流速高，流动阻力大，管子长，支吊也复杂。为了解决横向布置方式水速高的特点，可以采用双管圈或多管圈，以及双面进水的措施。

三、省煤器的启动保护

省煤器在启动时，常常是间断给水，当停止给水时，省煤器中的水处于不流动状态，这时由于高温烟气的不断加热，会使部分水汽化，生成的蒸汽会附着在管壁上或集结在省煤器上段，造成管壁超温烧坏。因此，省煤器在启动时应进行保护。

一般的保护方法是在省煤器进口与汽包下部之间装设不受热的再循环管，如图9-32所示，借助再循环管与省煤器中工质的密度差，使省煤器中的水不断循环流动，管壁也因此得到冷却而不被烧坏。正常运行时，则关闭省煤器再循环阀，以避免给水由再循环管短路进入汽包，导致省煤器缺水而烧坏，以及大量给水冲入汽包，引起水面波动，使蒸汽品质恶化。

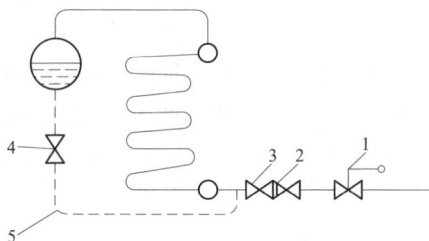

图9-32　省煤器的再循环管
1—自动调节阀；2—止回阀；3—进口阀；
4—再循环阀；5—再循环管

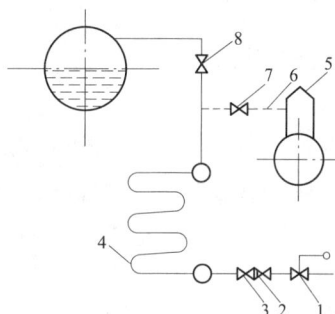

图9-33　省煤器与除氧器之间的再循环管
1—自动调节阀；2—止回阀；3—进口阀；
4—省煤器；5—除氧器；6—再循环管；
7—再循环阀；8—出口阀

用再循环管在锅炉启动时保护省煤器，省煤器内水的温度波动较大。点火初期，循环压头低，不易建立良好的流动循环。而在点火末期，炉水温度大大高于给水温度，虽可建立良好的流动循环，但温度波动较大，温度波动将在省煤器管壁内引起交变的热应力，对省煤器焊缝造成有害影响。因此，有的锅炉在省煤器出口与除氧器或疏水箱之间装有一根带阀门的再循环管，如图9-33所示。当汽包不进水时，用阀门切换，使流经省煤器的水回到除氧器或疏水箱。这样在整个启动过程中可保持省煤器不断进水，以达到启动过程中保护省煤器的目的。

第四节　空气预热器

一、空气预热器的作用

空气预热器的作用是利用锅炉尾部烟气的热量加热燃料燃烧所需的空气。在预热空气的同时还具有以下作用：

（1）降低排烟温度，提高锅炉热效率，节省燃料。

（2）提高了空气温度，从而改善燃料的着火和燃烧条件，降低不完全燃烧热损失，进一步提高锅炉效率。

（3）节约金属，降低造价。炉膛温度的提高强化了辐射换热，在一定的蒸发量下，炉内水冷壁的布置管数可减少，从而节约金属，降低造价。

（4）改善引风机的工作条件。排烟温度的降低改善了引风机的工作条件，降低了引风机电耗。

（5）热空气还作为制粉系统的干燥剂和输粉介质。

目前电厂锅炉常用的空气预热器有管式和回转式（或称再生式）两种。管式空气预热器是烟气通过管壁将热量连续传给空气，属间壁式换热；回转式空气预热器是烟气和空气交替流过受热面（蓄热面），当烟气流过时加热蓄热面，随后空气流过时，蓄热面将热量传给空气，蓄热面周期性地被加热和冷却，热量就周期性地由烟气传给空气，属蓄热式换热。

二、管式空气预热器

1. 结构

管式空气预热器分立式和卧式两种。为了制造、运输、安装的方便，管式空气预热器多制成如图 9-34 所示的管箱形式，管箱高度一般为 1.5～5m。在安装时把管箱拼在一起焊牢，并在其外面装上密封墙板、空气连通罩、膨胀节和冷、热风道接口等，就可组成一个完整的空气预热器，以节省安装时间。

单个管箱是由很多有缝薄壁钢管和上、下管板组成，如图 9-34（b）所示。为了增加空气流程，常装有中间管板，中间管板用夹环固定在个别管子上。如果管箱沿高度方向分几层布置，那么相邻管箱上下管板形成一体，也能起到中间管板的作用，如图 9-34（a）所示。

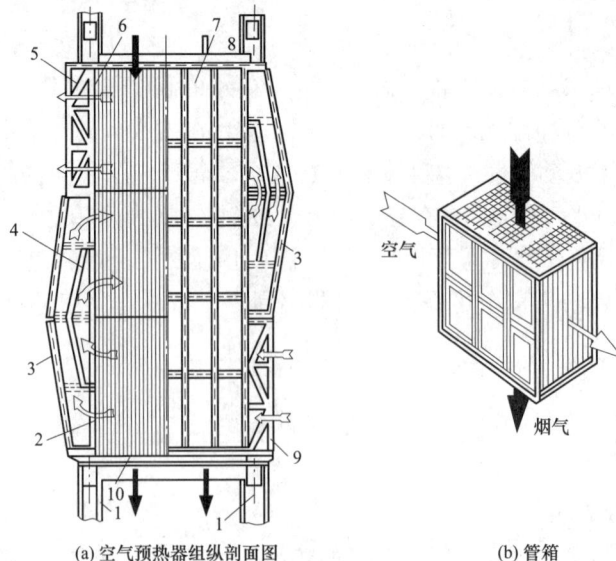

(a) 空气预热器组纵剖面图　　　　(b) 管箱

图 9-34　管式空气预热器结构

1—锅炉钢架；2—管束；3—空气连通罩；4—导流板；5—热风道的连接法兰；6—上管板；

7—预热器墙板；8—膨胀节；9—冷风道的连接法兰；10—下管板

2. 管式空气预热器的布置

空气预热器按进风方式的不同，可分为单面进风、双面进风和多面进风。显然双面进风时空气通流截面积为单面进风时的两倍，空气流速则为单面进风时的一半。按照空气流程的不同，又有单道单流程、单道多流程和多道多流程之分，如图 9 - 35 所示。当受热面积不变时，流程数越多，空气与烟气的交叉次数越多，就越接近逆流传热，越可以得到较大的传热温差。此外，流程数增加时，每一流程的高度减小，空气流速就会增大，也有利于强化传热，不利的是流动阻力也会增加。

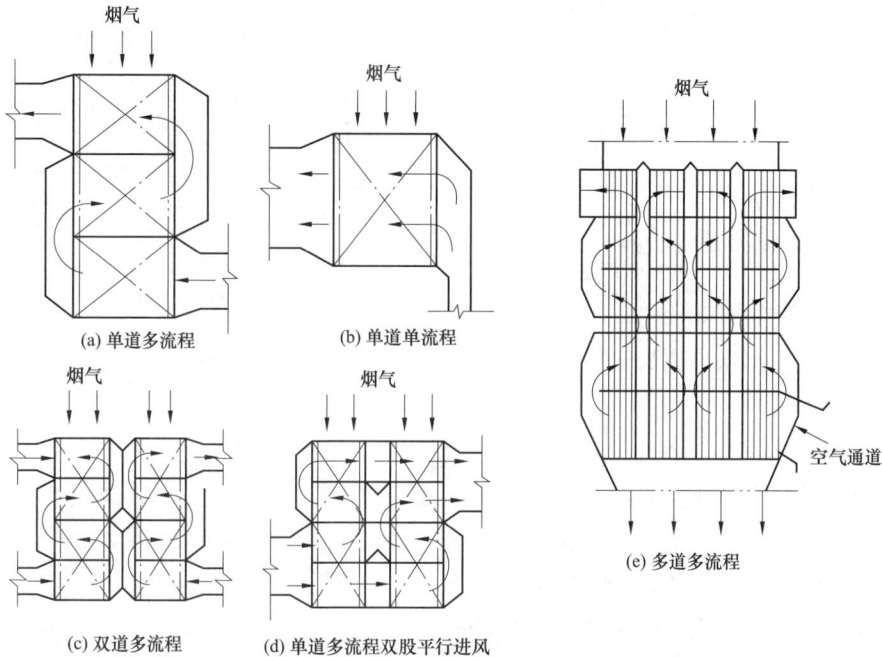

图 9 - 35 管式空气预热器的布置方式

大型锅炉为了得到较大的传热温差，又不使空气流速过大，多采用双道多流程或单道多流程双股平行进风甚至多道多流程方式，而且空气和烟气的交叉次数通常不大于 4 次。

管式空气预热器无转动部分，结构简单，制造方便，工作可靠，维修工作量少，严密性好，漏风量一般不超过 5%，但体积大，耗钢材多，漏风量随着空气预热器管的低温腐蚀和磨损穿孔而迅速增加，以及由于随锅炉容量增加尾部烟道体积相对减少以及热空气温度要求较高时，管式空气预热器给尾部受热面整体布置带来困难而应用受到限制。目前，管式空气预热器只有在 670t/h 及以下容量煤粉炉锅炉中较为多见，而 1000t/h 以上大型煤粉炉锅炉则多采用回转式空气预热器，但 1000t/h 以上的循环流化床锅炉机组中也有相当一部分采用了卧式管式空气预热器。

3. 热管式空气预热器

热管作为一种依靠流体（传热工质）的相态变化来传递热量的热交换器，也被制成热管式空气预热器，并在国内不少电厂中用于加热空气，其中的热管多为重力式钢-水热管，它是管壳和将管壳抽成真空并充入适量的水后密封而成的。当烟气对其热端加热时，水由于吸

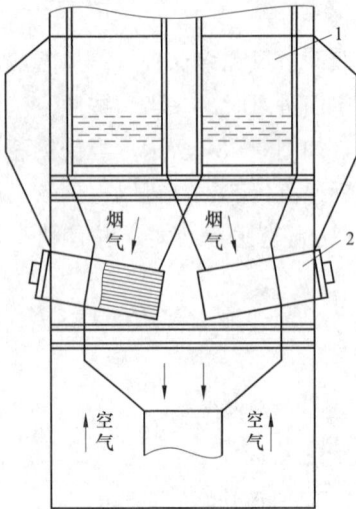

图 9-36 热管式空气预热器在烟道内的布置
1—高温段管式预热器；2—热管式预热器盒形管箱

热而汽化，蒸汽在压差作用下高速流向冷端，向空气放出潜热而凝结，凝结后的水在重力作用下从冷端流回热端重新被加热，如此反复，便可把热量不断地通过管壁从烟气侧传给空气而使冷空气变为热空气。

热管式空气预热器安装与管式空气预热器类似，在烟道内放置若干组管箱，管箱内倾斜放置若干支作为换热器的热管。图 9-36 所示为热管式空气预热器在烟道内的一种布置方案。

与立管式空气预热器相比，热管式空气预热器具有体积小、阻力小、防止低温腐蚀性能好、漏风几乎为零等优点。因此，检修和日常维护的工作量少，且使用寿命较长，一般为 10~15 年。

三、回转式空气预热器

回转式空气预热器可分为受热面回转式和风罩回转式两种，前者常称容克式，后者又称罗特谬勒式。

1. 受热面回转式空气预热器

受热面回转式空气预热器由转子、受热元件、外壳、密封装置、传动装置、上下轴承座、润滑系统、上下连接板、外壳支承座、吹灰和水冲洗装置等组成，如图 9-37 所示。转子受热面在电动机、液力偶合器、减速器等传动装置提供的动力驱动下以 1~1.5r/min 的速度旋转，受热面不断地交替通过烟气流通区和空气流通区。当受热面转到烟气流通区时，烟气自上而下流过受热面，受热面吸收烟气热量而被加热；当它转到空气流通区时，受热面把蓄积的热量传给自下而上流动的空气，循环进行。受热面转子每转一周，受热元件吸热、放热一次，完成一个热交换过程。

在转子全圆周中，烟气通流截面占圆心角 165°，空气通流截面占圆心角 135°，密封部分占圆心角 8×30°。由于燃烧及输送煤粉所需的风温和压力不同，为降低风机电耗和满足风温要求，有的将空气分为两个通道，有的将空气分为三个通道，前者称为三分仓容克式空气预热器，后者称为四分仓容克式空气预热器。图 9-37 为典型的模块化三分仓容克式空气预热器，其一次风占 50°~55°（标准化角度为 35°和 50°），二次风占 95°~100°，三个密封仓各占 15°，其余为烟气所占。三分仓容克式空气预热器适用于采用冷一次风机的正压制粉系统，它将高压一次风和压力较低的二次风分隔在两个仓内进行加热，二次风可用低压头送风机，以降低送风机电耗。此外，以冷一次风机代替二分仓的热一次风机，可选用体积小、电耗低的高效风机，提高制粉系统运行的可靠性。

目前，我国大型锅炉多采用结构紧凑，重量较轻的回转式空气预热器。回转式空气预热器由于其传热面积大，结构紧凑，布置占地面积较小，仅有同容量的管式空气预热器体积的 1/10。此外，在同样的外界条件下，回转式空气预热器因其受热面金属壁温较高，因而发生

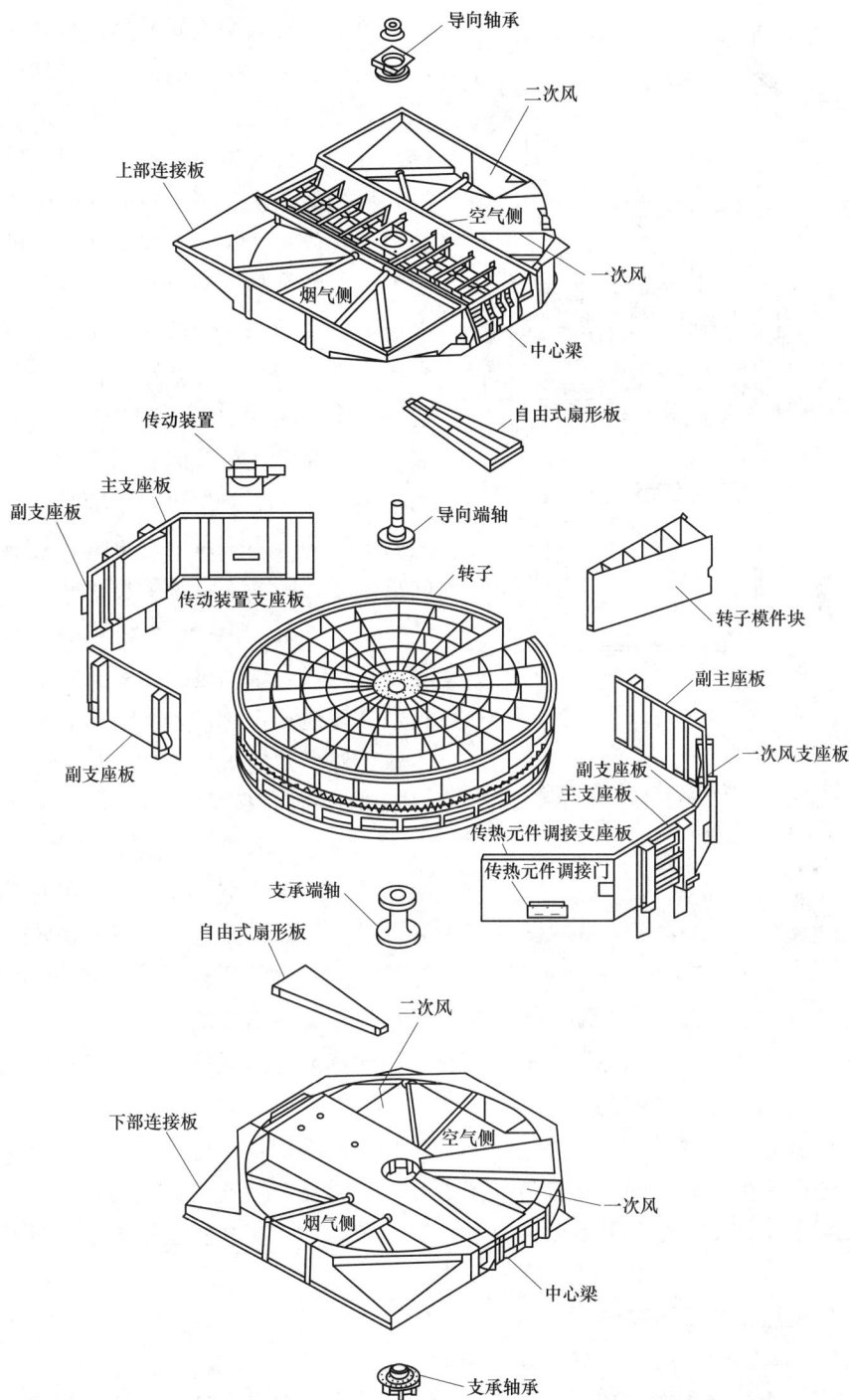

图 9-37　模块化三分仓容克式空气预热器结构分解图

低温腐蚀的概率低于管式空气预热器。全国近 80% 的大型燃煤电站锅炉采用回转式空气预热器。

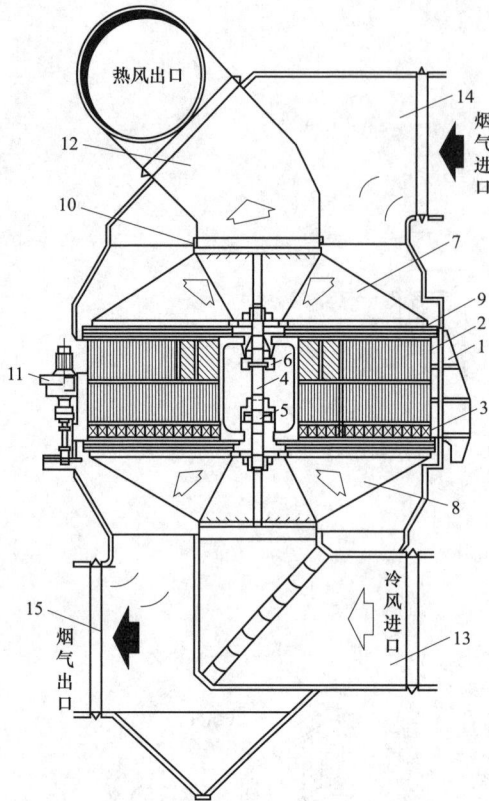

图 9 - 38　风罩回转式空气预热器
1—静子外壳；2—受热元件；3—受热面冷端；
4—中心轴；5—推力轴承；6—导向轴承；
7—上风罩；8—下风罩；9—径向密封；
10—环形密封；11—传动装置；12—热风管道；
13—冷风管道；14—进口管道；15—出口管道

2. 风罩回转式空气预热器

风罩回转式空气预热器结构如图 9 - 38 所示，它由装有蓄热板的静子、旋转的上、下风罩、烟道、风道及减速装置等组成。静子和传热元件的结构与容克式空气预热器的转子和传热元件相似。上、下风罩装在烟道内，并由中心轴连接成一体，置于受热面静子的上、下端面上，将整个静子分为两个烟气通道和两个空气通道。风罩口呈∞字形（两个扇形），每个扇形占 65°；静子上其余两个大扇形与烟道相通，每个扇形占 100°；剩余部分为空气与烟气之间的过渡区，过渡区由四个小扇形组成，每个小扇形为 7.5°。空气自下而上流动，烟气自上而下流动。由于风罩的重量较受热面传热元件重量轻，因此支承轴的负荷减轻。

风罩回转式空气预热器的工作原理是：上、下回转风罩通过减速装置由电动机带动旋转，其转速为 1～3r/min。转动时，静子中的传热元件交替地被烟气加热和空气冷却，空气也就被烟气加热到需要的温度。风罩每旋转一次，传热元件吸热、放热二次。

风罩回转式空气预热器存在的主要问题是漏风量大。漏风大的主要原因是转子、风罩和静子制造不良或受热变形，使漏风间隙增大，包括携带漏风和密封漏风。携带漏风是由于转子或风罩旋转造成的，转速越高，携带漏风量越大。由于风罩回转式空气预热器的转速不高，因此这部分漏风量不大。密封漏风是由于空气侧与烟气侧之间的压差造成的。

风罩回转式空气预热器存在的另一个问题是受热面易积灰，这是因为蓄热板间烟气通道狭窄。积灰不仅影响传热，而且增加流动阻力，严重时甚至堵塞气流通道。为此，在空气预热器受热元件的上、下两端都装有吹灰器和水冲洗装置，吹灰介质通常采用过热蒸汽或压缩空气。

四、空气预热器的低温腐蚀

1. 低温腐蚀及其危害

当锅炉燃用含硫燃料时，硫燃烧后形成 SO_2，其中一部分会进一步氧化成 SO_3。SO_3 与烟气中水蒸气结合成为硫酸蒸汽。烟气中硫酸蒸汽的凝结温度称为酸露点，又称为烟气露点。它比水露点要高很多。烟气中只要有 0.005% 左右的 SO_3，酸露点即可高达 130～150℃。只要受热面壁温低于酸露点，硫酸蒸汽就会在受热面上凝结下来，从而对受热面金属产生强烈的腐蚀作用。这种由于金属壁温低于酸露点而引起的腐蚀称为低温腐蚀。

低温腐蚀多出现在低温空气预热器的空气进口端，甚至会扩展到除尘器和引风机。低温腐蚀造成空气预热器大面积损坏，腐蚀穿孔后空气漏入烟道，一方面增加引风机电耗；另一方面使炉内空气不足，燃烧恶化，锅炉效率降低。在腐蚀的同时，烟气中的灰粒黏附在潮湿的受热面上，并与硫酸进行化学反应生成硬质灰层即低温黏结性积灰。

2. 影响低温腐蚀的因素

影响低温腐蚀的主要因素是烟气中 SO_3 的含量。烟气中 SO_3 含量增加会使硫酸蒸汽含量增加，从而使酸露点上升。

烟气中微量的 SO_3 含量是难以精确测定的，目前尚没有可供理论上计算酸露点的方法，酸露点可按下面的经验公式进行计算

$$t_1 = t_{s1} + \beta \frac{\sqrt[3]{S_{ar,r}}}{1.05^{a_{fa}A_{ar,r}}} \qquad (9-7)$$

式中　t_1——酸露点，℃；

$\quad\quad t_{s1}$——按烟气中水蒸气分压力计算的水蒸气露点，℃；

$\quad\quad S_{ar,r}$——燃料收到基折算硫分，%；

$\quad\quad A_{ar,r}$——燃料收到基折算灰分，%；

$\quad\quad a_{fa}$——飞灰份额；

$\quad\quad \beta$——与炉膛出口过量空气系数 α_1'' 有关的系数，当 $\alpha_1''=1.8\sim1.85$ 时，$\beta=181$；当 $\alpha_1''=1.4\sim1.5$ 时，$\beta=189$。

影响低温腐蚀的另一个主要因素是管壁温度。当受热面壁温低于酸露点时，硫酸蒸汽就在受热面上凝结下来。壁温降低，凝结酸量增多。此外，管壁温度还会影响腐蚀速度，壁温越高，腐蚀速度越快。

3. 减轻低温腐蚀的措施

防止或减轻低温腐蚀的根本途径在于提高低温受热面的壁温和减少烟气中 SO_3 的生成量。此外，采用抗腐蚀材料制作低温受热面也是防腐蚀的有效方法。

（1）燃料脱硫。减少 SO_3 最根本的办法是燃料脱硫，但目前在工业应用方面尚无经济合理的技术方案。

（2）减少烟气中的过剩氧量。烟气中的过剩氧量增多会增加 SO_3 的生成量，因此应在保证完全燃烧的条件下，尽可能降低过量空气系数和减少漏风。在过量空气系数不变的前提下，采用烟气再循环降低火焰中心温度、增加惰性气体也可降低 SO_3 生成量。

（3）加入添加剂。当燃用高硫燃料时，在燃料中混入石灰石（$CaCO_3$）或白云石（$MgCO_3$）添加剂，它们能与烟气中的 SO_3 结合生成 $CaSO_4$ 与 $MgSO_4$，从而降低烟气中 SO_3 的含量，但烟气中的飞灰量增加，需加强受热面的吹灰与清扫。

（4）提高空气预热器的进口空气温度。为了提高低温空气预热器的壁温，常采用提高其进口空气温度的方法。具体措施有热风再循环、加装暖风器、采用螺旋槽管等。热风再循环即将部分热空气引入低温空气预热器进口，如图 9-39（a）、（b）所示。热风再循环只能将空气预热器进口风温提高到 $50\sim60$℃，再高就将使排烟温度升高到不经济的程度，风机的电耗也显著增加。暖风器是利用汽轮机抽汽加热冷空气的管式加热器，一般布置在送风机与低温空气预热器之间，可使空气预热器进口风温提高到 80℃ 左右，如图 9-39（c）所示。

加装暖风器也会使排烟温度升高，但总的经济性因汽轮机低压抽汽量的增加而得到补偿。

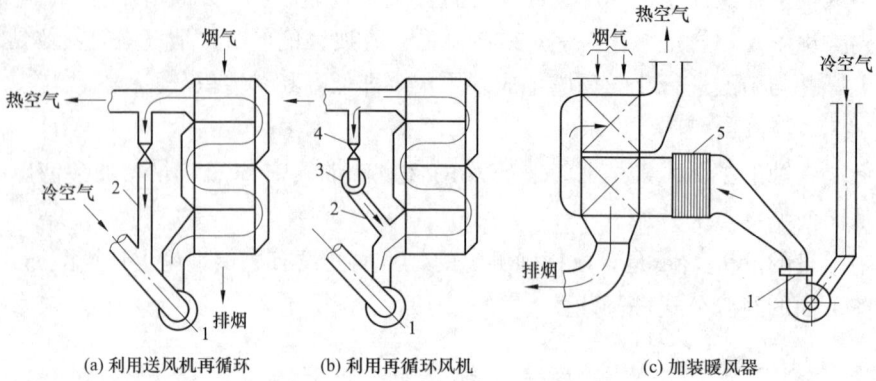

图 9 - 39　热风再循环和暖风器系统
1—送风机；2—再循环管；3—再循环风机；4—调节挡板；5—暖风器

　　（5）冷端受热面采用耐腐蚀材料。近年来，为克服低温腐蚀，国内在燃用高硫燃料的锅炉时，管式空气预热器的低温段采用耐腐蚀的低合金钢管、玻璃管、涂搪瓷钢管或热管；回转式空气预热器中采用耐腐蚀的低合金钢板、搪瓷板或用陶瓷材料制造冷端受热面。

第四篇　电厂辅助设备及系统

第十章　热力发电厂的热经济性

第一节　发电厂的热经济性

一、评价热力发电厂热经济性的主要方法

发电厂热经济性是通过能量转换过程中能量的利用程度或损失大小来衡量或评价的。要提高发电厂的热经济性，就要研究发电厂热量转换及利用过程中各项损失产生的部位、大小、原因及其相互关系，以便找出减少这些热损失的方法和相应措施。

评价发电厂热经济性的方法主要有两种：①以热力学第一定律为基础的热量法（热效率法）；②以热力学第一定律和热力学第二定律为基础的熵方法（做功能力损失法）或㶲方法。

热量法是以燃料化学能从数量上被利用的程度来评价电厂的热经济性的，其单纯以数量来衡量，没有考虑能量的质量问题。但由于其直观、易于理解，计算方便，目前被广泛用于电厂热经济性定量分析中。

熵方法或㶲方法是以燃料化学能的做功能力被利用的程度来评价电厂的热经济性的，既考虑了能量的守恒性又反映了能量在品质上的差异，揭示出了能量在传递、转换过程中的方向性、条件性和可能的转换程度。一般用于电厂热经济性定性分析。

二、热量法

热量法以热力学第一定律为理论基础，以热效率或热损失率的大小来衡量电厂或热力设备的热经济性。

热效率反映了热力设备将输入能量转换成输出有效能量的程度，在发电厂整个能量转换过程的不同阶段，采用各种效率来反映不同阶段的能量的有效利用程度，用能量损失率来反映各阶段能量损失的大小。

根据能量平衡关系得热效率 η 的通用表达式为

$$\eta = \frac{\text{有效利用能量}}{\text{输入总能量}} \times 100\% = \left(1 - \frac{\text{损失能量}}{\text{输入总能量}}\right) \times 100\% \tag{10-1}$$

下面以图 10-1 所示的凝汽式发电厂为例，阐述凝汽式发电厂的各种热损失和热效率。

（一）锅炉设备的热损失及锅炉效率

发电厂的燃料在锅炉中燃烧，使燃料的化学能转变为烟气的热能，烟气流过锅炉各部分受热面，把热量传递给水和水蒸气。

锅炉效率 η_b 表示锅炉设备的热负荷与输入燃料的热量之比。对于不计连续排污热损失的非再热式锅炉，其表达式为

$$\eta_b = \frac{Q_b}{Q_{cp}} = \frac{Q_b}{BQ_{net,p}} = \frac{D_b(h_b - h_{fw})}{BQ_{net,p}} = 1 - \frac{\Delta Q_b}{Q_{cp}} \tag{10-2}$$

锅炉热损失率为

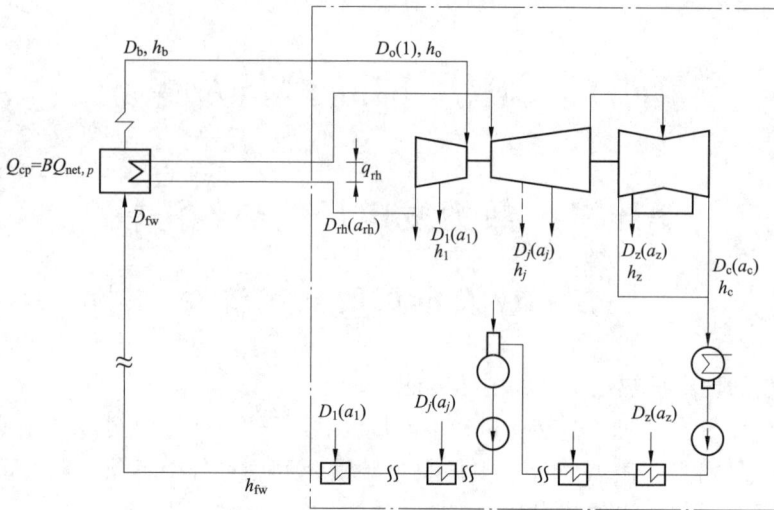

图 10-1　凝汽式发电厂热力系统图

$$\zeta_b = \frac{\Delta Q_b}{Q_{cp}} = \frac{Q_{cp} - Q_b}{Q_{cp}} = 1 - \frac{Q_b}{Q_{cp}} = 1 - \eta_b \qquad (10-3)$$

上两式中　　Q_b——锅炉热负荷，kJ/h，对再热机组 $Q_b = D_b(h_b - h_{fw}) + D_{rh}q_{rh}$；

　　　　　　Q_{cp}——全厂热耗量，kJ/h；

　　　　　　B——锅炉单位时间内的燃料消耗量，kg/h；

　　　　$Q_{net,p}$——煤的低位发热量，kJ/kg；

　　　　　ΔQ_b——锅炉热损失，kJ/h；

　　　　　D_b——锅炉过热蒸汽流量，kg/h；

　　　　　D_{rh}——锅炉再热蒸汽流量，kg/h；

　　　　　h_b——锅炉过热器出口蒸汽比焓，kJ/kg；

　　　　　h_{fw}——锅炉给水比焓，kJ/kg；

　　　　　q_{rh}——再热蒸汽吸热量，kJ/kg。

　　锅炉效率反映了燃料输入热量被有效利用的程度，同时也反映了热损失的大小。锅炉效率越高，说明锅炉在能量转换环节中的热损失越小。锅炉设备中的热损失主要包括有排烟热损失、未完全燃烧热损失、散热损失、排污热损失、灰渣物理热损失等。其中排烟热损失最大，占总损失的 40%～50%。

　　影响锅炉效率的因素主要有锅炉的参数、容量、结构特性及燃料的种类等。现代大型电站锅炉的效率一般为 90%～94%。

　　（二）管道热损失及管道效率

　　锅炉生产的蒸汽通过主蒸汽管道进入汽轮机做功。管道效率是指通过主蒸汽管道、再热蒸汽管道时的散热损失及工质排放和泄漏造成的热损失。蒸汽在管道中的节流损失、在汽轮机的相对内效率中应考虑进去。

　　管道效率表示汽轮机的热耗量 Q_0 与锅炉设备热负荷 Q_b 之比。对于非再热机组，其表达式为

$$\eta_p = \frac{Q_0}{Q_b} = \frac{D_0(h_0 - h_{fw})}{D_b(h_b - h_{fw})} = 1 - \frac{\Delta Q_p}{Q_b} \qquad (10-4)$$

管道热损失率 ζ_p 为

$$\zeta_p = \frac{\Delta Q_p}{Q_{cp}} = \frac{\Delta Q_p}{Q_b} \cdot \frac{Q_b}{Q_{cp}} = \frac{Q_b}{Q_{cp}}\left(1 - \frac{Q_0}{Q_b}\right) = \eta_b(1 - \eta_p) \qquad (10-5)$$

式中　Q_0——汽轮机组耗热量，kJ/h；

　　　D_0——汽轮机组的汽耗量，kg/h；

　　　h_0——汽轮机进口蒸汽比焓，kJ/kg；

　　　ΔQ_p——管道热损失，kJ/h。

管道效率反映了管道设施保温的完善程度和工质在主蒸汽管道上的泄漏和排放量的大小。一般情况下，现代发电厂的管道效率在 99% 以上。

（三）汽轮机设备的冷源损失及汽轮机绝对内效率

蒸汽在汽轮机内膨胀做功，而后进入凝汽器放热并凝结成水。排汽焓与凝结水焓之差，即为汽轮机设备的冷源损失。冷源损失包括两部分：第一部分称为固有冷源损失，即理想情况下（汽轮机无内部损失）汽轮机排汽在凝汽器中的放热量，用理想循环效率 η_t 来反映被有效利用的程度；第二部分称为附加冷源损失，即蒸汽在汽轮机中实际膨胀过程中产生的损失，包含进汽节流、排汽及内部（包括漏汽、摩擦、湿汽等）损失，这些损失使汽轮机的实际排汽焓 h_c 大于理想排汽焓 h_{ca}，从而增加了一部分冷源损失（$h_c - h_{ca}$），如图 10-2 所示。通常用汽轮机的相对内效率 η_{ri} 来说明汽轮机内部构造的完善程度。

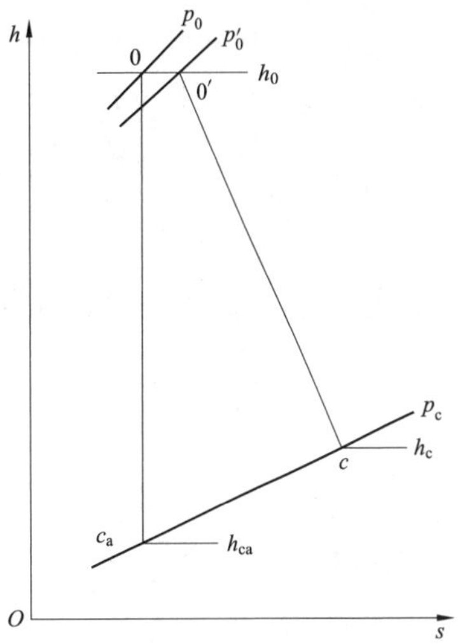

图 10-2　蒸汽膨胀过程线

汽轮机的绝对内效率 η_i 表示汽轮机实际内功率与汽轮机热耗之比（即所做的功与耗用的热量之比），其表达式为

$$\eta_i = \frac{3600 P_i}{Q_0} = \frac{1 - \Delta Q_c}{Q_0} = \frac{3600 P_i}{3600 P_{ia}} \cdot \frac{3600 P_{ia}}{Q_0} = \eta_{ri}\eta_t \qquad (10-6)$$

其中

$$\eta_{ri} = \frac{P_i}{P_{ia}}, \quad \eta_t = \frac{3600 P_{ia}}{Q_0}$$

式中　Q_0——汽轮机汽耗量为 D_0 时的热耗，kJ/h；

　　　P_i——汽轮机汽耗量为 D_0 时的实际内功率，kW；

　　　P_{ia}——汽轮机汽耗量为 D_0 时的理想内功率，kW；

　　　ΔQ_c——汽轮机冷源热损失，kJ/h；

　　　η_t——理想循环的热效率；

　　　η_{ri}——汽轮机相对内效率。

汽轮机冷源热损失率 ζ_c 为

$$\zeta_c = \frac{\Delta Q_c}{Q_{cp}} = \frac{\Delta Q_c}{Q_0} \cdot \frac{Q_0}{Q_b} \cdot \frac{Q_b}{Q_{cp}} = \frac{Q_b}{Q_{cp}} \cdot \frac{Q_0}{Q_b} \cdot \left(1 - \frac{3600 P_i}{Q_0}\right) = \eta_b \eta_p (1 - \eta_i) \qquad (10-7)$$

式（10-6）是相对于新蒸汽为 D_0 时的表达式。当新蒸汽为 1kg 时用汽轮机实际比内功和汽轮机比热耗表示，则汽轮机的绝对内功率的表达式为

$$\eta_i = \frac{W_i}{q_0} = 1 - \frac{\Delta q_c}{q_0} \quad\quad (10-8)$$

式中，$w_i = \dfrac{W_i}{D_0} = \dfrac{3600P_i}{D}$，$q_0 = \dfrac{Q_0}{D_0}$，$\Delta q_c = \dfrac{\Delta Q_c}{D_0}$。

另外，η_i 计算表达式常用汽轮机汽水参数来表示上面表达式中的 Q_0、P_i、q_0、w_i。η_i 用于表达式计算时不计系统中工质的损失，新蒸汽流量 D_0 与给水流量 D_{fw} 相等。以图 10-1 为例，以汽轮机的汽水参数所表示的 Q_0、W_i、q_0、w_i 及 η_i 如下所述。

1. 汽轮机汽耗为 D_0 时的实际内功

W_i 表示汽轮机凝汽流和各级回热汽流的内功之和，则实际内功为

$$W_i = D_1(h_0 - h_1) + D_2(h_0 - h_2) + \cdots + D_z(h_0 - h_z + q_{rh}) + D_c(h_0 - h_c + q_{rh})$$

$$= \sum_{j=1}^{z} D_j \Delta h_j + D_c \Delta h_c \quad \text{kJ/h} \quad\quad (10-9)$$

式中　Δh_j——抽汽在汽轮机中的实际焓降，其中 Δh_j 在再热前为 $\Delta h_j = h_0 - h_j$，Δh_j 在再热后为 $\Delta h_j = h_0 - h_j + q_{rh}$；

　　　　Δh_c——凝汽在汽轮机中的实际焓降；

　　　　D_j——回热抽汽量；

　　　　D_c——排汽量。

汽轮机组的实际比内功表达式为

$$w_i = \frac{W_i}{D_0} = h_0 + \alpha_{rh} q_{rh} - \sum_{j=1}^{z} \alpha_j h_j - \alpha_c h_c = \sum_{j=1}^{z} \alpha_j \Delta h_j + \alpha_c \Delta h_c \quad \text{kJ/kg} \quad (10-10)$$

式中　$\alpha_j = \dfrac{D_j}{D_0}$。

2. 汽轮机汽耗为 D_0 时机组热耗（循环吸热量）

$$Q_0 = D_0 h_0 + D_{rh} q_{rh} - D_{fw} h_{fw}$$

无工质损失时　　$D_0 = D_{fw}$，　$Q_0 = D_0(h_0 - h_{fw}) + D_{rh} q_{rh}$　kJ/h　　　(10-11)

1kg 新蒸汽的热耗（热耗率）

$$q_0 = h_0 + \alpha_{rh} q_{rh} - h_{fw} = (h_0 - h_{fw}) + \alpha_{rh} q_{rh} \quad \text{kJ/kg} \quad\quad (10-12)$$

根据能量平衡

$$h_{fw} = \alpha_c h'_c + \sum_{j=1}^{z} \alpha_j h_j \quad \text{kJ/kg} \quad\quad (10-13)$$

将式（10-13）代入式（10-11），机组热耗可写成

$$Q_0 = D_0\left(h_0 - \alpha_c h'_c - \sum_{j=1}^{z} \alpha_j h_j\right) + D_{rh} q_{rh}$$

$$= \sum_{j=1}^{z} D_j \Delta h_j + D_c(h_0 - h'_c + q_{rh}) \quad \text{kJ/kg} \quad\quad (10-14)$$

热耗率 q_0 可写成

$$q_0 = h_0 + \alpha_{rh} q_{rh} - h_{fw}$$

$$= h_0 + \alpha_{rh} q_{rh} - \left(\alpha_c h'_c + \sum_{j=1}^{z} \alpha_j h_j\right)$$

$$= \sum_{j=1}^{z} \alpha_j \Delta h_j + \alpha_c(h_0 - h'_c + q_{rh}) \quad\quad (10-15)$$

式中　h_0、h_j、h_c'、h_{fw}——新汽、抽汽、冷凝水、锅炉给水的比焓，kJ/kg；

　　　　α_j、α_{rh}、α_c——汽轮机抽汽、再热蒸汽和凝汽的份额；

　　　　D_{rh}——再热蒸汽量，kg/h；

　　　　q_{rh}——1kg 再热蒸汽的吸热量，kJ/kg。

3. 凝汽式汽轮机的绝对内效率 η_i

$$\eta_i = \frac{3600P_i}{Q_0} = \frac{W_i}{Q_0} = \frac{\sum\limits_{j=1}^{z} D_j \Delta h_j + D_c \Delta h_c}{D_0(h_0 - h_{fw}) + D_{rh}q_{rh}} = \frac{\sum\limits_{j=1}^{z} D_j \Delta h_j + D_c \Delta h_c}{\sum\limits_{j=1}^{z} D_j \Delta h_j + D_c(h_0 - h_c' + q_{rh})}$$

(10-16)

用比内功和比热耗来表示，则 η_i 的表达式为

$$\eta_i = \frac{W_i}{q_0} = \frac{\sum\limits_{j=1}^{z} \alpha_j \Delta h_j + \alpha_c \Delta h_c}{(h_0 - h_{fw}) + \alpha_{rh}q_{rh}} = \frac{\sum\limits_{j=1}^{z} \alpha_j \Delta h_j + \alpha_c \Delta h_c}{\sum\limits_{j=1}^{z} \alpha_j \Delta h_j + \alpha_c(h_0 - h_c + q_{rh})}$$

(10-17)

在表达式（10-17）中，若无再热蒸汽，则 $q_{rh}=0$，即为回热循环汽轮机绝对内效率；若 $q_{rh}=0$，$\sum\alpha_j=0$，即无回热，也无再热，则该式即为朗肯循环汽轮机的绝对内效率。

现代大型汽轮机组的绝对内效率达到 $45\%\sim47\%$。

扣去给水泵消耗的功率 P_{pu}（kW），可得汽轮机的净内效率 η_i^n 的表达式为

$$\eta_i^n = \frac{P_i - P_{pu}}{Q_0}$$

(10-18)

（四）汽轮机的机械损失及机械效率

汽轮机的机械损失包含汽轮机支持轴承、推力轴承与轴和推力盘之间的机械摩擦耗功，以及拖动主油泵、调速系统的耗功量。这可以用汽轮机的机械效率 η_m 来评价，它等于汽轮机输出给发电机轴端的功率与汽轮机内功率之比，表达式为

$$\eta_m = \frac{P_{ax}}{P_i} = 1 - \frac{\Delta Q_m}{W_i}$$

(10-19)

式中　P_{ax}——发电机输入效率，kW；

　　　ΔQ_m——机械损失，kJ/h。

汽轮机机械损失热损失率 ζ_m 为

$$\zeta_m = \frac{\Delta Q_m}{Q_{cp}} = \eta_b \eta_p \eta_i(1 - \eta_m)$$

(10-20)

现代大型汽轮机的机械效率一般大于 99%。

（五）发电机的能量损失及发电机效率

发电机的损失包括发电机轴与支持轴承摩擦耗功，以及发电机内冷却介质的摩擦和铜损（线圈发热）、铁损（铁芯涡流发热等）造成的功率消耗。可用发电机效率 η_g 来评价。它等于发电机的输出功率 P_e 与轴端输入功率 P_{ax} 之比，其表达式为

$$\eta_g = \frac{P_e}{P_{ax}} = 1 - \frac{\Delta Q_g}{3600P_{ax}}$$

(10-21)

式中　ΔQ_g——发电机损失，kJ/h。

发电机能量损失率 ζ_g 为

$$\zeta_g = \frac{\Delta Q_g}{Q_{cp}} = \eta_b \eta_p \eta_i \eta_m (1 - \eta_g) \tag{10-22}$$

现代大型发电机的效率，采用氢冷时为 $98\% \sim 99\%$，采用空冷时为 $97\% \sim 98\%$，采用双水内冷时为 $96\% \sim 98.7\%$。

（六）全厂总能量损失及总效率

上述能量损失的总和就是整个热力发电厂的能量损失。对凝汽式发电厂而言，其总效率 η_{cp} 表示发电厂输出的有效能量（电能）与输入总能量（燃料的化学能）之比，即

$$\eta_{cp} = \frac{3600 P_e}{B Q_{net,p}} = \frac{3600 P_e}{Q_{cp}} \tag{10-23}$$

全厂总效率与分效率之间的关系，如图 10-3 所示，为

$$\eta_{cp} = \eta_b \eta_p \eta_t \eta_{ri} \eta_m \eta_g = \eta_b \eta_p \eta_i \eta_m \eta_g \tag{10-24}$$

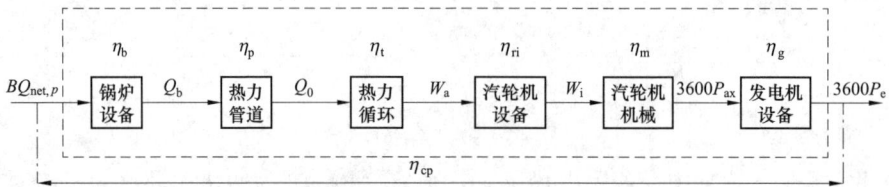

图 10-3 推导凝汽式发电厂总效率的框图

发电厂总能量损失率 ζ_{cp} 为

$$\zeta_{cp} = \frac{\Delta Q_{cp}}{Q_{cp}} = \sum_{cp} \zeta_j \tag{10-25}$$

其中

$$\Delta Q_{cp} = \Delta Q_b + \Delta Q_p + \Delta Q_c + \Delta Q_m + \Delta Q_g \tag{10-26}$$

对凝汽式发电厂做能量平衡可得

$$Q_{cp} = 3600 P_e + \Delta Q_b + \Delta Q_p + \Delta Q_c + \Delta Q_m + \Delta Q_g \tag{10-27}$$

以燃料供给的热量为基准，计算出输出电能及各项能量损失所占百分数后，便可绘制发电厂的热流图。如图 10-4 所示为一超高压凝汽式发电厂的热流图，其蒸汽初参数为

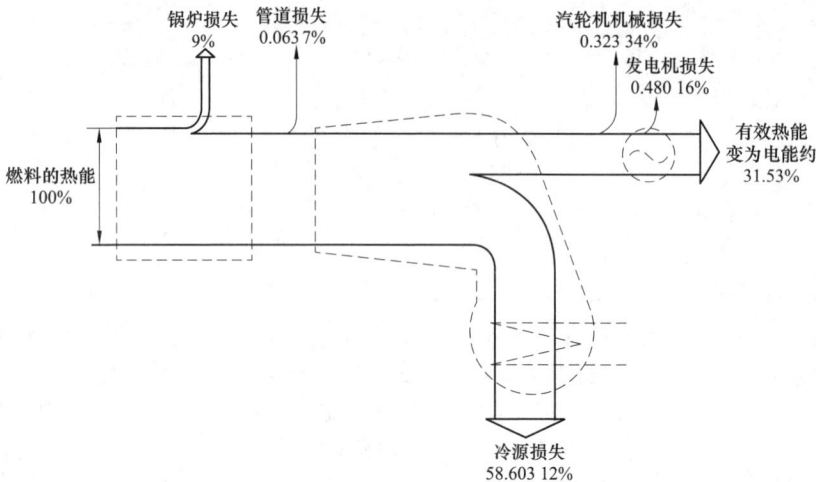

图 10-4 超高压简单凝汽式发电厂热流图

13MPa、535℃，终参数为 5kPa。图中直观地显示出发电厂能量利用与损失的具体情况，其中汽轮机的冷源损失是所有损失中最大的。

发电厂的各项损失与发电厂的蒸汽参数和设备容量有关，其数据见表 10-2。

表 10-1　　　　　　　　　　　　火力发电厂的各项损失　　　　　　　　　　　　　　%

项目	电厂初参数			
	中参数	高参数	超高参数	超临界参数
锅炉热损失	11	10	9	8
管道热损失	1	1	0.5	0.5
汽轮机冷源热损失	61.5	57.5	52.5	50.5
汽轮机机械损失	1	0.5	0.5	0.5
发电机损失	1	0.5	0.5	0.5
总热损失	75.5	69.5	63	60
全厂效率	24.5	30.5	37	≥40

三、熵方法

熵方法以热力学第一、二定律为理论基础，着重研究各种动力过程中做功能力的变化。实际的动力过程都是不可逆过程，必然引起系统的熵增（熵产），引起做功能力的损失。熵方法通过熵产的计算来确定做功能力损失，并以此作为评价电厂热力设备热经济性的指标。对于该方法的使用对非动力专业的学生不做掌握要求，仅给出计算结果。

仍以蒸汽初参数为 13MPa、535℃，终参数为 5kPa 的简单凝汽式电厂为例，绘制其能流图，如图 10-5 所示。

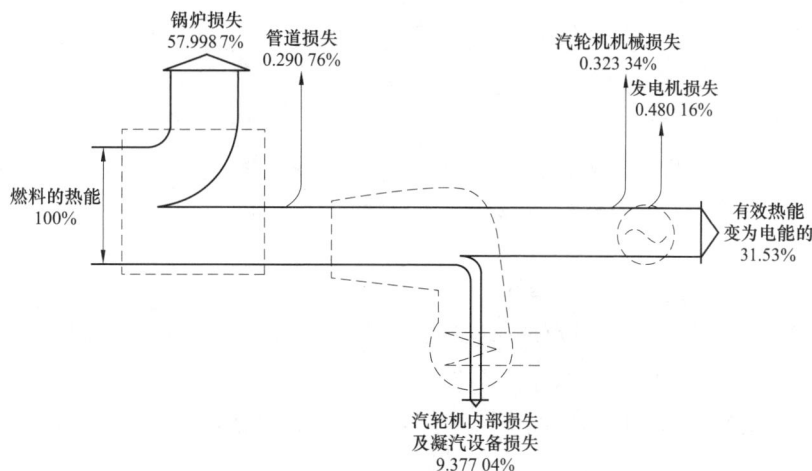

图 10-5　超高压简单凝汽式发电厂的能流图

四、效率分析法与做功能力法的比较

以一个简单凝汽式电厂为例，把两类分析法的计算结果进行比较分析。

该电厂的热力系统参数为：锅炉出口的过热蒸汽参数为 13MPa、540℃，锅炉效率为 0.91；汽轮机进口蒸汽参数为 13MPa、535℃，排汽压力为 5kPa，汽轮机相对内效率为

0.82，机械效率为 0.99；发电机效率为 0.985；环境参数为 0.1MPa、20℃；单位工质流量为 1kg；采用固体燃料，其㶲值等于低位发热量；计算中忽略水在水泵内的焓升。计算结果见表 10-2。

表 10-2　　　　　　　　　　　　发电厂的热平衡与㶲平衡

项目	分析法		项目	分析法	
	热效率分析法（%）	㶲分析法（%）		热效率分析法（%）	㶲分析法（%）
锅炉中的损失	9	58	汽轮机的机械损失	0.323	0.323
管道中的损失	0.064	0.29	发电机中的损失	0.48	0.48
冷源损失　汽轮机内部	58.603	6.928	发电厂效率	31.53	31.53
冷源损失　凝汽器内部		2.449			

从计算结果可以看出，两类方法所计算出的全厂总热效率与总㶲效率是相同的，但对损失的分布得出两种不同的结果。热量法认为，发电厂中，凝汽器中的热损失最大，而锅炉的热损失却很小。㶲方法认为，发电厂中，锅炉的做功能力损失最大，而凝汽器中做功能力损失却很小，原因是锅炉的传热温差很大而引起的做功能力的损失很大。凝汽器中虽然热量损失大，但其品位很低，所以做功能力损失很小。

热量法只表明能量转换的结果，不能揭示能量损失的根本原因。做功能力法不仅表明能量转换的结果，而且能揭示能量损失的部位、数量及其损失的原因。热量法和熵方法（㶲方法）从不同的角度丰富了对同一事物不同侧面的认识。

本书用热量法定量评价发电厂的热经济性，用熵方法定性分析发电厂的热经济性。

第二节　凝汽式发电厂的主要热经济性指标

发电厂的热经济性是用热经济性指标来衡量的。火力发电厂及其热力设备广泛采用热量法来计算发电厂的热经济性指标。主要有能耗量（汽耗量、热耗量、煤耗量）和能耗率（汽耗率、热耗率、煤耗率）以及效率。能耗量是以单位时间来度量的，能耗率是以 1kWh 电能来度量的。

一、汽轮发电机组的热经济性指标

（一）汽轮发电机组的汽耗量和汽耗率

1. 汽轮发电机组的汽耗量 D_0

汽轮发电机组单位时间内（每小时）生产电能所消耗的蒸汽量，称为汽轮发电机组的汽耗量。

在汽轮发电机组中，热能转变为电能的热平衡方程式为

$$D_0 w_i \eta_m \eta_g = 3600 P_e \qquad (10-28)$$

根据式（10-10）可知汽轮机的实际内功 $w_i = \sum_{j=1}^{z} \alpha_j \Delta h_j + \alpha_c \Delta h_c$，代入式（10-28）得

$$D_0 \left(\sum_{j=1}^{z} \alpha_j \Delta h_j + \alpha_c \Delta h_c \right) \eta_m \eta_g = 3600 P_e \qquad (10-29)$$

将 $\alpha_c = 1 - \sum\limits_{j=1}^{z} \alpha_j$ 代入式（10 - 29）得

$$D_0 = \frac{3600 P_e}{(h_0 - h_c + q_{rh})(1 - \sum\limits_{j=1}^{z} \alpha_j Y_j) \eta_m \eta_g} \quad \text{kg/h} \qquad (10\text{-}30)$$

式中 Y_j——抽汽做功不足系数。

抽汽在再热前 $\qquad\qquad Y_j = \dfrac{h_j - h_c + q_{rh}}{h_0 - h_c + q_{rh}}$ (10 - 31)

抽汽在再热后 $\qquad\qquad Y_j = \dfrac{h_j - h_c}{h_0 - h_c + q_{rh}}$ (10 - 32)

2. 汽轮发电机组的汽耗率 d

汽轮发电机组每生产 1kWh 电能所消耗的蒸汽量，称为汽轮发电机组的汽耗率，用符号 d 表示

$$d = \frac{D_0}{P_e} = \frac{3600}{w_i \eta_m \eta_g} = \frac{3600}{(h_0 - h_c + q_{rh})(1 - \sum\limits_{j=1}^{z} \alpha_j Y_j) \eta_m \eta_g} \quad \text{kg/kWh} \qquad (10\text{-}33)$$

对于非再热机组，$q_{rh} = 0$，式（10 - 30）、式（10 - 33）即变为回热循环时的汽耗量、汽耗率；若 $\sum \alpha_j = 0$，即为纯凝汽式机组（无回热、再热）的汽耗量、汽耗率。从式（10-33）可以看出，回热机组汽耗率高于纯凝汽式（朗肯循环）机组的汽耗率。

现代凝汽式汽轮发电机组的汽耗率为 3kg/kWh 左右。

（二）汽轮发电机组的热耗量和热耗率

1. 热耗量 Q_0

单位时间内汽轮发电机组生产电能所消耗的热量，称为汽轮发电机组的热耗量。

$$Q_0 = D_0(h_0 - h_{fw}) + D_{rh} q_{rh} \quad \text{kJ/h} \qquad (10\text{-}34)$$

2. 热耗率 q

汽轮发电机组每生产单位（1kWh）电能所消耗的热量，称为汽轮发电机组的热耗率。

$$q = \frac{Q_0}{P_e} = d_0[(h_0 - h_{fw}) + \alpha_{rh} q_{rh}] \quad \text{kJ/kWh} \qquad (10\text{-}35)$$

根据汽轮发电机组能量平衡

$$Q_0 \eta_i \eta_m \eta_g = W_i \eta_m \eta_g = 3600 P_e \qquad (10\text{-}36)$$

得

$$q = \frac{3600}{\eta_i \eta_m \eta_g} = \frac{3600}{\eta_e} \quad \text{kJ/kWh} \qquad (10\text{-}37)$$

式中 η_e——汽轮发电机组绝对电效率。

从上式可知，热耗率 q 的大小与 η_i、η_m、η_g 有关，现代大机组 $\eta_m \cdot \eta_g$ 可按照 $0.958 \sim 0.99$ 计，因此热耗率 q 的大小主要取决于 η_i，或者说 η_i 的大小主要取决于 q。所以以热耗率 q 反映了发电厂的热经济性，是发电厂重要的热经济性指标之一。

现代凝汽式汽轮发电机组的热耗率为 $7300 \sim 9200 \mathrm{kJ/kWh}$。

二、全厂热经济性指标

（一）全厂的热耗量 Q_{cp} 和热耗率 q_{cp}

1. 全厂的热耗量 Q_{cp}

全厂热耗量为单位时间内凝汽式电厂生产电能所消耗的热量。

根据能量平衡，发电厂热耗量 Q_{cp} 的表达式为

$$Q_{cp} = BQ_{net,p} = \frac{Q_b}{\eta_b} = \frac{Q_0}{\eta_b \eta_p} = \frac{3600 P_e}{\eta_{cp}} \quad \mathrm{kJ/h} \tag{10-38}$$

2. 发电厂的热耗率 q_{cp}

全厂热耗率为凝汽式电厂生产单位电能所消耗的热量。

$$q_{cp} = \frac{Q_{cp}}{P_e} = \frac{q_b}{\eta_b} = \frac{q}{\eta_b \eta_p} = \frac{3600}{\eta_{cp}} \quad \mathrm{kJ/kWh} \tag{10-39}$$

（二）全厂的煤耗量和煤耗率

1. 全厂的煤耗量

全厂煤耗量表示单位时间内发电厂所消耗的燃料量。

$$B_{cp} = \frac{Q_{cp}}{Q_{net,p}} = \frac{3600 P_e}{\eta_{cp} Q_{net,p}} \quad \mathrm{kg/h} \tag{10-40}$$

标准煤的低位发热量 $Q_{net,p} = 29\,270 \mathrm{kJ/kg}$，这样，发电厂标准煤耗量 B_{cp}^s 为

$$B_{cp}^s = \frac{Q_{cp}}{29\,270} = \frac{3600 P_e}{29\,270 \eta_{cp}} = \frac{0.123 P_e}{\eta_{cp}} \quad \mathrm{kg/h} \tag{10-41}$$

2. 全厂的煤耗率

全厂煤耗率表示发电厂生产单位电能所消耗的燃料量。

（1）全厂实际使用燃料的煤耗率 b_{cp}。

$$b_{cp} = \frac{B_{cp}}{P_e} = \frac{q_{cp}}{Q_{net,p}} = \frac{3600}{\eta_{cp} Q_{net,p}} \quad \mathrm{kg/kWh} \tag{10-42}$$

（2）全厂的发电标准煤耗率 b_{cp}^s。

$$b_{cp}^s = \frac{B_{cp}^s}{P_e} = \frac{3600}{29\,270 \eta_{cp}} \approx \frac{0.123}{\eta_{cp}} \quad \mathrm{kg/kWh} \tag{10-43}$$

（3）全厂净效率 η_{cp}^n。全厂净效率 η_{cp}^n，即扣除厂用电功率 P_{ap} 的电厂效率，又称供电效率。

$$\eta_{cp}^n = \frac{3600(P_e - P_{ap})}{Q_{cp}} = \eta_{cp}(1 - \zeta_{ap}) \tag{10-44}$$

式中　ζ_{ap}——厂用电率，$\zeta_{ap} = \dfrac{P_{ap}}{P_e}$。

（4）全厂供电标准煤耗率 b_{cp}^{ns}。

$$b_{cp}^{ns} = \frac{0.123}{\eta_{cp}^n} = \frac{0.123}{\eta_{cp}(1 - \zeta_{ap})} \quad \mathrm{kg/kWh} \tag{10-45}$$

从上述表达式可知，能耗率中热耗率 q 和煤耗率 b 与热效率之间是一一对应关系，它们是通用的热经济性指标。而汽耗率 d 不直接与热效率有关，它主要取决于汽轮机实际比内功 ω_i 的大小，因此 d 不能单独用作热经济性指标。只有当 q 一定时，d 才能反映电厂热经济性。

国产汽轮发电机组的热经济性指标列于表 10-3。

表 10-3　　　　　　　　国产汽轮发电机组的热经济性指标

额定功率 P_e（MW）	η_{ri}	η_i	η_m	η_g	η_e	d (kg/kWh)	q_{cp} (kg/kWh)
0.75~6	0.76~0.82	<0.30	0.965~0.986	0.930~0.960	<0.27~0.284	>4.9	>13 333
12~25	0.82~0.85	0.31~0.33	0986~0.990	0.965~0.975	0.29~0.32	4.7~4.1	12 414~11 250
50~100	0.85~0.87	0.37~0.40	约 0.990	0.980~0.985	0.36~0.39	3.9~3.5	10 000~9231
125~200	0.86~0.89	0.43~0.45	约 0.990	约 0.99	0.421~0.441	3.1~2.9	8612~8238
300~600	0.88~0.90	0.45~0.48	约 0.990	约 0.99	0.441~0.47	3.2~2.8	8219~7579

第三节　提高发电厂热经济性的途径

热力发电厂是以朗肯循环为基础进行热功转换来获得电能的。朗肯循环也是最简单的蒸汽动力循环。本节通过分析朗肯循环来寻求提高发电厂热经济性的途径。

一、朗肯循环及其热经济性

图 10-6 所示为朗肯循环的热力系统图。

工质循环经历了四个热力过程。4—5—6—1 是工质在锅炉中定压预热、汽化、过热的过程；1—2 是蒸汽在汽轮机中等熵膨胀做功的过程；2—3 是排汽在凝汽器中定压放热的过程；3—4 是凝结水在水泵中等熵压缩的过程。

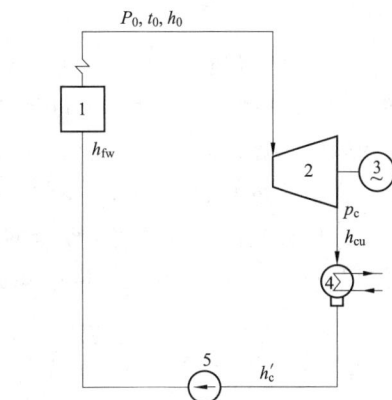

1—锅炉；2—汽轮机；3—发电机；4—凝汽器；5—水泵

以吸热过程和放热过程的平均温度表示，其表达式为

$$\eta_t = \frac{w_t}{q_1} = 1 - \frac{q_2}{q_1} = 1 - \frac{\overline{T_c}\Delta s}{\overline{T_1}\Delta s} = 1 - \frac{\overline{T_c}}{\overline{T_1}}$$

$$(10-46)$$

式中　$\overline{T_c}$——放热过程平均温度，K；

　　　$\overline{T_1}$——吸热过程平均温度，K。

一般情况下，朗肯循环的热效率为 40%~50%。

发电厂的主要损失，根据热量法的分析是

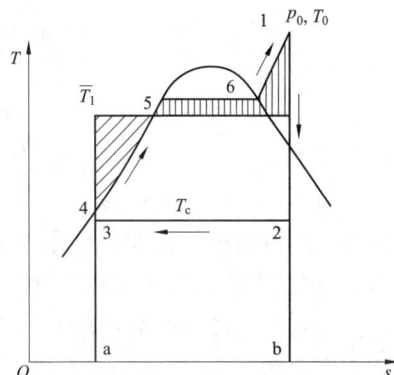

图 10-6　朗肯循环的 T-s 图

由汽轮机冷源损失引起的，根据做功能力法分析是由不可逆过程的存在造成的。因此，提高发电厂热经济性可从如何降低冷源损失和如何减少不可逆损失中寻求办法。目前采用的技术和措施主要有提高蒸汽初参数、降低蒸汽终参数、给水回热加热、蒸汽中间再热、热电联合生产、燃气-蒸汽联合循环。

二、蒸汽初参数对电厂热经济性的影响

蒸汽初参数，是指新蒸汽进入汽轮机自动主汽门前的蒸汽压力 p_0 和温度 T_0。

（一）提高初温对理想循环热效率 η_t 的影响

在蒸汽初压和排汽压力一定的情况下，如图 10-7 所示，将朗肯循环 1—2—3—4—5—6—1 的初温由 T_0 提高到 T_0' 时，该循环的吸热过程的平均温度将由 $\overline{T_1}$ 升高到 $\overline{T_1'}$。由 $\eta_t = 1 - \dfrac{\overline{T_c}}{\overline{T_1}}$ 可知，在 $\overline{T_c}$ 一定时，理想循环热效率 η_t 增加了。

另外，也可以这样分析，将提高初温后的朗肯循环（初温为 T_0'）看作是由原朗肯循环 1—2—3—4—5—6—1（初温为 T_0）与一个附加循环 1—1'—2'—2—1 组成的复合循环，很显然，附加循环的平均吸热温度大于朗肯循环的平均吸热温度，所以附加循环的热效率高于原朗肯循环的热效率。因此，复合循环的热效率也必然高于原朗肯循环的热效率。

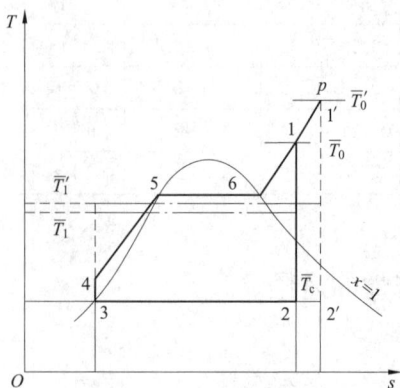

图 10-7　不同初温的朗肯循环 $T-s$ 图

（二）提高初温对汽轮机的绝对内效率 η_i 的影响

随着初温的提高，汽轮机的排汽湿度减小了，湿气损失降低了；同时，初温的提高使进入汽轮机的容积流量增加，在其他条件不变时，汽轮机高压部分叶片高度增大，漏汽损失相对减小。因此，提高初温可以使汽轮机的相对内效率 η_{ri} 提高。绝对内效率 $\eta_i = \eta_t \cdot \eta_{ri}$ 通过以上提高初温对 η_t、η_{ri} 的影响分析可知，随着初温的提高，汽轮机的绝对内效率 η_i 是提高的。

（三）提高初压对理想循环热效率 η_t 的影响

如图 10-8 的焓熵图所示，在初温 t_0 和排汽压力 p_c 一定的情况下，随着初压 p_0 的增加，等压线向左上角移动，各等压线与等温线相交点左移，初始焓值减小，等熵线上的背压焓值也减小。这其中存在一使循环热效率最大的压力，称为极限压力。在极限压力范围内，随着初压的升高，焓降增加。

当 p_0 提高到极限压力以后，随着 p_0 的增加，汽轮机中的理想焓降逐渐减少。因为当提高蒸汽的初压力时，水的汽化过程吸热量在整个吸热过程总的吸热量中所占的比例

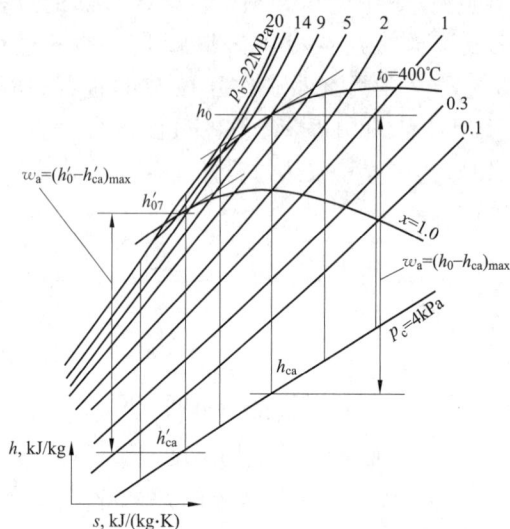

图 10-8　蒸汽初压与 η_t 的关系曲线

减少了，而把给水加热到沸腾温度时的吸热量相对地增加了，而水在这一段吸热过程的总温度是低于其他阶段（汽化段、过热段）吸热过程的温度的，因此，当初压 p_0 提到一定的数值后，如再提高压力，水和水蒸气的整个吸热过程的平均温度不是继续提高而是降低。

提高蒸汽初压力使循环热效率开始下降的极限压力，在工程上没有实际意义。因为目前应用的初压力数值，还在极限压力范围以内，所以提高蒸汽初压力对循环热效率的影响在实际应用中可看作只有一个方向，即随着蒸汽初压的提高，循环热效率也提高，但是，提高的相对幅度却越来越小。

（四）提高蒸汽初压对汽轮机绝对内效率 η_i 的影响

在其他条件不变时，提高蒸汽的初压力，蒸汽的比体积减小，进入汽轮机的蒸汽容积流量减小，级内叶栅损失和级间漏汽损失相对增大；同时汽轮机末级蒸汽湿度增加，湿气损失增加，因此提高蒸汽初压导致汽轮机的相对内效率下降。

蒸汽初压 p_0 对汽轮机绝对内效率 η_i 的影响取决于 η_t 和 η_{ri} 的大小，若理想循环热效率的增加大于汽轮机相对内效率的降低，那么，随着初压的提高，汽轮机绝对内效率是增加的；否则，是下降的。

（五）提高蒸汽初参数对汽轮机绝对内效率 η_i 的影响

蒸汽初参数的变化对 η_i 的影响，如图 10-9 所示。

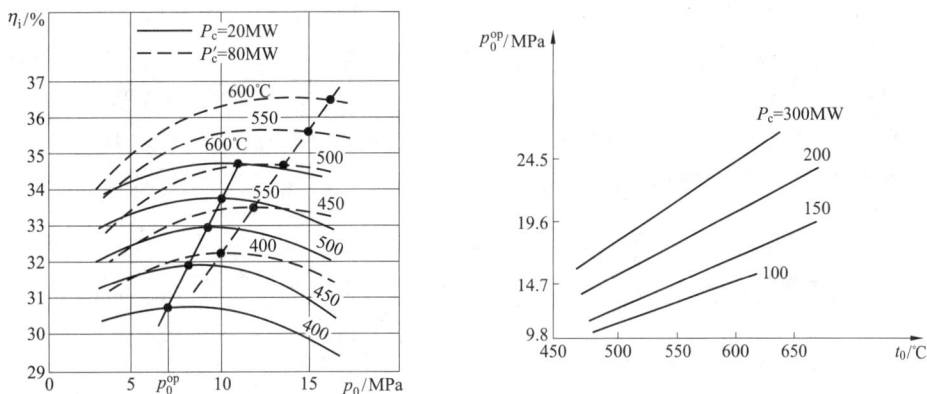

图 10-9　p_0^{op} 与 t_0 和机组容量的关系

分析图 10-9 可以得到如下规律：

（1）蒸汽初温度越高，实际循环效率 η_i 也就越高。

（2）对于每一个蒸汽初温度，都有一个使绝对内效率 η_i 达到最高值的最佳初压力。

（3）蒸汽初温度越高，相应的最佳初压力也越高。

（4）同样的蒸汽初温度，汽轮机的容量越大，最佳初压力就越高。

由图 10-9 还可见，随着容量的增大，η_i 增大。这是因为汽轮机的容量越小，汽轮机的间隙相对数值就越大，级间漏汽损失也就越大。所以汽轮机容量越小，其相对内效率随初压的提高而降低得就越快。综上所述，为了使汽轮机组有较高的绝对内效率，在汽轮机组的进汽参数与容量的配合上，必然是"高参数必须是大容量"。表 10-5 示出了容量与参数间的匹配关系。

表 10-4　　　　　　　　　　我国电站设备容量和蒸汽初参数的匹配关系

机组参数	锅炉出口		汽轮机入口		机组额定容量 P (MW)
	p_b (MPa)	t_b (℃)	p_o (MPa)	t_o (℃)	
次中参数	2.55	400	2.35	390	0.675, 1.5, 3
中参数	4.02	450	3.43	435	6, 12, 25
高参数	9.9	540	8.38	535	50, 100
超高参数	13.83	555/540	12.75	535/535	200
亚临界参数	16.77	555	16.18	535/535	300, 600
超临界参数	25.4	541	24.2	538	600
超超临界参数	26.11	605	25.0	600	1000

（六）采用高参数大容量机组的意义

发展高参数大容量的火电机组，已经成为当前世界电力工业发展的趋势之一，主要原因在于以下几方面。

（1）热经济性高，节约一次能源，降低发电成本。随着蒸汽初参数的提高和机组单机容量的增加，发电厂的热经济性是提高的。前面讲过，机组热耗率的大小反映了发电厂的热经济性，现以热耗率来说明容量、参数对发电厂热经济性的影响。初参数为 8.8MPa/535℃ 的 100MW 机组，机组热耗率为 9377.8kJ/kWh；初参数为 12.75MPa/535℃ 的 200MW 机组，机组热耗率为 8472.5kJ/kWh；初参数为 16.67MPa/537℃ 的 600MW 机组，机组热耗率为 7619.77kJ/kWh。以上数据说明机组容量和初参数越高，机组热耗率就越低，发电成本越低，热经济性就越高。机组容量越大，火电厂的运行费用也越低，如图 10-10 所示。

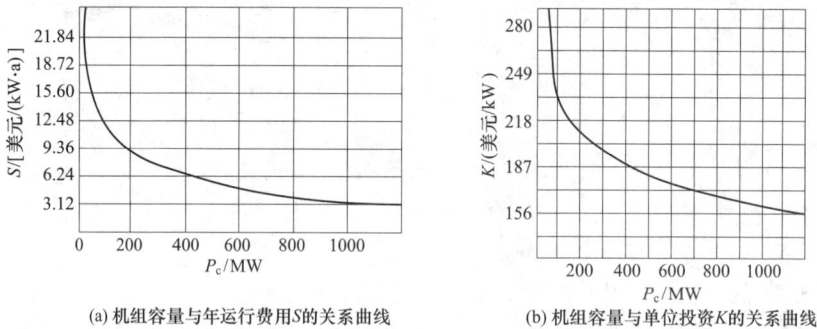

(a) 机组容量与年运行费用 S 的关系曲线　　　(b) 机组容量与单位投资 K 的关系曲线

图 10-10　机组容量与年运行费用 S 和单位投资 K 的关系曲线

（2）节约投资、缩短工期，以及减少土地占用面积。随着蒸汽初参数的提高，设备的投资相应要增加，但是，机组单机容量的增加使单位容量的投资减少。一般容量大一倍的火电机组每千瓦投资节约 10%～15%，钢材节约 20%～25%，建筑安装材料节约 25%～35%，建设工作量减少 30%～35%，工期缩短。如日本安装 5 台容量为 250MW 的机组，建设时间需要 66 个月，而 2 台 600MW 的机组只需 45 个月，工期缩短 32%。

随着机组容量的增加，每千瓦机组的占地降低。例如，单机容量为 50MW、电厂容量为 200MW 与单机容量为 200～300MW、电厂容量 600～1200MW 相比，每千瓦机组占地由 6500～8700m² 降至 3800～6500m²。

（3）减少污染物的排放，保护环境。火电厂在燃煤过程中，排放出大量的 SO_x、烟尘、NO_x 和 CO_2 等污染物。到 2023 年底，95％以上煤电机组实现了超低排放。我国建成了全球最大的清洁煤电供应体系。燃煤机组超低排放的标准：烟尘、SO_2、NO_x 排放浓度分别为 5、35、50mg/m³（标准状态下）。2020 年全国 6000kW 及以上火电厂供电煤耗率为 305.5g 标准煤/kWh，比 2015 年下降 9.9g/kWh，比 2010 年下降 27.5g/kWh，比 2005 年下降 64.5g/kWh。以 2005 年为基准年，2006—2020 年，累计减少电力二氧化碳排放 66.7 亿 t，对电力二氧化碳减排贡献率为 36％，有效减缓了电力二氧化碳排放总量的增长。

（七）提高蒸汽初参数受到的限制

1. 提高蒸汽初温受到的限制

提高蒸汽初温受动力设备材料强度的限制。当初温升高时，钢材的强度极限、屈服点及蠕变极限都会降低得很快，而且在高温下，由于金属发生氧化、腐蚀、结晶变化，动力设备零件强度大大降低。在非常高的温度下，即使高级合金钢或特殊合金钢也无法应用。此外，从设备造价角度看，合金钢，尤其是高级合金钢比普通碳钢贵得多。由此可知，进一步提高蒸汽初温度的可能性主要取决于冶金工业在生产新型耐热合金钢及降低其生产费用方面的进展。

从发电厂技术经济性和运行可靠性的角度考虑，中低压机组的蒸汽温度大多选取 390～450℃，以便广泛采用碳素钢材；高压至亚临界等级机组的蒸汽初温度一般选取 500～565℃，多数情况下为 535℃，这样可以避免采用价格昂贵的奥氏体钢材，而采用低合金元素的珠光体钢，珠光体钢耐温较低，可以在 550～570℃ 温度下使用。目前超超临界参数机组选用回火马氏体钢，蒸汽初温度可达到 600℃。

2. 提高蒸汽初压受到的限制

提高蒸汽初压力主要受到汽轮机末级叶片容许的最大湿度的限制，其他条件不变时，对于无再热的机组随着初压力的提高，蒸汽膨胀到终点的湿度是不断增加的。这一方面会影响到设备的经济性，使汽轮机的相对内效率降低，同时还会引起叶片的侵蚀，降低其使用寿命，危害设备的安全性。根据末级叶片金属材料的强度计算，一般凝汽式汽轮机的最大湿度不超过 0.12～0.14。对调节抽汽式汽轮机，最大容许的湿度可以提高到 0.14～0.15，这是因为调节抽汽式汽轮机的凝汽流量较少。对于大型机组，其排汽湿度常限制在 10％ 以下。为了克服湿度的限制，可以采用蒸汽的中间再热来降低汽轮机的排汽湿度。

三、蒸汽终参数对电厂热经济性的影响

蒸汽终参数是指汽轮机的排汽压力 p_c 和排汽温度 t_c。凝汽式汽轮机的排汽由于是湿饱和蒸汽，其压力和温度有一一对应关系，通常蒸汽终参数的数值只要标明其中一个即可。

（一）降低终参数对电厂热经济性的影响

在蒸汽初参数一定的情况下，降低蒸汽终参数 p_c 将使循环放热过程的平均温度降低，根据 $\eta_t = 1 - \dfrac{T_c}{T_1}$ 可知，理想循环热效率 η_t 将随着排汽压力 p_c 的降低而增加。

在决定热经济性的三个主要蒸汽参数——初压、初温和排汽压力中，排汽压力对机组热经济性的影响最大。经计算表明蒸汽初参数为 9.0MPa、490℃ 时，排汽温度每降低 10℃，

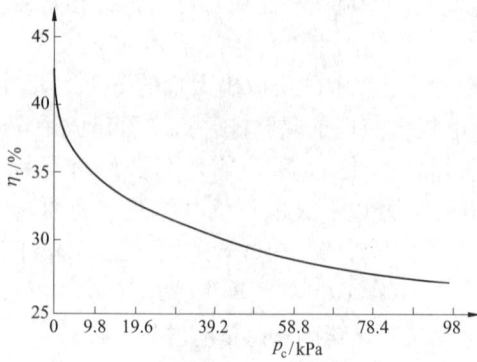

图 10-11　排汽压力与理想循环
热效率的关系曲线

热效率增加 3.5%；排汽压力从 0.006MPa 降低至 0.004MPa，热效率增加 2.2%。由此可知，排汽压力越低，工质循环的热效率越高。如图 10-11 所示为 η_t 随 p_c 变化而变化的曲线。

排汽压力 p_c 降低对汽轮机相对内效率不利。一方面，随着排汽压力的降低，汽轮机低压部分蒸汽湿度增大，影响叶片的寿命，同时湿汽损失增大，汽轮机相对内效率下降；另一方面，随着排汽压力的降低，排汽比体积 v_c 增大，例如，p_c 由 5kPa 降至 4kPa，v_c 将增加 23%。在余速损失一定的条件下，就得用更长的末级叶片或多个排汽口，凝汽器尺寸增大，投资增加。若排汽面积一定，则排汽余速损失增大，汽轮机相对内效率 η_{ri} 降低。当 p_c 降至某一数值所带来的理想比内功的增加等于余速损失与湿汽损失的增加时，p_c 达到极限背压。p_c 小于极限压力后，再降低 p_c 则会使机组热经济性下降。因此，在极限背压以上，随着排汽压力 p_c 的降低热经济性是提高的。

（二）降低蒸汽终参数的限制

降低蒸汽终参数受到自然和技术两方面的限制。

汽轮机的背压 p_c 的降低，取决于凝汽器中排汽饱和温度 t_c 的降低，如图 10-12 所示。排汽的饱和温度应在自然水（冷却水）水温的基础上加上冷却水温升和传热端差，即

$$t_c = t_{c1} + \Delta t + \delta t \qquad (10-47)$$

其中　　　　　　$\Delta t = t_{c2} - t_{c1}$

式中　t_c——排汽饱和温度，℃；

　t_{c1}、t_{c2}——冷却水进、出口温度，℃；

　Δt——冷却水在凝汽器中的温升，℃，Δt 一般为 6~12℃；

　δt——凝汽器传热端差，℃，一般为 3~10℃。

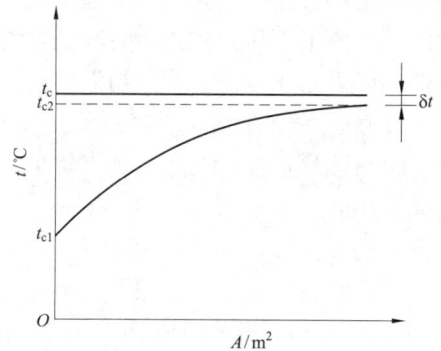

图 10-12　凝汽器中传热温度与
传热面积的关系曲线

由式（10-47）可知，自然水温 t_{c1} 是降低 p_c 的理论（自然）限制，而冷却水量不可能无限多，凝汽器的冷却面积也不可能无穷大，因此 δt 必然存在，它是降低 p_c 的技术限制。在运行中 p_c 的大小取决于冷却水的进口温度、冷却水量的大小和铜管的清洁度。

目前我国大型机组 p_c 一般为 0.004 9~0.005 4MPa。

（三）凝汽器的最佳真空

所谓凝汽器的最佳真空，是指发电厂净燃料消耗量最小时对应的凝汽器的工作压力，如图 10-13 所示。在给定的凝汽器热负荷和冷却水的进口温度下增加冷却水量，则凝汽器真空提高，机组出力增加 ΔP_e，但同时输送冷却水的循环水泵的功率也增加了 ΔP_{pu}，则

$\Delta P_{\mathrm{e}}-\Delta P_{\mathrm{pu}}$ 之差为最大时的冷却水量所对应的真空即为凝汽器的最佳真空。

值得注意的是：①在发电厂运行中，汽轮机末级通流截面的大小已定，它已限制了蒸汽的容积流量，当排汽压力降低至低于极限压力时，蒸汽膨胀就有一部分要在末级叶片以后进行，它并不能增加出力，只能增加余速损失，这实际上是无益的。为此应根据负荷和季节的变化，及时调整循环水泵的运行台数或循环水量的多少，保持机组在最佳真空下运行，以获得良好的经济效益；②在设计时，凝汽器内的最佳蒸汽压力（即最佳真空）是根据各种方案进行复杂的技术经济比较后确定的。制造厂提

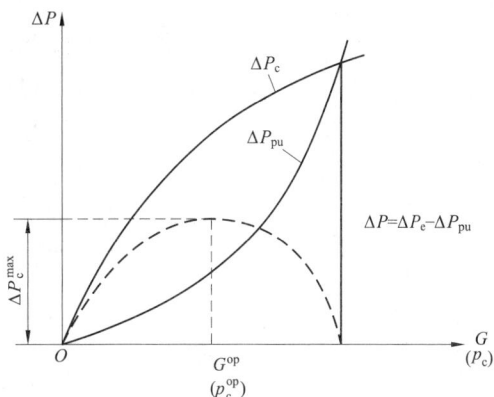

图 10-13　凝汽器的最佳真空

供的动力设备铭牌上的排汽压力，并不是为个别发电厂的具体条件设计的，而是具有较广泛的通用性。对具体的电厂来说，由于各地的自然条件和燃料价格等的不同，成批生产的通用设备的排汽压力并不一定是最经济的，这就要求根据电厂的具体情况来确定凝汽器的最佳运行真空。

四、回热循环及其热经济性

给水回热加热是指将汽轮机某些中间级抽出部分蒸汽，送往加热器对锅炉给水进行加热的过程。与之相对应的热力循环称为回热循环。

图 10-14（a）、（b）所示分别为单级回热热力系统图和循环的 $T-s$ 图。图中 1—7—8—9—5—6—1 称为回热循环。

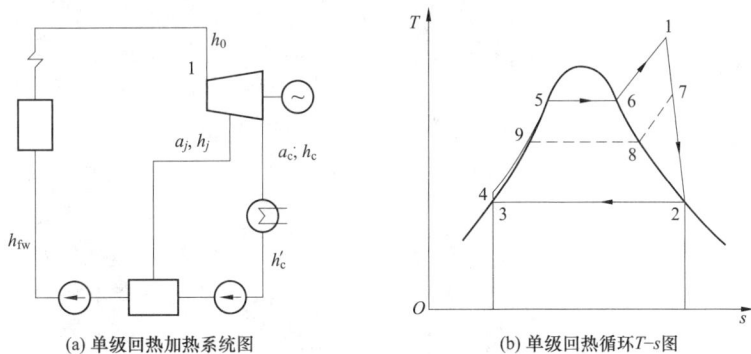

(a) 单级回热加热系统图　　　　　(b) 单级回热循环 $T-s$ 图

图 10-14　单级回热循环

给水回热加热的意义在于采用给水回热后，一方面，回热使汽轮机进入凝汽器的凝汽量减少了。由热量法可知，汽轮机冷源损失降低了；另一方面，回热提高了锅炉给水温度，使工质在锅炉内的平均吸热温度提高，使锅炉的传热温差降低。以换热温差小的回热加热代替换热温差较大的锅炉对给水的加热，由熵分析法可知，做功能力损失减小了。

从循环的角度来分析：①采用回热可提高理想循环热效率。由于提高了锅炉给水温度，

使循环平均吸热温度升高，理想循环效率增大；②采用回热可提高汽轮机的相对内效率。采用回热后，机组的进汽量比同功率的纯凝汽式机组的进汽量大，这就要求汽轮机高压部分的叶片高度增大，从而减小漏汽损失；回热机组的排汽量比同功率的纯凝汽式机组的排汽量小，这可以改善汽轮机低压部分的工作条件，减少湿气损失和排汽的余速损失。

综上分析，采用给水回热加热一定能提高机组的热经济性，机组绝对内效率的提高见表 10-5。

表 10-5　　　　　　　　一般回热机组的回热级数与循环内效率的提高

主蒸汽压力 （MPa）	主蒸汽温度 （℃）	容量 （MW）	回热级数 （Z）	给水温度 （℃）	$(\eta_i^r - \eta_i)/\eta_i$ （%）
2.35	390	0.75, 1.5, 3.0	1~3	105~150	6~7
3.43	439	6, 12, 25	3~5	150~170	8~9
8.83	535	50, 100	6~7	210~230	11~13
12.75	535/535	200	7~8	220~250	14~15
13.24	550/550	125	7	220~250	14~15
16.18	550/550	300	7~8	245~275	15~16
16.67	537/537	600	8~9	270~280	15~16
23.6	537~565/537~565	600	8~9	280~290	17~18
25.0	600/600	1000	8	294.8	17~18

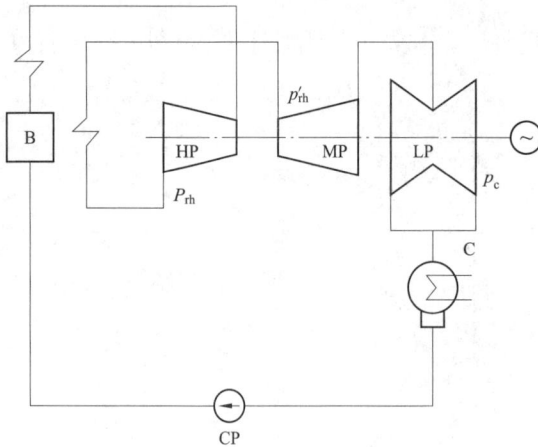

图 10-15　再热循环的热力系统图

五、蒸汽中间再热循环及其热经济性

蒸汽中间再热就是将在汽轮机高压缸中做了一部分功的蒸汽引至再热器再加热，提高温度后再引回汽轮机中、低缸继续膨胀做功的过程。与之相对应的循环称为再热循环。图 10-15 所示为再热循环的热力系统图。

（一）蒸汽中间再热的目的

采用蒸汽中间再热的初始目的是在提高蒸汽初压时减小汽轮机排汽终湿度 $1-x_c$，以使排汽湿度不超过允许的限度，保证汽轮机安全运行。而当再热参数选择合适时，采用再热还可以提高机组的热经济性。例如，采用一次中间再热后，可以提高发电厂热效率的 5% 左右。所以采用高参数大容量再热机组已成为现代火电厂的主要标志之一。

对于核能发电厂的核电汽轮机采用中间再热的主要目的还是为了安全，提高进入汽轮机低压缸的蒸汽过热度，保证排汽的终湿度在允许的范围内，以保证机组长期可靠运行。

（二）蒸汽中间再热的热经济性

1. 蒸汽中间再热对理想循环热效率的影响

图 10-16 所示为理想一次再热循环的 $T-s$ 图。对于中间再热循环，为便于分析，将再

热循环看作由基本循环（朗肯循环）1—2—3—4—5—1 和再热附加循环 $1'—2'—2—r—1'$ 所组成的复合循环。

再热循环的理想循环热效率为

$$\eta_t^{rh} = \frac{q_0\eta_t + q_{rh}\eta_t^{ad}}{q_0 + q_{rh}} = \frac{\eta_t + \dfrac{q_{rh}}{q_0}\eta_t^{ad}}{1 + \dfrac{q_{rh}}{q_0}} \quad (10-48)$$

式中　η_t^{rh}——再热循环的理想循环热效率；

　　　　η_t^{ad}——附加循环热效率；

　　　　q_0——基本循环加入热量，kJ/kg；

　　　　q_{rh}——附加循环加入热量，kJ/kg；

　　　　η_t——基本循环热效率。

若用 $\Delta\eta_t^{rh}$ 表示再热引起的效率相对变化，则

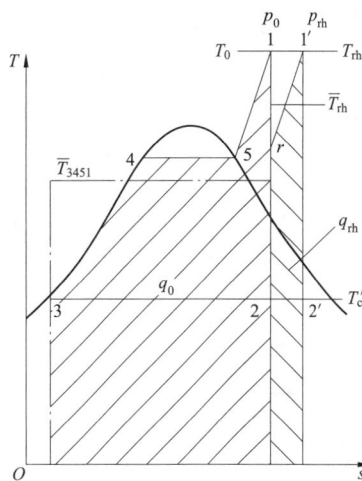

图 10-16　理想一次再热循环的 T-s 图

$$\Delta\eta_t^{rh} = \frac{\eta_t^{rh} - \eta_t}{\eta_t} = \frac{\eta_t^{ad} - \eta_t}{\eta_t\left(\dfrac{q_0}{q_{rh}} + 1\right)} \times 100\% \quad (10-49)$$

从式（10-49）可知，只有当附加循环热效率 η_t^{ad} 大于基本朗肯循环的热效率 η_t 时，采用蒸汽中间再热后，热经济性才是提高的，且基本循环热效率越低，再热加入的热量越大，再热所得到的热经济性效益就越大。

$\Delta\eta_t^{rh}$ 获得较大的正值，主要取决于再热参数（温度、压力）的合理选择。

2. 蒸汽中间再热对汽轮机相对内效率的影响

由于采用蒸汽中间再热时蒸汽的焓降比无再热时大，所以汽轮机的汽耗率比无再热时小；若功率相同，则其汽耗量也比无再热时小，高压缸的相对内效率可能稍有降低。但是由于大容量机组的总进汽量较大，采用再热使其进汽量的减少，总的来讲不会使汽轮机相对内效率变化太多。采用再热使汽轮机末级的排汽湿度（$1-x_c$）显著降低，湿汽损失大大降低，因此，大容量机组采用蒸汽中间再热可使汽轮机相对内效率提高。

3. 蒸汽中间再热对实际循环热效率的影响

由以上分析可知，只要适当选择蒸汽中间再热参数，采用蒸汽中间再热就会使电厂实际循环热效率提高。但是，再热过程中蒸汽有压力损失，这会对机组的热经济性带来负面影响。

再热蒸汽由汽轮机高压缸排汽口至再热器加热后由再热器返回汽轮机中压缸，因流动阻力而产生的压降称为再热压损。再热压损引起做功能力损失，降低机组的热经济性。一般情况下，压损每增加 98kPa，汽轮机热耗将增加 0.2%～0.3%。加大再热蒸汽管道的管径可以减少压损，改善机组的热经济性，但金属耗量和投资将随之增加。因此再热压损的选择存在一个优化的问题，一般大型一次再热机组的再热压损等于高压缸排汽压力的 10%，其中冷再热管段压损为 2%，热再热管段压损为 3%，再热器压损为 5%。

表 10-6 示给出了国产中间再热机组的再热参数。

表 10 - 6　　　　　　　　　**国产中间再热机组的再热参数**

汽轮机型号	冷段参数		热段参数		$\dfrac{p_{rh}}{p_0}$ (%)
	压力 (MPa)	温度 (℃)	压力 (MPa)	温度 (℃)	
N125 - 13.24/550/550	2.55	331	2.29	550	19
N200 - 12.75/535/535	2.47	312	2.16	535	19
N600 - 16.67/537/537	3.71	316.2	3.34	537	22
N600 - 24.2/566/566	4.23	308.1	3.81	566	17.5
N1000 - 25.0/600/600	4.37	344.8	4.25	600	17.5

第十一章 火力发电厂辅助设备及系统

第一节 回热加热器及其热力系统

回热循环是提高发电厂热经济性的措施之一，因此在现代大型热力发电厂普遍采用。在回热循环中，回热加热器是核心部件，它是利用汽轮机抽汽加热锅炉给水（或凝结水）的换热设备。下面就从回热加热器的形式、结构、连接方式和热力系统等方面作逐一介绍。

一、回热加热器的形式与应用

回热加热器有以下几种分类方法。

（一）按布置方式

按加热器布置方式的不同，分为卧式加热器和立式加热器。

卧式加热器的特点是传热效果好。一方面卧式管子外表面的水膜比立式管子的薄，换热效果好；另一方面卧式加热器在结构上还便于将受热面分段布置，有利于提高热经济性，并且安装、检修方便。因此，大容量机组广泛采用了卧式加热器。

立式加热器占地面积小，便于设备布置，在200MW及以下机组中普遍使用。

（二）按水侧压力

按加热器水侧压力不同，分为低压加热器和高压加热器。

处在凝结水泵与给水泵之间的加热器，其水侧承受的是凝结水泵出口较低的压力，称为低压加热器；处在给水泵与锅炉之间的加热器，其水侧承受的是给水泵出口较高的压力，称为高压加热器。

（三）按传热方式

按传热方式不同，分为混合式加热器和表面式加热器。

1. 混合式加热器

混合式加热器是将加热蒸汽与被加热的水直接混合进行加热的。蒸汽与低温水接触放热后凝结成水，水吸热后温度升高，原理如图11-1（a）所示。在混合式加热器中，水可以被加热到加热蒸汽压力下的饱和温度。在加热器出口水温一定时，混合式加热器所用的加热蒸汽压力（抽汽压力）最低，抽汽在抽出之前在汽轮机中做功最大，因此热经济性最高。并且混合式加热器结构简单，造价低，便于汇集不同温度的水。但是全部由混合式加热器组成的回热系统复杂，安全性、可靠性低，系统投资大。这是因为每台加热器后都需要装设给水泵，用来将水送至压力更高的加热器或锅炉中，而且所输送的水温度较高，水泵容易发生汽蚀，使工作可靠性降低，在汽轮机变工况时影响则更严重。为了保证给水泵工作的可靠性，每台

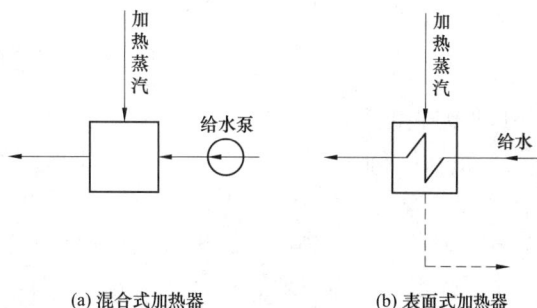

(a) 混合式加热器　　　　(b) 表面式加热器

图 11-1 回热加热器的形式

加热器都必须装设备用水泵和足够大并有足够安装高度的水箱，这就使系统复杂，投资大，厂用电耗也会增大。鉴于这些原因，混合式加热器的使用受到限制。现代电厂中，混合式加热器只用作除氧器。

2. 表面式加热器

表面式加热器是通过金属壁面将加热蒸汽的热量传给管束内的水，使水温提高，原理如图 11-1 (b) 所示。在传热过程中，由于金属壁面热阻的存在，加热器出口水的温度往往低于加热蒸汽压力下的饱和温度，它们的差值称为加热器的传热端差。端差越大，要加热到同一水温所需的加热蒸汽的压力越高，则加热蒸汽从汽轮机中抽出之前做功越少，降低了发电厂的热经济性。

加热蒸汽在管外凝结放热后的凝结水称为疏水。疏水温度一般为加热器筒体内蒸汽压力下的饱和温度（有疏水冷却器除外）。全部由表面式加热器组成的回热系统中，可将压力较高的加热器疏水利用其压力自流至压力较低的加热器汽侧，如图 11-1 (b) 所示。省去了给水泵（疏水泵），所以系统简单、安全、可靠性高、投资小、厂用电耗少。但是压力较高的疏水自流至压力较低的加热器时要放热，势必使该级加热器所需的加热蒸汽量减少，即排挤了一部分压力较低的抽汽。在保持汽轮机功率不变时，使抽汽做功量减少，凝汽流的做功量增大，增加了冷源损失，发电厂的热经济性降低。但就全部由表面式加热器组成的给水回热系统来说，比全部由混合式加热器组成的系统简单而又安全得多。故在我国现代电厂中，除了除氧器以外，其余的回热加热器几乎全部采用表面式加热器。但国外有的制造厂的热力系统中无除氧器，而是把最后两个低压加热器换成了混合式加热器。

二、表面式加热器的疏水连接方式和疏水装置

加热蒸汽进入表面式加热器冷凝成凝结水——疏水后，为保证加热器内换热过程的连续进行，必须将疏水收集并汇集于系统的主水流中，疏水的连接方式有以下两种。

1. 疏水逐级自流的连接方式

利用相邻加热器汽侧压差，将压力较高的疏水自流至压力较低的加热器，逐级自流直至与主水流（主给水或主凝结水）汇合，如图 11-2 (a) 所示。

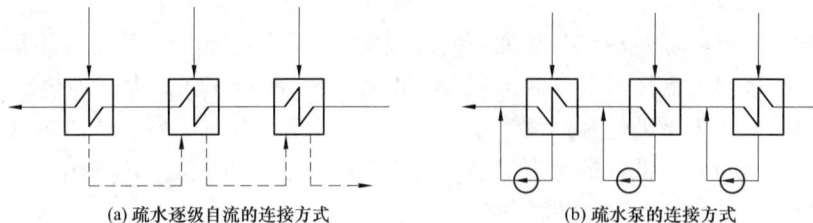

(a) 疏水逐级自流的连接方式　　　　　　　(b) 疏水泵的连接方式

图 11-2　表面式加热器的疏水连接方式

这种方式最为简单可靠，但是前面已分析，它存在上一级疏水对下一级抽汽的排挤，使电厂热经济性降低。

2. 采用疏水泵的连接系统

利用疏水泵将加热器中的疏水送入本级加热器出口的主水流中，如图 11-2 (b) 所示。

由于疏水进入本级加热器出口的主水流中，提高了该级加热器的出口水温，减小了加热器出口端差，热经济性较好。但是该系统复杂，投资大，且需要转动机械，既耗电又易汽蚀，可靠性降低，维护工作量大。大容量机组为了减小冷源损失只在末级或次末级低压加热器上采用。

在实际回热系统中，对于以上两种疏水方式的选择，首先考虑的是安全可靠，力求设备和系统简单，尽量减少转动设备，在保证安全的基础上实现较高的热经济性。

三、回热加热器的运行

回热加热器是电厂的主要辅助设备，它的正常运行与否，对电厂的安全、经济运行影响很大。从经济角度看，一般给水温度少加热 $1℃$，标准煤耗约增加 $0.7g/kWh$；有些机组少加热 $10℃$，热耗率约增加 0.4%。为保证机组经济运行，要尽可能地提高加热器的投入率。从安全角度看，加热器停用，若保持锅炉蒸汽量不变，必然要加大燃料量，这样不仅使电厂燃料消耗量增加，而且烟气温度升高，导致过热器、再热器超温。同时，高压加热器全部停运后，回热抽汽量大幅度减少，在机组功率不变的情况下，汽轮机监视段压力升高，各级叶片、隔板及轴向推力过负荷。为保证机组安全，必须限负荷运行。末级低压加热器的停用，还会使汽轮机末几级的蒸汽流量增大，使叶片的侵蚀加剧。

为保证机组的安全运行，加热器在运行中应注意监视加热器的传热端差、疏水水位、汽侧压力与出口水温等。

加热器的传热端差值一般为 $3\sim7℃$。在设计和计算时常取端差值为 $5℃$。对于大型机组，高压加热器都采用了蒸汽冷却器，传热端差可能为零，也可能为负值。运行中若端差值增大，可能是由以下原因引起的：

(1) 加热器受热面结垢，增大了传热热阻。

(2) 加热器汽空间集聚了空气。空气是不凝结气体，会附着在管子表面形成空气层，空气的放热系数比蒸汽小得多，从而增大了传热热阻。

(3) 疏水水位过高。疏水水位过高会淹没部分受热面的管子，从而减少放热空间，被加热水达不到设计温度，使传热端差增大，加热器在过高水位下运行是非常危险的，一旦操作失误或处理不及时，就可能造成汽轮机本体或系统的损坏（如水倒灌进汽轮机，蒸汽管道发生水冲击）。

(4) 加热器旁路门漏水。运行中应注意检查加热器出口水温与相邻高一级加热器进口水温是否相同，若相邻高一级加热器进口水温降低，则说明旁路门漏水。

(5) 回热抽汽管道上的阀门没有全开，蒸汽产生严重的节流损失。

(6) 加热器进、出口水室隔板泄漏。

第二节　除氧器及连接系统

一、给水除氧的任务

当水与空气接触时，就会有一部分气体溶解到水中，因此天然水中溶解有大量的气体，如 O_2、CO_2 等。

由凝结水和补充水组成的锅炉给水中也溶有一定数量的气体，因为凝汽器、低压加热器及其管道等都处在真空条件下工作，空气可以从不严密处漏入主凝结水中。补充水在化学水处理过程中也会溶解一些气体。所以给水中溶解的气体来源有两个：一是空气漏进处于真空下工作的热力设备和管道，二是补充水带进。

给水中溶解的气体会对热力设备造成腐蚀，而且温度越高，腐蚀越严重。其中危害最大的是 O_2，O_2 对热力设备或管道会产生氧腐蚀，水中的 CO_2 会加剧这种腐蚀。随着锅炉蒸汽参数的提高，对给水的品质要求更高，尤其对给水中溶氧量的限制更严格。根据 GB/T 12145—2016《火力发电机组及蒸汽动力设备水汽质量》：对工作压力为 3.8～5.8MPa 的汽包炉，给水溶解氧量的标准值应小于或等于 15μg/L；对工作压力为 5.88MPa 以上的锅炉，给水溶解氧量的标准值应小于 7μg/L；对亚临界和超临界参数的锅炉，给水应彻底除氧。

此外，水中含有的不凝结气体会在换热面上形成空气层，增大传热热阻。因此给水中溶有任何气体都是有害的。

为保证发电厂安全、经济运行，必须将锅炉给水中溶解的气体除去。由于除气设备清除的主要是 O_2，习惯上将给水除气设备称为除氧器。为此，除氧器的任务是及时除去锅炉给水中溶解的 O_2 和其他气体，以防止腐蚀热力设备和影响传热。

给水除氧的方法有物理除氧和化学除氧两种。化学除氧是利用某些化学药剂（如联胺）与水中的氧发生化学反应，生成对金属不产生腐蚀的物质而达到除氧的目的。这种方法只能除去水中的溶解氧，但不能除去其他气体，并且化学药剂价格较高，还会生成盐类，所以发电厂只将其用于辅助除氧。目前发电厂广泛采用的是物理除氧即热力除氧，其价格低廉，不但可以除去水中溶解的 O_2，也可以除去水中溶解的其他气体，且不会有其他残留物质。

二、热力除氧的原理

热力除氧的原理是建立在气体的溶解定律——亨利定律和道尔顿定律的基础上的。

根据亨利定律，当水面上某气体实际的分压力（用 p_1 表示）不等于平衡压力 p_b 时，原来的动态平衡就会被打破。当 $p_1 > p_b$ 时，则水面上该气体将更多地溶入水中，反之则有更多的该气体自水中逸出，直至新的平衡建立为止。为此，要想除去水中溶解的某种气体，只要将水面上该气体的分压力降为零即可，在不平衡压差 $\Delta p = p_b - p_1$ 的作用下，该气体就会从水中安全除掉，这就是物理除氧的基本原理。

如何将水面上某气体的分压力降为零，道尔顿定律回答了这一问题。该定律指出，混合气体的全压力等于各组成气体的分压力之和。在除氧器中，水面上的全压力 p 等于水中溶解的各种气体的分压力 p_{rj} 与水蒸气的分压力 p_{H_2O} 之和。

在除氧器中，水被定压加热时，随着蒸发的蒸汽量的增加，液面上水蒸气的分压力逐渐增大，除氧器上的排气阀将分离出来的气体及时排出，使水面上其他气体的分压力降低。当水加热至除氧器压力下的饱和温度时，水大量蒸发，水蒸气的压力就会接近水面上的全压力，此时水面上其他气体的分压力将趋近于零，于是溶解在水中的气体从水中逸出而被除去。

保证热力除氧效果的基本条件为

（1）水必须加热到除氧器工作压力下的饱和温度，使水面上水蒸气的压力接近水面上的全压力。

（2）必须把水中逸出的气体及时排走，以保证液面上氧气及其他气体的分压力减至零或最小。

加热除氧过程是个传热又传质的过程，传热过程就是把水加热到除氧器压力下的饱和温度，传质过程就是使溶解的气体自水中离析出来。气体从水中离析出来的过程可分为两个阶段。

第一阶段为除氧的初期阶段。此时由于水中溶解的气体较多，不平衡压差较大，气体以小气泡的形式克服水的黏滞力和表面张力离析出来。此阶段大约可以除去水中 $80\% \sim 90\%$ 的气体。

第二阶段为深度除氧阶段。此时水中还残留着少量气体，不平衡压差较小，这些气体已没有能力克服水的黏滞力和表面张力而逸出，只有靠气体单个分子的扩散作用慢慢离析出来。这时可以将水形成水膜，减小水的表面张力，同时加大汽水接触面积。也可采取制造水的紊流、蒸汽在水中的鼓泡作用（使气体分子依附在气泡上逸出）等办法。对于给水品质要求严格的 600MW 机组，还可用化学除氧作为辅助除氧手段。

三、除氧器的类型与构造

(一) 除氧器类型

发电厂中的除氧器按工作压力的不同可分为真空除氧器、大气式淋水盘式除氧器和高压除氧器。

1. 真空除氧器

真空除氧器不是一个单独的除氧设备，而是在凝汽器底部布置的除氧装置，它能对凝结水和补充水进行初步除氧，以减轻对低压加热器及其管道的腐蚀。

真空除氧器的结构如图 11-3 所示。真空除氧器主要由集水板、淋水盘和溅水板组成。当凝结水和补充水从凝汽器上部进入集水板，通过淋水盘形成细水流落在溅水板上，形成的水珠被汽轮机排汽加热，逸出的 O_2 排至凝汽器空气冷却区，并与凝汽器中的不凝结气体一起排出。

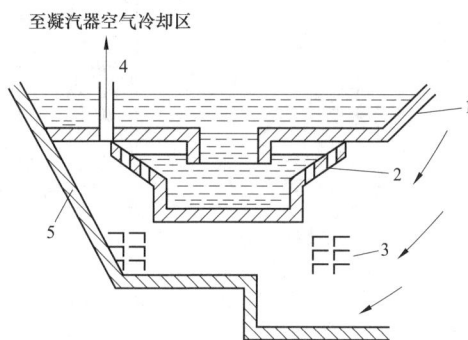

图 11-3　真空除氧器

1—集水板；2—淋水盘；3—溅水板；
4—分离出的氧气；5—热水井

2. 大气式淋水盘式除氧器

大气式除氧器的压力略高于大气压，从而将水中离析出的气体自动排入大气。结构如图 11-4所示。由于工作压力低，造价低，对负荷的适应能力差，常用于中、低参数的发电厂和热电厂。

3. 高压除氧器

高压除氧器的工作压力较高，一般工作压力大于 0.343MPa，常用于高参数大容量的发电厂。原因是：

(1) 高压除氧器在回热系统中相当于一台高压加热器，所以可以减少系统中高压加热器的台数，节省投资。

(2) 采用高压除氧器，可在高压加热器故障停用时供给锅炉较高温度的给水，从而减小对锅炉工作的影响。

(3) 高压除氧器的压力较高，其饱和温度也高，气体在水中的溶解度系数就会减小，在水中的离析过程加快，有利于提高除氧效果。

(4) 防止除氧器发生"自生沸腾"现象。"自生沸腾"是指过量的热疏水进入除氧器时，其汽化产生的蒸汽量已能满足或超过除氧器的用汽需要，从而使除氧器内的给水不需要回热

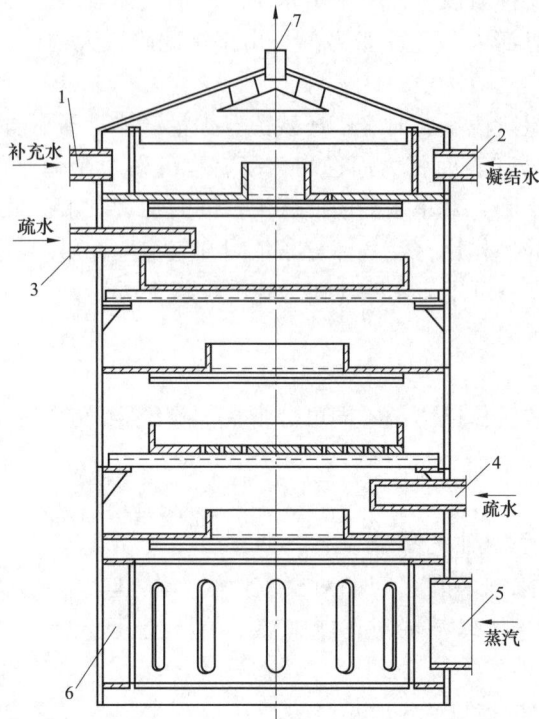

图 11-4　大气式淋水盘式除氧器
1—补充水管；2—凝结水管；3—疏水箱来疏水管；4—高压加热器来疏水管；
5—进汽管；6—汽室；7—排气管

抽汽就能自己沸腾的现象。

发生"自生沸腾"时，除氧器的加热蒸汽会减至最小或零，甚至为负值，致使除氧器内压力会不受限制地升高，排气量增大，带来较大的工质损失和热量损失。另外使原设计的除氧器内部汽、水逆向流动受到破坏，分离出来的气体难以逸出，使除氧效果恶化。采用高压除氧器，其饱和温度相应较高，热容量大，有利于防止除氧器发生"自生沸腾"现象。

（二）高压除氧器构造

高压除氧器的结构多种多样，600MW 机组多采用喷雾淋水盘式除氧器，这种除氧器是由除氧塔（或除氧头）和除氧水箱构成。除氧塔有立式和卧式布置两种，除氧水箱都为卧式布置。水的除氧主要在除氧塔内完成，除氧后的水进入除氧水箱。

在 600MW 机组上，喷雾淋水盘式除氧器的除氧塔都采用卧式结构。图 11-5 和图 11-6 所示分别为卧式喷雾淋水盘式除氧器除氧塔的横向和纵向结构图。

喷雾淋水盘式除氧器除氧塔主要由除氧塔筒体、凝结水进水室、喷雾除氧段、深度除氧段、出水管、蒸汽连通管、排气管、恒速喷嘴等组成。

除氧器的工作过程是：凝结水由进水管进入水室，在其压力的作用下将恒速喷嘴打开，呈圆锥形水膜从喷嘴中喷出，进入喷雾除氧段。在这个空间里，加热蒸汽与水膜充分接触，很快把凝结水加热到除氧器压力下的饱和温度，除去绝大多数溶解在水中的气体，完成初期除氧。加热蒸汽由除氧塔两端进汽管进入，经布汽孔板均匀分配后从栅架底部进入深度除氧

凝结水进口

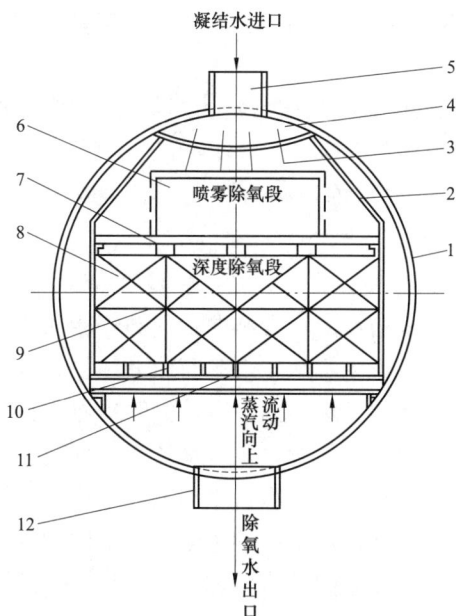

图 11-5　卧式喷雾淋水盘式除氧器除氧塔横向结构图

1—除氧器外壳；2—侧包板；3—恒速喷嘴；4—凝结水进水室；5—凝结水进水管；
6—喷雾除氧空间；7—布水槽钢；8—淋水盘箱；9—深度除氧空间；
10—栅架；11—工字钢托架；12—除氧水出口管

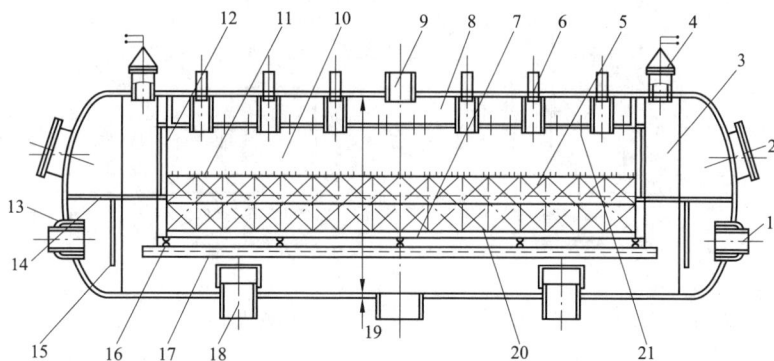

图 11-6　卧式喷雾淋水盘式除氧器除氧塔纵向结构图

1、13—进汽管；2—搬物孔；3—除氧塔；4—安全阀；5—淋水盘箱；6—排气管；7—栅架；
8—凝结水进水室；9—凝结水进水管；10—喷雾除氧空间；11—布水槽钢；12—人孔门；
14—进口平台；15—布汽孔板；16—工字梁；17—基平面角铁；18—蒸汽连通管；
19—除氧水出口管；20—深度除氧段；21—恒速喷嘴

段，再向上流入喷雾段，与凝结水形成逆向流动。穿过喷雾段并喷洒在布水槽钢上的凝结
水，被布水槽钢均匀地分配给淋水盘箱。在淋水盘箱中，凝结水从上层的小槽钢两侧分别流
入下层的小槽钢中，经过十几层上下彼此交错布置的小槽钢后，被分成无数细流，使其有足
够的时间与加热蒸汽充分接触，凝结水不断沸腾，残余在水中的气体在淋水盘箱中进一步离

析出来，完成深度除氧。离析出的气体，通过水室上部的排气管排入大气。除氧后的水从除氧塔下部的下水管流入除氧水箱，并由给水泵升压后经过各级高压加热器加热后送至锅炉。

对于除氧塔卧式布置的除氧器在长度方向上可布置较多的恒速喷嘴，能保证除氧器滑压运行时的除氧效果；可以布置多个排气口，有利于离析出的气体及时排出，以免二次溶氧，影响除氧效果；与除氧水箱的连接方便，只需一根或两根下水管和两根蒸汽连通管即可。

因此，除氧塔卧式布置形式在很多300MW和600MW机组上得到了应用。

除氧塔下面连接的是除氧水箱，由筒身和两端封头焊接而成。除氧塔与除氧水箱通过下水管和蒸汽平衡管相连，如图11-7所示。水箱筒体上装设有各种不同规格的对外接管，在两端的封头上开有人孔门供检修用。水箱内设有控制除氧器水位过高的溢流装置，在机组运行过程中，当给水箱水位超过溢流水位时，水自动流出，保证了给水箱水位不致过高而发生事故。还设有启动加热装置或再沸腾管，在机组启动过程中，利用辅助汽源的蒸汽加热除氧水箱中的水，还能利用蒸汽的鼓泡作用辅助除去给水中的溶解气体。

除氧水箱是凝结水泵和给水泵之间的缓冲容器。在机组启动、负荷大幅度变化、凝结水系统故障或除氧器进水中断等异常情况下，能保证在一定时间内（600MW机组5～10min）不间断向锅炉供水。

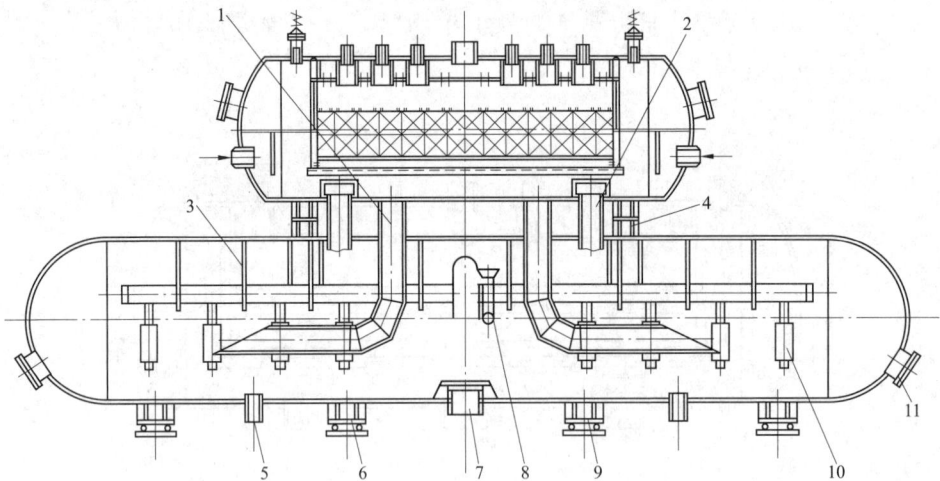

图11-7　除氧器水箱与除氧塔组合示意图

1—下水管；2—汽平衡管；3—吊架；4—上支座；5—放水口；6—活动支座；7—出水口；
8—溢流管；9—固定支座；10—启动加热装置；11—人孔

第三节　凝汽设备及系统

凝汽式汽轮机是现代火力发电厂和核电站中广泛采用的典型汽轮机，凝汽设备则是凝汽式机组的一个重要组成部分。凝汽设备工作性能的好坏直接影响着整个机组的热经济性和安全性。因此，掌握凝汽设备的工作原理及特性是十分必要的。

一、凝汽设备的组成及任务

凝汽设备通常由表面式凝汽器、抽气设备、凝结水泵、循环水泵及这些部件之间的连接管道组成，如图 11 - 8 所示。

排汽离开汽轮机后进入凝汽器 3，凝汽器内流入由循环水泵 4 提供的冷却工质，将汽轮机乏汽凝结为水。由于蒸汽凝结为水时，体积骤然缩小（例如，在 0.004 9MPa 的压力下，干蒸汽的比体积为饱和水比体积的 28 000 多倍），从而在原来被蒸汽充满的凝汽器封闭空间中形成高度真空。为保持所形成的真空，抽气器 6 则不断地将漏入凝汽器内的空气抽出，以防不凝结气体在凝汽器内积聚，使凝汽器内压力升高。集中于凝汽器底部的凝结水则通过凝结水泵 5 送往除氧器方向作为锅炉的给水。

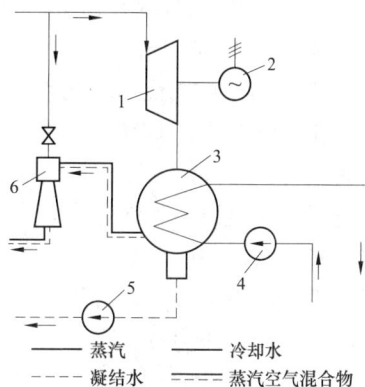

图 11 - 8　凝汽设备的原则性系统
1—汽轮机；2—发电机；3—凝汽器；
4—循环水泵；5—凝结水泵；6—抽气器

所以，凝汽设备的任务是：

（1）在汽轮机排汽口建立并维持高度真空。

（2）将汽轮机的排汽凝结成洁净的凝结水作为锅炉的给水循环使用。

凝汽器大都采用水作为冷却工质。特别缺水的地区或移动式电站则可采用空气作为冷却工质。

表面式凝汽器在火电站和核电站中广泛应用，图 11 - 9 为表面式凝汽器的结构示意图。冷却水由进水管 4 进入凝汽器，先进入下部冷却水管内，通过回水室 5 进入上部冷却水管内，再由出水管 6 排出。同一股冷却水在凝汽器内转向前后两次流经冷却水管，这称为双流程凝汽器，同一股冷却水不在凝汽器内转向的，称为单流程凝汽器。冷却水管 2 安装在管板 3 上，蒸汽进入凝汽器后，在冷却水管外汽侧空间冷凝，凝结水汇集在下部热井 7 中，由凝结水泵抽走。

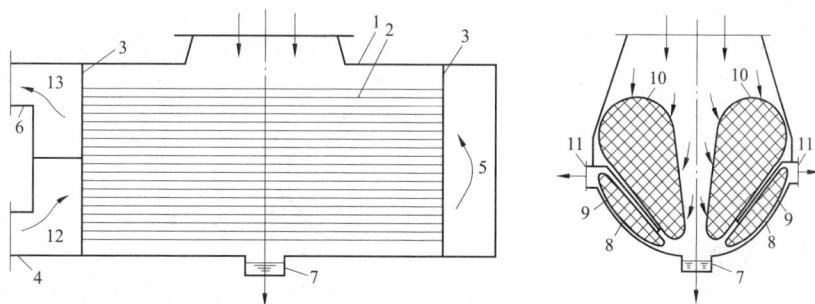

图 11 - 9　表面式凝汽器结构
1—外壳；2—冷却水管；3—管板；4—冷却水进水管；5—回水室；6—冷却水出水管；
7—热井；8—空气冷却区；9—空气冷却区挡板；10—主凝结区；11—空气抽出口；
12—冷却水进水室；13—冷却水出水室

凝汽器的传热面分为主凝结区 10 和空气冷却区 8 两部分，这两部分之间用挡板 9 隔开，空气冷却的面积约占凝汽器面积的 5%～10%。设置空气冷却区，可使蒸汽进一步凝结，使被抽出的蒸汽-空气混合物中的蒸汽量大为减少，减少了工质的浪费；同时，汽-气混合物进一步被冷却使其容积流量减小，减轻了抽气器的负担。

二、凝汽器内压力的确定

在凝汽器内，蒸汽在汽侧压力相应的饱和温度下凝结。在理想情况下，凝汽器内只有蒸汽而没有其他气体，凝汽器汽侧各处的压力是相同的，蒸汽则在汽侧压力相对应的饱和温度下进行等压凝结。若冷却水量和冷却面积均为无限大，蒸汽与冷却水之间的传热端差等于零，则凝汽器内的压力就等于冷却水温度相对应的饱和蒸汽压力。然而由于冷却水量和冷却面积不可能为无限大，且传热必然存在一定温差，因此蒸汽凝结温度要高于冷却水的温度，因此实际凝汽压力总是高于这一理想压力。由前面的分析可知，在主凝结区内，凝汽器总压力 p_c 基本等于蒸汽分压力 p_s，即 $p_c \approx p_s$。p_s 可由相对应的饱和温度 t_s 来确定，而 t_s 则需根据蒸汽与冷却水的传热温度曲线确定。

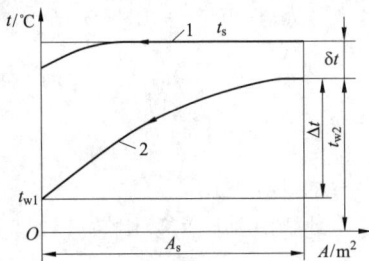

图 11 - 10 凝汽器中蒸汽和冷却水温度沿冷却表面的分布

1—饱和蒸汽散热过程；2—冷却水的温升过程

凝汽器中蒸汽和冷却水的传热近似于对流换热情况，其温度沿冷却表面的分布如图 11 - 10 所示。由图可见，蒸汽温度在大部分冷却面内并不改变，只是到了空气冷却区，由于蒸汽已大量凝结，空气含量相对增加，使蒸汽分压力 p_s 显著低于凝汽器压力 p_c，此时 p_s 所对应的饱和温度 t_s 才会明显下降。而在冷却水吸热过程中，温度变化曲线在进水端较陡。这是由进水端传热温差较大、换热面负荷较大所致。显然，蒸汽凝结的温度 t_s 应由式（11 - 1）确定：

$$t_s = t_{w1} + (t_{w2} - t_{w1}) + \delta t = t_{w1} + \Delta t + \delta t \qquad (11-1)$$

式中　t_{w1}、t_{w2}——冷却水进、出口温度，℃；

　　　　Δt——冷却水温升，℃，$\Delta t = t_{w2} - t_{w1}$；

　　　　δt——传热端差或称端差，℃，$\delta t = t_s - t_{w2}$。

由式（11 - 1）可知，汽轮机运行时，只要知道当时的 t_{w1}、Δt 和 δt 的数值，就可求得饱和蒸汽温度 t_s，进而可从蒸汽图表上查得 p_s 即 p_c 值。冷却水进口温度 t_{w1} 取决于供水方式、季节和地区的不同，而与凝汽器的运行情况无关。下面讨论 Δt 及 δt 如何确定。

1. 冷却水温升 Δt

汽轮机在运行时，排汽量 D_c 是由机组所带负荷决定的，不可随意调节，当排汽量一定时，冷却水温升 Δt 取决于冷却水量 D_w。

运行人员可通过改变冷却水量 D_w 来控制冷却水温升 Δt。增加 D_w 可降低汽轮机排汽压力，使汽轮机所发功率增加；但与此同时也会增加循环水泵的耗功。因此只有在增加 D_w 使汽轮机功率提升大于循环水泵因此而多消耗的功率时，增加 D_w 才是合理的。对每台凝汽器，应通过试验来确定其最有利真空值。所谓最有利真空，是指提高真空所获得的净收益为最大时的真空。

2. 传热端差 δt

传热端差 δt 与冷却面积 A_c、传热量 Q 及总体传热系数 k 有关，传热越强，端差就越小。

总传热系数 k 受许多因素的影响，如冷却水进口温度、冷却水流速、管径、流程数、管子材料、冷却表面洁净程度、空气含量、蒸汽速度及管子排列方式等。设计时多采用经验公式估算 k 值。由于试验条件不同，整理出来的经验公式也不相同，需要时可参考有关资料。

减小端差 δt 可使 t_s 降低，真空度提高。但传热端差 δt 由于受传热面积等因素的制约，其值不宜太小，设计时 δt 常取 $3\sim10℃$。多流程凝汽器可取偏小值，单流程可取偏大值。

三、凝汽器的运行

凝汽器的运行好坏对汽轮机组运行的安全性和经济性是十分重要的。凝汽器压力升高 1kPa，会使汽轮机的汽耗量增加 $1.5\%\sim2.5\%$。当过冷度（凝汽器压力下的饱和温度与凝结水温度之差）增大，含氧量会升高，这将影响蒸汽的品质；同时，凝结水的过冷度增加 1℃，机组煤耗量将增加 0.13%。循环水泵的耗电量是比较大的，一般占机组总发电量的 $1.2\%\sim2\%$，因此，研究凝汽器的经济运行是很有意义的。对凝汽器运行的要求主要是保证达到最有利的真空、减小凝结水的过冷度和保证凝结水品质合格。下面就凝汽器运行中的一些具体问题进行说明。

1. 凝汽器的汽阻和水阻

（1）汽阻。如图 11-9 所示，抽气设备不断地将凝汽器内不凝结的空气和其他气体由空气抽出口 11 抽出，无疑在空气抽出口处的压力 p_c'' 最低，而凝汽器蒸汽入口处的压力 p_c 最高，这两个压力之差就是蒸汽空气混合物的流动阻力，称为凝汽器的汽阻。

汽阻越大，凝汽器蒸汽入口处的压力越高，汽轮机运行经济性就越低。同时，汽阻的存在将使凝结水的过冷度和含氧量增大，因此应尽量减小凝汽器的汽阻值。一般来讲，凝汽器的汽阻不应超过 660Pa，现代凝汽器冷却水管的排列设计更为优化，汽阻可以降至 $260\sim400Pa$，甚至只有 130Pa 左右。

（2）水阻。冷却水在凝汽器内的循环通道中所受到的阻力称为水阻。凝汽器中的水阻主要由冷却水在冷却水管内的流动阻力、冷却水进入和离开冷却水管时产生的局部阻力以及冷却水在水室中和进出水室时的阻力三部分组成。

水阻的大小对循环水泵的选择、管道布置均有影响，水阻越大，循环水泵的耗功也越大，一般应通过技术经济比较来合理确定，单流程凝汽器的水阻一般不超过 40kPa，而大多数双流程凝汽器的水阻则在 50kPa 以下。

2. 凝结水过冷

除了凝汽器的真空下降外，凝汽器另一个严重的工作不正常现象是凝结水的过冷。理想情况下，凝结水的温度应该是凝汽器压力下的饱和温度，当凝结水的温度低于凝汽器压力下的饱和温度时，即为凝结水过冷，所低的度数称为过冷度。

凝结水过冷，表明蒸汽冷凝过程中传给冷却水的热量增大，冷却水带走了额外的热量，降低了汽轮机组的热经济性；此外，凝结水的含氧量也与凝结水的过冷度有关，其往往是因凝结水过冷而产生的结果。

凝汽器运行中产生凝结水过冷可能是凝汽器设计中的问题，也可能是运行不当而产生的问题。产生过冷度的主要原因如下所述。

（1）从传热的角度分析，凝结水过冷是必然会产生的。因为在蒸汽凝结的过程中，冷却水管的外表面会形成水膜，水膜外表面的温度是所处压力下的饱和温度，水膜内表面处的温度可视为水管内冷却水的温度，而水膜增厚产生的水滴温度是水膜内外表面温度的平均温度，显然它总是要低于所处压力下的饱和温度。

（2）设计中冷却水管的排列不当。例如管束上排冷却水管产生的凝结水下滴时再与下排冷却水管接触，凝结水再次被冷却，将使过冷度增大。

（3）凝汽器内应设有蒸汽通道，使刚进入凝汽器的蒸汽可直接到达凝汽器的底部，以加热凝结水，这种凝汽器称为回热式凝汽器。当回热效果好时，凝结水的过冷度可小于1℃。当回热通道布置不当或管束布置过密时，将产生凝结水的过冷。

（4）凝汽器的汽阻过大使得凝汽器内管束中、下部形成的凝结水温度较低而产生过冷。

（5）凝汽器漏入空气增多，或抽气设备工作不正常，凝汽器内积存有空气。此时空气分压提高，蒸汽分压降低，而凝结水是在对应蒸汽分压的饱和温度下冷凝，因此凝结水温度必然低于凝汽器压力下的饱和温度，产生过冷。

（6）运行中凝汽器热井中水位调节不当，凝结水水位过高，淹没了凝汽器下部的冷却水管，使凝结水再次被冷却，过冷度必然增大。

3. 空气的影响

尽管凝汽器在装配过程中，都要做泵水试验，以保证凝汽器的严密性，但在运行中，由于种种原因，空气和循环水总是或多或少地漏进以凝汽器为主的真空系统内，这种漏泄要影响机组的经济性和安全性，漏泄严重时要被迫停机。

当空气漏入凝汽器后，凝汽器内的真空降低，换热效果降低，凝结水中的含氧量增加，设备的腐蚀速度加快，蒸汽分压相对降低，其凝结水温度低于凝汽器内总压力 p_c 所对应的饱和温度，过冷度增加。

为了监视凝汽设备在运行中的严密性，要定期做真空严密性试验。其试验方法是：先记录下试验前的真空值，使机组保持80%额定负荷，当关闭抽气门后的3～5min内，真空下降速度不大于267～400Pa/min为合格。但总的真空下降不得超过规定值。

四、抽气设备

抽气器的任务是抽除凝汽器内不凝结的气体，以维持凝汽器的正常真空。所以抽气器的工作正常与否对凝汽器压力的影响很大。抽气设备的形式很多，应用较多的有射汽抽气器、射水抽气器和水环式真空泵等。

1. 射汽抽气器

图11-11所示为射汽抽气器的工作原理示意图。它主要由工作喷嘴、混合室和扩压管三部分组成。工作蒸汽进入喷嘴，膨胀加速至1000m/s以上，从而在喷嘴出口即混合室中形成高度真空。混合室的入口与凝汽器抽气口相连，蒸汽-空气混合物不断地被吸入混合室混合后，由高速汽流夹带着一起进入扩压管，在扩压管中混合汽流的动能转换为压力能，速度降低，压力升高，最后在压缩至略高于大气压力的情况下排出。

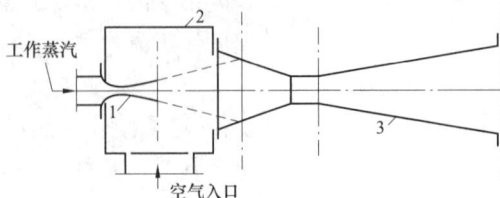

图11-11　射汽抽气器工作原理
1—工作喷嘴；2—混合室；3—扩压管

2. 射水抽气器

图11-12所示为射水抽气器结构示意图。由射水泵来的工作水，经喷嘴3将压力能转变为速度能，以一定速度喷出，使混合室2形成高度真空，将凝汽器中的蒸汽、空气混合物

吸入，混合后进入扩压管 1，经扩压后在略高于大气压力的情况下排出。当水泵发生故障时，逆止门 4 自动关闭，以防止水和空气倒流入凝汽器。

射水抽气器不消耗蒸汽，运行费用较低，且具有系统简单、结构紧凑、运行可靠、维护方便等优点，但工作特性易受水温的影响。

3. 水环式真空泵

水环式真空泵属于机械式抽气器，具有性能稳定、效率高等优点，广泛用于大型汽轮机的凝汽设备上，但它的结构复杂，维护费用较高。图 11 - 13 所示为水环式真空泵的结构原理图。

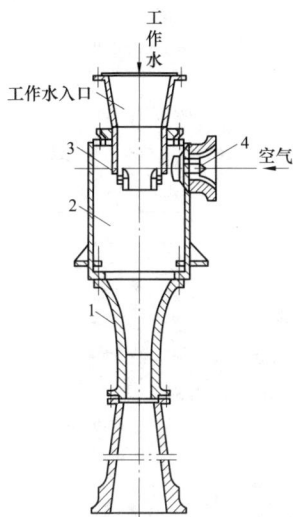

图 11 - 12　射水抽气器结构示意图
1—扩压管；2—混合室；
3—喷嘴；4—逆止门

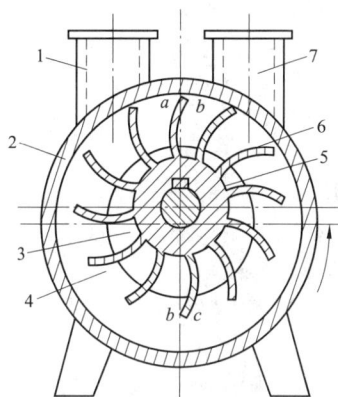

图 11 - 13　水环式真空泵结构原理
1—出气管；2—泵壳；3—空腔；4—水环；
5—叶轮；6—叶片；7—吸气管

水环式真空泵的叶轮偏心装置在圆形泵壳内，叶轮上装有后弯式叶片，转向如图中箭头所示。叶轮旋转时，工作水在离心力的作用下甩向周围，形成近似与泵壳同心的旋转水环。水环、叶片与叶轮两端的盖板构成若干个空腔。各空腔的容积呈周期性变化，类似于往复式活塞。在前半转，即由图中 a 处转到 b 处时，在水活塞的作用下，空腔增大，压力降低。端盖在靠近 b 点处留有开口，空气由此开口被吸入。在后半转，当空腔由 c 转到 d 处时，空腔减小，压力升高，然后从靠近 d 点处的开口将空气排出。随气体一起排出的有一小部分水，经气水分离器分离后，气体被排空，水经冷却器后又被送回泵内，因此水的损失很少。为了保证恒定的水环，通过补水或溢流，应使气水分离器内的水位保持在一定范围内。

第四节　空冷系统及设备

目前我国的火力发电机组正朝着大容量高参数发展，这些机组在燃用大量煤炭的同时，也耗用大量水资源。而在我国，富煤地区往往缺水。为解决在"富煤缺水"地区或干旱地区建设火力发电厂的问题，发电厂汽轮机凝汽系统可采用空气冷却系统，简称发电厂空冷系统。

发电厂空冷系统有两种：直接空冷系统和间接空冷系统。而间接空冷系统又可分为混合式凝汽器间接空冷系统和表面式凝汽器间接空冷系统。

一、混合式凝汽器间接空冷系统

混合式凝汽器间接空冷系统又称海勒式间接空冷系统，系统如图 11-14 所示。

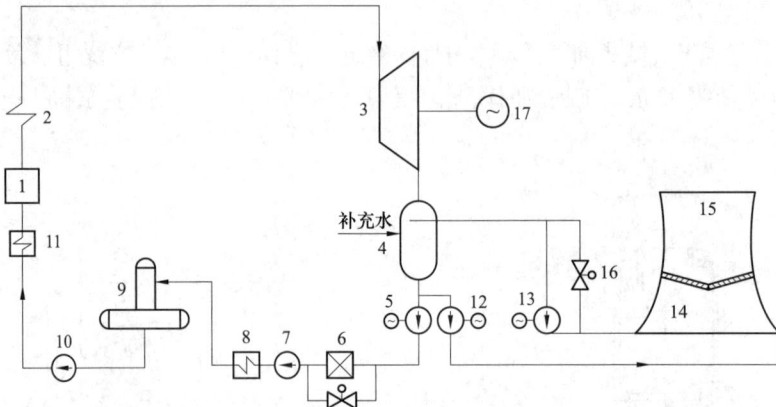

图 11-14　海勒式间接空冷系统

1—锅炉；2—过热器；3—汽轮机；4—喷射式凝汽器；5—凝结水泵；6—凝结水精处理装置；
7—凝结水升压泵；8—低压加热器；9—除氧器；10—给水泵；11—高压加热器；12—冷却水循环泵；
13—调压水轮机；14—全铝制散热器；15—空冷塔；16—旁路节流阀；17—发电机

该系统主要由喷射式凝汽器和装有福哥型散热器的空冷塔构成。由外表面经过防腐处理的圆形铝管、套以铝翅片的管束组成"∧"形排列的散热器，称为缺口冷却三角，在缺口处装上百叶窗就成为一个冷却三角。系统中的冷却水都是高纯度的中性水（pH＝6.8～7.2）。中性冷却水进入凝汽器直接与汽轮机排汽混合并将其冷凝。受热后的冷却水绝大部分由冷却水循环泵送至空冷塔散热器，经与空气对流换热冷却后通过调压水轮机将冷却水再送至喷射式凝汽器进入下一个循环。受热的循环冷却水的极少部分经凝结水精处理装置处理后送至汽轮机回热系统。

海勒式间接空冷系统的优点：①以微正压的低压水系统运行，较易掌握，可与中背压汽轮机配套；②冷却系统消耗动力低，厂用电耗少，约为90%；③基建投资中等为120%；④占地面积中等为156%。缺点是：①铝制空冷散热器耐冲洗、耐抗冻性能差；②空冷散热器在塔外布置，易受大风影响其带负荷能力；③设备系统复杂，占地面积大，基建投资增加；④煤耗偏高。

海勒式间接空冷系统一般适合气候温和、无大风、带基本负荷的发电厂。

二、表面式凝汽器间接空冷系统

表面式凝汽器间接空冷系统又称哈蒙式间接空冷系统。该系统是在海勒式间接空冷系统的运行实践基础上发展起来的。由于海勒式间接空冷系统采用的喷射式凝汽器的实际运行端差与表面式凝汽器的端差相比没有明显减少，而且在喷射式凝汽器中，循环冷却水与锅炉给水是连通的，由于锅炉给水品质控制严格，系统中要求装设凝结水精处理装置。然而对于高参数大容量机组，给水水质的控制和处理相当困难，于是单机容量300MW和600MW的火电机组发展了哈蒙式间接空冷系统与直接空冷系统。

哈蒙式间接空冷系统如图 11 - 15 所示。

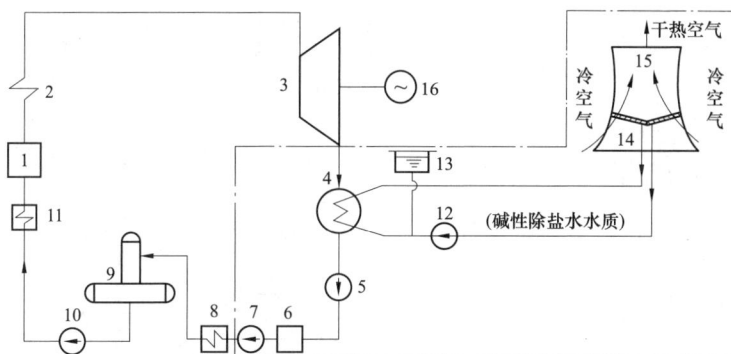

图 11 - 15　哈蒙式间接空冷机组原则性汽水系统

1—锅炉；2—过热器；3—汽轮机；4—表面式凝汽器；5—凝结水泵；6—凝结水精处理装置；
7—凝结水升压泵；8—低压加热器；9—除氧器；10—给水泵；11—高压加热器；
12—循环水泵；13—膨胀水箱；14—全钢制散热器；15—空冷塔；16—发电机

该系统由表面式凝汽器与空冷塔构成，与常规的湿式冷却系统基本相仿。不同之处是用空冷塔代替湿冷塔，用不锈钢管凝汽器代替铜管凝汽器，用除盐水代替循环水，用闭式循环冷却水系统代替开式循环冷却水系统。

在哈蒙式间接空冷系统回路中，由于冷却水在温度变化时体积发生变化，故需设置膨胀水箱。膨胀水箱顶部和充氮系统连接，使膨胀水箱水面上充满一定压力的氮气，既可对冷却水容积膨胀起到补偿作用，又可避免冷却水和空气接触，保证冷却水品质不变。

在空冷塔底部设有储水箱，并设置两台输水泵，可向冷却塔中的空冷散热器充水。空冷散热器及管道满水后，系统即可启动投运。

系统中的散热器由椭圆形钢管外缠绕椭圆形翅片或套嵌矩形钢翅片的管束组成。椭圆形钢管及翅片外表面进行整体热镀锌处理。散热器装在自然通风冷却塔中，冷却水采用自然通风方式冷却。

哈蒙式间接空冷系统类似于湿冷系统，优点是：①节约厂用电，设备少，冷却水系统与汽水系统分开，两者水质可按各自要求控制；②冷却水量可根据季节调整，在高寒地区，在冷却水系统中可充以防冻液防冻；③空冷散热器在塔内布置，基本上不受大风影响其带负荷的能力。缺点是：①空冷塔占地大，基建投资多，约为 126%；②发电煤耗多，约为 105%；③系统中需要进行两次换热，且都属表面式换热，使全厂热效率有所降低。

哈蒙式间接空冷系统一般适用于核电站、热电站和调峰大电厂。

间接空冷系统中，由于冷却水不与大气接触，完全在一个封闭的系统中循环运行，故称该系统为闭式循环冷却水系统。

三、直接空冷系统

直接空冷系统，又称空气冷却系统，是指汽轮机的排汽直接用空气来冷凝，空气与蒸汽间通过管壁进行热交换。所需冷却空气，通常由轴流冷却风机通过机械通风方式供应。系统如图 11 - 16 所示。

空冷凝汽器由于用空气直接冷却汽轮机排汽，因此风向和风速对其效率影响很大，因此

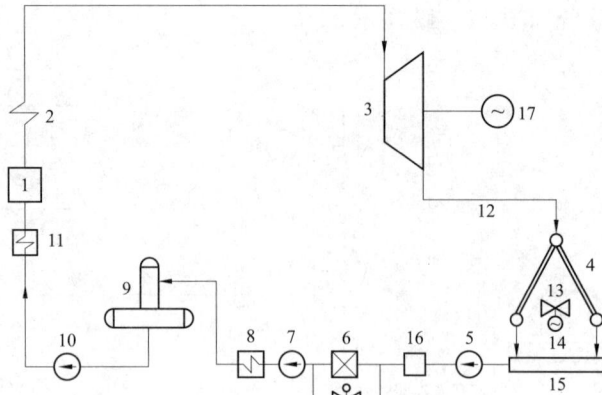

图 11 - 16　直接空冷系统

1—锅炉；2—过热器；3—汽轮机；4—空冷凝汽器；5—凝结水泵；6—凝结水精处理装置；
7—凝结水升压泵；8—低压加热器；9—除氧器；10—给水泵；11—高压加热器；12—汽轮机排汽管道；
13—轴流冷却风机；14—立式电动机；15—凝结水箱；16—除铁器；17—发电机

凝汽器一般都安装在 30~47m 以上的高空。其结构如图 11 - 17 和图 11 - 18 所示。直接空冷凝汽器分成若干冷却单元，每个单元又由若干管束组成，其中几组管束为逆流管束，其余的为顺流管束（主要冷却管束），每个冷却单元下部都有一台轴流冷却风机。每组管束由"A"形构架和两个管束组成，每个管束有几根并列的翅片管和加强板。顺流管束最上端与汽轮机的排汽管连接，下端接在凝结水收集管上。逆流管束下部也接在凝结水收集管上，上部与真空抽气管道相连。

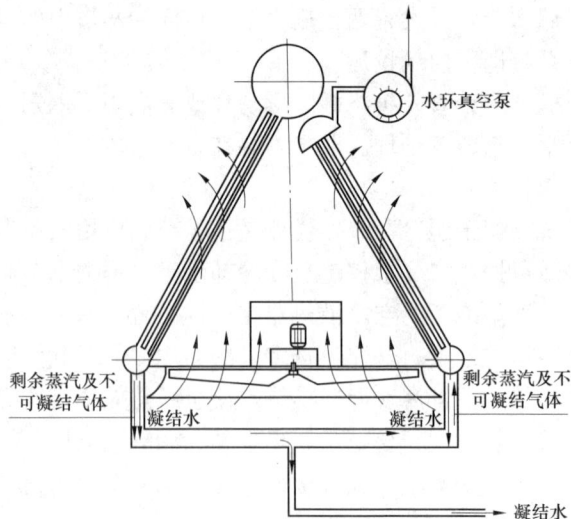

图 11 - 17　空冷凝汽器的构成

直接空冷系统的流程是：汽轮机排汽通过粗大的排汽管道送到各单元管束上部的蒸汽分配管，进入顺流管束以顺流方式自上而下流动，约有 80% 的蒸汽被冷凝成水，剩余的蒸汽和不凝结气体一起沿着凝结水收集管进入逆流管束直至被完全冷凝。由于凝结水比未凝结的饱和蒸汽密度大，凝结水经过凝结水收集管的下半部管道空间流出空冷凝汽器，并排入凝结

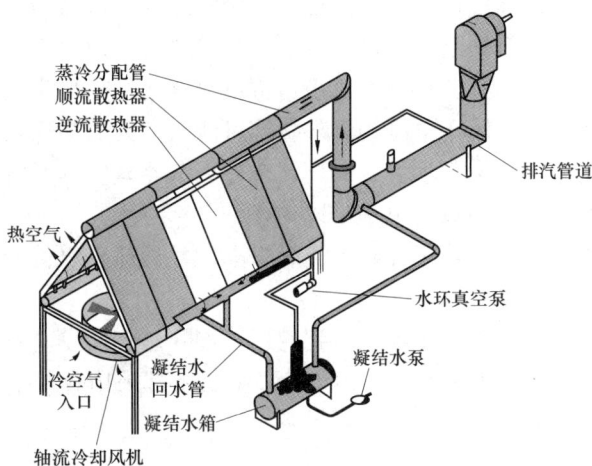

图 11 - 18　直接空冷系统流程图

水箱。经除氧后再通过凝结水泵送至回热系统。凝汽器和凝结水箱中的不凝结气体通过水环真空泵抽气系统抽出。轴流冷却风机将冷空气吹到翅片管束的管子与翅片表面，掠过的空气通过对流换热吸收管道内蒸汽的凝结热量。

直接空冷系统的特点：

（1）汽轮机背压变幅大。汽轮机排汽直接由空气冷凝，其背压随空气温度的变化而变化。我国北方地区一年四季乃至昼夜温差都较大，故要求汽轮机要有较宽的背压运行范围。

（2）真空系统庞大。汽轮机排汽要由大直径的管道引出，用空气作为直接冷却介质通过钢制散热器进行表面热交换，冷凝排汽需要较大的冷却面积，故而导致真空系统庞大。

（3）厂用电耗大。直接空冷系统所需空气由大直径的风机提供，风机需要耗能，根据国外资料，直接空冷系统自耗电占机组发电容量的 1.5% 左右。

（4）电厂整体占地小。由于空冷凝汽器一般都布置在汽轮机房顶或汽轮机房前的高架平台上，平台下仍可布置电气设备等，空冷凝汽器占地得到综合利用，使得电厂整体占地减少。

（5）冬季防冻措施比较灵活可靠。间接空冷系统的主要防冻手段是设置百叶窗来调节和隔绝进入散热器的空气量。若百叶窗关闭不严或驱动机构出现机械或电气故障，将导致散热器冻结。而直接空冷系统可通过改变风机转速、停运风机或使风机反转来调节空冷凝汽器的进风量，直至吸热风来防止空冷凝汽器的冻结。调节相对灵活，效果好且可靠，已有运行经验证明。

（6）凝结水溶氧量高。由于直接空冷机组的真空系统庞大，易出现负压系统的氧气吸入；由于机组背压偏高，易出现凝结水过冷度偏大，进一步加大了凝结水中溶解氧的含量。

（7）采用直接空冷系统，可以大量节约电厂用水。直接空冷系统最大优势是可以大量节水，从而可使电厂选址不受水源限制。在水冷凝汽器发电机组中，耗水量的 90% 以上源于冷却塔中蒸发。直接空冷凝汽器采用空气冷却管束内的饱和蒸汽，省去了作为中间冷却介质的循环水。因此，采用直接空冷凝汽器系统的机组比水冷凝汽器发电机组节水约 90%。对于一台 600MW 空冷电站，整个电站节水量在 2000t/h 以上。

（8）由于蒸汽与空气通过翅片管束直接进行热交换，省去了中间介质和二次换热，综合换热效率提高，运行更经济。

（9）直接空冷电站具有较高的社会效益和与水冷凝汽器机组可比的经济性。在水源充足的地方建设电厂时，考虑到电厂运行的经济性，采用水冷式凝汽器是最佳选择。然而，随着水源的日益紧张和水价的不断提高以及环保要求的日趋严格，使用直接空冷凝汽器成为缺水富煤地区兴建电厂的首选。尽管直接空冷机组造价不菲、运行热耗率高、自耗能大，但在靠近煤矿而贫水的地方建电厂，用于空冷的额外费用可能比把大量的煤炭运输到水源充足的地方所需的费用要少，还可以大量节水。因此直接空冷凝汽器机组的经济性可能比水冷凝汽还要好，尤其是节水所产生的社会效益更是难以估量。

直接空冷系统适用于各种环境条件和各类燃煤电厂，最适于煤价低廉，带基本电负荷的电厂，尤其是富煤缺水地区。

目前直接空冷技术已在我国很多电厂得到应用，如鄂尔多斯发电厂、内蒙古托克托发电厂、国电大同第二发电厂、山西柳林电厂等 600MW 机组都采用直接空冷系统。

第十二章 发电厂原则性热力系统

第一节 概   述

一、发电厂热力系统的概念和分类

发电厂的任务是将燃料化学能转变为电能，这种转化是由已给定的热力设备按照热力循环的顺序来完成的。发电厂热力系统是指发电厂热力部分的主、辅设备，如锅炉、汽轮机、水泵、热交换装置等按照热力循环的顺序用管道和附件连接起来的有机整体。为保证运行的安全、经济和灵活，火电厂热力系统通常由若干个相互作用、协调工作，并具有不同功能的子系统组成，主要有主蒸汽系统、再热蒸汽系统、给水回热系统、对外供热系统、废热利用系统、旁路系统和疏水系统等。用来反映发电厂热力系统的线路图，称为发电厂的热力系统图。

以范围划分，热力系统可分为全厂热力系统和局部热力系统两类。按用途和编制方法划分，热力系统图分为原则性热力系统图和全面性热力系统图。前者表明它所包含的各局部热力系统或设备之间的相互关系和工质能量转换及利用过程，对热电厂还表明对外的供热系统。后者则是火电厂设计、施工和运行等项工作必不可少的文件，它反映了电厂钢材耗量、投资、设计、施工工作量和周期，设备检修的各种切换方式和备用设备切换的可能性以及运行中工质和散热损失等情况。

二、发电厂原则性热力系统图的作用与组成

以规定的符号来表示工质按某种热力循环顺序流经的各种热力设备之间联系的线路图，称为发电厂的原则性热力系统图。

发电厂的原则性热力系统图表明工质的能量转换及其热量利用的过程，它反映了发电厂能量转换过程的技术完善程度和发电厂热经济性的好坏。由于原则性热力系统图只表示工质流过时状态参数发生变化的各种热力设备，故图中同类型同参数的设备只用一个来表示，并且它仅表明设备之间的主要联系，因此备用设备、管道及附件一般不画出。

原则性热力系统图的作用主要是用来计算和确定各设备和管道的汽水流量、发电厂的热经济性指标等，故又称为计算热力系统图。

发电厂的原则性热力系统图是以汽轮机及其原则性回热系统为基础，考虑锅炉与汽轮机的匹配及辅助热力系统与回热系统的配合而形成的。因此发电厂的原则性热力系统图主要由以下各局部系统组成：①锅炉、汽轮机、主蒸汽及再热蒸汽管道和凝汽设备的连接系统；②给水回热加热系统；③除氧器和给水箱系统；④补充水系统；⑤连续排污及废热利用系统；供热机组还包括对外供热系统等。

三、发电厂原则性热力系统图的拟定

（一）确定发电厂的形式及规划容量

发电厂的形式及容量，通常是根据建厂地区电力系统现有的容量、发展规划、负荷增长速度和电网结构以及燃料来源、交通、水源及环境保护要求等进行技术经济分析比较后确定的。

若该地区只有电负荷，可建凝汽式发电厂；若该地区还兼有热负荷，且供热距离与技术经济条件合理时，应优先考虑热电联产。

（二）主机选择

1. 汽轮机的选择

对汽轮机的选择，是指容量、参数和台数的选择。

发电厂机组的容量应根据系统规划容量、负荷增长速度和电网结构等因素进行选择。最大机组容量不宜超过系统总容量的10%。这样，当最大一台机组发生事故时，电网安全和供电质量才能得到一定保证。对于负荷增长较快的形成中的电力系统，可根据具体情况并经技术经济论证后选用较大容量的机组。

各汽轮机制造厂生产的汽轮机形式、单机容量及其蒸汽参数，都是通过综合的技术经济比较或优化后确定的。选定了汽轮机单机容量，汽轮机参数也随之而定。

为便于生产管理，电厂汽轮机发电机组不宜过多，一般以4～6台、机组容量等级不超过两种为好，且同容量机、炉宜采用同一形式或改进形式，其配套设备的形式也宜一致。这样可使主厂房投资少，布置紧凑，备品配件通用率高。

对兼有热力负荷的地区，经技术经济比较证明合理后，应采用供热式机组。供热式机组的形式、容量及台数，应根据近期热负荷和规划热负荷的大小和特性，按照以热定电的原则，通过比选确定，宜优先选用高参数、大容量的抽汽式供热机组。在有稳定可靠的热负荷时，宜采用背压式机组或带抽汽的背压式机组，并宜与抽汽式供热机组配合使用。

汽轮机技术规范中的经济性指标及其他参数一般均指额定工况下的值，在非额定工况下这些指标和参数均发生改变。这里介绍几个汽轮机工况的定义。

（1）铭牌工况（turbine rating load，TRL）。汽轮机的额定工况，也称为铭牌工况。它是指汽轮发电机组在额定主蒸汽参数、再热蒸汽参数及所规定的汽水品质，汽轮机低压缸排汽平均背压为11.8kPa；补给水量为3%；所规定的最终给水温度；全部回热系统正常运行，但不带厂用辅助蒸汽；汽动给水泵满足额定给水参数；发电机效率为98.95%，额定功率因数为0.90，额定氢压时，汽轮发电机组的保证出力。

（2）机组热耗保证工况（turbine heat acceptance，THA）。此工况规定：汽轮机主蒸汽参数和再热蒸汽参数为额定参数、考虑年平均水温等因素规定的背压、补水率为0、回热系统正常投入运行、考虑非同轴励磁、润滑及密封油泵等的功耗及氢压均为额定值时，能保证在寿命期内安全连续地运行，此工况下所输出的功率的热耗率作为汽轮机验收的保证值。

（3）最大连续出力工况（turbine maximum continuous rating，T-MCR）。是指汽轮机进汽量等于铭牌进汽量、额定进汽参数、考虑年平均水温等因素规定的背压、机组补水率为0%、所规定的最终给水温度、回热系统投运下安全连续运行、考虑非同轴励磁、润滑及密封油泵等的功耗、在额定功率因数及额定氢压时，机组能保证达到的出力。T-MCR一般比TRL工况输出功率大3%～7%。例如，哈汽CLN600机组的T-MCR功率为641.6MW。

（4）调阀全开工况（valve wide open，VWO）。是指汽轮发电机组在调节阀全开通过计算最大进汽量，其他条件同T-MCR工况时的条件，其进汽量应为TRL工况所发功率进汽量的1.05倍时，汽轮发电机组能达到的出力。此工况功率应为能力工况功率。例如，哈汽CLN600机组，VWO工况功率为665.7MW。

2. 锅炉的选择

对锅炉的选择，是指锅炉参数、容量及形式的选择。

凝汽式发电厂一般采用单元制系统，即一机配一炉，要求锅炉的容量和参数与汽轮机的容量和参数相匹配。

锅炉的最大连续蒸发量宜与汽轮机调节阀全开时的进汽量相匹配。大容量机组锅炉过热器出口至汽轮机进口的压降宜为汽轮机额定进汽压力的 5％；过热器出口额定蒸汽温度对于亚临界及以下参数机组宜比汽轮机额定进汽温度高 3℃；对于超临界参数机组宜比汽轮机额定进汽温度高 5℃。冷段再热蒸汽管道、再热器、热段再热蒸汽管道额定工况下的压力降宜分别为汽轮机额定工况高压缸排汽压力的 1.5％～2.0％、5％、3.5％～3.0％；再热器出口额定蒸汽温度比汽轮机中压缸额定进汽温度宜高 2℃。

热电厂的锅炉选择和凝汽式发电厂有所不同，因为热负荷只有靠本厂或地区热网供应，而电负荷却有电网作备用，故应考虑热电厂在锅炉检修或事故时，仍能保证热负荷的可靠供应。即当一台容量最大的锅炉停用时，其余锅炉（包括可利用的其他可靠热源）应满足以下要求：

（1）热力用户连续生产所需的生产用汽量。

（2）冬季采暖、通风和生活用热量的 60％～75％，严寒地区取上限，此时可降低部分发电出力。

（三）绘制发电厂原则性热力系统图

可根据汽轮机制造厂提供的该机组本体汽水系统和选定的锅炉形式来绘制原则性热力系统图。此时循环参数（主蒸汽和再热蒸汽的压力、温度、排汽压力）回热参数都已确定。

此时，要研究的问题是对于给水回热加热系统主要是拟定加热器的疏水方式；蒸汽冷却器和疏水冷却器的设置和联接方式问题；研究确定除氧器的工作压力、运行方式及联接方式等问题；给水泵的驱动方式、补充水系统的选择等。

根据对锅炉容量、参数及排污量大小的研究来确定锅炉连续排污水利用系统问题，可采用一级或两级扩容器的排污回收系统，但应通过技术经济比较确定。对于供热机组还应确定供热系统，依据供热负荷的具体要求选择供热方式，对于蒸汽供热系统应研究回水率问题，对于供暖系统应研究热网加热器的联接及凝结水回收地点问题等。

（四）进行发电厂原则性热力系统计算

进行几个典型工况的原则性热力系统计算及全厂热经济性指标计算。

（五）选择热力辅助设备

有些热力设备是随锅炉、汽轮机成套供应的。这里所讲热力设备是不随锅炉、汽轮机成套供应的热力设备，主要有：除氧器及其水箱、凝结水泵组、给水水泵组、锅炉的排污扩容器等。根据最大工况时原则性热力系统计算所得的各项汽水流量，按照 GB 50660—2011《大中型火力发电厂设计规范》的要求，结合有关热力设备的产品规范进行合理选择。

四、发电厂原则性热力系统举例

1. N300－16.67/538/538 型机组原则性热力系统图

图 12－1 所示为阳逻发电厂优化引进型 300MW 机组的发电厂原则性热力系统图。汽轮机为上海汽轮机厂生产，配上海锅炉厂生产的 SG－1025/181－M319 型亚临界压力自然循环汽包锅炉及哈尔滨电机厂生产的 QFSN－300－2 型水氢氢冷发电机。汽轮机为亚临界压力、一次中间再热、单轴双气缸双排气反动凝汽式汽轮机。第 1～3 级抽汽供 3 台高压加热器用

汽，第 4 级抽汽供除氧器、锅炉汽动给水泵及辅助蒸汽用汽，第 5～8 级抽汽供 4 台低压加热器用汽。锅炉连续排污扩容蒸汽和高压轴封漏汽接入除氧器。除氧器滑压运行，滑压范围是 0.147～0.883MPa，汽动给水泵的排汽接入主机凝汽器内。

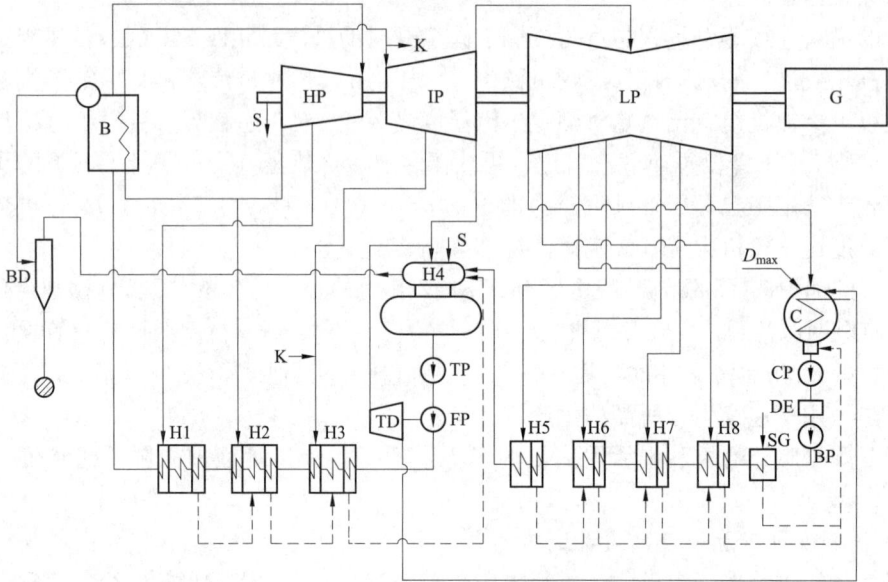

图 12-1　N300-16.67/538/538 型机组原则性热力系统图

2. N600-25.4/541/566 超临界压力机组原则性热力系统图

图 12-2 所示为石洞口二厂 600MW 超临界压力机组发电厂原则性热力系统图。锅炉为

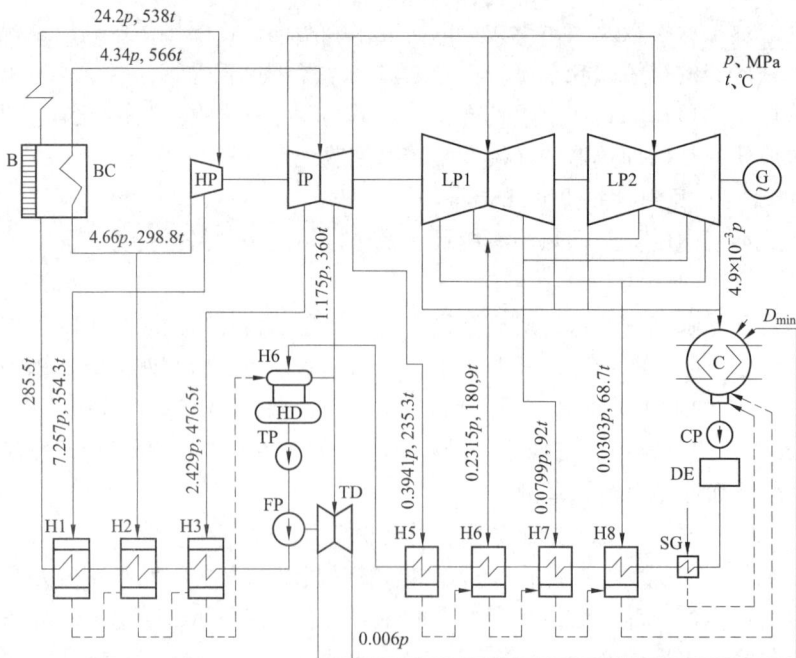

图 12-2　N600-25.4/541/566 超临界压力机组发电厂原则性热力系统图

瑞士 SULZER 与美国 GE 公司合作设计制造。选用超临界参数、一次中间再热、螺旋管圈、复合变压运行的燃煤直流锅炉。最大连续蒸发量为 1900t/h。汽轮机组由瑞士 ABB 公司设计并制造，型号为 D4Y－454，结构为单轴、四缸四排汽、一次中间再热的反动式凝汽机组、主蒸汽参数为 24.2MPa，538℃，再热蒸汽参数为 4.29MPa，566℃，T－MCR 时保证热耗为 7648kJ/kWh，89％额定出力以上和 36％额定出力以下是定压运行，中间段为变压运行。

3. 供热机组国产 CC200－12.75/535/535 型双抽汽凝汽式机组热电厂原则性热力系统图

图 12－3 所示为国产 CC200－12.75/535/535 型双抽汽凝汽式机组热电厂原则性热力系统图。锅炉为 HG－670/140－YM9 型自然循环汽包炉，采用两级连续排污扩容利用系统，其扩容蒸汽分别引入两级除氧器 HD 和 MD 中，其排污水经冷却器 BC 冷却后排入地沟。补充水进入大气式除氧器 MD。汽轮机有八级回热抽汽，其中第三、六级为调整抽汽，其调压范围分别为 0.78～1.27MPa、0.118～0.29MPa。第三级抽汽一路供工艺负荷 HIS 直接供汽，回水通过回水泵 RP 进入主凝结水管混合器 M2；另一路供采暖系统中峰载加热器 PH 用汽。第六级抽汽除供 H5 用汽外，还作采暖系统的基载加热器用汽及大气式除氧器 MD 的加热蒸汽。图中所示各点汽水参数的工况为最大工业抽汽量 50t/h，采暖抽汽 350t/h，电功率 P_e＝136.88MW 时的数值，此工况下机组热耗率 q＝4949.7kJ/kWh。夏季工况时，采暖热负荷为零，机组可凝汽运行带电负荷为 200MW，额定工况运行时，机组热耗率 q＝8444.3kJ/kWh。

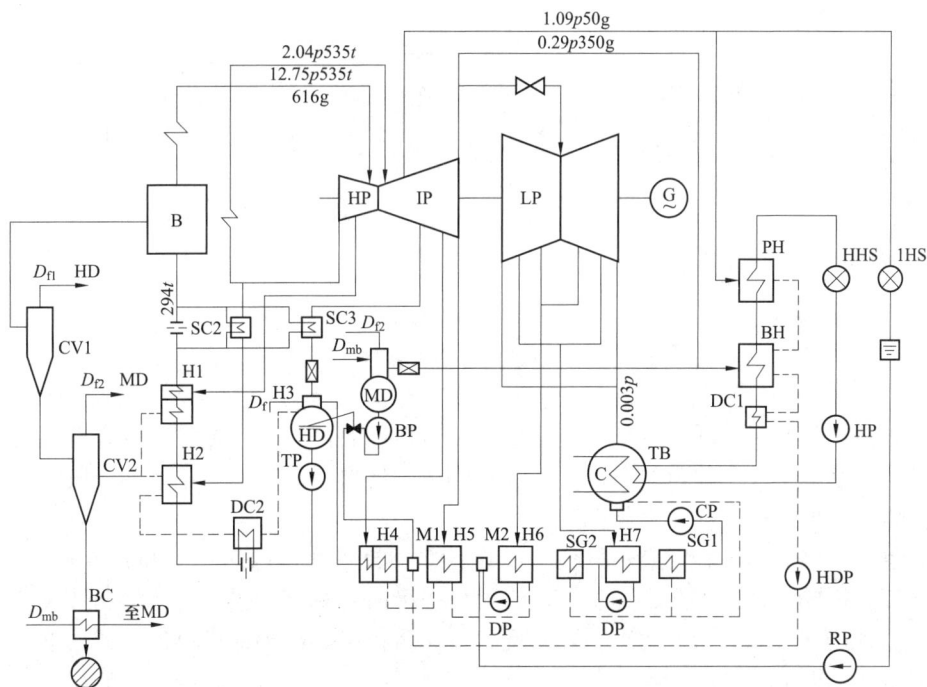

图 12－3　国产 CC200－12.75/535/535 型双抽汽凝汽式机组热电厂原则性热力系统图

第二节　主蒸汽系统

主蒸汽系统的功能是把锅炉产生的蒸汽送到各用汽点，包括从锅炉过热器出口至汽轮机入口，从汽轮机高压缸排汽至锅炉再热器入口（再热冷段管道）和从再热器出口至汽轮机中压缸入口（热段再热蒸汽管道）的所有管道及其附件。

发电厂主蒸汽系统具有输送工质流量大、参数高、管道长且要求金属材料质量高的特点，是电厂公称压力最高的管道系统，它对发电厂运行的安全、可靠、经济性影响很大，因此对主蒸汽的基本要求是系统力求简单、安全、可靠性好、运行调度灵活、投资少、便于维修、安装和扩建。

选择主蒸汽系统时，应根据发电厂的类型、机组的形式和参数，经过综合经济比较后确定。

一、主蒸汽系统的类型与选择

火力发电厂常用的主蒸汽系统有以下几种类型。

1. 母管制系统

如图 12 - 4 （a）所示，母管制系统中多台锅炉连接到供汽母管上，供汽母管又与多台汽轮机连接，每台锅炉出口和汽轮机入口装有隔离门，必要时实现与母管的隔离。

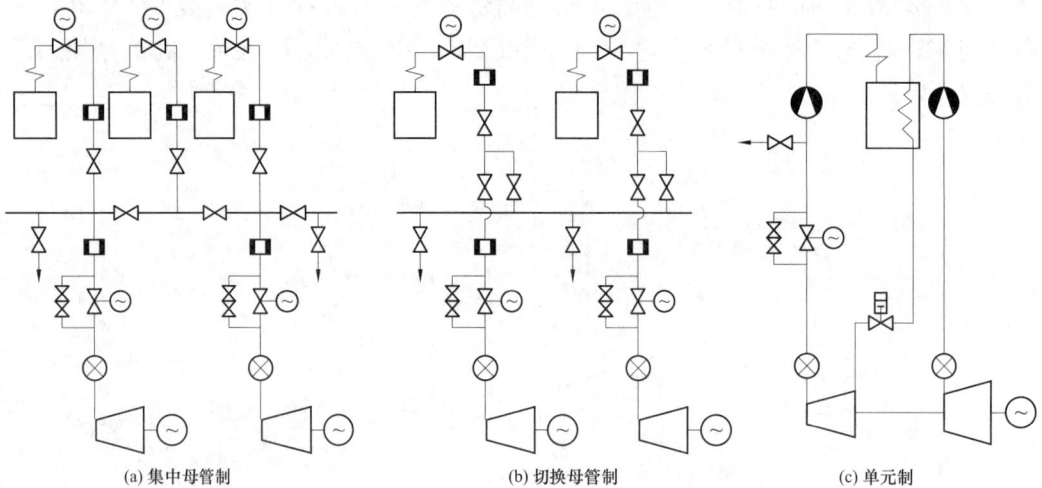

(a) 集中母管制　　　　　　　(b) 切换母管制　　　　　　　(c) 单元制

图 12 - 4　火电厂主蒸汽系统的形式

单母管系统，与母管相连的任一阀门事故，全厂即要停运。为提高其可靠性，通常单母管上用两个串联的分段阀将母管分段，以确保隔离，使事故局部化，也便于分段阀门本身的检修。正常运行时，分段阀门处于开启状态。

单母管制的特点是系统复杂、管道长、设备多、投资大；散热损失和管道阻力损失大；蒸汽参数互相影响，调节困难；运行灵活，设备故障时可相互支援，总体可靠性较高。因此这种系统通常用于锅炉和汽轮机台数不匹配，而热负荷又必须确保可靠供应的热电厂以及单机容量在 6MW 以下的电厂。

2. 切换母管制系统

切换母管制系统如图 12 - 4 （b）所示，每台锅炉与其对应的汽轮机组成一个单元，而各单元之间仍装有母管，每一单元与母管出口还装有三个切换阀门，这样机炉既可单元运行，也可切换到蒸汽母管上由邻炉取得蒸汽。该系统中的备用锅炉和减温减压器均与母管相连。

这种系统的主要优点是既有足够的可靠性，又有一定的灵活性，能充分利用锅炉的富余容量进行各炉间的最佳负荷分配。其主要缺点是系统较为复杂，阀门多，事故可能性较大。我国中压机组的电厂主蒸汽管道投资比重不大（相对于单元制机组），而供热式机组的电厂机炉容量又不完全匹配，这时应采用切换母管制主蒸汽系统。

3. 单元制系统

单元制系统中每台汽轮机与为其供应蒸汽的锅炉组成独立的单元，与其他机炉间无横向联系，如图 12-4（c）所示。单元制的特点是系统简单、管道短、设备少、投资少；散热损失和管道阻力损失小；各单元运行相对独立，参数变化对其他单元无影响，便于实现集中控制和机组自动化；各单元缺少联系，不能相互支援配合。

现代热力电厂参数高、容量大，相应地设备和管道也大，金属材料要求高、价格高，采用母管制系统投资更大，而且随着科技的发展，电厂设计制造水平和管理水平的提高，自动化控制的采用使机组的可靠性大大提高，为机组采用单元制创造了条件，单元制方便实现自动控制，减少人员数量，提高劳动生产率。因此现代电站大型机组都采用单元制系统。

二、单元制主蒸汽系统的组成

主蒸汽和再热蒸汽母管是锅炉和汽轮机直接连接的管道，它的连接形式除保证本身安全可靠性之外，还需考虑以下几个问题。

1. 温度偏差及其对策

随着机组容量增大，炉膛宽度加大，烟气流量、温度分布不均造成两侧汽温偏差增大，这样就要求管道系统应有混温措施。国际电工协会规定，最大允许汽温偏差持久性为 $15℃$，瞬时性为 $42℃$。由于汽轮机的主蒸汽、再热蒸汽均为双侧进汽，因此再热机组的主蒸汽、再热蒸汽系统以单管、双管及混合管系统居多，少数也有四管及其混合管系统的。

所谓单管系统即是蒸汽通过一根管道输送至设备的进口处，因此蒸汽流量大管道内径也大，如某 600MW 机组主蒸汽采用单管系统，其管道规范为 $\phi659×109.3mm$，而再热冷段蒸汽采用单管系统其管道变为 $\phi1117.6×27.8mm$。双管系统则是蒸汽通过两根并列的管道输送，每根管道通过的蒸汽流量仅为原来的 $1/2$。如 600MW 机组采用双管系统时，主蒸汽管道为两根 $\phi615.57×92.57mm$，再热冷段蒸汽管为两根 $\phi762×15.8mm$。

采用双管系统则可避免大直径的主蒸汽管和再热蒸汽管，可较大幅度降低管道的总投资，并且在布置时能适应高、中压缸双侧进汽的需要，在管道的支吊及应力分析中也比单管系统易于处理。但双管系统中温度偏差较大，有的主蒸汽温度偏差达 $30\sim50℃$，再热汽温偏差更大。若两侧汽温偏差过大，将使汽缸等高温部件因受热不均而产生变形，因此在管道设计时应采取有力的混温措施。

主蒸汽和再热蒸汽管实际应用中多为混合系统，即单管、双管兼而有之。常见的防止大机组主蒸汽管道汽温偏差的措施（如图 12-5 所示）如下：

（1）主、再热蒸汽管设一定长度的单管，在进汽轮机前再变为双管。

（2）两蒸汽管道间另设联络管以混合汽温。

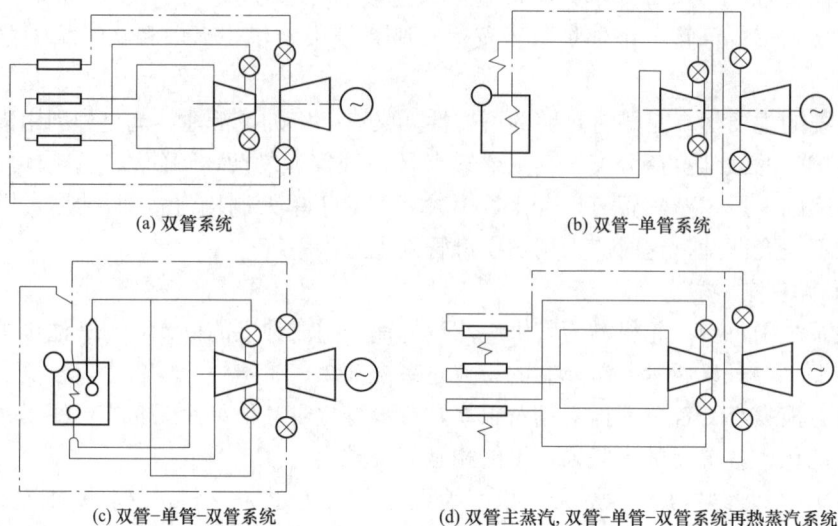

(a) 双管系统

(b) 双管-单管系统

(c) 双管-单管-双管系统

(d) 双管主蒸汽，双管-单管-双管系统再热蒸汽系统

图 12-5　再热机组主蒸汽的管道系统

（3）有的系统采用四通混合联箱，其进出口各有两根。

（4）有的系统采用球型五通，其进汽管是两根，出汽管是三根，其中一根引入旁路系统，可将偏差控制在±10℃以内。

2. 主蒸汽和再热蒸汽压损及管径优化

主蒸汽、再热蒸汽压损增大将会降低机组的热经济性。蒸汽压损与管径和管道附件有直接的关系。管径优化计算包括管子的壁厚计算、压降计算和费用计算三部分，总费用等于材料投资费用和运行费用之和。其中以总费用最小的管径为最经济管径。实际管径还要考虑系统允许的压力降、管系应力状况和管子供货等情况的影响。对于再热管道，除要考虑以上因素外，还要注意冷、热再热蒸汽管道之间的压降分配比例。热再热蒸汽管道为合金钢管，冷再热蒸汽管道通常为碳钢管。因此，热再热蒸汽管的压降大于冷再热蒸汽管压降较为合理。

除了管道及管路根数外，降低压损的措施还有尽可能减少管路中的局部阻力损失。例如，汽轮机自动主汽阀的严密性能保证时，可取消主汽管上的电动隔离阀，主蒸汽流量的测量由孔板改为喷嘴，甚至不设置流量测量节流元件等。

第三节　旁　路　系　统

旁路系统是中间再热单元机组热力系统的重要组成系统之一，它是指高参数蒸汽不进入汽轮机，而是经过与汽轮机并联的减温减压器进入再热器或直接排至凝汽器的蒸汽连接系统，如图 12-6 所示。旁路系统通常分为三种类型：①主蒸汽绕过汽轮机高压缸直接进入再热冷段管道，称为高压旁路（Ⅰ级旁路）；②再热后蒸汽绕过汽轮机中、低压缸直接进入凝汽器，称为低压旁路（Ⅱ级旁路）；③主蒸汽绕过整个汽轮机而直接排入凝汽器的，称为整机旁路（Ⅲ级旁路，大旁路）。

一、旁路系统的作用

旁路系统基本功能是协调锅炉产汽量与汽轮机耗汽量之间的不平衡关系。改善启动和负

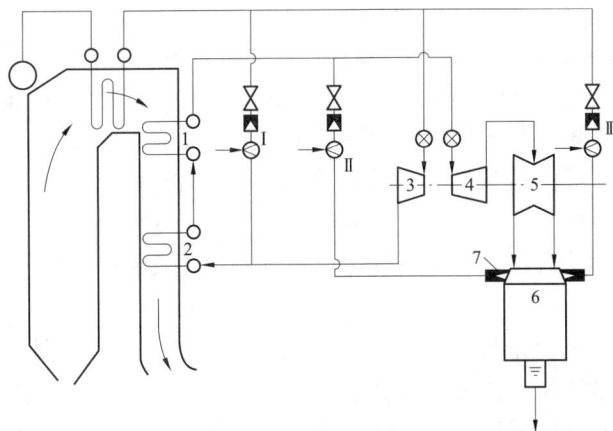

图 12-6　再热机组三级旁路系统

Ⅰ—高压旁路；Ⅱ—低压旁路；Ⅲ—整机旁路

1—高温再热器；2—低温再热器；3—高压缸；4—中压缸；5—低压缸；6—凝汽器；7—扩容式减温减压器

荷特性，提高机组运行的安全性、灵活性和负荷的适应性，此外还有回收工质、暖管、清洗、减少汽阀和叶片侵蚀等功能。具体表现如下所述。

1. 保护再热器，防止锅炉超压

再热式机组一般采用烟气再过热，它是通过布置在锅炉内的再热器来实现的。在正常工况时将汽轮机高压缸排汽再热至额定温度，而处于烟气高温区的再热器本身也将以冷却保护。在锅炉点火，汽轮机冲转前，停机不停炉或电网故障或甩负荷等工况时，汽轮机自动主汽阀处于关闭状态，汽轮机高压缸没有排汽，则可通过高压旁路引来新蒸汽经减压减温后引入再热器使其冷却得到保护。

机组发生故障，锅炉紧急停炉时，可通过旁路系统将其剩余蒸汽排出，防止锅炉超压，减少安全门动作次数，有助于保证安全门的严密性，延长其使用寿命。

2. 回收工质和热量，降低噪声

燃煤锅炉若不投油助燃，其最低稳燃负荷一般不低于锅炉额定蒸发量的 50%。汽轮机的空载汽耗量，一般仅为汽轮机额定汽量的 5%～10%。单元式机组启停或甩负荷时，锅炉蒸发量与汽轮机所需汽量不一致，存在大量剩余蒸汽。设置旁路后，即可回收这时的大量剩余蒸汽，减少其热损失，且可降低排汽噪声，改善环境。

3. 协调启动参数和流量，缩短启动时间，减少汽轮机的寿命损耗

汽轮机启动过程是蒸汽向汽缸和转子传递热量的复杂热交换过程，为确保启动过程的安全，要严密监视各处温度和温升率，以控制胀差和振动在允许范围内。不同的温度状态下启动，对蒸汽温度有不同要求。

单元式机组采用滑参数启动时，先以低参数蒸汽冲动汽轮机，再随着汽轮机的升速、带负荷的需要，不断地提高锅炉出口蒸汽的压力、温度和流量，使锅炉产生的蒸汽参数与汽轮机金属的温度状况相适应，以控制各项温差，保证均匀加热汽轮机。若只靠调整锅炉燃烧或汽压是难以满足上述要求的，而且在热态启动时更为困难。采用了旁路系统，即可协调单元式机组的冷、温、热态滑参数启动或停动时的蒸汽参数匹配现象，适应单元式机组滑参数启停的要求，并缩短了启动时间，由于可严格控制温差与温升率，相应延长了汽轮机的寿命。

4. 甩负荷时锅炉能维持热备用状态

电网故障时，旁路系统可快速（2～3s）投入使锅炉维持在最低稳燃负荷下运行，或带厂用电或机组空负荷运行。汽轮机跳闸甩负荷可实现停机不停炉，争取时间让运行人员判断甩负荷原因，以决定锅炉停炉还是继续保持稳定负荷，需要时机组可很快重新并网带负荷，并恢复至正常状态。可见旁路系统的设置可更好地适应调峰运行的需要。

二、旁路系统的形式

旁路系统的主要形式有：三级旁路系统，两级串、并联旁路系统，单级旁路系统。

1. 三级旁路系统

三级旁路系统即整机旁路与高、低旁路串联系统，如图 12-6 所示。汽轮机负荷低于50%额定负荷时，通过整机旁路使锅炉维持最低稳定负荷，多余蒸汽通过大旁路排至凝汽器。高、低两级旁路串联可满足汽轮机启动过程不同阶段对蒸汽参数和流量的要求，并保证了再热器的最低冷却流量。三级旁路系统功能齐备，但系统最为复杂、设备附件多、投资大、布置困难、运行不便，现已很少采用。

2. 两级串联旁路系统

两级串联旁路系统，如图 12-7（a）所示。

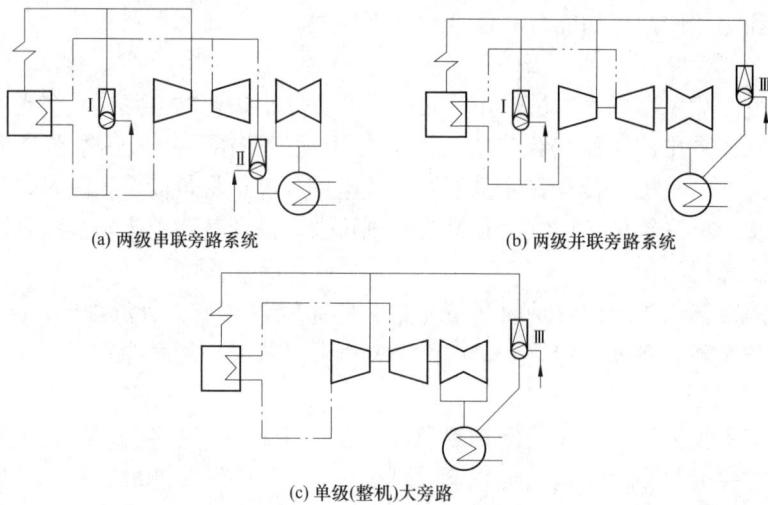

图 12-7　常见的旁路系统的类型

图 12-7（a）所示为高、低压两级串联旁路系统。在各种工况下，通过高压旁路均能保护再热器；通过两级串联旁路系统协调，能满足机组启动性能的各项要求。例如，机组冷、热启动时可加热主蒸汽和再热蒸汽管道；调节再热蒸汽以适应中压缸的温度要求；调节中压缸的进汽参数和流量以适应高、中压缸同时冲转或中压缸冲转方式等。它既适用于基本负荷机组，也适于调峰机组。但汽轮机甩负荷到零时，不允许锅炉长时间低负荷运行。实践表明，因电网故障甩负荷时，一般 20min 左右即可恢复，允许锅炉在短时间内低负荷运行。这是目前国内 300、600MW 亚临界、超临界火电机组普遍采用的一种旁路形式，如沁北、常熟、镇江、国华太仓等。

3. 两级并联旁路系统

两级并联旁路系统，如图 12-7（b）所示。

我国第一台国产 300MW 汽轮机配 1000t/h 直流炉的单元式机组采用高压旁路和整机旁路两级并联系统，高压旁路用以保护再热器，在机组冷态启动时用以暖管，此时蒸汽通过疏水管道至凝汽器；热态启动时，用以迅速提高再热汽温使其接近中压缸温度，但再热管段上的向空排汽门要打开。整机旁路用以在各种工况（如启动、停机、甩负荷、停机不停炉、汽轮机空转或带厂用电运行等）时将剩余蒸汽排至凝汽器。主蒸汽超压时能自动动作，起到安全阀的作用。

4. 单级（整机）旁路系统

图 12-7（c）所示为主蒸汽绕过整个汽轮机，经减温减压后直接引至凝汽器的旁路形式。与两级串联旁路系统相比较，该系统简单，操作方便，投资较少（不到两级旁路系统的 50%）。它可以加热过热蒸汽管，调节过热蒸汽温度但不能保护再热器，机组滑参数启动特别是热态启动时不能调整再热蒸汽温度。它适用于无需保护再热器的情况，如再热器布置在低烟温区，再热器使用耐高温材料并允许短时间干烧，再热器配有烟温调节保护装置等情况。另外，这种旁路系统只能适用于高压缸启动方式。

国外采用这种系统的大都为一些超临界机组。目前我国某些 600MW 超临界机组和华电国际邹县发电厂 1000MW 超超临界机组采用了这种旁路系统。

以上几种旁路系统不论哪种形式都是将蒸汽节流降压、喷水减温。高压旁路、整机旁路都用给水泵出口的高压水作减温水；低压旁路用主凝结泵出口水作减温水。经低压旁路或整机旁路排至凝汽器的蒸汽压力和温度仍较高，还要再减压减温至 0.016 5MPa，60℃ 以下（通常通过装在凝汽器喉部的扩容器或减压减温器）才能排入凝汽器。

三、旁路系统的选择

1. 旁路系统的容量选择

旁路系统的通流能力并非越大越好，应根据机组可能的运行情况予以选定。实际运行的机组旁路容量 30%、50%、60%、100% 的均有。低压旁路系统设置在进入汽轮机中压缸前的再热段蒸汽管道上，其容量有 50%、65% 的额定负荷蒸汽流量等。

2. 旁路系统选择需考虑的主要因素

旁路系统的选择包括连接形式、容量及其参数等方面的选择。选择的原则为设置旁路系统所需实现的功能和目标。

一般在选择旁路系统时主要考虑以下几方面因素。

（1）负荷性质：承担基本负荷的机组，启停次数少，一般旁路容量较小，仅需满足启动和保护再热器的需要。承担中间负荷特别是承担调峰的机组启停频繁，常低负荷或两班制运行，停机不停炉或带厂用电运行，旁路系统容量可较大，并可适当投油助燃，以满足锅炉最低稳燃负荷的要求。

（2）锅炉特点：额定负荷时再热器进口烟温在 860℃ 以上时，如果再热器不允许干烧，则必须考虑设置两级串联旁路或其他旁路形式保护再热器，如果再热器允许干烧，则可考虑设置一级大旁路或不设旁路。

（3）汽轮机特点：机组采用高压缸启动方式，则考虑只设置一级大旁路或不设旁路；如果机组采用中压缸启动或高、中压缸联合启动方式，则必须采用两级串联旁路系统或其他形式旁路系统，以保证蒸汽循环。机组热态启动时，旁路系统的容量应根据各种热态工况下高压缸或中压缸所允许的进汽参数选取。冷态启动时，旁路容量取决于启动时间，同时较大的旁路容量可提高锅炉的燃烧率，缩短启动时间。随着机组容量的增大，还要充分考虑全甩负荷时通过旁路排入凝汽器的蒸汽对凝汽器的影响。

结合我国的具体情况，再热机组的旁路系统容量一般为锅炉连续最大蒸发量的30%左右。对必须两班制运行，甩负荷带厂用电或停机不停炉的再热机组，旁路系统的容量可增大至锅炉最大连续蒸发量的40%～50%。

第四节　给水系统及其设备

给水系统的主要功能是将除氧器水箱中的主凝结水通过给水泵提高压力，经过高压加热器进一步加热后，输送到锅炉的省煤器入口，作为锅炉的给水。此外，给水系统还向锅炉再热器的减温器，过热器的一、二级减温器以及汽轮机高压旁路装置的减温器提供减温水，用于调节上述设备出口蒸汽的温度。给水系统的最初注水来自凝结水系统。给水管道系统包括低压和高压给水管道系统。低压给水管道系统由从除氧器给水箱下降管入口到给水泵进口之间的管道、阀门和附件组成。高压给水管道系统由从给水泵出口经高压加热器到锅炉省煤器前之间的管道、阀门和附件组成。

一、给水系统的形式

给水管道系统的形式有以下几种。

1. 集中母管制系统

该系统如图12-8所示，它有三根单母管，即给水泵入口侧的低压吸水母管、给水泵出口侧的压力母管和锅炉给水母管。其中吸水母管和压力母管采用单母管分段，锅炉给水母管采用的是切换母管。备用给水泵通常布置在吸水母管和压力母管的两分段之间。

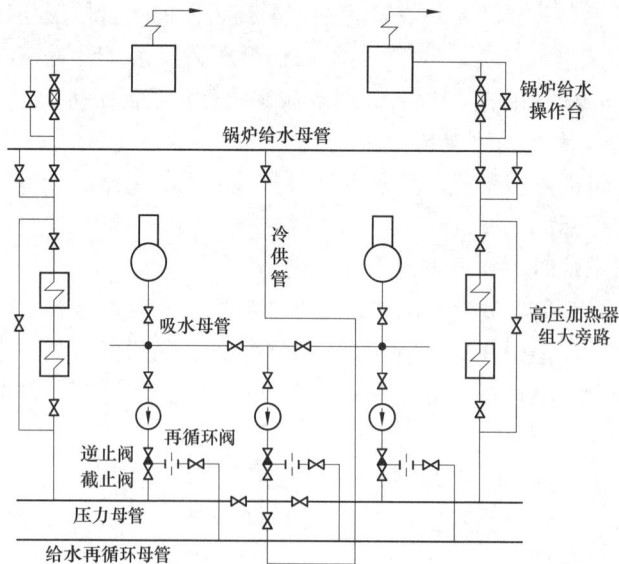

图12-8　集中母管制给水系统

其特点是系统安全、可靠性高，但系统复杂、耗钢材、阀门较多、投资大。在中、低压机组小容量发电厂的给水泵容量与锅炉不配时选择此系统，如高压供热式机组的电厂。

2. 切换母管制系统

图 12-9 所示为切换母管制给水系统，低压吸水母管采用单母管分段，压力母管和锅炉给水母管均采用切换母管。当汽轮机、锅炉和给水泵相匹配时，可单元运行，必要时可通过切换阀门交叉运行。

这种系统的特点是有足够的可靠性，运行灵活。当给水泵容量与锅炉容量相配合时，压力母管和锅炉给水母管均采用切换式母管系统。

3. 单元制系统

图 12-10 所示为单元制系统。其主要优点与单元制主蒸汽系统相同。单元制给水系统由于具有管道最短、阀门最少、阻力小、可靠性高又非常便于集中控制等优点，是现代发电厂中最为理想的给水系统，在 300MW 及其以上容量机组中得到了广泛应用。

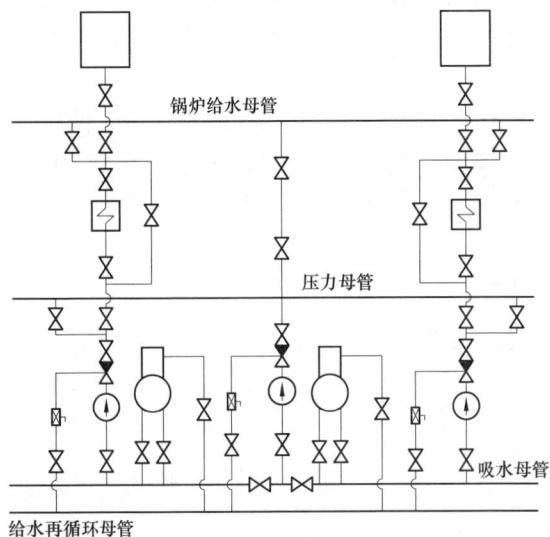

图 12-9 切换母管制给水系统

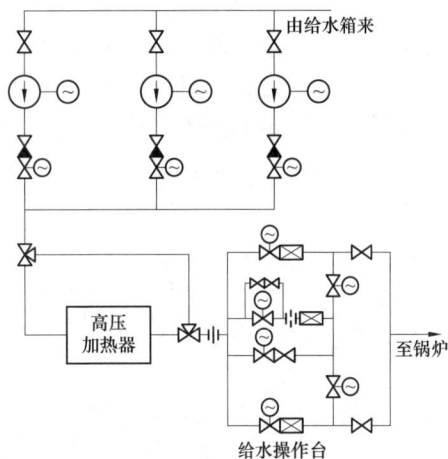

图 12-10 单元制给水系统

若给水系统由两个相邻单元组成扩大单元制给水系统，这种系统可靠性高，两个单元共用一台备用水泵，节省投资，运行灵活，在变负荷时可节省厂用电，我国高参数凝汽式发电厂均采用这种系统。

二、给水泵的配置

1. 给水泵的驱动方式

常用的给水泵驱动方式主要有电动、汽动两种。中、小型汽轮机机组的给水泵经常运行、备用的均采用电动给水泵，大型汽轮机却以汽动给水泵作经常运行，电动给水泵作为备用。

驱动给水泵的功率随着汽轮机单机容量和蒸汽参数的提高而增大，给水泵耗功占主机功率的百分比也相应急剧增加，超高参数和亚临界参数机组为 2%~4%，超临界参数的机组还要高。若仍以 3000r/min 或以下的低速给水泵，不仅给水泵的级数增加很多，而且给水泵的长度和重量也大大增加，水泵的轴挠度与轴长的四次方成正比，水泵易产生震动，这会严重影响水泵安全运行，而且还受电动机容量和容许启动电流的限制。因此，大机组中作为经常运行的主给水泵多采用汽动给水泵。

与电动给水泵相比，汽动给水泵具有以下优点：

（1）汽动给水泵转速高、轴短、刚度大、安全性好。当系统故障或全厂停电时，仍可保证锅炉给水。

（2）采用大型电动给水泵时启动电流大，启动困难，而汽动给水泵不但便于启动，而且可配合主机的滑压运行进行滑压调节。

（3）采用汽动给水泵可降低厂用电，增加供电量3%～4%。

（4）可以变速运行调节给水泵的流量，因而可省去电动给水泵的变速器及液压联轴器。

但是，汽动给水泵的启动时间长，汽水管路复杂，需考虑备用汽源。加大锅炉容量或增设启动锅炉，均使采用汽动给水泵的方案投资增加。通过给水泵拖动方式的不同方案的综合比较可知，200MW以下的机组不宜采用汽动给水泵作为经常运行泵，现代大型再热机组容量在300MW及以上的机组，多采用汽动给水泵作为运行泵在技术经济上才是合理的。

2. 给水泵单位容量及台数的选择

单元制给水系统的主给水泵及台数的选择，基本是两种类型：①每一单元配置两台主给水泵，其中一台运行，另一台备用，即2×100%MCR容量的给水泵，简称全容量给水泵给水系统；②每一单元配置三台给水泵，其中两台运行，一台备用，即3×50%MCR容量的给水泵，简称半容量给水泵给水系统。

对于300MW及以上的汽轮机组，通常有四种方案，见表12-1。

表12-1   大型机组给水泵配置方式

方案	经常运行	备用
1	1×100%汽动给水泵	1×100%电动给水泵
2	1×100%汽动给水泵	1×50%电动给水泵
3	2×50%汽动给水泵	1×50%电动给水泵
4	2×50%汽动给水泵或电动给水泵	1×（25%～30%）电动给水泵

我国引进的机组，除元宝山电厂600MW法国机组、石横电厂300MW美国机组为全容量汽动泵之外，其他引进的比利时、日本、英国等国的300～600MW机组均为半容量泵。

GB 50660—2011《大中型火力发电厂设计规范》规定300MW机组的运行给水泵宜配置一台容量为最大给水量100%或两台容量各为最大给水量50%的汽动给水泵。当运行给水泵为一台100%容量的汽动给水泵时，宜设置一台容量为最大给水量50%的调速电动给水泵作为启动与备用给水泵；当运行给水泵为两台50%容量的汽动给水泵时，宜设置一台容量为最大给水量25%～35%的调速电动给水泵作为启动与备用给水泵，也可以采用定速电动给水泵加大压差节流阀。600MW及以上机组的运行给水泵宜配置两台容量各为最大给水量50%的汽动给水泵，设置一台容量为最大给水量25%～35%的调速电动给水泵作为启动与备用给水泵。

3. 给水泵与前置泵的连接方式

采用低转速的前置泵是防止给水泵发生汽蚀的一项有效措施，因此，大容量高参数再热机组的给水系统均设置了前置泵。

前置泵与主给水泵的连接方式如图12-11所示，可分为两类：当为电动调速泵时多采用前置泵与主给水泵同轴串联方式，即前置泵、主给水泵共用一台电动机经液力耦合器来带动；当给水泵有给水泵汽轮机驱动时，其前置泵多采用单独的电动机驱动，即不同轴的串联方式。

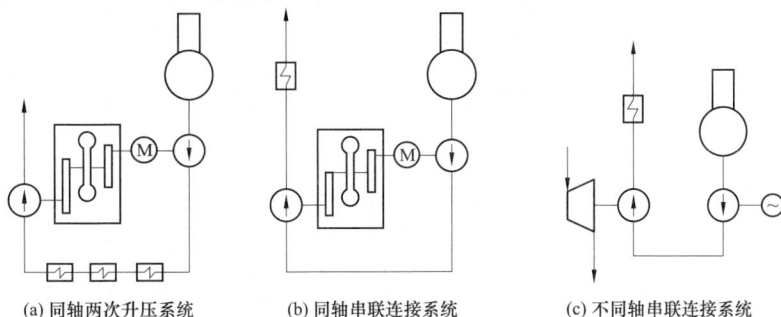

(a) 同轴两次升压系统　　　　(b) 同轴串联连接系统　　　　(c) 不同轴串联连接系统

图 12 - 11　前置泵与主给水泵的连接方式

4. 给水泵最小流量再循环

每台给水泵出口均设置独立的再循环装置，其作用是保证给水泵有一定的工作流量，以免在机组启停和低负荷时发生汽蚀。最小流量再循环管由给水泵出口止回阀前引出，并接至除氧器给水箱。

再循环装置上装有一套最小流量调节装置，它由多级节流孔板、电动角式调节阀和隔离阀组成。给水泵启动时，阀门开启，随着给水泵流量的增加，阀门逐渐关小，流量达到允许值后，阀门全关。当给水泵流量小于允许值时自动开启，其调节信号取自给水泵出口流量计。为防止最小流量调节装置在运行中发生故障，另设置旁路作为备用，旁路管上装有一只多级节流孔板和两个串联的常闭隔离阀。正常情况下，最小流量调节阀后的隔离阀锁定在开启位置，以免误操作使再循环不畅。最小流量调节装置靠近除氧器水箱布置，防止当给水通过调节阀后，可能产生汽化而出现两相流动。

5. 减温水支管

过热器减温水的引出有三种方式：一是采用给水泵出口水作为过热器的减温水，如引进型 300MW 机组；二是过热器减温水由最后一台高压加热器出口引出；三是从省煤器出口联箱接出。600MW 超临界机组和 1000MW 超超临界机组均采用第三种方式。

机组的过热器减温水由省煤器出口联箱接出。此处的给水虽然已流经高压加热器组和省煤器，压力比给水泵出口低，但能够满足喷入过热器的压力要求。

过热器喷水减温不同于再热器事故喷水减温，它是调节过热器出口蒸汽温度的重要手段，在机组正常运行期间一直投入。喷水减温造成的能量损失是必然的，系统设计时应尽量减少这种损失。主给水经过高压加热器组和省煤器加热，其水温显然高于给水泵出口水温，与过热器出口蒸汽之间的温差最小，造成的不可逆能量损失也是最小的。而且，减温水温度高，对锅炉过热器产生的热冲击较小。

过热器减温水引水点的这种变化可同时为锅炉本体设计和发电厂汽水管道设计提供方便。由于过热器减温水系统全部在锅炉本体范围内，锅炉厂可方便调整锅炉内部管道，对减温水调节阀合理选型。而减温水管道比从前大大缩短，这不仅简化了管道布置，节省了材料，而且整个减温水系统的流动阻力也减小了。

　　省煤器出口联箱出口总管上装有电动隔离阀。然后分出两根支管，分别去向过热器一、二级减温器。支管上依次安装流量测量孔板、电动隔离阀、气动薄膜隔离阀和电动调节阀。

　　再热器事故减温水用给水泵中间抽头水，抽头引出管上各装一只止回阀和两只截止阀，以防止抽头水倒流，有利于给水泵检修。三台泵的抽头管道合并成一根总管至锅炉再热器。

　　汽轮机高压旁路减温水来自给水泵出口。

参 考 文 献

[1] 陈礼. 流体力学与热工基础. 2 版. 北京：清华大学出版社，2012.

[2] 童钧耕，王平阳，苏永康. 热工基础. 2 版. 上海：上海交通大学出版社，2008.

[3] 傅秦生. 热工基础与应用. 3 版. 北京：机械工业出版社，2016.

[4] 周强泰. 锅炉原理. 3 版. 北京：中国电力出版社，2013.

[5] 孙献斌，黄中. 大型循环流化床锅炉技术与工程应用. 2 版. 北京：中国电力出版社，2013.

[6] 路春美. 循环流化床锅炉设备与运行. 2 版. 北京：中国电力出版社，2014.

[7] 樊泉桂. 锅炉原理. 2 版. 北京：中国电力出版社，2014.

[8] 牛卫东. 电厂汽轮机原理. 北京：中国电力出版社，2008.

[9] 肖增弘，盛伟. 汽轮机设备及系统. 北京：中国电力出版社，2008.

[10] 赵素芬. 汽轮机设备. 3 版. 北京：中国电力出版社，2014.

[11] 代云修，张灿勇. 汽轮机设备及系统——600MW 级火力发电机组丛书. 北京：中国电力出版社，2006.

[12] 肖增弘，徐丰. 汽轮机数字式电液调节系统. 北京：中国电力出版社，2014.

[13] 邱丽霞. 热力发电厂. 2 版. 北京：中国电力出版社，2013.

[14] 张灿勇. 火电厂热力系统. 北京：中国电力出版社，2007.

[15] 施晶. 600MW 火力发电机组培训教材 热力系统及运行. 北京：中国电力出版社，2011.

[16] 杨文虎. 1350MW 超超临界汽轮机技术特点及分析 [J]. 中国电力，2020，53（01）：162-168，176.

[17] 李少华，刘利，彭红文. 超超临界发电技术在中国的发展现状 [J]. 煤炭加工与综合利用，2020（2）：65-70，74.

[18] 乐亚表. 1000MW 超超临界锅炉技术特点 [J]. 发电设备，2008，22（1）：44-48.

[19] 郝莉丽. 600 MW 超超临界锅炉设计探讨. 电站系统工程，2007，23（1）：38-40.

[20] 李明亮，邱亚林，陈红. 超超临界锅炉技术研究 [J]. 云南电力技术，2010，38（3）：87-90.

[21] 蒋德勇，黄俊. 1000MW 超超临界二次再热锅炉的工程实践 [J]. 发电设备，2016，30（6）：421-424.

[22] 姚丹花，诸育枫. 1000MW 二次再热超超临界塔式锅炉设计特点 [J]. 锅炉技术，2017，48（5）：1-6.

[23] 张苏闽. 1000MW 二次再热超超临界机组工程特点及运行分析 [J]. 电力工程技术，2019，38（2）：159-162，168.

[24] 叶江明. 电站锅炉原理及设备. 北京：中国电力出版社，2016.

[25] 沈维道. 工程热力学. 北京：高等教育出版社，2016.

[26] 陶文铨. 传热学. 北京：高等教育出版社，2018.

[27] 白涛. 燃煤锅炉低 NO_x 燃烧系统的数值模拟与试验研究. 华北电力大学，2014.